河原典史 監修

日本缶詰資料集

第1巻 東京缶詰同業組合十年史

クレス出版

歴史と希望が詰まっている
――『缶詰資料集成』の刊行にあたって――

立命館大学文学部教授　河　原　典　史（歴史地理学）

明治初期、欧米諸国から学んだ缶詰は、食品保存の極めて有益な方法で、野菜や果物などの「青果類」を対象とする場合と、牛肉や鳥肉といった鳥獣類や魚介類などの「肉類」とに大別されます。青果類や鳥獣類を内容物とする缶詰工場は内陸部にも立地可能ですが、魚介類の場合はそのほとんどが臨海部に立地しています（ただし、市場との距離によってはその限りではありません）。やがて、日本製の缶詰は外貨獲得のために重要な輸出品となり、缶詰製造業は「産業」へと確立されていきました。

しかし、必ずしも大規模で普遍的な産業へ発展したとは言いがたい缶詰製造業は、現在の食品加工業では軽視される傾向にあります。また、缶詰製造数やその移出・輸出先などの統計、工場の操業地やその開業年などの基本的な情報も集約した総合的な資料は散逸しており、産業が成り立つ過程の背景理解は困難でした。今回の『日本缶詰資料集』の刊行により、近代日本における缶詰製造業の技術水準および歴史・地理的展開を把握することは、学術的にも大きな意味を持つでしょう。

昭和五（一九三〇）年に朝鮮総督府が作成した『水産製造品検査成績要覧』によれば、植民地期の朝鮮からも中国・台湾へはサバ・サザエ缶詰、さらにホノルル、シアトルやシドニーなどの環太平洋地域にはカニ缶詰が輸出されていました。内容物が描かれ、外国語の表記が添えられた缶詰ラベルは、写実的で食欲をそそるとともに、芸術的で美術作品のようでさえありました。

保存食としての缶詰は、一般的な食品加工業だけでなく、軍需産業として発展したことにも留意しなければなりません。また、缶詰製造業は内容物の収穫・加工だけでなく、その製造・輸送の工程において関連する様々な労働者を必要とし、大規模な雇用を創出しました。それは、外地と呼ばれた当時の日本植民地地域や外国への人々の移動も生み出したのです。その代表的なものとして、朝鮮半島南部のサザエやアワビ、台湾のパイナップル、アメリカ西岸のツナやカナダ西岸のサケ缶詰製造業が挙げられるでしょう。

かつて日本では、家族が揃った食卓で、父親に助けてもらいながら大きな缶切りでモモやパイナップルの缶詰を空ける――そんな風景がありふれていました。甘い汁に浸かった珍しい果実は、ケーキやシュークリームなどの菓子よりも華やかで、高度経済成長期後半に幼少期を過ごした私のささやかな想い出でもあります。

冷蔵・冷凍などの保存技術、流通システムの発達によって、最近では、あまり缶詰は食卓にみられなくなりました。しかし、災害時の保存食として、改めて「缶詰」を見直す機運も高まりつつあります。『日本缶詰資料集』の刊行にあたって、缶詰の歴史を振り返るとともに、今後の缶詰産業のあり方をみなさんとともに学びたいと思います。

■各巻収録一覧■

第1巻　東京缶詰同業組合十年史

東京缶詰同業組合十年史　附録　缶詰要覧（昭和九年版）

●東京缶詰同業組合／昭和九（一九三四）年／東京缶詰同業組合

第2巻　缶詰要覧（1）

缶詰要覧（昭和一一年版）

●日本缶詰協会編／昭和一一（一九三六）年／日本缶詰協会

第3巻　缶詰要覧（2）

缶詰要覧（昭和一三年版）

●日本缶詰協会編／昭和一三（一九三八）年／日本缶詰協会

第4巻　大阪の缶詰工業

大阪の缶詰工業《大阪市産業叢書　第19輯》

●大阪市役所産業部貿易課／昭和一二（一九三七）年／大阪市役所産業部貿易課

第5巻　日本水産物缶詰製造業要覧

日本水産物缶詰製造業要覧

●農林省水産局編纂／昭和九（一九三四）年／農業と水産社

東京罐詰同業組合十年史

附 罐詰要覧

東京罐詰同業組合

序

我が東京罐詰同業組合は本日――昭和八年十二月七日――を以て創立滿十周年を迎へました。十年一昔と申すやうに吾人の限りある地上の生命にとつて其れは洵に短い日時ではありませんでしたと同時に、永遠なる可き斯業に於ても亦意義深き十箇年であつたことを切實に感ずるのであります。今や鬱然として年額七千萬圓の生産を誇る罐詰業も、本組合が舊來の介殼を破つて之が獨立に魁けした當時は、賛否紛々として囂然たる論議を釀したのでありまして、顧みて今昔の感に堪へぬ次第であります。

我が罐詰業は業者の、業界の撓まざる努力に依つて、世界恐慌の渦中に於て尙斯くの如き一大躍進を遂げたのでありますが、然し之は未だ芽生であつて、眞の興亡盛衰は擧げて將來に懸つて居ると申しても、敢て過言ではないと信ずるのであります。

本組合は創立央ばにして彼の大震火災の試練に遭ひ、自ら救恤罐詰の配給に任じて其苦艱を突破し、依て分離獨立の意義を高揚致しました。爾來止まる所を知らざる世界恐慌の坩堝の中に置かれたのでありますが、其非常混迷の裡にも只斯業の發展を念として信ずるところを行ひ、顧みて良心に恥ぢざる結果を績し得ました事は、一に組合員諸君の協和の精神に因る事勿論でありまして、之に依つて、地震と火とに洗禮せられて忘我奉公的に確立した組合精神が、完全に支持せられた成果であると信ずる次第であります。

斯くて本組合は斯業の發生期に於て最初の十箇年を經過して次の一と昔に掉ささうとして居ります。時恰かも世界經濟界の暗黒は一倍を加へ來つて自然の黎明は待望の外にあるかの如くであります。止むを得ざる努力が謂ふ所の統制經濟の燈火を高く揭げて一時の安きを偷まうとして居るのであります。この漆黑の闇に盛衰興亡を托する斯界の行路には、層一層の和衷協同が、單に對外的にのみで無く、近くお互の周圍にも必要不可欠である事は申迄もなく、組合としても其の存立の意義が更に更に重加せらるる次第であると思はれます。

不肖組合の創立に參與してより、副組長として、更に前組長堤淸六氏の後を嗣いで組長の樞機に歷任し、常に微力菲才を悲み曠職の責を痛感して居ります。幸にして役員及組合員諸君の和協鞭韃と先輩諸賢の援護とに依つて、大過なく茲に十周年を迎ふるを得たるに方つて洵に欣快と汗顏と相半ばするを覺ゆるのであります。組合は之が自祝の爲め組合十年史を編纂し、併せて罐詰要覽を特輯し、一は以て組合記錄の保全に他は以て參考資料に裕かならざる業界への貢献を企圖致しました。蓋し創立以來質實を旨とした組合精神の一具表として華美なる祝典に代ゆるものであります。幸に諒せられんことを。

終りに罐詰要覽の編纂に方り日本罐詰協會の寄せられたる好意と援助とを記して謝意を表し、併せて十年史の編著輯錄が悉く書記長戸田健君の努力に成つたものである事を御報告申上ます。

昭和八年十二月七日

東京罐詰同業組合

組長　逸見斧吉識

東京罐詰同業組合十年史

目次

目次

附錄　罐詰要覽

東京罐詰同業組合十年史

組合設立經過

我東京罐詰同業組合は重要物産同業組合法に據りて發起され、東京洋酒罐詰問屋同業組合より分離して、大正十二年十二月七日附農商務大臣男爵田健治郎閣下の認可を得て初めて呱々の聲を擧げたのである。

明治初期以來、共に舶來の飲食料たるの故に、洋酒と罐詰とが不離の關係に於て取扱はれ、而かも業者の勢力が洋酒に偏倚して居た爲め明治三十年準則組合結成以來幾變遷を經た後の存在であつた我が組合の前身たる、東京洋酒罐詰問屋同業組合に在りても尙罐詰業は洋酒業の向背に依りて、獨自の利害をも敢て犧牲としなければならなかつた。

蓋し罐詰業の勢力が未だ伸展せず、其地位に自ら甘んぜざるを得なかつたのも亦止むを得ぬ當時の情勢であつたのである。

然し罐詰業が、惠まれたる種々なる商品的特質の上に立ち急激に向上する文化の時潮に乘じて、蔚然たる一産業を形成するに至つては、各獨自の立場を有するにも不拘只其營業上の連繫のみを以て、洋酒業と不離の關係を繼續するの不合理を、互に認めざるを得なくなつた。斯くて從屬的覊絆を脫して罐詰業を分離獨立せしめんとする希望が、次第に業者の衷に燃えたのである。

斯る狀態の裡に大正十一年六月、罐詰普及協會（日本罐詰協會の前身）が創設せられて、罐詰業の爲め活潑なる運動を開始するや其第一次事業の一標題として、洋酒、罐詰分離問題を提示して此機運の進展を促し、更に同年十月に分離の是非を全國業者及當業に密接なる關係を有する知名の人々に諮詢するに及んで、此問題は漸く外面化すると共に業者の關心は急速に深められた。此諸問は囂々たる反響を齎し業界を贊否兩論に二分したのであつた。然し贊成論者は總て當業の大成を希ふ熱誠に溢れて之を是とし、否定論者は總て時期尚早又は分離に關聯して豫想せらるゝ副作用の恐る可きを理由とするのみ、其質に於ても亦量に於ても分離に對し決定的示唆を與ふるに十分であつた。諸問書及賛否の數字は左の通りで當時の氣配を識る上に甚だ興味あるものがある。

拜啓仕候初秋快適之候愈々御清榮奉賀候

陳者近來洋酒罐詰同業組合の洋酒と罐詰の兩組合に分離すべきを說くもの漸く多く種々なる論議相行はれ居候は貴殿に於かれても旣に御聞及びの事と存候

弊協會としては罐詰業が近年長足の進展を示せるに鑑み宜しく分離して各々異りたる其機能を充分に發揮すべきが最も時宜に適したるものと相信じ候へ共此問題は決して輕々に斷じ去るべきに非ず殊に變化に際して往々意外なる副作用等の發生する事あるべきを慮り愼重審議を經る必用有之可くと存居候。又一方來年開催さるべき大會に於て斯の問題が必然議案に上るべき事豫想され申候に付ては其準備と硏究とを兼ねて此際全國組合員諸氏の御意見の存するところを取纒め果して如何の趨勢に在るやを確め以て諸氏の御參考に供し又他方協會自身も大いに啓發さるゝ處あり度く御繁用中恐入り候へ共分離の可否簡單に御認め御返信賜はり度存候其結果は纒まり次第弊協會月刊機關誌「罐詰時報」に於て御報告可申上候敬具（大正十一年十月　罐詰普及協會）

賛否回答數

	東京	大阪	地方	合計
可とするもの	二三	二二	三一	七六
否とするもの	八	八	四	二〇

斯くして分離問題が啻に東京洋酒罐詰問屋同業組合の宿題たるのみならず、全國罐詰業の懸案となるや當然の歸趨として組合內部の論爭は日に激發せらるるに至つたが、大正十二年一月二十九日赤阪三會堂に開催された同組合定時

總會に於て果然大論爭を惹起し、玆に本組合獨立の實質的第一歩を蹈み出したので有つた。

此總會は組合員百六十二名中、出席者二十三名、委任狀六十八名を得て午後二時二十分羽田議長の開會之辭に始まつたと當時の記錄に認められる。

當日の議案は三つの報告事項と、大正十二年度組合歲入出豫算及び賦課金額改正の件の四項であつたが、第三號報告が了つた頃當時洋酒專業者として洋酒及罐詰が一組合に包含せらるゝ不合理を提唱して洋酒組合獨立の主唱者であつた降矢虎馬之輔氏から突如五ケ條に涉る摘抉的の質問が發せられ會議は頓に緊張を加へた。質問の內容は省略するが其結果は罐詰業の分離に對する側面的援護となり、爲めに分離問題の口火をなしたので有つた。次で當日の最重要議案たる第四號議案の討議に入るや果然議論百出熱辯飛ぶの壯觀を現出したが其時罐詰業分離の主唱者阿部三虎氏より洋酒、罐詰兩組合分離の緊急動議が提出された。阿部氏曰く

賦課金の增徵に依り組合は果して奈何の宣傳廣告をなさんとするのであらうか、例言せば彼のコレラ流行當時に於ける新聞廣告の如き、コレラと罐詰とは交涉もあれ、洋酒とは沒交涉では無いか、兩々別箇に存在すべき關係のものを無理に合併させて置くが故に彼の樣な滑稽を生ずるに至るのである。平常時に於ては牛と馬とは道連れたるを得やうが一朝事ある時に於ては道連れたる事は出來難いではないかよろしく洋酒と罐詰は分離すべきであると自分は信ずる。(演說大意)と

以下當時の罐詰時報の記事を引用すれば

議長これに答へたが自分でも其滑稽を認めるが如く、コレラと洋酒との牽强附會な關係を說きながら笑ふ。阿部氏玆に於てか皮肉る。滿場哄笑。議場愈々熱化し來つて降矢氏起ち、斯眞田百三郞氏起ち議論迸出收拾すべからざるに至つて議長休會を宣し休憩後協議會を開き分離問題と倂せて賦課金問題につき熟議懇談を重ねる事となる然し協議會に於ても議論紛亂して容易に一致點を見出さず迷路に入らんとしたが兎に角分離問題に就ては委員十名を選ぶ

事とし其指名委員として羽田、日比野及長井の三氏が選擧せられた。十名の委員は洋酒及罐詰の双方より各五人宛を出し至急委員會を催して同問題を研究し、其結果を役員會に報告し、役員會は時を移さず臨時總會を招集する次第で、委員に附託された事は必ず臨時總會を可及的速に擧行する事を前提として居るとの了解が、座長と組合員一同との間に成立した（後略）

ので有つた。其處に醞釀された空氣は、分離は最早時代の要求として當然到達すべき點で有る事を一般に認めしむるに足るもので有つた。而して右決議に従つて洋酒及罐詰業より各五名宛の分離問題調査委員が詮衡委員に依つて指名選任せられた。委員氏名は左記の通りである。

逸見斧吉氏　東洋罐詰會社氏
渡邊寛五郎氏　俵木清八氏
田下文治氏　降矢虎馬之輔氏
安藤勝治氏　斯眞田百三郎氏
森本慶太郎氏　阿部三虎氏

分離問題調査委員會は最も愼重に其任務を盡した。二月十六日及二十一日の兩度に亘る委員會は熟慮審議の結果遂に時代の進展に適應すべく分離然る可しとの決議に達し之を役員會に復命、役員會は組合員の總意に諮り最後の斷案を下す爲め三月十二日丸の内商工奬勵館に臨時總會を招集した。

最後の斷案下る日、大正十二年三月十二日は當組合にとつて記念す可き日で有つた。朝來冷雨頻りにして參會者の面上亦一脈悲愴の色を湛へ、開會前既に息詰まる様な緊張を示した。

二度罐詰時報の敍景に従へば

午後二時羽田議長によつて開會が宣せられた。外には春ながら冷雨蕭々として下り室内には晝ながら薄暗の色漂ふて電燈は冷い光を投げて居た。委員會の決議が朗讀された。滿場寂として聲なく緊張せる一體の空氣は息詰る樣な感じであつた。議長の御質疑はありませんかの聲が響く、引續いて御異議はありませんかと云ふ聲が室の隅々迄も流れる緊張の度は濃くなりまさる。風か雨か出席者の面上一種名狀すべからざる表情が見られた。と何處よりか異議なし！と呼ぶ。議長は御異議は御座いませんかと念を押す。再び誰れかゞ一聲異議なしと鋭く叫ぶ。滿場聲をのむ。かくして分離問題は事あらば爆發しさうな肅然たる緊張裡に一人の異議を稱ふるものもなく眞の滿場一致で、其當然到達すべき點に到達したので有つた。其刹那には組合の永い歷史を顧みて其最後を悲しむ心も湧き、別離の哀愁も感ぜられない譯には行かなかつた。更に又相互に手を握つてさらば我が友よと暖かい別辭を交はし度い樣な柔かな心持も感ぜられた。

のであつた。直に罐詰業分離即ち東京罐詰同業組合創立の爲め及舊組合との殘務折衝の爲め逸見斧吉氏、斯眞田百三郎氏中島董一郎氏及若菜熊次郎氏の外に正副組長を加へた準備委員が選任せられ、やがて呼び慣れた東京洋酒罐詰問屋同業組合は東京洋酒食料品同業組合と改稱せられた。そして罐詰業者には組合創設の輝かしい希望と重い責任とが殘されたのである。而も其は待望久しき獨立自由の天地で有り亦求めて尙果さねばならぬ責務なので有る。

罐詰業者は堤淸六（日魯漁業）、逸見斧吉、斯眞田百三郎、若菜熊次郎、中島董一郎、藤野辰次郎の六氏を創立委員として日本橋區龜島町に創立事務所を置き、中島董一郎氏を定款起草委員に選び、直に諸般の創立準備を進めたが同年六月廿九日發起認可の申請を行ふ迄意外の日時を費したのであつた。之は分離問題の感情的餘燼が種々の支障を生みたる結果に過ぎず、罐詰業者の總意は終始一貫罐詰組合の創立を支援したのであつた、即ち四月七日より九日迄廣島市に開催された第十八回罐詰業聯合大會に於ける東京內田勇太郎氏の提議に係る緊急動議「大會決議實行に關する件」及大阪石川宗吉氏外七氏提出の「聯合會規約改正の件」は共に東京に於ける洋酒、罐詰分離決定の刺戟を受けて全國の罐詰業に獨立の地位を得せしめ以て罐詰業聯合會を重要物産同業組合法に依る罐詰同業組合聯合會に革正せしめんとする全國同業者の意氣を展開するものにして、爲めに十三名の委員を選任された事實に見ても、如何に當組合の設立が全國業者の輿望を擔ふたかを證明する事が出來るのである。

此間農商務當局の諒解支援の淺からざるものあり、七月十七日には遂に發起認可の指令に接したのであつた。依つて直ちに當組合員たる可き業者の同意を求めて七十五名を得、八月一日創立總會の通知は發せられたのであつた。

八月二十一日午後二時赤阪區溜池町一番地三會堂に創立總會は開催された。總會は組合員たる者總數七十五名中六十三名（內委任狀三十七名）の出席に依りて發起人逸見斧吉氏を議長に推し既述の經過報告に次ぎ左記の諸件を附議し何れも滿場異議なく可決したのであつた。

一、定款の件
二、初年度經費豫算案並に經費賦課徵收方法
三、創立費承認並に其銷却方法の件
四、役員選擧の件

定款は其後數回の改正有りたれ共其根幹は現定款と等しく、初年度經費豫算案並に經費賦課徵收方法及創立費銷却方法は後述の通り關東大震火災の結果自然其効力を失ふに至つたが只組合の發展過程を示す資料として豫算案の骨子を摘記する。

初年度經費豫算案（自大正十二年九月至大正十三年三月）

收入之部

科目	豫算	備考		
第一款　賦課金	二、〇二三・〇〇圓	第一級月額	一〇・〇〇圓	一〇名

		第二級〃	七・〇〇	七名
		第三級〃	五・〇〇	六名
		第四級〃	三・〇〇	一五名
		第五級〃	二・〇〇	二八名
		第六級〃	一・〇〇	九名
		計		七五名
第二款　手數料	二、五〇〇・〇〇	甲種検査料	二〇、〇〇〇函	八銭替
		乙種検査料	一〇、〇〇〇函	四銭替
		裏書料	五〇〇圓	
第三款　雑收入	二二五・〇〇	組合員章標	七五枚	三圓替
合計	四、七四八・〇〇			

支出之部

第一款　事業費	一、四〇〇・〇〇	檢査所ヲ横濱組合ト共同經營トスルコト
第二款　事務費	二、八六五・〇〇	
第三款　會議費	三二五・〇〇	
第四款　豫備費	一五八・〇〇	創立總會、定時總會費及役員會月二回宛
合計	四、七四八・〇〇	

役員選擧は議長指名の三立會人、田下文治氏、池ケ谷松藏氏及三井物産株式會社森田氏立會の下に行はれ左の通り光輝ある初代役員が決定した。

役名	當選者
組長	堤清六氏
副組長	逸見斧吉氏
〃	斯眞田百三郎氏
評議員	大北漁業株式會社（代表、檀野禮助氏）
	田下文治氏
	藤野辰次郎氏
	フレザー食品株式會社（代表、阿部三虎氏）
	鈴木洋酒店（代表、大洞正次郎氏）
	內田勇太郎氏
	若菜熊次郎氏
	中島董一郎氏

斯くて東京罐詰同業組合の形態漸く成り只農商務大臣の設置認可を俟つのみとなり組合員の新興の意氣大に揚り發起人の努力も設置認可申請に向つて濺がれたのであつたが、創立總會後正に旬日大正十二年九月一日午前十一時五十八分、突如として起れる關東大震火災の爲め總ては中斷せらるゝの止むなきに到つたかに見えた。

大正十二年九月一日關東を襲へる大震及之に續いて起れる大火災の慘害に就ては餘りに喧傳されて居る。凡ゆる生命が、生活が、危急に脅かされ常態を失ひ、凡ゆる機關が一時に活動を停止した。

組合も組合員も所管廳も例外で有り得る筈はなかつた。創立事務所は總ての資料と共に烏有に歸し、組合員は搖れ返し搖れ返す餘震と炎々天を焦す猛火に追はれて唯身一つで四散し、主務官廳も亦燒失して其事務は緊急對策の外又顧みるべくもない状態となり、順調に進捗し來れる組合設立も茲に全く挫折し了つたのであつた。然し幸にも未だ農商務大臣の認可を殘すとは云へ既に創立總會に於て組合員の總意は既述の如く役員を選擧し方針を決して、組合は既に一箇の生命となつて居た。發起人は九月三、四日頃餘燼の中に互に消息を求め合つて善後措置を講じた結果先づ震火から免れた麴町區八重洲町一の一所在の罐詰普及協會内に創立事務所を移し直に協會と協同して四散せる組合員及關係業者の安危調査を開始し且つ此所を共連絡中繼の場所に提供した。日々報告は集められ又放送された。斯くて事務所は業者の中心となり互に無事を喜ぶ人々に滿ち共歡喜の裡から復興に對する希望や勇氣か萠え且つ育まれ、爲めに理事者の勇氣付けらるゝ事も多かつた。

罹災地に漲る復興の意氣は正に天を衝くの慨があつた、全國各地より寄せられた同情は種々の形を以て此氣勢を激勵し同時に鞭撻したのであつた。罐詰業者も同樣である。假事務所、假營業所の建設は日を逐ふて進捗した。

然し賣るべき商品は皆無であつた。事實内地各地の商品は救恤品として徵發せられて地方市場何れも滯貨薄となつて居たのみならず罹災者に於ては動產不動產を問はず總てが灰燼に歸して居たのはいふ迄もない。其上に火災保險金の支拂は拒絕され、從來の貸借決濟に關してはモラトリアムが布かれた。東京商人に對する物的信用は皆無となつて圓滑な商取引の困難は餘りに瞭らな事實で有つたのである。

之より先日本各地はもとより諸外國よりの救恤品は芝浦に山積せられて居た。東京市に臨時震災救護事務局が設置されて救恤品の配給其他の救護事業が開始され、其の手に依る配給は、最初は食糧に主力が注がれ次いで衣類に及んだ。そして全罹災者の生活が其れは最小限度で有つても一種の平衡を得てから後は住居の點に主力が注がれねばならなかつた。次第に冬が迫つて居た。

建築資料の調辦と之に對する施設とが、今や救護事務局を擧げての事業とならねばならなかつた。從つて衣食の配給は勢ひ閑却されざるを得なかつた。斯くて芝浦外數ケ所には他の物資と共に約五萬函の救恤罐詰が野積の儘風雨の浸蝕に委ねられ可惜其價値をも失ふかに見えた。茲に於て評議員阿部三虎氏は之が配給を組合の手を以て行ひ組合員に商品を與ふると共に救護事務局の建築資金調達を援助す可き事を提唱し全役員之に和し後述の如く遂に此大事を完成したので有つたが、之が決行に關しては組合の設立認可の必要有り配給希望に併せて設立認可を監督官廳に要請した結果農商務省に於ても事態を諒とし緊急認可を行ふ旨内示せらるゝ一方九月末東京市助役にして臨時震災救護事務局事務を鞅掌せる田島勝太郎氏は喫緊の事態に際する機宜の處置として東京罐詰同業組合を認定し、同時に配給を許諾されて漸く事業は開始さるゝを得た。配給事業進捗中燒失せる諸資料の再製は續けられ十一月二十八日正式に設立認可申請書を提出、大正十二年十二月七日附之が認可指令を受理し茲に初めて本組合の設立を完了したのである。

組合設立經過は右の通りで有る。(註) 當組合の設立は洋酒罐詰業界に沈滯せる積年の陋弊を破り市場に獨立の分野を確立し罐詰業史上一期を劃したる點に於て、且つ又經濟社會其他一般生活に強烈なる刺戟と變革とを齎し近世日本史に特記さる可き關東大震火災裡に良く其職務を盡して過たず遂に組合を完成したる點に於て自ら光輝ある意義の存在を信ずるが爲めに、可及的忠實に記述して敢て冗長の譏りを顧ざる次第である。

註。當組合獨立が誘因となり大正十三年大阪罐詰同業組合は大阪洋酒罐詰輸出海産物同業組合より分離獨立せられ、京都、名古屋の兩地亦同業組合の結成を見んとしたが輸出組合奬勵に轉換せる政府當局の方針の爲めに許されず、準則組合を結成して其實を擧げ、昭和二年罐詰普及協會は大日本罐詰業聯合會と合體して社團法人日本罐詰協會を創立した。

摘録

大正十一年　東京に於ける罐詰業分離獨立の氣運其絶頂に達す、六月罐詰普及協會設立せられて之を支援し全國的論議に迄展開す

大正十二年一月二十九日　赤坂三會堂に於ける東京洋酒罐詰問屋同業組合定時總會に洋酒、罐詰分離案上程さる。

大正十二年三月十二日　丸の内商工奬勵館に於ける東京洋酒罐詰同業組合臨時總會に於て洋酒、罐詰分離の件可決さる。

大正十二年六月二十五日　堤淸六氏外五名を創立發起人として東京罐詰同業組合設立發起認可の申請を爲す。

大正十二年七月十七日　發起認可指令ありたり。

大正十二年八月二十一日　東京罐詰同業組合創立總會開催せられたり。

大正十二年九月一日　關東大震火災の爲め一時中絕の止むなきに至る。

大正十二年十一月二十八日　設立認可の申請を行ふ。

大正十二年十二月七日　設立認可下り東京罐詰同業組合設立完了す。

關東大震火災救恤罐詰配給經過

關東大震火災の直後に遂行せる救恤罐詰の配給事業に就ては既に略述したところであるが此配給事業は本組合設立第一着の事業――否嚴密に云へば設立に先立つて着手された事業であつて、依つて、內には一時中斷の止む無き狀態に至れる組合の設立を確定し、外には囂々たる論議を一排して獨立せる本組合存立の意義を高揚したのである、之れのみにても組合史上特記するに足る事項であるが同時に此事業は組合の存在と共に永遠に記憶さる可き幾多の特質を具へて居るのである。

配給事業は大震火災と密接不離の關聯に在る。而して之が本邦の經濟、社會萬般に一大影響を齎した彼の大光焰と生地獄の悲慘とを背景として描かるゝ時異常の興奮と感激とは常に新しく華やかに脈打つであらう、然し素より其爲めに質實に根强く打建てられた礎石の貴重さを忘却してはならないのである。玆に配給事業に關する一項を設けて記錄に止めんとする所以である。

約五萬函の救恤罐詰が芝浦其他に山積され空しく風雨に曝されて居る時、市內の罐詰商は問屋小賣商を問はず店舖の應急建築と之に容るべき商品の仕入とに奔走して居た。斯うして只管復興を急いでも其は容易に達せらる可くもなかつた。それは既述の通りである。物の價値は相對的で有る。利用せられざる五萬函の罐詰は今は價値無き存在で、放置すれば遂に其品々に罩められた內外同胞の溫かき同情や激勵を併せて腐蝕し了るのであるが、之を罹災地同業の店頭に置き換へる時に眞價値は發揮され、營業の復活は促進され、消費者の福利は期せらるゝのである。而も一般狀勢は既に漸く秩序を回復して救護事務局は建築資料の調達を急務とするに至つて、冗漫なる食料配分の必要は最早過

（芝浦配給所に於ける正副組長）
逸見副組長・斯眞田副組長・堤組長

ぎ去らうとして居た。

斯の如き狀勢に見て慧眼なる我が評議員阿部三虎氏は救恤罐詰配給の大事を組合の手を以て完成せん事を提唱し、役員會は欣然として此機宜を得た義勇奉公の事に共鳴した。配給の目的を罐詰商に置き之が代償は救護事務局に依つて喫緊の費途に充當されねばならぬ事が議決された。發意の理由は斯くの如く極めて平明簡單で有るが、他の各種の物資も同樣の立場に在るに見て救護事務局を怠慢に過ぐると指彈した人は有つても自ら起つて援助を致した者の皆無なりし事實が示す通り、其實行の困難は火を見るよりも燎かである。然し罐詰に關する限り罐詰組合を措いて誰かより適切有効な處置に出ずる事が出來やう。況や組合は罐詰業者の福利の爲めに、罐詰業伸展の爲めに、今正に獨立の天地を戰ひ得て清新の意氣に燃えて居る、如何なる難事も突破して組合員の復興を援助し惹いては帝都復興の大事に參加し公共團體たるの使命に生きねばならぬ。之が決議の精神であつた。

右の決議に從つて堤清六、逸見斧吉、斯眞田百三郎、阿部三虎の四氏等委員となり臨時震災救護事務局との交渉が開始された。交渉は最初順調に見へたが東京實業組合聯合會が全物資の一括拂下げを要請するに至つて種々の困難が生じて來た。救護品全部を一擧に復興資金に換へ得る點に於て此要請は重大で有つた。然し斯くして拂下げられた品が當然辿る可き資金潤澤なる一部商人の獨占投機的壟斷に委ねらるゝ虞れを顧慮するとき本組合は斷乎として之に反對せざるを得なかつた。數次の論陣が張られた。其結果理路整然たる吾が主張は認められたが事前に組合設立を完了する事、及び形式上本組合は東京實業組合聯合會を通じて拂下げを行ふこと、從つて同會へ買受代金の二歩を提供すること、組合が物的擔保を有せざる理由を以て配給責任者の個人保證等が要求されたのであつた。當時の情勢を識る者には個人保證の要求が如何に重大苛酷な意味を有するかは直に諒解せらるゝであらう。東京實業組合聯合會への拂下げを豫知して、本組合が最も怖れた不德義な暗躍は既に始められ極力本組合の配給を阻止せんとする各種の中傷讒誣が行はれて居たのである。然し役員の信條は之が爲めに潰ゆるには餘りに確固たるものがあつた。涸渇せる罐詰商の店頭へ商品を提供する事は交渉締結の急以上に焦眉の問題で論議の爲めに貴重な時日を空費する事は不可能であつた。要求の承認は異常の覺悟を以て直に決意せられた。斯くして配給事業は組合を基調とし之を保證せる役員の責任を以て遂行される結果となつた。

仍つて役員會は組合に累を及ぼさざらん爲め、別に組合中に罐詰配給團を結成して左の如き大綱を決したので有つた。

一、罐詰配給團は組合の代行機關たる事

一、罐詰配給團は拂下げに對し個人保證を提供したる組合員を以て組織すること

一、罐詰配給團は配給の全責任を負ひ如何なる場合にも組合に負擔を及ぼさざること

一、配給團は損益の如何を問はず拂下金額の四歩を組合に提供すること

一、配給團員は配給に對し何等優先權を有せざること、等

右の大綱に見る如く公正無私、只組合愛、同業愛が考へられたのであつた。

前述の如く配給の全責任を組合より配給團に移す可く決定せらるゝや配給團の組織を役員のみに制限せず廣く特志組合員の參加を求め以て業界協調の實に就かんとしたるも、拂下げらる可き堆貨の下積は明かに腐蝕せるを見、果し

て幾何の廢品を生ずるか不明なるに加へて之が仕分けには數萬の經費と練達の技術を要す可きを見ては逡巡遂に一人の參加者をも得られなかつた。當時の逼迫せる狀態より見て之は寧ろ當然の結果であつて、敢然責に任じた配給團員の面目は更に一段の生彩を加ふといふよりも當時に在りては、寧ろ無智なる蠻勇に彩られて居たといふべきである。

一方事業着手に先だちて組合設立を完成す可き要があつた。農商務當局は組合の意圖を諒として凡ゆる厚意を示された。然し大震火災善後の大問題は山積して一組合の成否の爲めに專念する事は許されなかつた。廳舍は燒失し本組合設立に關する書類は失はれて居たのである。組合も亦燒失せる書類の再製に着手はしたが未だ完成には遠かつた。

臨時震災救護事務局に對して屢々右の事情を具陳して其諒解を求めた、其結果九月下旬(日不詳)救護事務局の事務を執掌せる東京市助役田島勝太郎氏は本組合の整然たる論旨と動かざる熱誠とに信賴せられ市長永田秀次郎氏の了解の下に本組合を認定せられ茲に拂下契約は結ばれたのであつた。

彼の赤煉瓦の市廳舍前のテント張の臨時事務室、其中に据えられたテーブルを挾んでの會見の想出は當時之に携はれる人々の終生忘れ得ぬ感激であろう。不眠不休、連日の激務に何の顏も蒼白に引締つて居た。語る者は同業者の上に、聽く者は市民の上に同じ援助の手を伸べて居る者である、言々愛と熱であつた、永田市長が首肯ゐた、田島氏が自分の名刺に鉛筆を走らせて靜かに手渡された。受取つて阿部評議員の眼は微笑に輝ゐた。其は東京鑵詰同業組合設立假認可證であつたのである。

救恤鑵詰の配給は其緒に就いたのである。會議は繰返され九月三十日左の如き事務管掌規程を定め之に從つて事業が開始された。

事務管掌規程

總務部

第一條　總務部は販賣、倉庫、會計の各部及び其事務に關する諸委員會を統轄管掌す

總務委員長斯眞田百三郎此事務を管掌す

販賣部

第二條　販賣部は販賣に關する一切の事務を取扱ひ現金收受の上藏出票を發行す、藏出票の發行は丸の內フレザー食品株式會社內組合假事務所に於て行ふ。

販賣部長逸見斧吉此事務を管掌す

倉庫部

第三條　倉庫部は荷物の出入に關する一切の事務を取扱ひ藏出票の品目數量に依り荷渡しを行ふ。又每日荷物出入明細表を作成し之を總務委員長に提出す

倉庫部長中島董一郎此事務を管掌す

會計部

第四條　會計部は金錢出納に關する一切の事務を取扱ひ收支を明瞭にし其計算書を總務委員長に提出す。

會計部長阿部三虎此事務を管掌す

價格評定委員會

第五條　商品の市場に於ける配給狀勢に鑑み價格評定を行ふ爲め左の委員を置く

鈴木洋酒店。國分商店。逸見斧吉。斯眞田百三郎。田下文治。若茱熊次郎。中島董一郎の七名

廣告宣傳

第六條　荷物販賣上必要なる廣告、ポスター其他の宣傳事務は之を罐詰普及協會に委托す

拂下げは芝浦在荷を第一回に其他に散在する物を第二回に前後二回に分割された、配給團員は自家の復興に日も之

れ足らぬ中を連日配給の爲めに奔走し、剩へ其店員諸子を多數提供した。價格評定委員は勞苦を吝まず協力せられた罐詰普及協會の諸氏も應援され開進組の殆んど全員が動員され、宍倉廻送店の全能力が徴發され、芝浦原頭の罐詰は仕分けされ一罐一罐打檢され、一種毎に開罐檢査され、評價され記帳された。不良罐は紫インクを注入して廢棄された。

彼の非常困憊の中に爲さねばならぬ仕事、爲す爲めに起つた仕事とは云へ、よくも果された事だと云はねばならぬ。朝未明から夜は十一時迄が勤務時間であつたが品評々價や相談に時が移つて暗黑無人の燒野原の丑滿時を家路に辿つた事も幾回だつたらう。拂下決定後旬日を出ず第一回拂下分三萬六千一百八十二函の仕分が完了され十月二日正式契約書の調印を了り十月六日に配給が開始された。

配給團は配給開始に當り協議の結果罐詰業者全般の福利、援助及消費者の利便の爲め小口を第一とし大口を第二とし先ず組合員のみならず罹災地の全罐詰小賣業者に之を分配する事を決し最高函數を制限し廣く之を廣告した結果十月二十日之を締切る迄、日々一百名乃至二百名の買入申込者殺到し十五日間に二千三百餘口、多き日は一日三萬五千圓少き日にも五千圓を下らぬ盛況を呈したのであつた。如何に小賣店に商品が涸渇し、大旱の雲霓の如く此配給を期待して居た事か、幸にして組合の信念が、處置が、如何に適切にして誤らなかつた事か、配給團員は此時初めて九月一日以來の自己を振返る心安さに一夜の熟睡を味ふたに違いない。殘品の小口賣出は、十一月一日芝浦に於て行はれた。罹災地區内居住同業者の一般入札の方法に依り之亦大成功裡に了り、殘務整理が完了したのは十一月十日で有つた。第二回拂下品は藏前、權田原、隅田及芝浦の各地に散在する總數二萬二千一百六十函で有つた。之等の打檢、品評、評價等は第一回殘務整理中既に了つて居た。正式契約の調印は十一月十一日第一回拂下品代價の支拂と同時に行はれた。

第一回の配給を以て罹災地小賣商の店頭は既に霑ひ、消費も漸次平調に歸したので第二回拂下品は組合員援助の爲めに其配給目的を組合員に制限し十一月二十八日を下見、二十九、三十兩日を申込日となしたるところ各品共在荷數の二十倍乃至三十倍の申込に接する盛況を繰返した。
尚最後に殘りたる端數物は殘務整理を急ぐ爲め之を組合員數に區分し番號を附し破格の均一廉價を以て組合員へ抽籤を以て福引的に提供された、一山二十圓の荷物が藏出票を以て百五十圓で轉賣されたものも有つた位で有つた。
斯くて全配給を完結したのは十二月二十四日で九月一日以來實に百十五日間健鬪の後で有つた。而して配給事業は左の通りの成績を收めたのである。

配給團員氏名

組長　堤清六氏
副組長　逸見斧吉氏
〃　斯眞田百三郎氏
評議員　田下文治氏
〃　阿部三虎氏
〃　鈴木洋酒店氏（代表大洞正次郎氏）
〃　若菜熊次郎氏
〃　中島董一郎氏

尚役員中配給團に加盟されざりし向は本人不在、其他止むなき事由に依るところであつた。

第一回配給

契約調印　大正十二年十月二日

配給開始　〃　十月六日
配給完了　〃　十一月十日
拂下函數　參萬六千一百八十二函
〃價格　拾七萬七千六百七十五圓三十錢
賣上金　貳拾五萬七千圓四十八錢
諸掛　五萬二千一百七十六圓一錢（手數料、打檢、荷造、運送、事務、廣告費其他）
本組合手數料　七千一百七圓一錢　（買受金の四歩）
內　東京實業組合聯合會手數料　三千五百五十三圓五十一錢（〃　二歩）
差引殘　二萬七千一百四十九圓十七錢

第二回配給

契約調印　大正十二年十一月十一日
配給開始　〃　十一月二十八日
配給完了　〃　十二月二十四日
拂下函數　二萬二千一百六十函
〃價格　七萬四千七百五十四圓十錢
賣上金額　十二萬二千七百八十五圓五十錢
諸掛　二萬八千四百十二圓八十九錢（前同）
內　本組合手數料　二千九百九十圓十六錢　（買受金の四歩）

芝浦入札會場

東京實業組合聯合會手數料　一千四百九十五圓八錢　（〃　二歩）
差引殘　一萬九千六百十八圓五十一錢

通　算

拂下函數　五萬八千三百四十二函
〃價格　二十五萬二千四百二十九圓四十錢
賣上金額　三十七萬九千七百八十五圓九十八錢
諸　掛　八萬五百八十九圓
內　本組合手數料　一萬九十七圓十七錢
東京實業組合聯合會手數料　五千四十八圓五十九錢
差引殘　四萬六千七百六十七圓六十八錢
前後二回を通じて配給に提はれる人員概數約一萬人

配給事業は右の通り優秀の成績を收め所期の目的を完全に果した、洵に戰場に比す可き彼の混雜の裡に貴重なる勞力を割き、莫大なる經費を惜まざる上に損失を顧みずして罐詰の信望を失墜する虞れあるものは全部紫インクを注入して廢棄し、其製造者を調査の上戒告書を發して反省を促し、又全品種見本を各地關係團體に送付して共品評に供する等罐詰業の永遠性を忘れず一糸亂れざる統制の下に行動し得たといふ事は正に驚異の事實である。

此間組合は設立完成の準備を整へ既述の通り十一月二十八日認可申請を行ひ十二月七日認可の指令を受けたるを以て十二月十五日午後四時三十分丸の內日本工業倶樂部に臨時總會を招集し組合設立報告を爲し配給事業に依る組合手

不良品は一罐毎に紫インクを注入して廢棄された

芝浦に野積の救恤罐詰

数料一萬九十七圓十七錢受領の件を承認した。

震災の結果として創立總會に於て議決せる初年度賦課金、檢査料其他總ての收入の道を失ひ機能の遂行に一抹危惧の念あらしめたる組合は反つて設立と同時に配給團の努力の結晶を、強力な動力として與へられたのであつた。之が爲め臨時總會は左の如き諸件を決定する事が出來た。

一、創立費七百七十圓三十五錢銷却承認の件
一、初年度賦課金徴收免除の件
一、支出豫算は既定の儘となす件
一、定款變更の件（加入金設定の件但し本件は大正十三年一月二十四日開催第一回定時總會に於て撤廢す）

而も配給團より更に驚歎に値する提案が行はれた。其は第一回配給剩餘金二萬七千一百四十九圓十七錢全額を組合へ提供更に第二回配給剩餘金一萬九千六百十八圓五十一錢（當時金額未詳）を同様提供す可き豫約で有つた。個人保證

の危險を冒し百十五日間苦辛慘憺の償としては寧ろ少しとする此剩餘金を擧げて組合へ提供して私する事なく、只管組合の發展を祈念されたる赤誠に對して只肅然たる空氣のみが應へたので有つた。

次で大正十三年一月二十四日開催の總會に於て第二回配給剩餘金の決定額受領か可決さるゝや第一回分に併せて之を特別會計となし有効なる組合發展資金として保有さる可き事が決せられ、更に昭和二年一月二十三日開催第四回定時總會に於て其利子の一部と共に金五萬圓を組合基本金となす事が決議され以て今日に及んだ。

此れより先配給團の希望に基き組合の名に於て大正十二年末剩餘金中金五千圓を割き水産罐詰開發基金として帝國水産會へ寄附されたが之は今尙同會に東京罐詰同業組合奬勵金として有効に利用されて居る。

配給事業の經過は大要以上に盡きる。事業を貫いて流るゝ公正無私と恒に渝らざる熱誠とは必ず掬まるゝであろうと信ずる。配給團は事業完成と共に解散したが、此精神は組合と倶に存續するのである。卽ち未だ確然たる色調を示さざりし組合は配給事業の困苦に遭ふて本然の相を研かれ、依て以て今に流れ將來に傳へらるべき信條を決定したので有る。配給事業が其齎せる物的効果以上に永く記憶さる可き所以である。尙配給事業に關聯する一二の事項を記して本項を了る事とする。

震災に依る組合員の損害狀態は直に調査されたが其全貌を明かにする事は不可能で有つた。家屋其他は之を別とし商品の損失に付いて左記の數字が算定された。但し本調査は全組合員に向って行ったので有るが之は其内同答を得た五十八名の集計で有つて其他の組合員並に未加入業者、小賣商の損失を合したならば蓋し此數字は更に數倍されたで有らう。

蟹罐詰	三二、五九七函	七七七、一三一・五〇圓
魚類	四〇、五五三〃	四二八、一三〇・八一
獸肉類	二三、二五六〃	四四二、三〇六・四〇

漬物類	一二、五〇九〃	一七八、四二九・〇三
野菜類	一九、二六七〃	二一五、九二七・六一
果實及ジャム類	一四、七〇〇〃	一六〇、七五三・九三
貝、海苔類	九、〇五六〃	一二七、六三五・二八
ミルク類	一一、四三九〃	二〇九、〇〇三・九八
雜	二二、〇七九〃	四二〇、八〇九・三九
合計	一八五、四五六〃	二、九六〇、一二七・八九

配給拂下げ罐詰全品種を各關係團體へ送付して其品評を需めたるは既に述べたところであるが、救恤罐詰は外國より又日本全國より集積されたもので其結果は當時の業界を窺ふ上に而して今日の情態に比較して罐詰業獨立の至當なりし事實を認むる點に於て興味有る資料と考へられる。

之等罐詰は罐詰普及會を通じて陸軍糧秣本廠、同大阪支廠、水産講習所、帝國大學農科、東京農業大學、大阪洋酒罐詰同業組合、廣島罐詰同業組合、大日本罐詰聯合會、東洋製罐株式會社、北海製罐倉庫株式會社に送付され得難き資料として研究された。其品種は左記七十二點である。

魚介類	三四點	獸肉類	一六點
漬物類	一三點	佃煮類	七點
其他	二點	合計	七二點

當時罐詰檢査を施行せられた大阪洋酒罐詰同業組合の報告を擧ぐれば左の通りで今日の情態に比し誠に感慨深きものがある。

一等合格品	一四、五%
二等合格品	四八、五%
三等合格品	二七、〇%
不合格品	一〇、〇%

又救恤品中大阪朝日、毎日兩社提供に係る小貝(蜆)味付、提供者不明廣島某製白肉(牛臓腑)罐詰は救恤品用として特別に製造されたるものであるに拘らず何れも如何に食糧缺乏せる罹災者と雖も到底口にし得ざる濫造品で其不德義は憎みても餘り有るものなりしを以て嚴重抗議して將來を戒めたので有つたが、送還の後隨處の投機者の手に依つて處分され消費者の手に渡つたでもあらう場合を假想するとき當業の爲め慄然たるものがあつた。

十二月十五日開催の臨時總會終了後組合成立自祝の爲め且つ正に灰燼の中に新しき力を以て努力相努めつゝある組合員に更に一層の勇氣と信念を與へ斯界發展の一助とも爲さんため組合員を招待して懇親會を催した。此夕べ組合創立に配給事業の達成に極力援助を垂れられた官民多數の士も出席せられ組合の成立を祝し組合及組合員の奮闘を賞讃し將來の方針に就きて有益なる示唆を與へられ、堤組長亦組合及組合員の協和を强調し組合員之を誓ひ洵に本組合の首途に相應しき感激の裡に終始したのであつた。

組合が恒に清新、渝らざる熱意を以て斯業の伸展に處して今日に至れるは偏に全組合員の協力一致に負ふところで此和協の精神こそ當夜燦然として發祥せる處のものである。

埃に染みた厚司、泥土にまみれた地下足袋姿、之が當夜の組合員多數の嚴肅な禮裝で有つた。彼の綠大理石の柱列に飾られた工業倶樂部の大廣間の大裝飾燈は其以前にも其以後にも斯の如き異樣なそして又感激溢るゝ光景を照し出した事は有るまい。

本項を了るに當つて組合設立並に罐詰配給其他萬般の事務に深き諒解を以て厚き援助と指導を賜りたる各位の名を刻し深甚の謝意に併せて其御健康を祈る。

村　上　隆　吉殿　（當時農林省水産局長）
伊谷以知二郎殿　（〃　水産講習所長）
永田秀次郎殿　（〃　東京市長）
田島勝太郎殿　（〃　東京市助役）
丸本彰造殿　（〃　陸軍糧秣廠主計正）
江副元三殿　（〃　農林省水産局技師）
エフ、エス、ブース殿　（〃　セール、フレザー株式會社）

罐詰普及協會員諸氏
配給團各位の店員諸氏。

又震災至るや大阪洋酒罐詰同業組合及長野洋酒罐詰卸商同業組合は深き同情と多額の見舞金とを寄せられ組合の爲めに激勵を與へらるゝ所甚大であつた。回顧して感謝新たなるを覺える。

組合十年史

一、事務所の變更

自大正十二年五月
至同　年九月一日　日本橋區龜島町（創立事務所・燒失）
（現在日本橋區茅場町二丁目）

自大正十二年九月　三日
至大正十三年五月三十日　麹町區八重洲町一丁目一番地セール、フレザー株式會社内
（現在麹町區丸の内二丁目十四番地）

自大正十三年五月三十一日
至昭和　六年二月二十八日　麹町區永樂町一丁目一番地（丸の内ビルデイング）
（現在麹町區丸の内二丁目二番地）

（但丸の内ビルデイグ修築のため同ビル内に於て前後四回轉室す）

自昭和六年三月一日
至現　在　日本橋區江戸橋一丁目一番地三菱倉庫株式會社ビルデイング六階

二、組合員

組合員は組合の因子であつて組合員無しに組合は無い。從つて組合員の増減は其地業界消長のバロメーターである

本組合は別表に揭げた通り組合員漸增の傾向に在り、事實漸次繁榮に向つて居る事は欣びに堪へぬところである。然し新興の意氣昂れる反面には關東大震火災の深傷に加へて世界恐惶の重壓に破れ、遂に破綻の非運に遭はれた組合員も數多かつた。本項を誌すに當つて洵に感慨無量である。當業の發展を庶幾すると共に嘗て組合に名を連ねられた諸氏の再起を祈念してやまぬ次第で有る。

昭和八年度現在組合員數（十一月）

營業種別　　人員

製造業	三七名
販賣業	八六名
製罐業	二名
製罐機械業	一名
合計	一二六名

各年度初頭組合員數比較

大正十二年初年度	同十三年二年度	同十四年三年度	同十五年四年度	昭和二年五年度	同三年六年度	同四年七年度	同五年八年度	同六年九年度	同七年十年度	同八年十一年度
七五	七六	一〇五	一〇六	一〇五	一〇四	九九	九九	一〇五	一三一	一三二

各年度中加入脱退者數（△印減）

年次	初年度	二年度	三年度	四年度	五年度	六年度	七年度	八年度	九年度	十年度	十一年度十一月迄
加入數	一	二九	六	四	五	一	七	一四	二八	一一	二
脱退數	〇	〇	五	七	五	五	七	二	六	九	七
對比増減	一	二九	一	△三	〇	△四	〇	一二	二二	二	△五

備考（組合員數は各年次開始前一月豫算編成時の人員を以てし増減は各年次實數に依れるを以て數字一致せざるものあり）

三、役員

組合員が組合の因子であれば其輿望を擔つて組合の樞機に携はる役員は組合機能の原動力と見做すことが出來る。

組合機能の圓滑な遂行は組合員の和協に俟つ事勿論であるが之を運轉して誤らぬ役員の責務は更に大なるものである

然も歴代役員は公正無私只管當業の發展に想を致して組合を今日の隆運に誘導した。其熱誠其功績に對しては滿腔の敬意と謝意を表するのであるが、組合員が自己の選んだ役員に恒に渝らざる信頼をかけ、全組合員支援の實を擧げた結果に外ならぬは勿論である。

第一期役員 （大正十二年八月二十一日創立總會に於て選擧）

○組　長（定員一名）
故堤　清　六氏（日魯漁業株式會社）

○副組長（定員二名）
逸見斧吉氏（株式會社逸見山陽堂）
故斯眞田百三郎氏

○評議員（定員八名）
大北漁業株式會社（代表　故澤田三郎氏）
故田下文治氏
藤野辰次郎氏
阿部三虎氏（フレザー食品株式會社）
株式會社　鈴木洋酒店氏（代表大洞正二郎氏）
故內田勇太郎氏
若栄熊次郎氏
中島董一郎氏

第二期役員（昭和二年一月二十三日第四回定時總會に於て選擧）

○組　長（定員一名）

故堤　清六氏（日魯漁業株式會社）　昭和五年一月辭任

○副組長（定員三名）

故斯眞田百三郎氏　昭和三年一月一日物故

逸見斧吉氏（株式會社逸見山陽堂）

故柏淵幸一氏（株式會社日比野商店）　昭和三年三月九日物故

藤野辰次郎氏　昭和三年三月二十三日臨時總會ニ於テ補缺選任

○評議員（定員十三名）

藤野辰次郎氏　昭和三年三月二十三日副組長へ就任

阿部三虎氏（フレザー食品株式會社）　昭和三年四月卅三日其代表會社退社ニヨリ辭任

中島董一郎氏

株式會社鈴木洋酒店（代表大洞正二郎氏）

大北漁業株式會社（代表檀野禮助氏）

故田下文治氏

故內田勇太郎氏

若菜熊次郎氏

青木安吉氏

井藤與四郎氏（廣島蓄產株式會社）

伊藤精七氏
小島仲三郎氏（合名會社三澤屋）
株式會社山屋（代表渡邊寛五郎氏）

第三期役員（昭和五年一月十四日、第七回定時總會に於て選擧）

○組長（定員一名）
逸見斧吉氏（株式會社逸見山陽堂）
○副組長（定員二名）
藤野辰次郎氏
故田下文治氏
青木安吉氏
○評議員（定員八名）
井藤與四郎氏（廣島蓄産株式會社）　昭和五年六月其代表會社退社ニ依リ辭任
株式會社鈴木洋酒店（代表大洞正二郎氏）
合名會社國分商店（代表矢野松吉氏）
三井物産株式會社營業部（代表柳田健氏）
小島仲三郎氏（合名會社三澤屋）
中島董一郎氏
株式會社北洋商會（代表角野七藏氏）

森田辰五郎氏（株式會社日比野商店）　昭和六年一月井藤與四郎氏補缺トシテ選任

第四期役員

（昭和八年一月十四日第十回定時總會に於て選擧）

○組長（定員一名）

逸見斧吉氏（株式會社逸見山陽堂）

○副組長（定員二名）

藤野辰次郎氏

故田下文治氏　昭和八年五月二日物故（目下缺員）

○評議員（定員八名）

三井物產株式會社營業部（代表野村康雄氏）

株式會社鈴木洋酒店（代表大洞正二郎氏）

小島仲三郎氏（合名會社三澤屋）

森田辰五郎氏（株式會社日比野商店）

青木安吉氏

株式會社北洋商會（代表藤原利明氏）

小出孝男氏（合名會社桃屋商店）

前澤織衛氏（東洋製罐株式會社）

四、會　　議

本組合は重要物産同業組合法に據り、組合員全員を以て組織する總會と組長及副組長團の諮問機關たる評議員會とを定欵に規定して居る。

イ、總　會

總會の決議すべき事項の槪目は

一、經費豫算並に其徵收方法を定むること
二、決算並に業務成績報告に關すること
三、役員の選擧を行ふこと
四、定欵の變更をなすこと
五、組合に屬する財產の設置取得管理及處分に關すること
六、組合に係る訴訟及和解に關すること
七、其他の法令及定欵の規定に依り其權限に屬する事項

であつて、要するに組合の方針を決し以て組合機能に目的生命を附與する機關である。總會は每年度一回定期的に開催せらるゝ外必要に應じて臨機招集せらるゝ。

現在迄に開催された總會及之に提出決定された議案は左の通りである。但し賦課金徵收方法及收支豫算案は定時總會より控除する能はざる議案（其內容は各々別項に說明す）であるから重復を避けて玆には省畧する。

創立總會　大正十二年八月二十一日　於赤坂區溜池町一番地三會堂

議　案

一、組合創立に關する經過承認の件　(可決)
二、定欵決定の件可決　(可決)
三、經費豫算案並に賦課金徴收方法の件　(可決)
四、創立費承認の件　(可決)
五、役員選擧の件

臨時總會

大正十二年十二月十五日　於麹町區永樂町二丁目一番地日本工業倶樂部

議　案

一、組合設立及配給團申出に係る寄附金を受理し之を以て支出豫算を支辨する件　(可決)
二、定欵變更の件　(加入金制定の件)　(可決)
三、本年度賦課金免除の件　(可決)

第一回定時總會

大正十三年一月二十四日　於麹町區丸の内仲通り中央亭

議　案

一、大正十三年度に對する臨時賦課金徴收方法設定の件　(可決)
二、組合員の不法行爲制裁に關する内規制定の件　(可決)
三、前臨時總會の決議に係る定欵變更の件撤廢の件　(可決)

第二回定時總會　大正十四年一月二十四日　於麹町區丸の內仲通り中央亭

議　案

一、罐型統一及內容量標準制定の件（罐型及牛肉、福神漬罐詰の標準內容量を可決す）

第三回定時總會　大正十五年一月二十七日　於麹町區丸の內仲通り中央亭

議　案

一、罐詰內容量標準制定の件（既決牛肉、福神漬以外の內容量標準決定權を役員會に附與する旨決定）

一、罐型統一に關する件（既定の外追加案を提出、否決）

第四回定時總會　昭和二年一月二十三日　於麹町區丸の內仲通り中央亭

一、定款追補變更の件（基本金設定の件可決）

一、役員選擧の件（議長指名の詮衡委員の詮衡を以て選擧に代ゆ）

一、定款變更の件（緊急動議。役員定數變更の件可決）

第五回定時總會　昭和三年一月二十四日　於麹町區永樂町二丁目一番地日本工業倶樂部

議　案

一、副組長一名の缺員を次期總會迄缺員の儘となす事（可決）

臨時總會　昭和三年三月二十三日　於赤坂區溜池町一番地三會堂

議　　案

一、副組長補缺選擧の件　（藤野辰次郎氏當選）

第六回定時總會　　昭和四年一月二十六日　　於麴町區永樂町二丁目一番地日本工業倶樂部

議　　案

一、罐詰取引方法改善に關する件　（逸見山陽堂提案、現金取引奬勵法可決）

第七回定時總會　　昭和五年一月十四日　　於麴町區丸の內一丁目二番地日本工業倶樂部

議　　案

一、役員改選の件

二、新製品保護に關する件　（可決）

第八回定時總會　　昭和六年一月十四日　　於麴町區丸の內一丁目二番地日本工業倶樂部

議　　案

一、現金取引奬勵の件　（可決）

二、罐詰內容標準量制定及罐型規格統一に關する全國關係團體協議會決議承認の件　（可決）

三、定款變更の件　（檢査規定改正）　（可決）

四、評議員缺員一名補缺選擧の件　（日比野商店當選）

第九回定時總會　昭和七年一月十四日　於麴町區丸の内一丁目二番地日本工業俱樂部

議案

一、定款變更の件（檢査規程改正——（鮪の件）（可決）

臨時總會　昭和七年十一月九日　於日本橋區江戸橋一丁目一番地組合事務所

議案

一、定款變更の件（可決）

二、昭和七年度收支經費豫算更正の件（可決）

第十回定時總會　昭和八年一月十四日　於麴町區丸の内一丁目二番地日本工業俱樂部

議案

一、役員改選の件

ロ、評議員會

評議員會は評議員を以て組織し左の職務及權限を有して居る。

一、組長より總會に提出する議案を審査し組長に對し意見を述ぶること

二、組合の財産及業務の狀況を監査し每事業年度一回以上之を總會に報告すること

三、組長の諮詢に應ずること
四、經費決算を審査すること
五、其他法令又は定款に依り其權限に屬する事項

評議員會に正副組長參加して毎月一回會議を開くことを慣例とし其職務又は權限に從ひ組合機能の圓滑なる運用を期して居る。之を役員會と稱して居る。

役員會開催の狀況は次項の通りである。役員會の協議事項は何れも各種事業の根源をなすものにして、本組合の事業成績は役員會決議の結果に他ならない。其詳細は省略する。

年次	開催回數
第一年度（大正十二年度）（十二月――三月）	四回
第二年度（〃十三年度）	一一〃
第三年度（〃十四年度）	一一〃
第四年度（〃十五年度）	一二〃
第五年度（昭和二年度）	一四〃
第六年度（〃三年度）	一一〃
第七年度（〃四年度）	一一〃
第八年度（〃五年度）	一一〃
第九年度（〃六年度）	一二〃
第十年度（〃七年度）	一一〃
第十一年度（〃八年度）（十一月迄）	七〃

五、會計

イ、賦課金

賦課金は同業組合の組成上組合員が共同の福利を增進し之を享受する爲めに負擔するものなる事は既に明かで、組合經濟の重要なる收入源である。從つて組合事業が擴充すれば福利も之に伴つて增大する譯で、增大された福利換言すれば膨張した經費は賦課金增徵の結果に至るのが一般の狀態である。然るに本組合は事業の擴大卽ち經費の膨張にも不拘尙賦課金低下に對する組合理事者不斷の理想を着々と實現し得たのであつた。此は檢査事業の好調に併せて基本金を保有せる結果に他ならない。

各年次賦課金額及賦課金收入豫算額は別表の通りで有るが組合員數に於て初年度に比し約倍加せる第十一年次の賦課金收入豫算額が反つて初年度（半年分）の同豫算よりも減少して居る事は注意すべき事實と云はねばならぬ。

組合員一人一ヶ月當り賦課金額に就て云へば初年度に於て平均四圓四十九錢强であつたものが現在に於ては二圓一錢强に低下して居る。

年次 ＼ 等級	第一級 月額圓	第二級 月額圓	第三級 月額圓	第四級 月額圓	第五級 月額圓	第六級 月額圓	賦課金收入豫算	組合員數	一人一ヶ月當平均賦課金	備考
初年度	一〇、〇〇	七、〇〇	五、〇〇	三、〇〇	二、〇〇	一、〇〇	二、〇二三・〇〇（半ヶ年）	七五	四、四九强	六等級制但シ徵收ヲ全免セリ
第二年度	二、〇〇	—	—	—	—	—	一、八〇〇・〇〇	七五	二、〇〇	震災後ニ付均等制ヲ採ル
第三年度	七、〇〇	五、〇〇	三、〇〇	二、〇〇	—	—	四、七四〇・〇〇	一〇五	三、七六强	四級制
第四年度	七、〇〇	五、〇〇	三、〇〇	二、〇〇	—	—	四、七六四・〇〇	一〇六	三、七三强	〃
第五年度	七、〇〇	五、〇〇	三、〇〇	二、〇〇	一、〇〇	—	三、九一二・〇〇	一〇五	三、一二强	五級制

第六年度	七、〇〇	五、〇〇	三、〇〇	二、〇〇	一、〇〇	—	三、七三二・〇〇	一〇四	二、八四弱	〃
第七年度	七、〇〇	五、〇〇	三、〇〇	二、〇〇	一、〇〇	—	三、六八四・〇〇	九九	三、一〇强	〃
第八年度	七、〇〇	四、五〇	二、七〇	一、七〇	〇、七〇	—	三、八一六・〇〇	九九	三、二一强	〃
第九年度	七、〇〇	四、五〇	二、七〇	一、七〇	〇、七〇	—	三、九四五・〇〇	一〇五	三、一三强	〃
第十年度	六、〇〇	四、五〇	二、五〇	一、五〇	一、〇〇	〇、五〇	三、一八六・〇〇	一三一	二、〇二强	六級制
第十一年度	六、〇〇	四、五〇	二、五〇	一、五〇	一、〇〇	〇、五〇	三、一九二・〇〇	一三二	二、〇一强	六級制

ロ、各年次決算

初年度（自大正十二年十二月七日 至大正十三年三月三十一日）

歳入之部

科目	決算額	備考
賦課金	〇	震災ニ因リ賦課金ヲ免除ス
檢査料	〇	同ジク檢査事業不可能トナル
檢査票收入	〇	同然
罐詰配給手數料	一〇、〇九七・一七	震災救恤罐詰拂下配給事業手數料トシテ配給團ヨリ收受
組合員章標料	〇	成作不能トナル
震災見舞金	一三〇、〇〇	大阪、長野兩組合ヨリ震災見舞金ヲ收受ス
合計	一〇、二二七、一七	

歳出之部

科目	決算額	備考
檢査費	〇	震災ニ依リ檢査事業不能トナル
事務費	八五一、六一	
會議費	九一九、八六	總會二回及懇親會費、役員會費
創立費	七七四、三五	創立費ヲ銷却ス
臨時費	一三八、二〇	
合計	二、六八四、〇二	
收支差引殘	七、五四三、一五	次年度ヘ繰越

第二年度（大正十三年度）

歳入之部

科目	決算額	備考
賦課金	二、〇八〇、〇〇	年度開始時組合員七六名、平等制　月額二圓
檢査料	七二、四四	一函四錢替大正十三年八月一日事業開始
組合員章標料	二〇四、〇〇	組合員章標作成成リ新舊組合員ヘ配布ス　一〇二名分
預金利子	一八六、五一	
配給團寄附金	八三二、五〇	
繰越金	七、五四三、一五	前年度繰越金

合計	一〇、九一八、六〇	

歳出之部

科目	決算額	備考
研究會費	一、五五五、〇〇	開罐研究會後援費　大正十三年六月ヨリ開始
檢査費	二三一、一〇	大正十三年八月一日ヨリ開始
事務費	三、八三二、九八	
會議費	五五四、八六	總會一回役員會一一回
合計	六、一七三、九四	
收支差引殘	四、七四四、六六	次年度ヘ繰越

第三年度（大正十四年度）

歳入之部

科目	決算額	備考
賦課金	四、七八八、〇〇	組合員一〇五名、四級制　月額七、〇〇　五、〇〇　三、〇〇　二、〇〇
檢査料	三一四、六二	一函四錢替
組合員章標料	一〇、〇〇	新加入五名
預金利子	七六、七四	
配給團寄附金	七二一、〇〇	
補助金	四〇〇、〇〇	農林省輸出水産物檢査補助金

繰越金	四、七四四、六六	前年度繰越
合計	一一、〇五五、〇二	

歳出之部

科目	決算額	備考
研究會費	二、〇二七、一〇	開罐研究會後援費
檢査費	三八九、九六	
事務費	三、七三六、〇三	
會議費	四六八、四四	總會一回役員會一一回
豫備費	七四六、〇〇	コレラ流行ニ關スル宣傳廣告費、罐型統一協議會分擔金外
合計	七、三六七、五三	
收支差引殘	三、六八七、四九	次年度へ繰越

第四年度（大正十五年 昭和元年）

歳入之部

科目	決算額	備考
賦課金	四、四二八、〇〇	組合員一〇六名四級制　月額　七、〇〇　五、〇〇　三、〇〇　二、〇〇
檢査料	一、二四一、三〇	一函四錢替
組合員章標料	八、〇〇	新加入四名
預金利子	一五五、二一	

配給團寄附金	一、七七六、五〇	
補助金	九八〇、〇〇	農林省輸出水産物檢査補助金
繰越金	三、六八七、四九	前年度繰越金
合計	一二、二七六、五〇	

歳出之部

科目	決算額	備考
研究會費	一、九四七、九八	開罐研究會後援費
檢査費	二、八五八、三三	
會費	七二、〇〇	東京實業組合聯合會費
事務費	二、二一三、二三	
會議費	四三七、九八	總會一回役員會一二回
豫備費	一、九九〇、五二	商工省中南米旅商及費府博覽會視察員ニ對スル調査依囑費、電話購入費、丹後震災義捐金等
合計	九、五二〇、〇四	
收支差引殘	二、七五六、四六	次年度へ繰越

第五年度（昭和二年度）

歳入之部

科目	決算額	備考
賦課金	三、七二一、〇〇	組合員一〇四名 五級制 月額 七、〇〇 五、〇〇 三、〇〇 二、〇〇 一、〇〇
檢査料	二、三九九、三二	一函四錢
組合員章標料	一二、〇〇	新加入六名
基本金收入	三、七九二、五〇	定款ヲ改メ基本金ヲ設定罐詰配給團提供ニ係ル五萬圓ヲ之ニ充當シ爾今其利子收入ヲ一般會計ヘ繰入ル
預金利子	一三四、〇七	
補助金	一、〇〇〇、〇〇	農林省輸出水產物檢査補助金
繰越金	二、七五六、四六	前年度繰越
合計	一三、八一五、三五	

歳出之部

科目	決算額	備考
調査研究費	二、五三一、五〇	開罐研究會後援費他
檢査費	三、四四七、〇四	
會費	九六、〇〇	東京實業組合聯合會々費
事務費	二、五六二、二四	
會議費	五九四、七七	總會一回役員會一四回
豫備費	一一四、八七	商工省中南米旅商阿部三虎氏報告會費補助
合計	九、三四六、四二	

收支差引殘	四、四六八、九三	次年度へ繰越

第六年度（昭和三年度）

歲入之部

科目	決算額	備考
賦課金	三、五〇五、〇〇	組合員一〇四名 五級制 月額 七、〇〇 五、〇〇 三、〇〇 二、〇〇 一、〇〇
檢査料	二、六五九、〇二	一函四錢替
組合員章標料	二、〇〇	新加入一名
基本金收入	三、〇〇〇、〇〇	
預金利子	一一八、四一	
補助金	一、〇〇〇、〇〇	農林省輸出水産物檢査補助金
繰越金	四、四六八、九三	前年度繰越
合計	一四、七五一、三六	

歲出之部

科目	決算額	備考
調査研究費	二、一一四、九七	開罐研究會後援費、市場調査外
檢査費	四、〇四三、〇六	
宣傳費	一〇〇、〇〇	新罐詰懸賞募集費

會費	九六、〇〇	東京實業組合聯合會々費
事務費	二、七三九、八一	
會議費	五二三、一三	總會二回、役員會一一回
豫備費	一、八一〇、〇〇	組合設立功勞者三名宛記念品、職員退職者手當給付其他
合計	一一、四二六、九七	
收支差引殘	三、三二四、三九	三、〇二四、三九 次年度へ繰越 三〇〇、〇〇 職員退職給與準備金積立制ヲ採ル

第七年度（昭和四年度）

歳入之部

科目	決算額	備考
賦課金	三、五七〇、〇〇	組合員 九九名 五級制 月額 七、〇〇 五、〇〇 三、〇〇 二、〇〇 一、〇〇
檢査料	二、九三五、〇〇	一函四錢替
組合員章標料	一四、〇〇	新加入七名
基本金收入	二、五九九、九九	
預金利子	九八、六五	
雜收入	六、一〇	
補助金	一、二〇〇、〇〇	農林省輸出水產物檢査補助金
繰越金	三、〇二四、三九	前年度繰越金

合計	一三、四四八、一三	

歳出之部

科目	決算額	備考
調査研究費	二、二八二、六〇	開罐研究會後援費、罐詰業大會、米國關税改正對策等ニ關スル直接費用
檢査費	四、五九一、一三	
宣傳費	二一一、〇五	新罐詰懸賞募集費大、典記念博覧會出品費及パンフレット配布費
會費	九六、〇〇	東京實業組合聯合會々費
事務費	二、四二七、三三	
會議費	六九七、二〇	總會一回 役員會一一回
豫備費	五八〇、〇〇	罐詰業大會寄附、米國關税改正對策費、前組長記念品、東京實聯寄附金等
合計	一〇、八八五、三一	
收支差引殘	二、五六二、八二	二、三六二、八二 次年度へ繰越 二〇〇、〇〇 職員退職給與準備金積立

第八年度（昭和五年度）

歳入之部

科目	決算額	備考
賦課金	三、八二二、〇〇	組合員九九名 五等級制 月額 七、〇〇 四、五〇 二、七〇 一、七〇 〇、七〇

検査料	三、八五六、三六	一函四銭替
組合員章標料	二四、〇〇	新加入一二名
基本金收入	二、五九九、九九	
預金利子	八二、一四	
雜收入	五、〇〇	
補助金	一、三二七、〇〇	農林省輸出水産物検査補助金
繰越金	二、三六二、八二	前年度繰越金
合計	一四、〇七九、三一	

歳出之部

科目	決算額	備考
調査研究費	二、二一六、七八	開罐研究會後援費、市場調査費
検査費	五、一八八、七四	
宣傳費	五〇〇、〇〇	新製罐詰懸賞募集、展覧會出品二件他
會費	九六、〇〇	東京實業組合聯合會々費
事務費	二、三〇六、三八	
會議費	六〇四、六四	總會一回、役員會一一回
豫備費	五七六、四〇	海外市場調査員後援、前期役員記念品、事務所移轉費ビルマ、伊豆震災義捐他
合計	一一、四八八、九四	

收支差引殘	二、五九〇、三七	二、二九〇、三七 次年度へ繰越 三〇〇、〇〇 職員退職給與準備金積立

第九年度（昭和六年度）

歳入之部

科目	決算額	備考
賦課金	三、八四六、〇〇	組合員一〇五名 五級制 月額 七、〇〇 四、五〇 二、七〇 一、七〇 〇、七〇
檢査料	四、九三九、三二	一函四錢替
組合員章標料	五二、〇〇	新加入二六名
基本金收入	二、四九九、九九	
預金利子	六〇、四三	
雜收入	七三七、二〇	新罐詰賞金未拂分前年度ヨリ繰越收入、開罐研究會補助金割戻收入
補助金	八九四、〇〇	農林省輸出水產物檢査補助金
繰越金	二、二九〇、三七	前年度繰越金
合計	一五、三一九、三一	

歳出之部

科目	決算額	備考
調査研究費	二、一一九、七四	開罐研究會後援費、海外市場、外國法規調査費等
檢査費	五、二五九、九九	

宣傳費	一二五、五〇	家庭生活展、東京灣海上博覧會、日本觀光博覧會出品費 講演會開催費
會費	九六、〇〇	東京實業組合聯合會々費
事務費	一、七二二、五〇	
會議費	六五八、四四	總會一回、役員會一二回
豫備費	五〇八、八八	規格協議會費、軍艦見學費、在滿將士慰問費、 欠食兒童救恤費、東北凶作地義捐等
合計	一〇、四九一、〇五	
收支差引殘	四、八二八、二六	四、〇二八、二六 次年度へ繰越 八〇〇、〇〇 職員退職給與準備金積立

第十年度（昭和七年度）

歲入之部

科目	決算額	備考
賦課金	三、〇六七、〇〇	組合員一二六名 六級制 月額 六、〇〇 四、五〇 三、五〇 一、五〇 一、〇〇 〇、五〇
檢査料	二、一〇三、四〇	一函四錢替
鮭鱒檢査手數料	五、五四四、五〇	日本鮭鱒罐詰業水產組合檢査受托手數料、檢査料ノ半額收受
組合員章標料	二二、〇〇	新加入一一名
基本金收入	二、六二八、五六	
預金利子	一一三、九八	

雜收入	二八九、三四	
補助金	一、一九一、〇〇	農林省輸出水產物檢査補助金
繰越金	四、〇二八、二六	前年度剩餘金
合計	一八、九八八、〇四	

歳出之部

科目	決算額	備考
一般事業費	一、五九四、四八	開罐研究金補助金、規格實施費、調査研究費
檢査費	六、二二三、六〇	
宣傳費	四三六、五〇	萬國婦人小供博覧會出品費ノ一部、推奬マーク貼用補助金
會費	九六、〇〇	東京實業組合聯合會々費
事務費	二、一五九、〇二	
會議費	七三九、七一	總會二回、役員會一一回
豫備費	六七〇、三一	罐詰業大會後援費、北海道水害、三陸地方海嘯義捐金他
合計	一一、九一九、六二	
收支差引殘	七、〇六八、四二	六、〇六八、四二 次年度へ繰越 一、〇〇〇、〇〇 職員退職給與金準備金積立

第十一年度（昭和八年度豫算）

歳入之部

科目	豫算額	備考
賦課金	三、一九二、〇〇	組合員一三二名 六等級制 月額 六、〇〇 四、五〇 二、五〇 一、五〇 一、〇〇 〇五〇
檢査料	一、二〇〇、〇〇	一函四錢替 三萬函
鮭鱒組合檢査受託料	二、二八〇、〇〇	一函二錢 一〇萬函其他
基本金收入	二、二五〇、〇〇	
預金利子	一〇〇、〇〇	
補助金	一、三〇〇、〇〇	農林省輸出水產物檢査補助金
繰越金	六、〇〇〇、〇〇	前年度繰越豫想
合計	一六、三二二、〇〇	

歳出之部

科目	豫算額	備考
一般事業費	二、〇〇〇、〇〇	開罐研究會後援費、調査研究費、創立十周年記念事業費其他
檢査費	六、三二〇、〇〇	
宣傳費	八〇〇、〇〇	
會費	九六、〇〇	東京實業組合聯合會費
事務費	二、一七〇、〇〇	

會議費　六五〇、〇〇　總會及役員會
豫備費　四、二八六、〇〇　臨機有効ニ使用スルタメ保有ス
合計　一六、三二二、〇〇

六、業務成績

業務成績は一、檢査事業　二、市販罐詰開罐研究會　三、宣傳　四、全國罐詰業大會の四項は夫々一括集錄し、其他の事項は着手順に依りて記述す。蓋し各項の連關密にして目的又多岐に亘り項を別ちて集錄すること能はざるに依る。

檢査事業

檢査事業は組合の最も重要なる業務の一つで重要物産同業組合法に依り賦與されて居る權能に因つて實施して居る檢査事業の目的に就ては既に贅言を要しないところで年々農林省より多額の輸出水產物檢査補助金を受けて居る。（各年次決算書參照）

檢査事業は組合設立と同時に開始さるゝ豫定であつたが、屢々陳べた通り關東大震火災の爲め組合設立其事が思はざる蹉跌に逢つたのみならず、業界は其復舊を第一意としなければならぬ事態に置かれた爲め、大正十三年八月迄遂に實施の運びに至らなかつた。之より先當時輸出罐詰の大部分を占めて居た蟹罐詰業が獨立して大正十三年五月八日日本輸出蟹罐詰業水產組合聯合會を設立し農林省令に依つて其檢査事業を行ふこととなり、本組合檢査事業に屬すべき輸出罐詰の數量は極めて少數となり設備、經費を要せずして實施可能となつた結果急遽檢査員を選任，主務省の認可を得て八月一日より實施する事を得た。

檢査數量は別項の通りで、檢査開始當時と現在の成績を對比する時隔世の感が有る。檢査開始時は震火災の後とて輸出の振はないのは當然の結果では有るが、輸出品目に於て福神漬、海苔佃煮等の在外邦人向商品が其大多數を占め內地消費の延長に過ぎない觀があつたのであるが、年を追ふて純然たる輸出商品が之に代つて檢査の大部を占め以て現在の隆盛に至つた過程を見る時當業發展の目醒しさを如實に視るのである。新種製品の進出も亦刮目せらるゝのである。

檢査員の變動は左の通りである。

畠山篤朗　大正十三年六月二十六日選任認可
　　　　　大正十五年三月九日解任認可

星野佐紀（囑託）大正十五年三月十三日選任認可
昭和二年六月十七日囑託解除

梅宮鶴藏　昭和二年六月十七日選任認可
至現在

各年次輸出檢査數量　（但シ毎年自一月至十二月）

品名＼年度	大正十三年（六月一日より）	〃十四年	〃十五年	昭和二年	〃三年	〃四年	〃五年	〃六年	〃七年	〃八年（十一月迄）
北寄貝水煮	320	1.167	2.307	5.734	7.652	9.726	8.346	9.395	7.879	4.962
帆立貝水煮	65	639	1.011	812	822	873	951	825	672	675
蛤水煮	60	270	3.320	3.631	2.280	11.563	9.863	6.420	10.419	18.425
蜊水煮			1.647	1.944	4.808	3.240	3.640	7.956	6.824	7.637
牡蠣水煮							1	0	0	0
鮑水煮			50	77	111	159	27	76	290	17
螺螺味付	80	92	199	92	99	118	260	366	359	127
其ノ他貝類	60	49	188	47	137	168	417	62	14	662
鮭鱒	40	23	507	43.354	35.036	53.800	49.889	68.916	294	0
鯖水煮							2	0	882	0
鰤油漬							81	2	496	5.903

鰮トマト漬							201	11	29	1.448
其ノ他ノ魚類	28	125	2.7	121	1.135	1.306	296	576	2.523	6.307
毛蟹ズワイ蟹							35	0	98	337
蝦ボイルド	100	36	91	303	184	294	520	319	611	2.018
海苔	37	180	152	168	120	110	95	76	120	112
福神漬	1.186	3.152	4.570	3.984	5.630	3.907	3.227	2.940	3.361	3.851
漬物類	23	100	578	601	531	542	42	140	263	455
筍製品	21	211	244	86	503	113	835	138	835	229
松茸	1	11	22	20	61	50	69	8	18	46
グリンピース							186	36	110	73
其ノ他ノ野菜	27	197	45	209	316	246	183	328	108	70
鶏肉製品	46	52	106	115	97	99	47	40	21	19
牛肉製品			19	42	118	75	70	41	43	59
果實							2.431	1.994	9.845	18.113
雜類	57	118	684	891	1.534	1.330	1.210	1.592	2.393	4.291
合計	2.151	6.482	15.977	62.231	61.174	88.219	82.924	102.257	48.507	75.836

昭和六年八月日本鮭鱒罐詰業水産組合の設立成り鮭鱒の検査は同組合の事業として全國に統一施行する事となつた

ので折衝の結果本組合は同年九月一日より檢査品目中から鮭鱒罐詰を除いて（但し當初はピンク及チャムに限り七年六月十五日より更に其他鮭鱒製品全部を除く）之を新組合に移讓した。別表檢査數量表に於ける鮭鱒檢査數量激減は之が結果である。

而して右檢査移讓に關しては兩組合協議の結果本組合檢査機關を新組合に提供して其東京檢査所事務を代行して之に對し本組合は其檢査手數料の半額を收受する事となつた。移讓後本組合が代行檢査した成績は左表の通りである。尚移讓後鮭鱒檢査數の激增せるは新組合の定款に依り從來の輸出檢査に併せて內地檢査を施行せらるゝ結果である。

日本鮭鱒罐詰業水產組合（代行）檢査數

昭和六年	昭和七年	昭和八年
（九月一日より十二月）		（十一月迄）
二九、五七八函	三二一、五〇〇函	二一五、〇二九函

市販罐詰開罐研究會後援事業

市販罐詰開罐研究會は罐詰普及協會に依つて創始せられ同協會が大日本罐詰業聯合會と合併して社團法人日本罐詰協會と改正せらるゝや又繼承されて現在に及んでゐる。本組合は夙に此の施設が本邦罐詰業の發達に貢獻するところ多きことを認め創立直後大正十三年六月十五日開催の第十回の開罐研究會以後之を後援し爾來十ケ年間繼續して所期の目的を達しつゝある。

同研究會開催の主旨は左記當時の趣意書に明かな通りで本組合後援の主旨も亦之に盡きて居る。即ち當組合の發展は本邦罐詰業の發達に俟つ可きで本邦罐詰業の發達は業界の協同協調に依つて促進さる可きである。

市販罐詰開罐研究會趣旨（大正十二年）

罐詰開罐檢査會（註當初は斯く稱した）――國産品を悪く云ふ譯ではないが、いや可愛いければこそ苦言を呈するのだが、內地製罐詰位――皆が皆迄とは云はないが――不統一、不親切な品は些ないと思ひます（註、十年後の現在と思ひ較べて隔世の感がある。研究會の目的が達せられつゝあるのである）外國品にも劣らない品を製出し様と云ふ意志を抱いて居る立派な製造家諸君も多數ありながら、色々の事情から（最も主要なるは金融關係）其意志の實際化が行はれず、製造家は低級罐詰の製出に齷齪し　需要家はつまらぬ罐詰に高價を拂ふて居る有様です。

これではならぬと微力ながら振ひ起つた弊協會は、其仕事の一つとして、今後時々市中の小賣店から多數の罐詰を買集め開罐檢査會を開催し様と目論んで居ります。之に就ては當該官省の了解を得、其技師や關係者に立會つて戴き、檢査の結果は本協會機關紙上に發表して製造家諸君及び需要家諸君に製るべき亦買ふべき罐詰の標準を指示し度いと思ひます。

本當に旨味く氣持よく食べられる罐詰が市場に出れば、一般需要家は相當高い代價を支拂ふても、躊躇せずに其製品を求めるべく、製品が高く又よく捌ければ、其製造家の金融問題も自ら解決の曙光を見るべく、斯くて彼此循環して、益々優良な製品が市場に行渡り、劣等品は其影を沒する事になります。

市販罐詰開罐研究會の目的及之が後援の理由は右の通りであるが研究會が一般博覧會等の審査と異る點は品評罐詰が全部市販品で有ること、審査が斯業に最も造詣深い技術家、販賣家及需要家を網羅し何等情實を挾む餘地なく行はるゝこと及其結果が關係業者に粉飾なく公表され且つ改良の指導に迄展げられて居る點である　之等の持長は研究會の操作過程が自ら說明するものと思考さるゝを以て之を要約採錄すれば左の通りである。

一、開催準備

一、供試品は全國十四都市の小賣商店頭より一般消費者の購買と同樣代金を支拂つて購入蒐集する。

一、蒐集品は番號にて處理し、罐標、商標、製造人、發賣元、買入商店、買入價格、內容量表記、全重量等詳細にカードに轉記して後レーベルを脫する。

二、審査準備（研究會當日施行）

一、脫氣程度を計りたる後開罐

一、上部空隙を計る

一、液汁の糖度を計り（果實類に限る）又粒數を算す（必要なる品種に限る）

一、液汁、固形、罐を夫々秤量す。

一、固形量の百瓦當り値段を算出す。

以上の結果をカードに記入し內容は當該番號を附せる一定の皿に移して審査を待つ。

三、審査

審査は其商品に造詣深き各方面の權威者に依囑して、形態、色澤、香味、品質、製法の適否、罐型及內容標準量規格に合致せるや否や、百瓦當り價格等に亘り嚴正に行はれ、先づ一回豫選を行ひ更に審査して優良品を推奬する。又必要に應じて科學檢査を行ふ。

四、發表

審査成績は細大漏らさず罐詰時報誌上に公表し、推奬品は之を廣く推奬して其奬勵助長に資し、不良品に就ては缺點を指摘して責任者の反省を促し、且つ其改良指導に努める。又推奬品には推奬マークの貼用を許し優良商品のマークたる事を日刊新聞其他の機關を利用し廣く消費者に周知せしめる。

市販罐詰開罐研究會は斯くて權威を認められ推奬マークも漸次消費者の購買の目標として重きを加へつゝ有る。研究品種は國産全品種で之を數回に區分し一ケ年（最近二ケ年に改む）を以て全品種を一周する。現在は其第九次を施行しつゝ有り、昭和八年十二月を以て九十九回（本組合後援してより第八次九十回）を重ねた。
本組合後援以來の成績は左の通りである。

後援回數　（大正十三年六月十五日第十回ヨリ昭和八年十二月十六日第九十九回迄）　九〇回
研究總點數　一七、九九二點
推奬品總數　四、〇八一點　研究總數に對する比率　二二、六強％
本組合支出直接後援費累計　一六、二〇〇圓

罐型規格、内容標準量規格制定に關し研究會記錄が重要なる資料を提供せるは洽く熟知せらるゝところで、研究會は實に豫期以上無際限の使命を果しつゝあるかに見へる。

備考　市販罐詰開罐研究會に關する諸成績統計は別項罐詰要覽中に採錄したれば參照せられ度し

推奬マークに就ては既に陳べたところで有るが本組合は市販罐詰開罐研究會後援の趣旨を更に徹底せしめ併せて組合員の製造又は發賣に係る推奬罐詰を更に廣く消費者に熟知せしむる爲め推奬マークの貼用を奬勵し昭和七年十一月組合員にして自己の推奬品に推奬マークを貼用する場合其マーク代價の半額を補助する事を決し爾來實施しつゝ有る

宣傳

關東大震火災一周年記念大宣傳會

大正十三年九月二、四及十一日罐詰の大宣傳を行つた。關東大震火災と本組合の因緣は洵に淺からぬもので其れは

組合の設立が震災の裡に達せられたとか救恤罐詰の拂下配給を行つて組合の基礎を確立したと云ふ許りでなく、大震火災の結果は罹災區域內の總ての人が罐詰と關聯を持つたと云ふ當業に取つての一大收穫が有つたので有る。宣傳は組合創立自祝の意味を有した事勿論であるが震災時に於て大衆に與へたる罐詰に對する理解と親しみとを層一層深むると同時に少數の惡德業者の不良罐詰に依りて、今尙疑惧の念を抱ける一部の人々に正常な觀念を植付け以て罐詰の消費を助長することを目的として震災一周年記念事業として行はれたのである。爾後の博覽會出陳其他と些か趣旨を異にするを以て之が經過に就いて詳述して記錄に止めて置き度いと思ふ。

大正十三年八月五日正副組長及同十二日評議員會に於て右趣旨及九月二日より十日迄の間良風の日を選びゴム風船に罐詰引換劵を印刷した葉書を添付して飛揚する計畫を立てたる處組合員の贊同意外に多く、組合が優良と認めた罐詰約六千罐提供の申込を受けた。之より先中央氣象臺の藤原咲平博士に對して、風船に添付する葉書は之に發揚日時場所及拾得の場所日時を記入して東京市上空の氣流研究材料として提供する事を申入れたるに、非常の研究資料なると同時に學者と一般人との提携が斯かる事に依りて實現される事を喜び、此計畫に對し能ふ限りの便宜を吝まざる旨回答せられた。

斯くて九月二日午前八時中央氣象臺より第一の風船が放たれた。彈力ある赤い球は、さながら當業の前途を指示する樣に銀白色の初秋の空に悠々上昇し、常の風船とは異り吾々の心を踊らしめるのであつた。と見る第二第三と勢競ふて揚がる風船は、風に搖れ日光を映して北に飛び其興味ある行列は又總ての人の心を浮き立たせねは置かなかつた風下神田方面では低く飛ぶ風船を追ふ人々が群れて長竿や箒が搖れ、歡聲が潮の樣に湧き「一つ位は拾つて見せる」と熱心な人は飛揚の了る迄も錦町河岸を埋めて居た。又小石川、本鄉方面でも同樣な賑ひを呈して居る事が報告される度に吾々の心も勇み、手は百五十氣壓で壓し出される水素瓦斯と競つて機械の樣に動かねばならなかつた。而して午後三時一萬五千立の水素瓦斯を使用し盡し千七百の風船を揚げて第一日を終つた。

此日氣象臺では望遠鏡で風にもまれつゝ流れ行く風船を觀測し、そのあらゆる運動を精巧な機械と三角の計算とに依り一々記錄して居た。

九月四日第二日目は風位の關係上戸山ヶ原より飛揚する様にとの氣象臺からの注意に從ひ準備を整へたるところ、中途風向變りたるため貨物自働車上に飛揚設備を裝置して大久保、四谷、赤坂、芝と車上より飛揚しつゝ芝浦に至り此處にて數時間作業の上更に品川に至り午後五時終了したが途上自働車の後には自働車、自轉車、徒歩者等數百の群衆が從ひ沿道の耳目を聳たせた。又此日偶飛行機數臺が飛來して亂れ飛び風船を縫ふて飛翔し宣傳効果を一層增大した。次いで十一日銀座三間ビル樓上に第三回目の宣傳を行つた、此日風は東より南へ、南より西へ、最後に北に刻々方向を轉じ最も宣傳に適した日であつた　土地柄多數の人々の眼に映じたのは疑ひを容れぬところで銀座、木挽町、豊多摩河岸一帶は拾ふ人と見物人で埋められた。午後越中島水産講習所に移つて夕闇の次第に色增す頃最後の一つを放つて本計畫の操作を了つたのであつた。前後三日の宣傳は各日特徵あるコンディションに惠まれたが殊に第二日目の如きは其前後に於て夢想だも出來ない程、絕好のチャンスであつた。

風船拾得者は全風船數の半數で、之に對しては各罐詰提供者より小包其他の方法で景品を屆けられた。此罐詰には一々其罐詰に對する批評及び震災時に於ける罐詰の批評並に罐詰に關する希望其他に就いての回答用葉書を添付して回答を求めたが、批評を得たるもの四百餘通何れも罐詰の進歩に驚き（提供罐詰は組合認定の優秀品であつた）震災時の罐詰の効用に就ては一樣に之を賞讃し――飢へたる時不味なるものなき理も有る可し――又或る人は燒跡より拾ひたる一罐の牛肉にて一家二人が二日の露命を繫ぎたる當時を想起して今更めて罐詰と云ふものに、又誰かは知らねど曾て其處に住はれたる罐詰商に心から感謝を捧げると云ふ涙を誘ふものもあつた――希望としては種々あつたが其れを種別すれば凡そ左の如きもので組合業務に取つての良き暗示であつた。現在から見て隔世の感が有るが其れが當時の罐詰の有りのまゝの姿であつたのである。

一、入目を充分にすること（開罐した時最も不愉快を感ずるは入目不充分のものにして惹ては反感をさへ抱かせる——罐型及内容最低標準量制定に依り解決せらる）

二、罐臭を嫌ふ（今回送附のものには之を認めざるも一般に購入するものには甚だしきもの有り）

三、外觀を優美にすること（食すれば美味なれ共外觀俗惡たる爲め「買ふ氣」になれぬ事。同理由に依り緊引力無きため舶來品を盲信するには非ざれ共外觀優美なる舶來品を採り、且つ又共内容も信ずる事。此理由は更に内嵌外嵌罐の不體裁を嫌ふ事にも當たる可く地方よりの回答に「此度の罐詰は美しく」とサニタリー罐を見た時の感じを表はして居るものが殊に多數である）

四、罐詰料理の單調を破る事（從來罐詰は開罐其儘使用する習慣あり爲めに便利なれ共度々食する能はざる事に起因せる希望と見る可く、或る者は罐詰料理法の普及、又は罐に其調理方法數種を記載又は添付する事を提唱せり）

五、調理せるものの罐詰（これは前項の希望に似たれ共事實は其理由を異にす。即ち市井の多忙なる家庭又は主婦が職業を有つ家庭の希望と見る可く、希望少數なれ共此要求は漸次增加するものと信ず。而して之は最近（當時）の米國罐詰界の傾向なるは興味ある事なり）

六、必ず内容量を明記すること、（正確なる表記は消費者に非常の好感と信頼を抱かしむるものである）

七、内容を知り得る方法を講ずること、（果實罐詰に此希望あり。想ふに近時（當時）育兒に周到の注意を拂へる家庭の增加せる結果なるべく、シラツプの濃度等に依り小兒に適せるものなるや否やが希望の骨子ならん、其他果實の大小等の明記も面白からん（鳳梨罐詰は之を實施して居る）尚市内小賣店に於て鯨罐詰に牛頭を畫き、Whale と記せるもの、鰹を書きて「かつを」と印し羅馬字にて Sabu と印せる鯖罐詰等を見受くるは實に遺憾で有る。之等の反省を望むのである）

八、優良品を消費者に知らしめよ（之は小賣商が只賣らんが爲めにのみ汲々として其取扱罐詰の內容に對して無關心な現狀に於ては、罐詰に對し特別の知識無き一般消費者の當然要求す可き希望である「今回送附の如き罐詰を買ひ當てたる事なし」と指摘して素人にも簡單に鑑別する方法の教示を請ひ又「優良品の商標、意匠の發表」を希望せる者多し。本件は市販罐詰開罐研究會後援の件及同樣後援して制定せる（當時計畫中）推奬マーク貼付の必要を裏書するところである。）

九、此外特に地方（茨城、埼玉、千葉等）よりは筋肉勞働劇しき故にか一樣に鹽分の多き事を希望して來た。

又此他提供されたる各の罐詰を指名して地方特約店又は小賣商たらん事を申込みたるもの十餘通、消費者より小口注文數通來り本宣傳の効果は內外共に寧ろ豫想以上であつた。風船に添付した葉書は整理の上中央氣象臺に寄贈した事勿論で有る。因に本宣傳會の經費約千圓は罐詰配給團提供に係る特別會計より寄贈されたものである。

第二回畜產工藝博覽會出品の件

大正十四年三月十日より五月十八日迄東京上野竹の臺に開催された第二回畜產工藝博覽會に組合員の出品希望を蒐めて聯合出品を行つた。出品成績は良好で出品物は全部（審査辭退を除く）受賞した。

虎疫流行と罐詰宣傳

大正十四年九月初旬東京市內外に虎列剌が流行し各家庭共食料の選擇に迷ふと云ふ狀態に在つたので、安全食として罐詰類の宣傳を行つた　宣傳は都下八大新聞を選び同月十七日から一週間之に記事廣告を爲し且つ罐詰に關する質疑應答を行つた　宣傳効果は相當良好だつた見込みで質疑申込百數拾に達し組合は總て之に應答したので有つたが質問の要領は震災前に比し一般が罐詰に對する理解と興味を加へた事を示して居た。

大禮記念國産振興博覽會出品の件

昭和三年三月二十四日より五月十九日迄上野公園に開催された大禮記念國産振興博覽會は當時の國産愛用運動に投じたる點に於て又規模の大なる點に於て平和博以來第一の盛觀であつた。組合は組合員商品にして開罐研究會に於ける推奬優良罐詰を限り共同出品した。參加者二十九名九十五點にして審査を辭退されたるものの他全部受賞の好成績を收めた。又輸入品に對抗する國産優良品の對比陳列、罐型規格問題の周知其他の部門にも夫々出品し、即賣店を設けた。會期中第一回全國罐詰業大會開催せらるゝ有り之に附設して罐詰大宣傳會を催ふした。

糧友會主催食糧展覽會出品の件

昭和四年三月二十二日より四月三十日迄上野公園に開催されたる糧友會主催食糧展覽會に對し、日本罐詰協會と共同出品し東京組合部を設け組合員三十二名百九十三點を出陳食糧研究に資料を供した。極めて研究的なりし同展覽會を援助するところ多く又其成績の良好なりしと同様當業の享けたる利益の深く大なりしを信ず。

海と空の博覽會出品の件

昭和五年三月二十日より五月卅一日迄上野公園不忍池畔に開催されたる海と空の博覽會に對し組合員の希望を集めて十一店を得、商品三十六點を共同出品し併せて出品中輸入品に對抗しつゝ有る商品十四點を内外對比館に出陳した

紐育グランド、セントラル、パレスに於ける國際貿易品展覽會出品の件

昭和五年夏季紐育グランド、セントラル、パレスに於て開催せられたる國際貿易品展覽會は日米貿易上好果有るも

のとして組合員中より對米關係深き商品の提出を求め同年五月三十一日鐵道省觀光局後援の下に發送出品したり。

暮し向に關する展覽會出品の件

昭和六年二月十六日より三月三十一日迄上野公園に開催されたる東京市主催「暮し向に關する展覽會」へ組合員共同出品を行ひ組合よりは罐詰普及に關する諸資料を出陳したり。出品者二十二名四十四點なり。

家庭用品改善展覽會出品の件

昭和六年五月一日より二十日間お茶の水に於て生活改善同盟會主催の下に開催されたる家庭用品改善展覽會へ日本罐詰協會と共に各種資料を出陳し罐詰デーを催し罐詰普及に努めた。

日本觀光博覽會(於伊東屋)東京灣海上博覽會(於月島)出品の件

昭和六年七月一日より開催の主題兩博覽會へ日本罐詰協會と共同出品し開期中罐詰デーを催し(後者に於ては罐詰食堂を設置す)民衆的宣傳効果を得たり。

萬國婦人小供博覽會出品の件

昭和八年三月十七日より五月三十一日迄上野公園に於て工政會及日本聯合婦人會主催にて開催されたる萬國婦人小供博覽會へ組合員の希望を集めて出品、且つ場内に即賣場を設けて實物宣傳行つた。參加者十六店四十五點であつた。

赤十字社夏季衛生展覽會(於赤十字社)及發明品展覽會(於美松)出品の件

昭和八年六月十一日より七月二十二日迄赤十字社主催同社に開催されたる夏季衛生展覽會及び七月二十日より同月末迄日本發明協會主催美松に開催されたる發明品展覽會へ組合員中の適合品を蒐めて出陳した。

年末需要季に際し新聞廣告實施の件

昭和八年十二月中年末贈答用罐詰類の利用促進を期し都下五新聞に前後十二回の廣告宣傳を行つた。（宣傳の項參照）

全國罐詰業大會

第十九回大日本罐詰業大會（大日本罐詰業聯合會主催。大正十四年六月八、九、十日　大阪市）

第一日。大會。故村田翁追悼會、協議會、懇親會。

第二日。品評會。競賣會。宣傳會。

第三日。罐詰デー（宣傳、廉賣）

協議事項

一、大日本罐詰業聯合會は存廢何れに處決すべきものなりや。附幹部辭任の件（大日本罐詰業聯合會本部提案）大日本罐詰業聯合會は之を存續し、新に罐詰同業組合聯合會設立に努力すること。幹事の辭任を受諾し罐詰同業組合役員中より選ぶ事、但し牧副會長の指名とする事と決定。

二、グリンピース着色廢止の件（罐詰普及協會提案）理想的なれ共實行困難に付宿題とす

三、罐詰検査の一要點として罐上部空隙を參考する件（罐詰普及協會提案）可決。

第一回全國罐詰業大會（社團法人日本罐詰協會主催。昭和三年四月十四、十五、十六日　東京市）

第一日。大會、協議會、懇親會。

第二日。市販罐詰開罐研究會、講演會。

第三日、罐詰競賣會及三日を通じ罐詰宣傳會。

協議事項

一、軍用罐詰と市販罐詰の連絡及軍用罐詰範圍擴張に關する件　（可決　日本罐詰協會提案）
二、罐詰輸出奬勵に關する件　（可決　〃　）
三、飲食物に關する取締規則改正に關する件　（可決　〃　）
四、鐵道運賃等級改正に關する件　（可決　〃　）
五、メートル法勵行促進に關する件　（可決　本組合提案）
六、罐詰內容物表示に關する件　（可決　〃　）
七、罐詰內容標準量統一に關する件　（可決　大阪罐詰同業組合提案）
八、メートル法勵行に關する件　（可決　〃　）
九、罐詰の內容表示法統一に關する件　（可決　〃　）
十、罐詰責任期間に關する件　（可決　〃　）
十一、重要物產同業組合法に依る罐詰聯合會組織促進に關する件（可決　〃　）
十二、內地販賣品の內特殊のものに限り檢査勵行の件　（保留　〃　）
十三、不良品並に銹罐に對する戾し期間制度を撤廢し數込み制度に更改するの件（撤回　愛岐罐詰業組合提案）

第二回全國罐詰業大會（社團法人日本罐詰協會主催。昭和四年四月十四、十五、十六日廣島市）

第一日。大會、協議會、懇親會。

第二日。市販罐詰開罐研究會、講演會。

第三日。見學。

協議事項

一、罐詰の普及發達を圖るに必要なる左記事項の施設を其筋へ建議すること　（可決　日本罐詰協會提案）

一、罐詰の基本的研究機關の完備

二、罐詰團體の左記事業補助

イ、新製品の販賣斡旋

ロ、優良罐詰の巡回展覽會及市販罐詰の研究會

ハ、罐詰技術講習會及製造改良指導

二、鐵鋼協議會の其筋へ陳情せるブリキ關税引上案に反對の件　（可決　〃　）

三、輸出飮食物罐詰取締規則改正の件　（可決　〃　）

四、飮食物防腐劑漂白劑取締規則改正の件　（可決　〃　）

五、海外市場調査に關する件　（理事者一任　〃　）

六、組合費强制徵收の件　（理事者一任　臺灣鳳梨罐詰同業組合提案）

第三回全國罐詰業大會（昭和五年七月十九、二十日　青森市）

第一日　大會、協議會、講演會、懇親會

第二日　市販罐詰開罐研究會、工場見學、鮭鱒罐詰協議會

協議事項

一、製造加工及販賣調査に對する奨勵指導施設の充實期成に關する件　（可決　具體案協會一任　日本罐詰協會提案）
二、罐詰の輸出及國內需要增進に關する件　（可決　具體案協會一任　日本罐詰協會提案）
三、鮭鱒罐詰製造と販賣に對する當業者の協議　（日本罐詰協會提案　協調機關の設立を可決　後に日本鮭鱒罐詰業水產組合生る）
四、輸出果實砂糖漬罐詰戾稅に關する建議の件　（可決　廣島罐詰製造同業組合提案）

第四回全國罐詰業大會　（社團法人日本罐詰協會主催　昭和七年五月九、十、十一日）
第一日　大會、講演會、見學、座談會、招待懇親會　（小樽市）
第二日　協議會、市販罐詰開罐研究會　（札幌市）
第三日　見學　（札幌市及其他）

協議事項

一、ブリキ關稅引上反對に關する件　（可決直に電報を以て當路へ聲明す、大阪罐詰同業組合提案）
二、飲食物其他の取締に關する法律第十五號第二條改正請願の件　（可決　東京罐詰同業組合提案）
三、罐詰檢査機關統一促進の件　（可決　東京、大阪罐詰同業組合提案）
四、罐詰製造規格統一制定促進の件　（可決　東京、大阪罐詰同業組合提案）
五、食糧に關する行政統一の件　（可決　日本罐詰協會提案）
六、食糧品取締規則の統一並に改正に關する件　（可決　同北海支部提案）
七、罐詰輸出先保護政策緩和に關し政府に建議の件　（可決　〃　）
八、日本罐詰協會附屬研究機關完備促進の件　（可決　〃　）

第五回全國罐詰業大會（日本罐詰協會主催、昭和八年六月八、九、十日、戸畑市）

第一日　大會、協議會、懇親會

第二日　市販罐詰開罐研究會、アペール記念祭、先覺者慰靈及功勞者表彰式、講演會、座談會

第三日　見學（製鐵所鋱力工場、他）

協議事項

一、輸出水産罐詰の生産統制に關する件　（可決　日本罐詰協會提案）

二、輸出罐詰販路擴張の施設に關する件　（可決　〃　）

三、罐詰工場取締規則制定に關する件　（可決　〃　）

四、鳳梨罐詰の生産統制に關する件　（可決　〃　）

五、鰛罐詰を軍需品に編入されたき旨陸海軍省に陳情の件（陸海軍當路の説明に依り保留、日本罐詰協會北海支部提案）

六、トマトサーヂン內地工場の許可制度、內鮮當業者の協調並に販賣統制に關する件（可決、朝鮮罐詰業水産組合提案）

七、商標法施行規則第十五條商品類別中食料罐詰使用商標を全部同規則第四十五類中に包含する様當局に建議方要望の件　（可決、廣島罐詰製造同業組合提案）

八、罐詰內地檢査强制施行の件　（可決、東京、大阪罐詰同業組合提案）

九、海外に於ける日本よりの戻税品輸入免狀領事裏書撤廢方を當路に要望の件（可決、廣島罐詰製造同業組合提案）

其他の事業

大正十三年

震災前債務辨濟に關する件

大正十三年二月五日正副組長會及同月十二日評議員會に於て災前債務の辨濟方法に付協議した結果左記の通り組合意志の表示を行ひ、モラトリアム施行下に於て動もすれば混亂に陥り勝だつた當時の業界に一種明朗な空氣を送つた强ち此結果とは言ひ難いが災前債務の辨濟に關し今に美談佳和が傳へられて居る。

拜啓、借りたるものは拂はねばならぬは勿論に御座候天變地異も此原則を覆す可からず候然るに昨夏震火災以前の債務決濟に關する當業界の實際に於て往々此原則の行はれざるものあるやに承知せらるゝは遺憾至極に有之候人生正しきに就くは平時素より必須の事なれども變時殊に其然るを覺え候、本組合は特に此際相警め斷じて此原則に忠實ならん事を期し茲に組合意志表示として左記の事項を役員會に於て決議致候

一、震災前の債務は之れが完全なる支拂を了する事

二、支拂能力の有る債務者にして二割乃至五割天引支拂と云ふが如き解決方法を債權者に强要するが如きは忍ぶ可からざる自己侮辱にして延いて組合の意志を蹂躙するものと認むる事

三、罹災程度に應じて完全なる辨濟を不可能とする場合に於ては自己の一切を債權者に提供して其解決に委ぬる事

右御通知申上候也

大正十二年九月十七日發布勅令第四一七號に關する件

勅令第四一七號に依り大正十三年三月三十一日迄罐詰類の輸入税を免除せられたるは關東大震火災の善後策として止むなきところで有るが當時之が實施期延長の虞れあり斯くては國内産業の發達を阻害すること大なる可きを慮り大阪、廣島兩組合の參加を求め實施期延長の事なきやう大正十三年二月十四日及三月十二日の兩回大藏大臣に聲明を求めた結果三月二十二日に至つて其聲明を得從つて目的を達成した。

大震火災に依る火災保險金支拂に關する件

大震火災に依る燒失物件に對する火災保險金の支拂は罹災地の復興に重大なる影響を齎す喫緊の大問題として全國の視聽を集めたので有つた。當組合は大正十三年二月五日正副組長會に於て當時の狀勢に見て火災保險全額支拂要求の件及組合員の右保險會金請求事務を一括代行する事を決し同月十二日評議員會に諮問して直に實行に移り二月二十九日請求事務を了つた。けれども議會の決議は全額支拂を得んとする目的を達せしめず、辛ふじて左の支拂を得たに過ぎなかつた。

保險金	A級會社	B級會社	外國會社	協定外會社(二社)
五、〇〇〇圓以下	一〇〇%	概してA級	未經過料	一率に五%
〃 一五、〇〇〇 以下	七五%	會社の半額	金ノ拂戻	
〃 一五、〇〇〇 以上	五〇%			

罐詰類鐵道運賃引下請願の件

大正十三年三月四日正副組長會及四月十一日評議員會に於て罐詰類が既に奢侈品の域を脫し日用必需品の資格を具備せる事實より見て鐵道運賃品目中罐詰を一呼唱下に統一し且つ其等級を引き下ぐ可き事を決し大阪、廣島、横濱、神戸、長野、函館、根室及長崎各同業組合に提携を求むると共に四月二十四日鐵道大臣宛請願書を提出したが所期の結果を得る能はず之が達成に關し前後七ケ年不斷の努力を續けたる結果左の如き經過を以て遂に昭和五年四月一日所期の大部分を達成した。

大正十三年四月二十四日第一回請願書提出（大臣小松謙次郎氏宛）爾來大正十五年鐵道省が運賃等級扱改正計畫を建つる迄當局の之に對する見解意見は遂に窺知する由もなかつたのであるが、右改正計畫有るを識るや十五年三月三十一日鐵道省に中山貨物課長を訪ひ當局が運輸收入を變更することなく國民生活を基調として負擔のより公平なる決定を行はんとする主旨を明かにする事を得たので直に此根本義に順應する精神を以て改めて請願する事を決し各地同業組合にも此旨移牒して再度提携を求めた。

大正十五年六月十一日第二請願書提出（大臣井上匡四郎氏宛）第二回陳情書は鐵道省の主旨に從ひ罐詰生産統計、製造及配給の狀態、負擔力及價格日用品としての地位、罐詰各種の荷造及積載量（罐型規格及内容量規格の統一實施は適切にして有力有効な資料で有つた）其他廣般な項目に亘つて說明され、罐詰類を日用必需品として三級より四級に低下す可き事を强調し、大阪、廣島、神戸、横濱及函館各組合の連署を以て提出された。又同時に罐詰用空罐を第四級に新設する事を提唱した。此請願は非常の反響を齎し同年七月鐵道省發行重要貨物情報誌上に「罐詰の話」として摘錄され鐵道部内に罐詰に關する知識の普遍資料に用ひられ一般に認識と好感を深むるところが有つた。超えて昭和二年中は本請願に關する實地調査に費された。組合は當局の要求に基き組合員三四者の倉庫を開放して右の調査に便じた。年を重ねて昭和三年六月改正原案成り、昭和五年一月三十一日附別項通達の通り確定、同年四月一日から實施せられた。實に前後七ヶ年を費したのである。

通　達　書（寫）　東京鐵道局經由

鐵道乙第四〇六號　　昭和五年一月三十一日

東京罐詰同業組合長堤清六殿

鐵道省運輸局長　久　保　田　敬　一

曩に御申越の罐詰食料品及罐詰用空罐貨物運賃等級低下に關する件了承罐詰食料品に就ては小口扱四級に引下げ更に一口二キロトン以上の場合に於てはキロトン扱に依り一級下位の五級を適用する事に相成又罐詰用空罐に就

ては貸切扱の場合大型貨車使用の時一キロトンの減キロトンを致し運賃の經減を計ることと相成候條右御承知相成度候

因に當業關係品改正等級は左の通りである。又從前は一品目に付二賃率制（貸切、小口）であつたが改正されたるものは一品目に付二等級制（貸切、小口）となり大要所期の目的に一致して居る（賃率の詳細は罐詰要覧に採錄せり參照）

品類	品目	等級 小口	等級 貸切	減キロトン 大型貨車	減キロトン 小型貨車	備考
一〇四番 食料品	罐詰食料品 本品類及魚介類、漬物類肉類、野菜類に屬するものにして罐詰となしたるものに限る。	四	八			舊等級 三級
五七番 牛乳 バター類	煉乳、クリーム	四	九			舊等級 三級 煉乳又は粉乳に珈琲ココア類を加へたるものは別に之を定む
五一番 罐類	罐詰食料品及煉乳用空罐	三	八	一		舊等級明示なく三級適用

鐵道貨物輸送に關する件

震災後の鐵道運輸は輸送能力の減退に加へて輸送品の輻輳は甚だしく其圓滑を缺ぎ就中中小業者に關連深き小口荷物の澁滯は想像を超え爲めに多數組合員の蒙る不利不便の少なからざるものあり。仍つて大正十三年四月十六日之が是正を鐵道省及東京商業會議所に建議して漸次改良を見るに至つた。

市内罐詰運送費協定の件

罐詰類の市内小運賃は震災後異常の混亂を來し業者の蒙る影響の輕視し得ざるものあり、運送業者と協定して之が是正を計る可く大正十三年五月十九日運送業者の荷主に對する希望調査を開始したるを初めとし爾來目的達成に努めたるも運送業者側は自己の利益を壟斷せらるゝかの解釋を持して協調の誠意を見せず遂に本件の達成に對する希望を續くる能はず、更に機を見て再着手する事として中止した但し其後諸秩序の回復と共に實質的には漸次改良せられた。

罐詰用半田鑞比率改正に關する件

罐詰用半田鑞の錫鉛の比率は五對五を規定（飲食物用具取締規則）せられ屢々違反問題を惹起せるところ輸入品に於ては其れ以下の比率半田を使用せられて（米國、錫四鉛六、布哇、錫三、三鉛六、七）敢て取締を受けず、而も外國の比率を以てするも何等衛生上危險なき事は其研究結果に明かで有るので之れが改正を企圖し大正十三年七月四日內務省衛生局長山田準次郎氏宛改正意見を附し諸問書を提出した。本件は法規改正の重要事とて速急達成は困難であるが爾來罐詰業大會の決議を經て繼續されて居る。

鉽力國定關稅率變更の件

罐詰の主要材料たる鉽力は、日英通商航海條約第八條及同附屬稅表に依り每百斤七十錢の輸入稅を課せられたのであつたが同條約が大正十四年三月十日限り其効力を失ふと同時に國定關稅率に改めらるゝ結果從價一割五分となり原價百斤十六圓と見做すも關稅は二圓四十錢即ち一躍三倍半の重稅を負擔する事となり罐詰業の發達を阻害すること甚大であるので大正十三年九月十六日當時新設された關稅調査會及大藏大臣濱口雄幸氏に對し國定關稅改正の陳情を行つた。本件は事罐詰業の盛衰に關する重要案件であるので蟹罐詰聯合會、横濱、大阪、廣島、長野及函館各同業組合の參加を求めて連名陳情し、農商務大臣及び關係官省にも移牒支援を求めた結果同年十二月關稅調査會は右陳情を理とし本邦製鐵業保護の爲め國定税率は從價一割五分とするも鉱力及電氣器具を除外例とし從前の税率を適用する事を決し其聲明を得たが、農商務省及大藏省内部には未だ引上說有力にして樂觀を許さず本組合は地元組合として凡ゆる努力を盡し遂に大正十四年二月議會に於て從前通り每百斤七十錢の決定を得たのであつた。

罐型規格及內容標準量規格制定の件

罐型規格及內容標準量規格の制定が罐詰業發展に必要なることは既に說明の必要を認めないところである。此問題は本組合設立以前より識者に依つて唱道せられ阿部三虎氏等其先鋒であつた。大日本罐詰業聯合會、或は同業者間の議題に上つた事も一再でなかつたか實行の困難なる爲めと業界に團體的强力な統制機關を有せざりし爲め論理の域以上に進む事が出來なかつた。本組合は急速な發展途上に在る罐詰業をして順調に其途を進ましむる爲めには本件の達成が緊急缺ぐ可からざることを認め創立以來調査研究を重ねたる結果先づ標準罐型を統一制定し、內容標準量に付ては市場重要商品より順次實行に移すこと及び之を廣島に於ける大日本罐詰業聯合大會の決議に係る罐詰同業組合聯合會設立の曉組合意志として提案全國に普及徹底せしむることを決し、大正十四年一月二十四日開催の第二回定時總會に諮りたる結果標準罐型八種、及び牛肉、福神漬の內容標準重を一定し組合員の實行を得ることとなり玆に初めて本問題は實行化の第一歩を踏んだのである。

之が立案は開罐研究會の爲め全國より蒐集されたる罐詰及其開罐研究の結果を資料として各種類每に凡ゆる方面より見たる數種の表を作成し之に表現された高低粗密の度を考察し、又之等を年次順に配列して移動の跡を辿り其內容物の性質に依り夫々移動の原因に就き考慮を拂ひ最も必然的、合理的なりと信ずるものを採つて爲された。此方法は其後本問題か種々の推移を經て現在に至るまで尙最も根據ある資料として重視せられて居るところのものを生んだ。

常時決定されたる標準罐型及內容標準量は左の通りで有つた。

標準罐型

名稱	直徑(寸)	高サ(〃)	舊名稱
竪第一號罐	五、一〇	五、七〇	六斤罐
竪第二號罐	三、三五	四、〇〇	三斤罐
竪第三號罐	二、八五	三、七五	二斤罐
竪第四號罐	二、五五	三、七五	一斤一號罐
竪第五號罐	二、五五	二、七〇	ミルク罐
平第一號罐	三、三五	二、二五	一斤平罐
平第二號罐	二、八五	一、七五	一斤平罐半斤
平第三號罐	二、五五	二、〇〇	一斤一號半斤

但し内容物の形態其他の理由に依りて罐の形態、大さ等を特別に必要とするものは之を認むる事

内嵌外嵌罐に在りては直徑高さ共に一分減のこと

内容標準量

使用罐型	固形量(匁)	内容總量(匁)	液汁量(匁)
牛肉類			
竪第四號罐	九〇以上	一二〇以上	從つて約三〇
竪第五號罐	六〇以上	八〇以上	〃 二〇
福神漬類			
竪第四號罐	九〇以上	一一〇以上	〃 二〇
竪第五號罐	六〇以上	七五以上	〃 一五

但し半斤罐は一斤罐の半量とす。

斯くて規格問題は一小部分とは云へ實行を伴ふ決議を得て實施第一歩を踏み出したのであつたが、之より先組合は最も關係深き農商務省陸軍糧秣廠海軍當局等に之が必要を説明し了解と支援を求めつゝあつたが右總會の決議を得る

や之を組合案として提示して改めて其據つて來るところを説明したる結果機は熟して、大正十四年二月二十六日農商務省規格課に於ける關係者協議會となつた。本件に關する官民合同の協議會は之を以て嚆矢とする。當日農商務省よりは規格課（後に商工省に移る）水産課、畜産課、農務課、陸軍側より丸本主計正、罐詰普及協會、及本組合理事者出席熟議の結果大要本組合案に一致を見又陸軍側よりは陸軍の規格を市販品規格に合致せしむる樣顧慮す可き旨の支援を得たのであつた。本組合は又之を全國的決議となす爲め當時創設された大阪罐詰同業組合を初め各地組合との聯絡を開始し內に役員會外に聯合協議會を重ぬると同時に罐詰同業組合聯合會設立促進の爲め京都、名古屋等に罐詰同業組合の設立さるゝ事にも努力した。然るに當局の方針は輸出組合重視に傾き聯合會設立を以て大日本罐詰業聯合會に代はる可しとなす大會決議は其形態を變へて聯合會は罐詰普及協會と合體して新團體を組織し罐詰同業組合聯合會に代る全國的機關となす事に展開した。故に組合は此氣運を助成し遂に昭和二年三月新團體社團法人日本罐詰協會成るや規格問題は擧げて之を同協會に委ね一同業組合として達成に協力する事になつた。日本罐詰協會に於ては直に本邦生產全罐詰に亘る規格の調査研究を開始し昭和五年十一月二十一日農林三局（水、農、畜）の後援、商工省産業合理局、陸海軍當局の支援の下に東京丸の內ビルディングに罐詰內容標準量制定及罐型規格統一に關する全國關係團體協議會を開催して決議を得、玆に永年の懸案は解決したのであつた。當組合は勿論之に提案を爲し且つ決定に凡ゆる努力を盡した。決議は本組合の主張に比して稍實質低下の憾みはあつたが、全國的協調の重大性に鑑みて之を昭和六年一月十四日開催の第八回定時總會に上提承認し直に組合檢査規程を改正同年四月一日より實施（但し既製品に對する猶豫期間一ケ年）した。又他面此決議に强制權を持せしむるため之を法令として發布せらるゝ事を期し種々奔走した結果法令の發布は得なかつたが、昭和六年五月九日左記の通り農林、商工兩省次官通牒を以て各府縣知事及北海道長官宛之が遵守勵行を通達、更に各植民地に對する同趣旨徹底のため拓務次官宛依賴書が發せられた。

罐型統一、內容標準量勵行に關する農林、商工兩次官通牒（北海道長官及各府縣知事宛各通）

罐詰内容標準量並に罐型規格統一の件は多年の懸案に有之候處昭和五年十一月二十一日社團法人日本罐詰協會主催にて關係者參集本件に關し協議の結果別冊の通り議決有之候處右は其内容極めて妥當に有之且つ之が實行は罐詰業合理化の爲めにも緊要の事項なるも之を全國一齊に實行するに非ざれば其成果を期し難く被認候條貴管下關係の向へ夫々御示達の上實行方御奬勵相成候樣特に御配慮相煩度此段申進候也

追而輸出罐詰檢査機關に於ては本年四月一日より實施することと相成居候條地方廳直接罐詰檢査を行ふものは勿論又組合其の他の法人にて行ふ輸出罐詰以外の檢査に付ても此際規程を改め可成速に實施せらるゝ樣御奬勵相成度希望致し候尤も既製品に限り一ヶ年の猶豫を置ぐことと致度尙添付印刷物は別便を以て二〇部御送付致候條不足の節は農林省水產局迄必要部數御申越相成度申添候

（備考、拓務大臣宛依賴書前同）

本件に關する全國關係團體協議會は爾來繼續開催せられ實施成績に依り一部を改正追補し又新興罐詰類の爲めに補促を加ふる等漸次完成せられつゝ有る。

本件經過に關する重要なる事項を摘記すれば左の通りである

大正十四年一月二十四日　本組合第二回定時總會に於て標準罐型八種、牛肉、福神漬内容標準量を決議す

大正十四年二月二十六日　農商務省規格課に於て官民合同協議會開催

大正十五年一月二十四日　大阪實業會館に於て、東京、大阪兩組合主催協議會を開催、本組合決議の外に二罐型を加ふ

大正十五年一月二十七日　本組合第三回定時總會に於て前項決議を否決す

大正十五年三月　二　日　商工省工業課主催官民合同協議會開催

大正十五年六月　一　日　商工省工業課主催官民合同協議會開催第一回決定案を得同年八月十六日全國關係團

昭和二年三月　体に諮詢す。九月三日本組合承認
社團法人日本罐詰協會成る。本件を擧げて之に移讓して本組合は同業團體として之に參加協力す
昭和三年十月十九日　東京に於て官民合同協議會開催規格制定に關する大綱を決し原案作成を東京、大阪兩組合及日本罐詰協會に委任さる
昭和五年十一月二十一日　東京に於て第一回關係團體協議會開催成案を決定昭和六年四月一日より實施す
昭和六年五月九日　農林商工兩次官通牒發せらる
昭和七年三月三十一日　東京に於て第二回關係團體協議會開催
昭和八年十一月二十二日　東京に於て第三回關係團體協議會開催

グリンピース着色廢止の提案と着色料檢定實施の件

大正十四年初頭警視廳は市内市販罐詰の檢定を行ひグリンピース罐詰に着色料丹礬を規定以上使用せるもの多數を發見之等を沒收處分に付した。本組合は直に當局と折衝して之を解決したが問題の根幹は着色の是非に存するものとしてグリンピース着色廢止を提唱した。即ち舊來の裝飾品的存在から食料品の本質に還元する事がピース罐詰發展の本道なりとする豫てよりの主張を表明したのであつた。此件は其後罐詰業大會の議案等として採擇されたが未だ之が結果として表面的には大なる効果を齎して居ない。然し徐々に釀成されつゝ有る氣運を見逃す事は出來ない。一方此事件に逢ふや本組合は此等不祥事を繰返さない爲め、直にグリンピースの着色料檢定を無料實施し爾來毎年新荷出廻期に際して之を繼續實行して居る。

第二回畜産工藝博覽會出品の件

宣傳の項記載（參照）

第十九回大日本罐詰業聯合會後援の件

關東大震火災のため一時中絶中であつた大日本罐詰業聯合大會の第十九回は大正十四年六月八、九、十日に亙つて大阪市に開催されたので本組合は之を後援役員三名他二名を送り組合意志を協議會に於て表明した。(議案其他は大會の項參照)尙重復の嫌が有るが右大會第一號議案の決定に依つて大日本罐詰業聯合會幹事を同業組合役員中より選任の事となつた結果罐詰同業組合聯合會設立問題は實質的に既設同業組合の責任となつた事從つて當組合は之に努力し規格問題中記述した通りの經過を以て日本罐詰協會の創設に至つた事を附記して置く。又本大會の附帶決議として次期大會を東京に於て開催することが決定した。

煉乳其他罐詰輸入稅改正の件

大正十四年國產振興運動熾烈を加へ政府に於ては國內產業の開發擁護に積極方針を採擇し先づ輸入防遏、輸出增進が提唱され關稅改正が企圖された。本組合は同年七月二十五日、內地消費を浚却せる輸出品製產の不安定を力說して殖民政策の擴充を、輸入防遏の爲めには輸入品禮讃の是正、物資、賃銀の低下安定其他數項を擧げて關稅改正意見を商工省に提出した。關稅改正意見書に於ては特に當業の實情に基き煉乳、粉乳の輸入稅引上の急を力說したが同年議會に於て採擇せられて現稅率(煉乳每百斤　八圓三十錢 粉乳每百斤十三圓四十錢)に改正され當時其將來に一抹憂色ありたる煉乳業に進展の道を拓いたのであつた。又同時に加糖果實罐詰に對しては奢侈品稅從價十割が決定された。

市販罐詰開罐硏究會常任審查員設置の件

市販罐詰開罐硏究會の有意義にして本邦罐詰業の發達に寄與するところ多く爲めに本組合が創立以來之を後援今日に及べることは既述の通りで有るが、本組合は之と業者との關聯を更に密ならしめ且つ審查の萬全を期する爲め常任審查員制度を附設す可き事を提唱したる結果大正十四年十月十日主催者の容るゝところとなり併せて當組合役員は常任審査員たる結果を得た。

國定教科書に罐詰の話編入の件

大正十四年十月役員會に於て罐詰業發達の事情に見て、且つ將來一層の理解を深むる爲め國定教科書中に罐詰に關する一項を編入す可きことを當局に申請する件を決定爾來之が資料として歐米各國の小學讀本の蒐集を企圖し準備中のところ申請に先立ち昭和二年新學期より高等小學讀本卷三第二十七課（男女子共用）に採擇された。當業としては尙望蜀の感が無いではないが平明簡潔にして良く要を得て居る。

大正十五年（昭和元年）

海外諸國輸入手續調査の件

大正十五年初頭米國に輸入されたる本邦罐詰が量目不足レーベル表示違法等の問題を惹起したる事實有り商工省より報告有りたれば調査したる結果違反の原因は必ずしも不正手段の結果に非ず彼國取締規則に通ぜざる結果に負ふところ多きに鑑み商工省・桑港日本人商品陳列所及賚府博覽會視察の爲め渡米せし藤野、田下兩評議員に委囑して米國の取締規則を調査研究すると共に其他の諸國に就ても商工省其他を通じて調査し檢査施行上は勿論廣く業界の參考に供した。之等調査は之を繼續せること勿論である。（罐詰要覽參照）

商工省第一回海外旅商派遣に關する件

大正十五年政府の貿易振興策の具現として商工省は海外の市場調査、販路開拓を目的とする第一回旅商派遣計畫を發表した。計畫の内容は重要輸出品七産業を代表する業者二十名を四班に分ちて指定のコースに分遣し之を補助後援せんとするもので罐詰業も其一として代表者一名と第四班中南米コースが與へられた。本組合は此旅商候補者推薦權を得役員會全員一致を以て評議員阿部三虎氏を推薦遂に其決定を見た。仍つて組合は同氏に中南米の外歐米各國に於ける需給狀態、關係法規其他の諸調査事項を委囑し且つ組合員よりの寄託見本を托し大正十五年八月十日横濱より歡送した。同氏は中南米に於ける指定コースを巡遊了りて歐米各地を行脚し翌昭和二年十一月九日神戸着歸朝された。その調査報告が業界を稗益せし事多きは論を俟たない。

南洋貿易會議に關する件

國策、貿易振興方針の結果として外務省に於ては大正十五年九月十三日より南洋貿易會議を開催された。當組合は現在（當時）及將來に於て重要なる關係に在る罐詰業を代表して組長堤清六氏、副組長斯眞田百三郎氏、同逸見斧吉氏を送りて會議に參加せしめた。代表は企業、投資方面に關しては新嘉坡鳳梨罐詰業を、輸出增進に關しては水產罐詰就中トマト漬鰮・煉乳等を議題とし輸出奬勵金の交附等に論及した。其後現在に至る迄煉乳に對して輸出補助金を支辨されて居るのも此際の論議に胚胎せずとは言ひ難い。

印紙稅法改正に關する件

印紙稅法は商業界に於ける面倒なる問題として屢々論議されたところであるが大正十五年四月東京糸問屋同業組合長西田嘉兵衞氏に對し下されたる大審院判決は商業界に大なる興味を齎したのであつた。組合は本件の重要性に鑑み辯護士小林晋八氏に委囑して右判決其他に付き調査を完了し組合員の參考に供したが、當時第二次稅制整理計畫有り之が根本的改正低減を期し全商業團體と共に輿論の喚起に努めたる結果同年議會に於て現行法の如く改正された。即ち最も煩鎖なりし賣買仕切書、賣買契約書、送狀は何れも免稅となつた。

昭和二年

鐵道貨物小口扱運賃に關する件

昭和二年二月一日より實施せられたる鐵道貨物特別小口扱制度新設に依り普通小口扱運賃の最低重量五十斤を一躍百五十斤に引上げられたる結果一般小取引に際して過重の運賃を負擔することとなりたるを以て組合員の實情を調査したる結果之が改正を期し東京實業組合聯合會を通じ各種營業團體と共に鐵道當局宛陳情せる結果舊來通りには至らざりしも最低量百斤と改め十月一日より實施された。尙同時に特別小口扱十五割々增品々目中より罐詰用空罐を除外された。但し之は貨物等級改正請願の結果と見る可きである。

臺灣鳳梨罐詰檢查施行請願の件

關東大震災後に於ける臺灣鳳梨罐詰業は逐年長足の進步を遂げ消費亦之に伴ふて增加し其將來は刮目に價したのであつた。然るに增產に伴ふ弊害も年と共に加はり大正十五年に至つては著るしく其品質が低下して市場に博した好評も爲めに失はるゝやの狀態となつた。當時は未だ舶來品が勢力を有し消費者も亦舶來品盲信の氣風に在つたので、斯くては臺灣鳳梨罐詰の衰滅を思はせるものがあつた。斯の如き事情に在る時偶々臺灣總督府に於ては同島重要產業の開發を念として之が檢查實施を企圖されたので當組合は之に協力すると共に昭和二年二月之が實現促進の爲め請願書を提出、同檢查規程の制定に際しては諮問に應じて組合案を作製して有力有効の資料を供した。然るに生產業者は大局と永遠の利害を稽ふる事をせずに一概に之に反對して內地販賣業者を驚かした。仍つて當組合は日本罐詰協會と共に同年十二月更に檢查實施促進を陳情すると共に市販罐詰開罐研究會の實績を提げて對抗し遂に昭和三年度より之が實施を見るに至つた。

檢查施行によつて臺灣鳳梨業が其危機より救はれ以て順調に今日の大を爲した事は瞭かで、爾來當組合は彼地と提携を密にし現在の品等制定等に關して度々協議に參與して其發展を期して居る。

飮食物防腐劑取締規則改正の件

飲食物防腐劑取締規則は其制定古く既に實情に適せずして不備不足の點多きのみならず取扱上にも亦立法精神に悖る嫌ひ尠しとせず、之が改廢に就ては恒に顧慮し各種の基本調査を進めつゝあつた。然るに大正十五年後期より蟹罐詰のホルマリン含有(大分)、味淋漬罐詰のサルチル酸含有(大阪)、アスパラガス罐詰のホルマリン含有(京都)問題等頻發し當路の摘發處斷に遭ひ組合は其都度日本罐詰協會と協力して之等の解決を果したけれども、爲めに罐詰類の消費者に與ふる印象極めて不利なる狀勢を生じた時更に昭和二年初頭米國產干杏がホルマリン含有の故を以て全國的に發賣を禁止せられ杏罐詰亦其影響を蒙れるを以て之を契機として日本罐詰協會と協同敢然該法規の改正に邁進した。即ち蟹、アスパラガス等は天然に含有する硫黃分の爲め製造過程中ホルマリンの微量を自然發生するもの、味淋漬に使用の味淋には一石に付三匁迄のサルチル酸含有(原料清酒より移行するもの)を認むるにも不拘該法の不備と取扱の不徹底の爲め何れも不當の處斷を受け市場に於ける信用を失墜したるものにして之が改廢を行ふて將來の禍根を絕たねば當業の發展に一大支障を來す可き事を憂へた次第で有る。干杏問題に至つては歐洲各國同樣亞硫酸使用を認むる米國製品たる以上其含有は當然の事にして本件の爲め米國品の實質的輸入禁止ともならば當時の排日氣勢を助長する結果を招くのみならず國際間に聯繫なき取締規則の强行に依つて將來の貿易にも障害を及ぼす可く憂慮せられるところであつた。(當時對英輸出寒天に硼酸含有(天然)問題有り本邦政府は之が諒解に努めつつ有つた)右の事情に從つて歐米諸國の防腐劑使用規則を初め、全罐詰品種に亘る天然或は製造工程中微少に自然發生する有毒性物の測定、該法規の不備等各方面の調査を急ぎ昭和二年四月十一日、日本罐詰協會と共に主體となり當面の關係に在る日本蟹罐詰業水產組合聯合會、東京洋酒食料品同業組合の參加を求め、總理、內務兩大臣の他關係各大臣宛陳情書を提出して改正を迫り、遂に昭和三年六月十五日內務省令第二十二號以下第二十四號を以て改正され七月五日より實施された。改正法規は罐詰要覽に採錄す。

昭和二年モラトリアム發布に關する組合意志表示の件

歐洲大戰後或は近く關東大震火災後一途に不況の度を加へつゝ有つた本邦經濟界は昭和二年四月に於いて未曾有の混亂を來し四月二十一日支拂猶豫令の發布に至つた。組合は銀行團が之に對する聲明を發したる同月二十五日緊急役員會を招集して同月末諸勘定決濟に關し協議し左の通り決議之を組合員に通達して取引混亂に備へた。

現在の財界に處し相互の信用取引の圓滑を期せんが爲め四月二十五日開催せる當組合臨時評議員會に於て左記の通り決議仕り候間組合員各位に於かれても同決議を原則として御決濟相願はしく此段申進候也

決　　議

一、四月末の諸勘定決濟は支拂猶豫期間に屬するも相互信用取引の圓滑を期せんがため出來得る限り現金又は支拂保證銀行小切手を以て支拂ひ止むを得ざる場合に限り横線付銀行小切手若くは五月十三日限りの約束手形を以てすること。但し契約期日が合意上五月十三日以後と定められたるときは延長期間の利子を附すること

一、支拂期日を定めて取引せらるゝものにして其期日が支拂猶豫期間中に到來するものは猶豫令所定の延期拂を行ふこと、此場合に於ても延長期間に對し利子を附すること

一、支拂猶豫期間中の取引は原則として現金拂とすること

商工省第二回旅商の件

昭和二年商工省は第二回旅商派遣の計畫あり罐詰業も再び其一員に加へらるゝ事となり本組合も候補者推薦團體の一に認められたるも既述の如く第一回旅商として阿部評議員を送り（當時同氏は旅商コースを了り單獨歐洲各地を視察中なりき）たるを以て今回は關西方面の代表を推薦することとし當初大阪組合推薦の候補者を推薦したるところ後商工省及大阪神戸兩組合の折衝成り神戸組合推薦徵有機氏が派遣された。組合は組合員の希望を蒐め之に見本を寄託した。

米國向食肉罐詰類に對する内務省特別證明書の件

從來米國向食肉類罐詰には米國肉類檢査規程に基き豫め登錄されたる檢査官（同業組合其他の機關の）の正確なる署名ある證明書を必要としたるも檢査官の變更に際し之が實行充分ならず屢々米國當局の忌諱に逢ひたる結果昭和二年七月內務省は特別檢査證（菊花紋樣入書式に重きを置き檢査官の署名は對內的のものとする）發行の承認を得從來の手數を省略し併せて之が發給を地方長官に委任された。然るに此折衝は內務省單獨に行はれたる結果業界の實情に適せず事實は米國向食肉類罐詰の輸出は梗塞されたのであつた。即ち該證明書の文言中、屠殺云々の項有る爲め證明書發給を委任されたる地方長官は屠殺時の狀態に關し何等與らざる理由を以て之が發行を欲せず我國牛罐の主產地廣島縣に在りても尙問題たるを免れなかつた。組合は日本罐詰協會と共に昭和三年二月六日內務、商工兩大臣宛本邦牛肉罐詰業の實情を具陳して之が緩和を要請し貿易上の支障除去に努めたる結果內務省は地方長官宛之を移牒し緩和を求められたるも遂に所期の効果なく僅かに廣島縣が其產業助成の爲め證明書を發行せらるゝに至つた。

昭和三年

大禮記念國產振興博覽會出品の件

昭和三年三月二十四日開催大禮記念博覽會へ出品した。（宣傳の項參照）

第一回全國罐詰業大會の件

罐詰普及協會及び大日本罐詰業聯合會の合體に成る社團法人日本罐詰協會が大日本罐詰業聯合大會を繼承して主催する第一回全國罐詰業大會が諒闇明け御大典奉祝の爲め開催された大禮記念國產振興博覽會場內上野自治會館に於て昭和三年四月十四日より三日間開催され本組合は之を後援した。本組合は此大會が其組織變革後最初の企てなると主催地組合たる特殊の立場に依つて實際は協會と共に主催者として目的の達成に當つた事は勿論で有る。又全組合員は有形無形に莫大の援助を與へられ幸にして異常の効果を收め得たのであつた。

尚大會三日間を通じ大禮記念博覽會に於て罐詰宣傳を行ふ。即ち第一會場に於て罐詰引換券付風船の飛揚、第二會場に於て優良國產罐詰の廉賣市場開設。

罐詰製造法新考案懸賞募集の件

罐詰業の伸展目醒しきものある時新方面の開拓に至つては尙寥々の觀無しとせず、隱れたる研究者及其新考案を得て廣く業界に紹介し且つ省みられざりし有用なる材料の利用厚生を計り、罐詰製造に一新面を開拓するを得ば業界のみならず我食糧問題に裨益する所大なる可きを慮り日本罐詰協會と共同主催を以て昭和三年九月八日左記要綱を以て罐詰製法の新考案懸賞募集を發表した。

一、目的　罐詰製造法の改良
一、材料　鰊、鰛、烏賊、豚肉、海藻、野菜の中より撰擇
一、製品　家庭又は團體食に適し普遍的食料品にして、價格低廉、製法及使用簡便なるもの
一、應募　發表の日より一ヶ年內に論文（現品添付）應募
一、賞金　全額一千圓也
　　內　一等　五百圓　一名
　　　　二等　三百圓　一名
　　　　三等　二百圓　一名
一、其他　入賞品に關する凡ゆる權利の保有に對し主催者便宜を供す。等

募集成績は東京、岩手、福井、新潟、群馬、大阪、京都、三重、熊本各一點朝鮮及南洋各三點合計一五點にして豫想以上の刺戟を業界に與へた事が首肯れた。斯くて昭和四年十二月七日審査を行ひたるところ何れも苦心研究の跡を認むるので有つたが、遂に入選作無く選外優良品として四點を推薦し之に研究獎勵金五十圓宛を贈つて爾後の精進を勸

奨した。右の如く不幸入選作を得る事は出來なかつたが應募者の熱心な研究的態度と新しい工風とは業界の將來に有力な暗示を投げたのであつた。右の成績に見て組合及協會は再び提携して第二回新罐詰の懸賞募集を企圖し昭和五年六月十一日之を發表した。募集規程は前回に慣ひ目的及材料を左の如く變更した。

一、目的　イ、輸出貿易罐詰の改良製品

ロ、輸出貿易の新製品（主として外國人の需要を目的とするもの）

一、材料　右二項の中改良を目的とする罐詰を左の十種とす。

蜊、蛤、牡蠣、鰮、鱒、ペースト、鯖、鮪、鳳梨、蜜柑。

募集成績は東京二青森、岩手、福島、山形、京都、三重、臺灣各一點總數九點にして昭和六年九月十九日審査の結果は、びんなが鮪ハム式罐詰（油漬）一點を選外佳良品に推したのみで前回に比し更に成績低下を見たのであつた。主催者に於ては此企畫を毎年繼續實施する意向を有して居たので有るが此成績に見て飜意一時中斷の結果に至つた事は遺憾であつた。

東京に於ける卸賣標準相場表作製の件

昭和三年九月より組合月報中に東京卸賣標準相場表を掲載して來た標準相場は組合員中より各月末に於ける相場の提出を求めて彼此參酌して算出決定して居るが、各商品共多種多様の商標に亘り從つて之が決定は相當困難を伴ひ時に或は組合員箇々の不滿を無視しても宣傳的結果に陥ることを避け、努めて公正を期する爲め十全を得難い。然も尚對外的には相當有効に利用せられつゝ有る。

昭和四年

罐詰取引方法改善の件

昭和四年一月二十六日開催第六回定時總會に際し豫め全組合員へ提案を慫慂したる結果逸見山陽堂より頭書の提案があり同總會に於て審議の結果下記の決議を見た。提案の主意は當時延取引の決濟に於て月末拂の約束が翌月五日、十日、十五日拂等と順次繰延べらるる傾向に有り從つて延取引期間の延長となるを以て組合決議により此の傾向を阻止矯正せんとするものである。

一、取引は現金を以て本位とする

二、現金取引を不便とする場合は毎月二十日を以て締切り其月末日を以て支拂日となす

尚本決議は實行後の實情に見て更に之が徹底を期する爲め昭和六年一月十四日開催第八回定時總會に於て左記第三項を追加決議して爾來現在に及んで居る。

三、代金支拂の遲速に對しては日步計算を爲すものとす

日步は當分の中百圓に付金貳錢とす

日步割合は一般の狀勢に應じて改訂することを得。

ブリキ輸入稅引上反對の件

昭和四年二月二十日當時組織された鐵鋼協議會は其總會に於て鐵關稅引上を決議して當局へ陳情書を提出したが陳情中にブリキ關稅を現行每百斤七十錢から金參圓に引上げんとして居た。之は本邦に於けるブリキの需給消費等の狀態を無視した無謀な要求で之が最大の消費たる食糧容器就中罐詰に及ぼす影響極めて甚大なるものがあつた。即ち製品一函十錢當りの關稅負擔は一躍四十三錢餘となり食糧貯藏法の發達を阻害し延ひては人口食糧問題等に影響を及ぼす可きものであるので、組合は同二月二十五日役員會を開催之か反對の件を可決即日日本罐詰協會と連署を以て內閣總理大臣を初め大藏、外務、陸海軍、商工、農林各大臣宛陳情し鐵鋼協議會の陳情の奏効を未然に防止した。本件は一方各地同業團體にも提携を求め其參加を得た。因に當時のブリキ需給狀態は左の如きものであつた。

輸入數量	七九、〇〇〇噸	計	九七、〇〇〇噸
製鐵所生産額	一八、〇〇〇〃		
罐詰及煉乳	三〇、〇〇〇〃	計	九七、〇〇〇噸
菓子及海苔容器	二〇、〇〇〇〃		
石油罐	二〇、〇〇〇〃		
其他	二七、〇〇〇〃		

一般に行はれつゝある商習慣に關し證明書發行の件

昭和四年二月二十一日開催役員會に於ては評議員小島仲三郎氏から提案されたる主題の件に關し審議の結果組合員の商取引擁護の立場から組合員の請求に應じて組合は罐詰業に於ける商習慣、（決議等を含む）に關して證明書を發行する事を決議し爾來之を實施して居る。實施後の成績としては罐詰責任期間に關する紛議に際しての發行請求が最も多い。

糧友會主催食糧展覽會出品の件

昭和四年三月二十二日開催食糧展覽會へ出品した。（宣傳の項參照）

第二回全國罐詰業大會後援の件

昭和四年四月十四日より三日間廣島市に於て日本罐詰協會主催第二回全國罐詰業大會が開催された。本組合は之を後援し戸田書記を出席せしめた。尚今回は組合提案を行はなかつた。（大會の項參照）

米國に於けるクラム其他罐詰輸入稅引上に關する件

東京灣及九州有明灣に於ける米國向蛤、蜊水煮罐詰業は兩三年間の研究試賣期を經て漸く伸展の曙光を見るに至り本組合等の之に對する努力の漸く報ひられんとする時に方り俄然米國內に於て之が關稅引上案（無稅から從價三五%

に引上）突發の報に接したるを以て昭和四年五月二十七日役員會に於て之が對策を協議關係官廳の指示に從ひ行動す可きことを決し爾來日本罐詰協會及横濱海產乾物罐詰貿易商同業組合と提携して對策に入り、農林、商工、外務各大臣宛當業の現狀を陳情すると共に米國內に於ける引上反對輿論の喚起に努むる爲め各々經費を分擔して萬全を期した。其爲め米國上下兩院間に引上程度に關する論爭を惹起したのであつたが、昭和五年六月十三日兩院議員協議會に於ける投票の結果は遂に引上案が其儘採擇され同六月十八日大統領の署名を了し即日實施された。即ち改正關税は左の通りとなつた。

○クラム（蛤類）及クラム汁其他の製品にして排氣容器に容れられたるもの

新税率從價　三五％　舊率率　無税

○オイスター及オイスター汁又は其合成品にして排氣容器に容れられたるもの

新税率容器共一封度に付八仙　舊税率無税

○茸類、加工せられたるもの排水正味

新税率一封度に付十仙及四五％　舊税率四五％

別箇に起つた問題であるが本邦產蒲鉾罐詰を植物混成品とする見解から從價三五％の輸入税を課せらるゝ事に對して魚肉製品たる主張を以て税率摘要變更に付抗議中であつたが本件と略々同時に主張が貫徹して從價二五％に低下決定された。

昭和五年

新製品保護規程制定の件

組合は別項の通り新罐詰製法の懸賞募集を行ひ罐詰業の伸張に寄與せん事を祈念して居るが一般業界の事實に見る

に一度優秀有望なる商品が市場に紹介さるゝや直に其模造類似の劣等品濫出し徒らに競爭して消費者の信望を失ひ遂には自他共に斃るゝの愚を繰返し惹いては斯業の順調なる發達を阻害する事多きに鑑み昭和五年一月十四日開催の第七回定時總會に於て新製品保護規約を結んで此の弊風の剪除を期した。規約は左の通りである。

本組合は從來未だ市場に現はれざる眞面目なる研究に基く新製の罐詰壜詰にして獨特の創意を有するものの發賣せられたる場合に於て業界開發助成の目的を以て之を保護し其健全なる發達を期する爲め左の申合せをなす

一、右の如き新製品は其製造家又は發賣元の申告に據り評議員會の審査に俟ち其認定を經たるものに對しては本組合員は爾後二箇年間其模造品の製造、發賣及販賣を行はざる事を約す

二、前項の新製品に類似せる品と雖も創意を窃むの意圖なくして改良進歩の跡歴然たるものに對しては更に前項の規定を準用するものとす

右の規約に基き之が運用に關する細目を決定直に實行に入ると共に日本罐詰協會及大阪罐詰同業組合に協力を需めた處前者は之が助成に贊同せられ後者は實行不能として之を拒否せられた。

本規約實施以來申請三點内組合員青木安吉商店製造發賣に係る「さつま汁」罐詰一點が適用を受けて本規約の保護下に置かれ期間中類似品の出現を見なかつた。

海と空の博覧會出品の件

昭和五年三月二十日より上野公園に開催された海と空の博覧會に共同出品した（宣傳の項參照）

紐育グランド、セントラル、パレスに於ける國際貿易品展覧會出品の件

主題の展覧會に對し組合員の希望を集めて十四點を出品した。（宣傳の項參照）

鮭鱒クビ肉罐詰レベルに其内容を明示せしむる件

昭和四年度生産鮭鱒罐詰中クビ肉のみを詰めた製品があり爲めに業者中迷惑を蒙つた者も有り且つ消費者の不評は安定せる同罐詰を萎縮せしむる惧もあるので青森罐詰同業組合では之が對策として罐蓋に「クビ肉」なる打抜を勵行して判別を易からしむる事を決議された。本組合は大消費地團體の立場から更に之が徹底を期し昭和五年五月二十七日役員會に於て其レベルに內容を明示す可き事を決定し組合員と協力し又檢查機關を通じて之が勵行に當つて來た。尙本件は各地組合にも移牒して實行を期したが日本鮭鱒罐詰業水產組合の創設と共に引繼がれて更に全國的なものとなつた。

罐詰類船舶運賃及附帶費輕減に關する件

昭和五年五月罐詰類の船舶運賃及附帶費用經減の實現を期し評議員中島菫一郎氏を委員に擧げ郵船商船兩社に之が希望を陳べて折衝を開始したが兩社互に運賃協定を理由として決答を遷延回避し絕えて誠意を示さない一方、共同出荷共同計算等を以て之に對抗しやうとした組合方針に對する組合員の全面的協調にも亦缺くる所有り翌六年後期迄折衝十數回に及んだが効果を見ない間に爲替低落等に因る輸出貨物の漸增に伴ふて本問題は自然閑却せられざるを得なくなつた。

第三回全國罐詰業大會後援の件

昭和五年七月十九、二十日兩日靑森市に日本罐詰協會主催第三回全國罐詰業大會が開催された。組合は之を後援し組長逸見斧吉氏及書記長戶川健氏を出席せしめた。組合提案は之を行はなかつた。

輸出鐵道貨物運賃割戾品目擴張に關する件

鐵道省は輸出助成の目的を以て輸出鐵道貨物運賃割戾規則を設け特定品目に就き之を實施したが當時之が適用品目擴張が企てられたのを機として組合は昭和五年七月二十四日付を以て罐詰類を其品目中に加ふ可く東京商工會議所を

經て陳情したが、大口輸出罐詰類の大多數は海運に據り鐵道貨物たるもの僅少なりとの故を以て拒否せられた。

商工省派遣海外市場調査員後援の件

商工省は曩年二回の海外旅商派遣の後を承けて昭和五年に至り其内容に多少の變更を加へた海外市場調査員の派遣を企圖せられ各種產業關係者中より二十五名の調査員を指名して各其關係商品に就て需給の狀況を視察せしめ之に補助を與へる事となつた。當罐詰業も其選に漏れず日本罐詰協會專務理事星野佐紀氏が指名を受け、東、南阿弗利加、バルカン及歐洲諸國の新域に斯業の新天地を探るべく決定した。仍て當組合は當業特使を送るの意に於て本事業を後援し且つ組合員の有志を募り以て目的の完全を期した。

調査員は昭和五年九月十七日東京出發翌六年六月二十九日指定コースの外歐洲各國の視察を了つて歸朝された。組合は調査報告會を開催し、調査報告書を配布して其効果を頒つた。

不況調査施行の件

累増する不況は昭和五年中葉に至り金解禁(四年)の結果と關聯して其頂點に達したかの觀が有り區々たる對策の遂に及ばざる狀態を迎へ政策制度の轉換が唱へられ出した。本組合は組合方針を此危機に適應せしむる爲め昭和五年九月三日第一回不況調査を行ひ組合員の營業狀態を初め政策、制度に對する希望等廣範圍に亙る意見の提示を求め此結果から援引して非常時に對する組合措置數項を決定し實行に移した。

其主要なるものは左の通りで有る。

資金偏在金融梗塞に關する信用組合設置の可否(法文上實行上組合を主體と見る事困難なるを以て之が設立に對し斡旋すること)

共同施設に關する件(重要物產同業組合法第二條の改正を前提とする爲め之が達成に努む。(次項參照)

競爭防止、販賣價格の協定(同業組合法に對する次官通牒の撤廢と不正競爭防止法制定の促進、組合員取引停

止處分の實行）

食糧に關する法規の統一實施（第四回全國罐詰業大會決議を經て陳情中）

市販罐詰規格と軍部規格を合致せしむる事（罐詰規格の制定と徹底化に努力を續く。規格統一の項及陸軍納入斡旋の項參照）

輸出發展、海外市場調査等（輸出奬勵金の交付は特定品に關し既に政府の實施を得、又果實罐詰砂糖戻稅に關する陳情等を行ふ）

取引改善現金取引勸奬等（規約申合を爲し之が徹底を期しつゝあり。）

百貨店に對する制限規定制定（百貨店法施行せらる）等々。

備考　右各項の中特殊事項は項を改めて記述するが他は之を省く。

右の如く調査結果に依り組合の行ふ可き業務は之を採つて實行に移したのであるが其後滔々たる世界的不況の波は更に激甚を加へ業界の實情も亦昭和六年に於ける金輸出再禁止等經濟界の變化に伴ふて自ら事情を異にし來れるを以て昭和七年八月十日更に第二回不況調査を行ふて業界に資せんとしたが、調査半ばにして景氣回復の微光か朧ろげに現れた爲め充分なる收計結論を得られなかつた。組合は之を喜ばしき不結果として中斷した。

重要物産同業組合法改正陳情に關する件

關東大震火災を契機として社會萬般に亘つて或轉換の氣運が胚胎した事は寧ろ當然の結果であるが、各種産業機構に於ても爾來急激な變革を示した。從て産業團體の組織に關しても重要輸出品工業組合法の制定を見惹ひては重要物産同業組合閑却の結果に陷り昭和三年一月全國商工會議所、全國實業組合聯合會主催を以て之が對策を講ずるが如き狀態となつた。本組合は之に協力すると共に更に別箇の見地より同法の研究を行ふた結果同法第二條の改正を昭和五年十二月二十八日東京商工會議所を通じて主務省宛陳情したが、當時偶々政府に於ては商業組合法制定の企圖せらるゝ有り、之亦多大の關聯を同業組合の存亡に有するは勿論本組合の所見は屋上屋を架するに等しきものあるを以て斷然之が制定に反對し、以て初志の貫徹に努めた。即ち改正要求の趣旨は消極的機能に限られたる同業組合に積極的施設を行はしむる權能を附與する事に依り商業組合法新制の必要を認めざるのみならず出資主義等差主義の商業組合法案の短は強制權の保有に併せて機會均等平等主義の同業組合法の長を以て補強され、克く產業團體たるの機能を完成するを得べしとする見解に基くものであつた。商業組合反對意見は別の見解よりも反對され斯くて同法案は當時の議會提出を保留せられた。組合は翌昭和六年三月二十八日更に陳情を行ふて目的の達成に努めたが及ばず昭和七年九月五日遂に商業組合法は發布せられ同法原案に於ける第七條商業組合員の同業組合加入免除に關する規定の削除に依り成否相半ばする結果に了つた。

昭和六年

暮し向きに關する展覽會出品の件

昭和六年二月十六日より開催の暮し向きに關する展覽會へ出品す。（宣傳の項參照）

横須賀海軍々需部及軍艦烹炊實況見學の件

昭和六年四月八日陸海軍との接近提携に關する組合方針の一項として横須賀海軍々需部及軍艦内に於ける烹炊實況見學を行ふた軍需部の特別の厚意で充分に其目的が達せられた。見學した軍艦は戰鬪艦山城、巡洋艦加古、驅逐艦サギリで各艦各々其機能に準じて貯藏庫、烹炊設備を異にするなど業者に種々なる問題と暗示とを與へた。殊に市販罐詰と軍用罐詰の規格の一致に努力しつゝ有る組合當事者に於て得るところが多かつた。當日は特に各艦罐詰料理を行ふて其操作を示し、試食の便を與へられた。加之池邊軍需部長より「海軍と業者の提携」に就て、加納第三課長より「海軍に於ける罐詰の概況及其給與狀況」に就て說明あり實物開罐に依つて高木技師より「罐詰納入に際しての檢査要項」の説明あり、更に水交社に於ける午餐に招待せらるゝの厚遇を得た。本見學は各艦の厨房は何れも共乘組員數に比して極度に狹小なる面積に制限せられ有る爲め人員を制限する必要が有つて、組合員中最も關係深き組合員二十五名を指名して全員均霑を不能としたのであつた。

家庭用品改善展覽會出品の件

昭和六年五月一日より開催の家庭用品改善展覽會へ出品す。（宣傳の項參照）

稅制調查委員會へ意見書提出の件

昭和六年八月十二日、當時政府に於て稅制整理を行ふ爲め稅制調査委員會を設けて審議中なりしを以て組合は組合員の意見を調査集約して「營業收益稅」「砂糖消費稅」「鹽專賣法」に關し改正或は廢止の意見書を東京實業組合聯合會經由提出した。

給糧艦「間宮」見學の件

海軍と罐詰業提携助成に關する組合方針の一部として軍艦烹炊設備の見學を行つた事は既述の通りで有るが更に同目的を以て昭和六年九月一日震災記念日をトし横須賀碇泊中の聯合艦隊給糧艦「間宮」の見學を日本罐詰協會と共に行つた。當日組合員の參加八十六名で十二分の効果を得たるは評議員青木安吉氏の斡旋と軍需部及聯合艦隊當路の餘すところなき厚意に依るところである。

取引停止處分の件

組合創設以來滿十年其間唯一無二最も不幸なる組合機能の發動を載錄しなければならぬ事は誠に遺憾である。即ち昭和六年八月十三日定款第六十九條に依り組合員青木安吉氏から同合名會社田村商店の債務不履行の事實に關して組合機能發動の要請に接し爾來組合は定款所定の手續を盡して圓滿なる解決に努めたるも債務者の誠意之に副はず遂に同年九月八日取引停止處分を斷行せざるを得ざるに至つた。然し時恰も業界不況沈滯の極に在り動もすれば之等不祥事件頻發の憂慮せらるゝ頃であつたので組合は業界廓正の大所に立ちて之に處したのであるが其後類似の場合に於ける好き刺戟となり、種々の好果を齎した事は所期の通り禍を轉じて福と爲し小を制して大を護るの結果を得たものと考へられる。又組合は此不祥事に鑑み同年十月二日聲明書を發し正當なる相場を攪亂し業界不況深化の素因を作り不正破局の溫床をなす所謂「ばつた物」排除に關して組合員の關心を喚起した。

ネツスル煉乳會社外資の國内侵入防止に關する件

ネツスル煉乳會社の本邦内進出に對する希望は煉乳輸入關税改正以來熾烈を加へ既に昭和三年に內資との抗爭を惹起したのであるが昭和六年北海道進入計畫が公表せらるゝや世論囂々として、其歸趨は當業の消長を左右するものとして自然の情勢に委ねる能はざる狀態に立到つた。仍つて組合は罐詰協會と諮り最も中正なる立場に於て關係官廳に對しネ社の侵入防止に就て陳情することを決し、大阪罐詰同業組合及東京、大阪兩洋酒食料品同業組合の參加を求め昭和六年九月二十五日農林商工兩省を訪ひ委曲事情を開陳し併せて陳情書を提出した。而して本件は該陳情書に力說せる煉乳當業者の統制に依る從來の弊風の是正、業者及農民の提携協和に依る農民の匡救等の結果と相俟つて其目的を達成した。然れ共ネ社の本邦進出に對する希望は更に抛擲せられず、隙を窺ふては其後に於ても表面化した事兩回に及び現に本年夏に至つて淡路の藤井煉乳會社を事實上其手に收めたのであるが、製乳業者の一致協和に依り良く此問題の解決に當りつゝあり、組合亦其統制に期待して差し當り再び立つの必要を認めて居ない。

中央卸賣市場取扱品目より罐詰類を除外せんとする陳情に關する件

昭和六年十二月二十二日東京市長及東京中央卸賣市場長宛、東京市中央卸賣市場取扱品目中より罐詰類を除外す可き件に付き陳情書を提出した。之は云ふ迄もなく永久貯藏食料品たる罐詰類は生糧品を目的とする中央卸賣市場の取扱品目に非ざる事は明瞭で有るが、市場規程に依り隨意其取扱品目中に包含し得られ既に京都、大阪に於て其事實が在る爲め中央卸賣市場の開設期が迫り其業務規程が編成せられんとするに際し難問題發生の根絶を期して本陳情を行ふた次第で有る。當局が本組合の主張を諒解せられたること勿論である。陳情は、罐詰が中央卸賣市場取扱品と其目的使命、配給建値等に亘り全然特殊の立場に在り而も全罐罐業は單一產業として互に相倚り、一統制下に發達し來れる事實を强調し左の四項を要求した。

一、罐詰類を一括して取扱品目より除外すること

二、市場卸賣人從來の關係より全然除外禁止する能はざる場合は、本主旨の徹底を期せられ取扱品細目中に「罐詰」なる品目を示さざること

三、右に依り取扱を默認されたる場合は當該取扱人は本組合の統制に從ふこと

四、罐詰の賣買は絕對に糶賣ならざること

ブリキ關稅引上反對陳情の件

昭和六年政府は製鐵所錻力板五萬噸增產計畫に關聯して其輸入稅引上げを企圖せるに關し同年十一月三十日農林、商工、大藏各大臣及農林審議會、關稅調査會宛之が反對陳情を行つた。此より先十一月二十一日日本罐詰協會を主催者として重なる消費團體業者會合其結果の及ぶところを研究各業各其立場より反對陳情の事を決定、罐詰關係に於ては先づ在京四團體即ち日本罐詰協會、日本鮭鱒罐詰業水產組合、日本蟹罐詰業水產組合聯合會及本組合の連署を以て之を行ひ續いて地方組合に急遽參加を求めた。

陳情の內容は既に說明の餘地なきところであるが、日常必需品として消費者負擔の加重、輸出貿易の萎縮從つて罐詰產業の阻害、增產に依るも尙國產品の不足、民營企業なく從つて保護政策の要なき點等を擧げて起草された。本陳情は昭和七年五月三日全國關係團體聯署を以て陸海軍大臣に提出され、更に同年五月九日小樽に開催されたる第四回全國罐詰業大會議案として提出して即決せられ大會の名を以て再陳情され爾來未決の儘推移して今日に及んで居る。

現在の條件と何等變るところ無き情態に於て本案が再燃したる場合は組合は之に反對すべき理由を持つて居る。

不正競爭防止に關する件

昭和六年十一月二十六日不正競爭防止に關して組合員へ警告を發し左の規定を設けた。

イ、不當廉賣を行ひたる商店に對し組合は警告を發して其反省を促すこと

ロ、其事實を全組合員へ通告して警戒に資し且つ當該商店に對し同種商品の供給停止を求むること

蓋し當時の情勢は不正競爭防止法案制定を急務として之が立案中に在りし事實が物語る通り不況對策として小賣商殊に百貨店が顧客吸收策として種々なる名目を構へ中には虛構の廣告を爲して迄不當廉賣を爲す傾向著しく爲めに適正なる市中相場の混亂を來し、業界の疲弊を益々激甚ならしむる實情にあり、今措置として避く可からざる手段であつた。

在滿軍用追送罐詰納入斡旋の件

昭和六年九月滿州事變突發以來在滿軍用罐詰食料品の一部分の購買が陸軍糧秣本廠に依りて行はるゝ事となつたが其購入が市販品より行はれ且つ速急調達の必要ある爲め之に關する諸調査を本組合に照會せられた。旣に屢々述べた通り軍部との提携即ち軍用罐詰と市販罐詰の一致に就て努力し來れる本組合は直に之を亨け同年十二月該納入の品種詮衡及斡旋を行ひ爾來引續いて之を行ひつゝある。本組合が本件に關して最も意義を感ずるところは罐型及內容量規格統一問題に於て之を支援し最も困難なる軍用規格の改訂を期してまで軍用と市販罐詰の一致を圖らるる陸軍の遠大な目的に協調し得ることで有る。從つて本組合は之が斡旋に當りては標準罐型及標準內容量を有するもの以外は絕對に之を推薦せず其品質に關しても市販罐詰開罐研究會の例に倣ひ粗惡品の納入絕對阻止を標榜して此間惡德業者の介在を排除する事に努めて居る。依つて罐詰業の信望を揚げ、在滿將士に對する國民的信義を全ふする事を得ば望外の

喜びである。

尚冬期輸送に於て酷寒の爲め内容變質の虞れ有るを以て昭和七年初頭全品種に亘り耐寒試驗を行ひ以て斡旋の資とし品種の選定、荷造りの改良等に萬全を期して居る。

飲食物及其他の取締に關する法律第十五號改正要望の件

昭和六年十二月二十二日開催の役員會に於て明治三十三年發布飲食物取締に關する法律第二條の改正要望の件を可決し、問題の性質上之が趣旨を日本鑵詰協會に移牒して組合は之に協同する事としたが、更に昭和七年五月九日小樽市に於ける第四回全國鑵詰業大會の決議に採擇せられ實行に移されたのであるが、未だ其結果を見るに至らない。

改正要望の條文は左の條項にして理由は自明の事に屬す。

第二條　行政廳は吏員をして前條の物品を檢査せしめ、試驗の爲め必要なる分量に限り無償にて收去せしむることを得

昭和七年

第四回全國鑵詰業大會後援の件

昭和七年五月九、十、十一日に亘り北海道に於て開催された第四回全國鑵詰業大會に當り本組合は之を後援し三提案をなし組長逸見斧吉氏、副組長田下文治氏、書記長戸田健氏を出席せしめた。（大會の項參照）

鳳梨鑵詰品等改正要望の件

昭和七年七月二十六日役員會の決議を以て鳳梨鑵詰品等改正案を關係各地組合へ提案した。鳳梨鑵詰の品等が現在煩多に過ぎ爲めに販賣上の支障をなせる事實即ち

一、消費者に煩雜なる其品等を知悉せしむるに困難なること
二、現在の不況は小賣商をして單に賣價の低きを競はしめ消費者又之に傾倒する結果はクラッシュ又はテイビット級が單に鳳梨罐詰として販賣せらるゝ事
三、前二項の結果消費者は常に欺瞞されたる感じを與へられ鳳梨罐詰に對する信用を失ひつゝ有ること
四、其結果全生產の大部分を占むる上位品等の販路を狹めることとなり延ては鳳梨罐詰業の正當なる發達をも阻害する虞れあること等

は看過すべからずとして左記の如き改正意見を採錄したのである。即ち
一、現在、ホール、ラセン、ブロークン、テイビット及クラッシュの五品等なるをホール、ラセン、及ブロークン、テイビットを一括して新標準を作りクラッシュは原料用として大罐使用に限り之を認め一般品を三品等に整理縮少する事

蓋し生產過剩の折柄クラッシュの大罐使用に依り普通市販品に於ては總生產額の約一五%を自然減少せしめ得ること及前揭の弊を除き得ることが考慮された結果であつた。

然し提案の結果は日本罐詰協會の贊同を得たるも、臺灣鳳梨罐詰同業組合は生產地の立場に於て、大阪罐詰同業組合は販賣地の見解に於て、尙研究の餘地あるものとして之を保留せられて今日に及んだ。然し本案に付ては兩地とも一部贊成者有り且つ又當組合は原案に拘泥固執するものでなく只現在の弊から脫却して鳳梨罐詰業百年の大計を得れば足る次第で此趣旨の達成に不變の關心を持して居る。

推奬マーク貼用補助の件

昭和七年十一月一日より、本組合が後援せる日本罐詰協會主催市販罐詰開罐研究會に於ける推奬品に貼付せらる可き推奬マーク貼用費補助を實施した、補助方法は推奬マークを貼用せんとする組合員に限り其貼用費の半額（但しレ

ーベルに印刷するものは除外）を補助するものである。之が趣旨、目的は市販罐詰開罐研究會補助後援事業の項の末尾に記載した通りである。

輸出罐詰檢査に關する農林省令發布請願の件

罐詰の輸出檢査の目的効果を徹底せしむるには、從來其施行の衝に在る同業組合の權能のみにては其組合員以外を拘束し得ざる點に於て遺憾有り、之が是正の爲め、各組合の檢査を統一して其檢査を經たるものに非ざれば輸出する事能はざる趣旨の主務省令の發布に俟つの他なきものとして、屢々之が實現に付て論議されたところで有るが、水農畜各産業夫々其所管を異にするため實現に至らなかつた。然るに昭和六年以來水産罐詰業水産組合の設立せらるゝもの四箇に及び、既設の其れと共に輸出罐詰の大部が其等の統制下に置かるゝ事となつた結果昭和七年日本罐詰協會、大日本水産會及帝國水産會斡旋の下に水産物輸出增進協議會を設置し（本組合亦之に參加す）協議の結果、俄然水産罐詰業のみを以て前記農林省令の發布を請願するに至つた。之は事情止むを得ざるもので、又罐詰業發展に一歩を進むるところでは有るが全罐詰業を打つて一丸とし兩々相倚り相援くるを以て本邦罐詰業大成の最善手段となす本組合の既定方針に滿たず、仍つて大阪、神戸兩同業組合及日本罐詰協會の協同連署を得て、昭和七年十二月六日農林大臣（農林省水、農、畜三局長にも各別に）宛、右趣旨の陳情を行ふた。本件に關する當局の配意は極めて深大なるものであるが、法規的困難を伴ふ哉にて達成には尙難色が認められて居る。一方水産罐詰に關しては水産組合聯合檢査及國營檢査の二案が當局に於て研究されつゝ有り、本組合は其孰れにもせよ之に農畜産罐詰の均霑を期し併せて可及的速成を望んで歇まないものである。

昭和八年

萬國婦人子供博覽會出品の件其他

昭和八年三月十七日より五月三十一日迄上野公園に開催された萬國婦人小供博覽會に出品した。（宣傳の項參照）

第五回全國罐詰業大會後援の件

昭和八年六月八、九、十日戶畑市に開催されたる第五回全國罐詰業大會を後援し組長逸見斧吉氏、書記長戶田健氏を出席せしめ一提案を行つた。（大會の項參照）

商標法及輸出果實罐詰砂糖戻稅手續改正に關する件

昭和八年六月第五回全國罐詰業大會に於て可決されたる主題の二件は當業に緊密なる事項にして大會決議とし之が實現に協力するは勿論なれ共尙之が促進の手段として組合事業に移し目下基本調査施行中なり。

馬肉混在の疑ひある牛罐調査の件

昭和八年前期より廣嶋產牛肉罐詰中馬肉を混入せる不正品有りとの風評擴大して單なる風評として放置し難いものあり、不幸右の如き事實ありとせば本邦牛肉罐詰業の將來は全く阻塞せらる可きのみならず惹ては何等之等不正を關知せずして該商品の取扱ひをなせる多數組合員の蒙る不信の程度も怖る可きものあり仍つて組合は直に之が事實糺明に努めた。然し煮熟肉に於ける檢定は極めて困難で確實なる檢定方法を得る迄に約二ヶ月を費し漸く**フオルスマン**氏羊抗溶血特異反應法の信賴すべき事を認め爾來市販品數十種、百數十罐の檢定を行つた結果遂に不幸なる實例數種を得たのであつた。

然し組合は本件が本邦全牛肉罐詰業に及ぼす重大なる影響を慮ひ之を日本罐詰協會に移した。同協會は目下更に全國牛罐に付いて愼重之が檢定を進められつゝ有り其結果に依りては近く之等不正の是正に適切なる手段に出でるであらう。

年末需要季に當り新聞宣傳の件

昭和八年十二月中年末贈答の季節的宣傳として罐詰の新聞廣告を行ふた。（宣傳の項參照）

右を以て組合事業成績の概要を叙し了つたが、之等各項の基本をなす各種の調査、研究が附隨して行はれたのは云ふ迄もない。尙此他公共團體の事業として當然行はる可き各種諮問の答申、或は意見の具陳、一般的調査、研究等は隨時之を果した。

例へば

各國關稅改訂其他に對する對政府意見の開陳

各種の一般的法規制定に對する意見の開陳

地方廳、公共團體等に於ける各種施設、事業への參加

每夏頻發する中毒事件、或は摘發事件の調査並に對策措置及豫防

檢査の强化、取引上の弊害是正等に關する全國關係團體との聯携、等々

又本組合の結成か彼の關東大震火災の裡に成された事は屢述の通りで有るが、當時罹災者に加へられたる同胞、友邦の同情、激勵の如何に溫かく力強く吾々を皷舞した事か？　敢然として未曾有の大試練に耐へて今日を迎へた欣びの衷に恒に感激の新たなるを覺へる。而かも程度の差こそあれ其後も引續ゐて大自然の試練は時と所を選ばず種々の形態をとつて人類の上に投げかけられて居る、吾々は其都度近き過去を振返りつゝ當時の苦澁を偲び形の輕微は勿論なれ共只其心を盡して深甚の慰撫を傳へ併せて當時の同胞と友邦への報謝の道とした。

奥丹後震災義捐　昭和二年三月　一一〇圓｝罐詰五四凾｝組合及組合員醵出

ビルマ地方震災義捐	〃　五年十月	三〇圓	
伊豆地方震災義捐	〃　五年十一月	一一五圓 罐詰八五函	組合及組合員醵出
中華民國水災義捐	〃　六年九月	五〇圓	
東京市欠食兒童救濟費	〃　十月	二五圓	
在滿將士慰問費	〃　〃	二五圓	
東北地方凶作義捐	〃　七年二月	二五〇圓 罐詰一六〇函	組合及組合員醵出
在支將士慰問費	〃　七年二月	五〇圓	
北海道水災義捐	〃　七年十一月	二〇圓	
三陸地方海嘯義捐	〃　八年三月	五〇圓	
在滿將士慰問	〃　八年四月	鳳梨罐詰二〇〇函	組合員醵出

東京罐詰同業組合十年史 終

附録

罐詰要覧

目次

目次

本邦主要罐詰關係業者名

本邦罐詰沿革表

明治四年　松田雅典氏長崎に於て時の廣運館教師佛人デュリー氏より鰮油漬罐詰の製法傳授を受く。

明治八年　内務省所管の勸業寮内藤新宿出張所樹藝掛に於て果實蔬菜罐詰の試製を行ひ、米國加州より歸朝せる柳澤佐吉氏により桃砂糖煮罐詰を試製した。又翌年には同じく米國より歸朝せる大藤松五郎氏に依りトマト罐詰を試製した。然れ共當時の製法は甚だ幼稚にして内容物を罐に詰め中央に孔を穿てる蓋を鑞着けし、之れを熱湯中にて沸騰せしめ松脂を以て孔を封じた。從つて製品の大半は腐敗したと云ふ。

明治九年　明治六年墺國維也納萬國博覽會及び明治八年米國費府の萬國博覽會に出張せる事務官關澤明清氏（後の水産傳習所長）は歐米罐詰業の盛大なるに警醒せられ、自から請ふてコロンビヤ州の鮭罐詰工場に至り、親しく其製法の傳習を受けて歸朝し、時の内務卿大久保利通卿に、罐詰製造の開始は富國增進上極めて緊切なることを建議し、卿の容るる所となり、政府は本年北海道開拓使に命じ、石狩河口に罐詰試驗所を設置し、米國より傳習教師としてメーン州イースト・ボートの人、ユー・エス・トリート（六十六歳）及び其弟子たりし加州桑港の人、ダブリュー・エス・スワット（二十五歳）の兩人を招聘し、此所に派して其準備をなさしむ。

明治十年　この春、池田謙三氏は米國紐育より手働製罐器械一式を購入して歸朝した。氏は米國費府に於ける萬國博覽會の審査官として明治八年に渡米したるものにて、其機械は左の如き種類にて價格は三百三十弗であつた。

チンプレス　一、足踏切斷器　一、三本ロール　一、胴付器、半田鑞鑄型、半田鑞切斷器、底締ロール、ビーターロール　一、

新宿試驗所農具製作所に於ては本機を模倣して製罐器械の製作を行ひ、民間の要求に應じて配布を開始し、

其原機は石狩罐詰試驗所へ送つて据付け傳習に供した。

新宿出張所はこの年、新宿試驗所と改稱せられ、內務省勸農局製造課に屬し罐詰製造を繼續した。

明治十一年　內務大輔松方正義氏勸農局長を兼任し、同年佛國に開催せる萬國博覽會に副總裁として渡航せらるるに當り、事務官成島謙吉、久保弘道の兩人をして、會期終了の後、同國クロアジツクに於て鰮油漬罐詰業を視察せしめ、且つ同地のペレー・フレイル工場に於て製造の要領を修得せしめ、尙ほ製罐機械類を購入して歸朝した。其種類は

ハンドプレツス　一、スクリユープレツス　二、ハンド切斷器　一、ビーターロール　一、方正器　若干、

北海道開拓使にてはこの年の春、根室國別海罐詰工場の設備成りたるを以て石狩に在る外人教師をこの地に移す。又十月には膽振國勇拂郡植內村娓々工場を設置して鮭鱒蔬菜の外に鹿肉等を製造せしめた。

この年初めて鮭罐詰若干を佛國博覽會に出品して好評を博し、又米國ケプロン將軍に鱒罐詰を贈りしに、該國製品に比べて何等遜色なく同一價格にて販賣し得べしとの報告があつた。尙此年九月に橫濱バビエール商會の手を經て英米國に試賣せるが風味は米國產に比し劣らざるも肉色は遙に劣るとの通知があつた。

明治十二年　新宿試驗場廢止せらる。

前年佛國より歸朝せる成島謙吉、久保弘道の二氏は町田實則氏及び梶川、石原、早川三氏と傳習生七名を伴ひ、千葉縣銚子宮內某氏の納屋に此機械を設置し、鰮油漬罐詰二千餘個を製造し、更に同年七月には房州館山に於て同樣鰮油漬罐詰二千四百餘個を製造した。此年長崎縣にては罐詰試驗場を新設し、蒸氣汽罐及び罐詰機械を設備した。

七月北海道開拓使に於ては釧路國厚岸に厚岸工場を新設し、翌八月には千島國擇捉郡紗那に紗那工場を新設

した。前者は主力を牡蠣罐詰に注ぎ其他小鰊の油漬、蟹、大鰕、海扇の貝柱等の罐詰を試製し、後者に於ては専ら鮭鱒罐詰製造に力を致した。又厚岸工場には小鰊油漬罐詰製造の目的を以て、角罐製造機械を据付けたが其種類はダブルアクション・パープレス三臺を主とし、一キロ・二分一キロ及四分一キロのドローン罐の製造をなし得る装置なりしも、機械と同時に購入したる鉽力にては立派に製罐出來たるも、爾後内地にて購入せし鉽力にては破碎して罐形を爲さず爲めに成績不良に終つた。

明治十三年　北海道別海罐詰工場に於て蒸氣汽罐（ボイラー）及び加壓蒸氣殺菌釜（レトルト）を据付け脱氣及殺菌を行ふ試験をなし其装置輕便結果良好にして從來の湯煮に比し時間を非常に短縮し得る事を知つた。

明治十四年　この年より罐詰の事務は農商務省農務局水産課に於て取扱ふ事となつた。

第二回内國勸業博覧會が東京に於て開催され罐詰の出品物及び其出品府縣は左の如くである。

第二回内國勸業博覧會出品罐詰

地方名	水産物罐詰	獸肉罐詰	農産物罐詰
北海道	鰐鰤、鮭酢漬、鮭、鱒、牡蠣、牡蠣酢入、大鰕、海扇貝柱、小鰊油漬、蟹、チカ油漬、鰮油漬、鮑昆布入	鹿、羊肉、牛肉	玉蜀黍、椎茸、李、豌豆、隱元豆、木茸、カアレンヅ砂糖煮、クランベリー砂糖煮、苺、獼猴桃

東京府	鰕、牡蠣、蛤、蠵龜	牛肉薄鹽、鷄肉羹汁	胡蘿蔔水煮、筍水煮、豌豆水煮、菜豆水煮、蕪菁水煮 野椰子嫩芽
新潟縣	鮭鰤、鮭、鱒、八目鰻、鯛 鱈、鮎		
千葉縣	鰮油漬		
滋賀縣	鰉、氷魚		松茸
福島縣	鰮油漬		
石川縣	鯛		
福井縣	魚		菌、蔬菜
福岡縣	竹蟶		
秋田縣	鰤、白魚、蛸、鱈、鰰	牛肉油煮　鹿肉、ヒバリ油煮、鷄肉、白鳥	

島根縣	塊蛤、海鰱魚

明治十四年　民間に於ても罐詰に志すものを生じ、廣島市に於て脇隆景、逸見誠勝等の諸氏罐詰製造所を起す。
明治十五年　神戸市下山手通りに鈴木清氏牛肉大和煮罐詰の製造を開始す。
明治十六年　長崎の松田雅典氏鮑罐詰を試製し諸國に輸出を企つ。
明治十八年　鮭鱒罐詰十萬斤を初めて商品として佛國に輸出す。之れ商品としての罐詰の輸出せられた最初である。
明治十九年　東京上野野田清右衛門氏蔬菜七種を醬油にて調味したる漬物を創製した、之れ福神漬の初めにして其名稱の來れる所以である。
　北海道厚岸工場を民間に貸與す。
明治二十年　新潟縣人平田孝造氏が小樽手宮町海産弘舍に於て蟹罐詰を製造して、北海道廳に其品評を請求し、品質至つて良好なりとの報告を得た。
　北海道根室別海工場を藤野辰次郎氏に同紗那工場を栖原角兵衞氏に拂下ぐ。同石狩工場を高橋氏に貸與す。
明治二十一年　北海道厚岸工場を函館和田氏に拂下ぐ。
明治二十二年　大日本水產會所管水產傳習所創設さる。
明治二十三年　鮭鱒罐詰が初めて海軍々需品となる。北海道石狩罐詰工場を高橋氏に拂下ぐ。
明治二十四年　函館の水嶼隣多氏擇捉に於て紅鱒罐詰を創製す。
明治二十六年　西川貞次郎氏が小樽附近に於て製造せる蟹罐詰を此の年英國に開催せる漁業博覽會に出品す、之れ本邦蟹罐詰の外國に紹介せられたる初めである。

水產傳習所初めて直火式蒸釜を造る。

根室別海藤野工場に於て鮭鱒の斷頭機、肉切器、蓋底締器、胴締器等を案出して製造法の改良發達に寄與する處多かつた。


明治二十七年　日清戰役勃發して罐詰業勃興の機運を促進す。

當年度の調査に依れば全國に於ける罐詰製造人員八十七名製造高九百七十九萬五千封度百四十八萬五千六百六十七圓である。

水產傳習所に米國製自働鑞付器を据付く。

明治二十八年　布哇其他海外に在留する邦人に對し大和煮罐詰の輸出增加の機運に向く。

明治三十年　官立水產講習所が創設せらるるに至り、從來の水產傳習所を閉鎖す。

日清戰役の影響を受けたる罐詰は急激に勃興し當年度の調べに依れば製造者百九十九名に達し製造高三百四十一萬七千九百六十五封度にして二十七年に比すれば產額は却つて減少して製造人員は二倍以上に增加するの現象を呈した。

罐詰の內容物も當初の外國罐詰の模倣より漸時變遷し我が國人の嗜好に適する大和煮、蒲燒、時雨煮、海苔蒲燒等の罐詰が商品として製せらるるに至つた。


明治三十二年　水嶼隣多氏は黑龍江下流に於て、鮭鱒罐詰製造を始め、海軍省に納付した。

この年高須工場にて米國製のパープレスを据付け、コンビーフ罐の製造を開始す。

岡山片山罐詰所に於て、東京久保工場製パープレス、パワー切斷器及底締器を据付く。

明治三十三年　陸軍中央糧秣廠に獨逸製護謨卷締製罐機械を据付く。

明治三十四年　藤野辰次郎氏は米國晩香坡レトソン・ホルビー會社の自働鑞付機械及び自働鋸機械を購入して北海道標津工場に据付けて事業の擴張改良を圖つた。

廣島脇隆景氏は鑞付機械を考案し、之を其工場に据付く

小樽市の食料雜貨商松吉直兵衛氏は遠藤又兵衛氏と共同にて本年より數年間に亘り小樽附近に於て蟹罐詰の製造を試みたが黒變の爲め成功しなかつた。

明治三十五年　日清戰役に依り我が領土となりたる臺灣に於て岡本庄太郎氏初めてパインアップル罐詰製造を始めた。之れ本邦に於けるパインアップル罐詰製造の初めである。

明治三十六年　安生慶之助氏初めて鐵葉板耐熱印刷を發明し愛知縣水産試驗所に於て鰮油漬罐詰に使用した。高須罐詰工場に於て獨逸式卷締器を据付け、又ゴム工場を起しパッキング用輪ゴムの製造を開始す。

明治三十七年　日露戰役始まり軍用食品として罐詰の需要増大し、全國津々浦々に亘り罐詰の製造行はる。之が爲めに罐詰製造知識と技術の向上進歩を來した。其品種は鰮、鰺、鰹、鯖、鮪、鰤、秋刀魚、鮭、あげまき、鯣、鱒鰊等である。

和泉庄藏氏根室に於て蟹罐詰を試製して成功す。

明治三十八年　千島國後島に於て和泉庄藏氏ら工場を設置して蟹罐詰の製造を開始す。

農商務者水産局、大日本水産會、大日本農會の聯合主催にて全國罐詰業者の大會を開き全國罐詰聯合會（明治三十九年大日本罐詰聯合會と改稱）創立せらる。爾後同會に依り博覧會への罐詰出品、罐詰業發展に關する協議及び請願、罐詰品評等をなし罐詰業の發展を援助した。

明治四十年　三十七、八年戰役の結果として樺太島の南半部我が範圖となり日露漁業協約締結せられ露領沿海州に於け

る漁業権を得るに至り今日の鮭、鱒、蟹の罐詰製造發展の基礎をなすに至つた。
東北帝國大學農科大學に水産科新設さる、今日の北海道帝國大學水産専門部の前身である。
大日本水産株式會社に於てノルウエー、ワツテネ式サーヂン用ドロン罐機械一式及びブリス式角罐製罐機械一式を購入し之を同社氷見及小濱の兩工場に据付く。

明治四十一年　堂本譽之進氏の紹介により北米より蟹罐一萬函の註文を和泉庄藏氏へ來る、之が爲めに國後島、利尻島稚内、樺太等に蟹罐詰工場簇出して俄かに殷賑を極む、時恰も米國に於けるロブスターの漁獲制限の機に際會し年々需要増加し、遂に一層斯業の隆盛を來した。
水産講習所にバキユームシーリングマシンを購入す。
京都水産講習所に米國アストリアン會社製角罐卷締機を購入す。

明治四十二年　三洋組及び島田元太郎氏等プロンゲ岬或はプエル岬に夫々設置し一萬函以上の製造をなした。

明治四十三年　廣島縣産罐詰が米國に輸出せらるるに當り米國合衆國飮食物取締規則（西暦千九百六年制定）に違反するの故を以て入國を拒絶せらるるものあるを以て縣立罐詰檢査所を新設して産業の改善を計るに至つた。
東京帝國大學農科大學内に水産學科新設さる。水産講習所は前年鍋島態道技手をして沿海洲の鮭鱒漁業及製造の實狀を視察せしめ本年度既にカムチヤツカに漁場を有せる堤清六氏に囑託し同技手の指導の下に紅鮭罐詰三百罐を試製しロンドンに試賣して好結果を得た。

明治四十五年　本年度より横濱海産乾物貿易商同業組合、神戸海陸産物貿易商同業組合に於て輸出水産物等の檢査を開始し、次で大正二年東京洋酒罐詰同業組合、大正三年大阪洋酒罐詰商同業組合も亦檢査を開始した。大正二三年頃生産地（根室、千島、樺太）に於ても檢査を行ふに至つた。

カムチャツカに於て鮭鱒罐詰の製造を企圖する本邦人陸續として起つた。然れ共、露人デンビー氏の經營せる工場は既に自働式罐詰機械を使用しつつあつたが、本邦人の工場は小規模にして封鑞式により製造した。

大正二年　堤商會カムチャツカ、オゼルナイ鮭罐詰工場に於て初めてアメリカン・カン・コムパニー製自働罐詰機械を使用す。

大正三年　本年度より日魯漁業株式會社及び輸出食品株式會社もカムサツカの漁場に自働罐詰機械を据付く。日魯漁業會社はブリス式自働製罐機械をウスカムチャツカ工場に又輸出食品株式會社はアメリカン・カン會社自働製罐機械一式及自働罐詰製造機械をヤイナ工場に据付けた。

林鐵工場に於て桑田式半自働巻締機械を完成す

大正四年　堤商會はカムチャツカに据付けたる自働製罐機械を函館へ移轉し、自家用の空罐を製造するの傍ら廣く一般の需めに應じた。是れ我國に於ける製罐分業の嚆矢である。この機械は後に小樽に移し北海製罐倉庫株式會社の工場となつた。

大正五年　水產講習所に於てアメリカン・カン・コンパニー製自働製罐機械を据付け學生の之れが習得に供した。

大正六年　高碕達之助氏が大阪に於て東洋製罐株式會社を創立し、空罐製造を專業とす。之が時流に投じ漸次事業は擴張して大正九年には東京、大正十年は小樽、大正十二年には廣島、爾後漸次臺灣、名古屋、青森等へ分工場を建設せらるるに至つた。

農商務省は楕圓型打抜罐製造機械一式を購入し東洋罐詰株式會社に貸與した。又堤商會も楕圓型及角罐製造機械一式を購入し函館工場に据付けた。

大正九年　輸出食品株式會社、極東漁業株式會社（堤商會の株式會社に組織變更せるもの）を合併し鮭漁業は合同の氣運に向ひ、翌大正十年カムチヤツカ漁業株式會社、日魯漁業株式會社の二社を合同して日魯漁業會社となり更に同十三年大北漁業會社も併合して、各漁場の統一經營を行ひ斯業の改善合理化を圖って今日に及んだ。京都濱口工塲にエキゾーストボックスを据付く。

大正十年　和島貞二氏は喜多丸、喜久丸の二艘の帆船を以て蟹罐詰の船内製造を企てた。是れ工船蟹漁業の民間の手に企てられたる濫腸である。尤も其試驗的經路は大正三年水產講習所實習船雲鷹丸がカムチヤツカ西海岸に於て蟹罐詰を試製し、次で九年富山縣水產講習所實習船呉羽丸が蟹罐詰の船上事業として可能なることを實示した。折柄北海道　樺太方面の蟹罐詰陸上經營の沈衰と歐州大戰後の海運界の不況の爲めの船價の低廉とは斯業の隆盛を誘致して今日の大をなした。

内田勇太郎氏エキゾースト・ボツスクを据付く。

宇品陸軍糧秣廠にアメリカン・カン・コムパニー自働製罐機械及び罐詰製造機械一ラインを据付く。

大正十一年　六月阿部三虎氏に依つて罐詰普及協會設立さる。

大正十二年　九月一日東京大震災あり、避難民の救濟に罐詰を使用し、之が爲めに國内の需要を高めたること多し。

大正十三年　日本蟹罐詰業水產組合聯合會設立せられ製品の販賣及檢査の統一改善を計る事となつた。

大正十四年　冷凍事業盛んとなるに及び青森に於て冷凍鮭を以て罐詰を製造するに至つた。遂に之が隆盛となり、カムチヤツカ同様自働式罐詰機械を据付けて盛大なる製造を行ふに至つた。

大正十五年　鰛トマトソース漬罐詰が南洋に、蛤及蜊罐詰が米國に商品として輸出を見るに至つた。

昭和二年　大洋漁業合資會社は鮭工船事業を計畫しカムチヤツカ西海岸に鮭漁獲製造を試みたが此年は失敗に了つた。然し前途有望なる事業である事は認められた。

昭和五年　三月社團法人日本罐詰協會設立さる。

工船蟹漁業は益々盛大となり、汽船十九隻、總噸數六萬三千九百八十七噸となり、大なるものは一隻七千八百餘噸に及び一隻當り平均三千三百六十八噸に達し大凡一隻にて二萬函乃至四萬函の製造を爲すに至つた。又其企業組織も變更せられ、カムチヤツカ西海岸の工船業者は日本工船漁業株式會社及び昭和工船漁業株式會社に併合統一せられ、又カムチヤツカ東海岸方面は東工船株式會社及び林兼商店の二社に占有せられ更に其全部を統一したる合同工船漁業株式會社の設立を見るに至つた。

蜜柑罐詰の海外輸出の曙光露はる。

十一月全國關係團體協議會に於て罐詰內容標準量及標準罐型規格を決定す。

昭和六年　八月二十五日日本鮭鱒罐詰業水產組合創立さる。

十一月日本輸出貝類罐詰業水產組合設立さる。

鮪油漬罐詰三萬函を北米合衆國へ輸出す。

昭和七年　四月二日日本輸出鰮罐詰業水產組合設立さる。

五月五日日本鮪油漬罐詰業水產組合設立さる。

日本爲替の下落の爲め北米合衆國へ鮪油漬罐詰の輸出激增し一躍二十萬函を突破す。

八月露領漁業家の大合同成立し、日魯漁業株式會社に合併す。

外國罐詰沿革表

一二四〇年頃ボヘミアで錻力板製造創始せられ、專賣となつた。

一六二〇年　サクソニー侯（エンサイクロペデイア・オブ・フッドには「カトリック敎の一僧侶」とあり）がボヘミアの錻力板製造法をサクソニーに傳へ其後イギリス、フランスに擴まつた。

一六四〇年　チャールス王時代にコンウォール地方に錫鑛山が發見され、英國の錻力板製造が長足の進歩を遂げた。

一七六五年　伊太利人アベエ・スパランツアニは肉エキスと他の食物を壜に密閉して一時間加熱すれば數週間腐敗せざることを發見した。

一七九五年　佛人ニコラ・アペール（一七〇五――一八四一）は密閉器中に食物を貯藏することの研究を始め、十五年後完成した。

一八〇七年　英人トーマス・サデイングトンは『家庭及船舶用の砂糖を使用せざる果物の貯藏法』なる論文を提出した。併しその材料は佛國から得たもので、僅かにアペールの製造法を變へた程度のものであつた。

一八〇九年　佛國政府の設置した陸海軍糧食長期貯藏に關する研究委員會はアペールの製品を推奬し賞金壹萬二千法を與へた。

一八一〇年　アペールの "The Art of Preserving Animal and Vegetable Substances for Many Years"（動植物質の永久保存）がパリーに於て出版された。

同　年　右に關し英國の特許を受く。

同　年　ピーター・デュランドは食品の貯藏法、硝子製器具、壺、錻力罐等に關する容器に對して英國政府の特許を得た。この方法の目的は容器として罐を使用するにあつたので、後世氏を錻力罐の開祖としてゐる。

一八一一年　アペール著書英譯ロンドンにて發行さる。

一八一八年　トマス・ケンセットの義父エズラ・ダゲットは始めて紐育に於て罐詰製造を試みた。

一八二一年　英人ウイリアム・アンダーウツドはボストンに工場を建設し、壜詰製品を造り、南米及東洋に輸出した。米國最初の罐詰起業者であり、パイ製造用果物、トマト、ロブスターを罐詰した最初の人であり硝子壜の代りにブリキ罐を使つた先驅者である。

一八二三年　佛人ピエール・アントアーヌ・アンヂルベールは錻力板を以て改良蓋を考案し、之に原料を充たし、小孔を穿ち、煮て空氣を排除し密封する方法の特許を得た。

一八二五年　英人トーマス・エー・ケンセットは米國で最初のブリキ罐に關する特許を得た。

同氏は米國罐詰業創始時代の功勞者なりしも、一八五八年バルチモーアに製造場を作る迄は自己の工場を有せざりしと云ふ。

一八三八――一八四〇年の間にエドワード・ライトはバルチモーアにて牡蠣罐詰の製造を開始せり。

一八三九年　アイザーク・ウインスローはメーン州ポートランドにてコーン罐詰其他の製造に着手せり。

一八四七年　米人アレン・テイラーは打拔罐の發明を完成し特許を得た。

一八四九年　米人ヘンリー・エヴアンスは蓋底打拔器を發明した。

一八四九年　ヘンリー・エヴアンスはニューヨークに罐詰製造所を設けドクター・ケーンの北極探檢に果物蔬菜罐詰を供給せり。
又エヴアンスは西印度諸島に於てパインアップル罐詰の製造を開始せり

一八五〇年　頃伊太利人ギグリヤ・トレンテイノはサルヂニヤ島に於て壺詰のオイルサーディンを造つた。

一八五一年　ルイス・マック・ミユレー（一八二三――一八八八）は牡蠣、果實の罐詰を製造した
尙氏は原料の自給を創始した。

一八五二年　エム・レイモン・シユヴアリエー・アペールは高熱の溫度測定器と其調節器との新案特許を得た。
之等を附屬品とする加壓殺菌釜は此以前に同じく同氏の發明したものである。

一八五三年　アイザーク・ウインスローはコーン罐詰製造法の特許を出願した。

一八五六年　ゲール・ボーデンはコンデンスミルク罐詰製造の特許を得、同年世界最初の煉乳工場をコネテイカット州ワルコットヴイユ村に建設し、次いでニューヨーク州ワサイック村に移り大工場を設けた。

一八五八年　ルイス・マック・ミユレーは牡蠣を手剝きでなく、湯煮して剝殼する方法を案出した。
尙同氏は南北戰爭直後チエサピーク灣にてトーマス・エッチ・スミス氏と協力して牡蠣工船を創始した。

一八六〇年　フランシス・カテイングはカリフオルニヤで果實蔬菜罐詰の製造に成功した。

一八六一年　バルチモアのアイザツク・ソロモンは鹽化カルシウムの沸騰溶液中で殺菌加熱を行ふことを始め、加熱時間を短縮した。

同　　年　南北戰爭に軍用として罐詰が用ひられ、殊にゲール・ボーデン氏のコンデンスミルクは好評を博した。

一八六二年　ヘンリー・エバンスは蒸氣函の中にて牡蠣を以前よりも迅速に剝殼する方法を考案した。

同　　年　アイザーク・ウインスローのコーン罐詰製造法は出願後九年後の此年特許となつた。

一八六四年　ヒユーム・カンパニーはサクラメント川に於て鮭罐詰を製造した、之太平洋岸に於ける罐詰業の創めである。
キーオープニング罐はツインメルマンに依つて完成さる。

一八六五年　米人チヤールス・エイ・ペイジは領事としてスイス國チユーリヒに駐在し、彼の兄弟ジヨージ、ダビツト、ウイリアムの三人を

呼びスイス國煉乳業の先驅をなさしめた。
一八六六年　ヒューム兄弟とハプグッドとはアストリヤ近くに罐詰工場を設け、コロンビヤ河の鮭を捕へて約四千函製造した。
同　年　ペイジ兄弟はスイス國最初の煉乳工場をチューリヒに建設した。
一八六八年頃伊太利北部の凶作に際し篤農家フランシス・シリオはアペールの壜詰法を採用して、伊太利罐詰業の基礎を作つた。
一八六八年　マック・ミュレーは協力者トマス・H・スミスと共にシンシナチーに工場を移し、桃の罐詰に成功した。
其後氏はメリーランドの山間フレデリックにシユガーコーン罐詰工場を設置し傍らマシュルームをも栽培した。
一八七二年頃米國に於て鮭の蕃殖保護始めらる。
同　年　ウイリアム・J・ウイルソンとアーサー・A・リビーとはコンドビーフ罐詰の製造に成功した。現在の枕型罐が此時初めて使用された。此製法は米國政府の特許となり、ローストビーフ其他肉類罐詰なども同方法を以て始めた。
一八七四年　バルチモアのエー・ケー・シユライヴアー氏はオートクラブに關して米國政府の特許を得た。
同　年　ジョン・フイシヤーは殺菌加熱に前者より一層高溫度の過熱蒸氣（Dry or Super heated Steam）を應用した。
一八七五年　ポートランドのラマーリーはサーデイン罐詰を造らうとしたが失敗に歸した。
一八七六年　ホーエは鑞附法を改善するために出現したジョーカーを更に改善して特許を得た。
不　詳　鉽力板は米國ではレベッカ・ペノック夫人（鐵工場主）に依つて最初に造り出された。
一八七六年　ヂョーンズ（カーネギー系の人）はベツセマー鋼鐵から一層良質の鉽力板を製造するを得た。
一八七七年　ジュリアス・ウオルフはメーン州イーストポートに至り米國最初のサーデイン罐詰の製造に成功した。
一八七九年　諸威のスタバンゲル罐詰會社はスプリング鰮の燻製又はオリーヴ油漬罐詰を製造した。
一八八〇年頃米國に於て製罐能力一日一五〇〇罐に達する機械が發明された。
一八八二年　英人キヤプテン・ジョン・キツドウエルはサンフランシスコよりハワイに移り、パインアツプル品種の改良を研究し、スムースカイエン種の優良なることを認めた。
一八八三年　米國鉽力板製造業者は微弱ながらも團體を組織して保護關税設置を計畫したが尙早であつた。
佛人フオール夫人に依つて最初のグリンピース剝莢機が發明された。
一八八五年　米國に於ける罐詰業と製罐業とは分離した。
同　年　ロバート・ア・スコツト、C・P・チシヨルム、J・A・チシヨルム三人の共同考案に依つてグリンピースの剝莢機がメリーランドで試驗された。

一八八六年　ジー・シー・ヴアンキヤムプは初めて六ガロン入の罐を製出せり。
一八九〇年　ウィリアム・H・セルスはコーン處理機械發明の端緒を得た。彼はそれより二十年以前に鋼鐵製ローラーを有するコーンの皮剝機械を作つてゐた。
一八九〇――一八九二年の間にエバポレートミルクの發明があつた。
同　年　ヂョージ・シー・レーデイングはカリフオルニヤにはスミルナ無花果の成熟し得ざる事を證明し、之を成熟させる研究に沒頭し始めた。
一八九二年　キヤプテン・ジョシ・キツドウエルはジョン・エメルスの助力を得てスムースカイエン種を罐詰することに成功し、米國へ送つた。之がハワイから鳳梨罐詰を輸出した最初である。
一八九三年　ロバート・ア・スコツトは莢を蔓から捥取ると同時に剝莢する機械ヴアイナーを發明した。
一八九五年　ベルギーのヴアン・エルメンゲムがボツリヌス菌を發見した。
一八九六年　米國はマッキンレー大統領の時輸入鉞力板に對し高關稅を課した。
同　年　マクス・アムスの子チヤールス・アムスに依つて一種のラバーコムパウンドが發明された。
一八九七年　アムスの事業の機械專門家ヂユリアス・ブレンジンガーはラバー・コンパウンドを自動的に供給するライニング・マシンを發明した。
一八九八年　チヤールス・アムスとヂユリアス・ブレンジンガーとは終に二重捲締罐を發明し「サニタリー罐」と命名した。
ジョージ・W・コツブはニユーヨーク罐詰商ウイリアム・Y・ボーグルよりアムスの「サニタリー罐」を得て、初めて果實罐詰に使用した。
一八九九年　ヂョージ・シー・レーデイングは小亞細亞より無花果花粉の媒介をなす或る種の地蜂をカリフオルニヤに移す事に成功し、スミルナ無花果事業の基礎を作つた。
同　年　ボストンのヂエームス・D・ドールはコーヒー栽培を志してハワイに赴いたが、パインアツプルと其罐詰業に興味を覺え、工場建設を思立つた。
一九〇〇年頃　ニユーヨークの發明家ウイリアム、ハーカーも罐の研究をなし、ラバー・コンパウンドの代りに紙のギヤスケツトを使用した。
同　年　ウイリアム・H・セルスとC・P・チシヨルムとロバート・ア・スコツトとの組織する合名會社はコーン處理機械の特許を得た。
一九〇一年　米國バークレー州立農事試驗場に於て研究の結果オリーヴが初めて罐詰となつた。
一九〇三年　エ・ピ・ハーフヒル氏に依つて鮪油漬罐詰が初めて製造された。

同　年　ヂエームス・D・ドールのパインアップル罐詰工場は一八九三函を製造した。
一九〇四年　コッブは研究の結果アムスの罐とハーカーの紙ギヤスケットとの併用に成功し、製罐會社を組織した。
同　年　シカゴのJ・K・クラフトはチーズの四分の一ポンド罐詰を初めて製造し賣出した。
一九〇五年　イ・エ・スミスに依つて鮭處理機械アイアン・チンク發明さる。
一九〇六年　ホノルルに初めて大製罐工場が建設された。
一九〇七年　米國に於てナショナル・キヤンナース・アソシエーション組織せられ、罐詰腐敗の問題の研究を科學者に依賴するに至つた。
一九〇八年　ハワイのパインアップル罐詰業者に依つて協會が組織され、當時の不景氣を突破せん爲め宣傳に力を注いだ。
一九〇九年　オハイオのモラル・ブラザース商會はセルス等の發明と異るコーンの剝皮機械を發明した。
一九一〇年　トロイヤー・ボデイメーカーが市場に出た。
一九一一年　ニューヨーク州シルバー・グリーグのインビンシブル・グレイン・クリーナ會社は鋼鐵のロールを有するコーンの剝皮機械を造つた。
一九一×年　ニューヨーク州のウエルコルム・スプレーグに依りコーンの連續補給切斷機が發明された。
彼はマツクミユレーの後援を得てダニエル・G・トレンチと共に罐詰機械製作を始めた。
一九一三年　ヘンリー・ヂナーカはパインアツプル原料處理用ヂナーカ、マシーンを發明した。
一九一八年　西印度諸島中のポート・リコに於て初めてグレープ・フルーツが罐詰された。
一九一七年　G・E・フイシヤーとロバート・リスターとに依りパインアップルの皮からジユースを絞るエラヂケーターが發明された。
一九二二年　エドワード・H・ウオルフに依つてアイアンチンクの改良が完成された。

罐詰の鑑定

本項は、東京逸見山陽堂支配人たりし故見學榮次郎氏の、生前水產講習所に於てなされたる講演「罐詰の肉眼鑑定」（水產研究誌第二十六卷第七及八號所載）並に海軍主計少佐前川宗太郎氏の主計會報告第百號に寄せられたる「罐詰の肉眼的檢査に就て」より拔萃輯錄したるものである。據所を明示して兩氏に敬意を表する次第である。

一般的鑑定法

罐詰を見るに當つては、たゞ簡單に、見た時良いばかりでなく、貯藏中に內容が變化を來たす處はないか、消費者に滿足を與へ得るや否や等をも考へるべきで、それには平素より自分で硏究を積んで、自分の頭の中に或る標準を作つて置く事が肝要である。

一般的鑑定について概說すれば

(1)木箱の完全か否かを見る。
(2)銹、歪罐、膨脹罐の有無を見る。
(3)打檢して內容が充實してゐるか否か、變敗の傾向の有無等大體の不良率を見る。
(4)必要あらば加溫檢査を行ふ
(5)開罐鑑定
(イ)總重量及び脫氣を計り、開罐し、其瞬間の香氣を嗅いで見る。
(ロ)上部空隙を計り、肉詰の狀態を見、液汁を排出して固形物と罐の重量を計る。
(ハ)固形物を崩さぬ樣に他の器に移して、形態の良否、肉質硬軟の程度、香氣色澤の良否、品種に依つては粒の齊否等をも見る。同時に空罐の重量を秤量する。

（ニ）少量を取つて味附の適否、歯切れの良否、液汁の清澄してゐるや否や、夾雜物の有無、其他品種に依る必要な事項を調べる。

味附の適否はよく嚙みしめて實際の味と表面の味、醬油の良否等を見て、濟んだならば吐出す方がよい。時には嚥下して後味を見ることも必要である。

醬油味の濃厚なものは貯藏中の變化はないが、淡いものは變化を起し易い。又醬油の色は關東のものは濃厚で關西のものは淡い。

（ホ）以上の鑑定を行ふと同時に內容重量につき左の如く計算する

總重量—固形物と罐の重量＝液汁量

固形物と罐の重量—空罐の重量＝固形量

固形量＋液汁量＝內容全量

（6）罐型、內容量、標記方法、其他全國的に協定實施されてゐる別掲罐型及內容量標準規格と對照して規格に合致せるや否やを調べ尙別掲「罐詰檢査標準」を參照すべきである。

大體以上の如くであるが、罐詰の鑑定は成るべく食前食後を避くべきであらう。

品種別鑑定法

鳥獸肉罐詰

（一）牛肉味附　肉の切方が縱でなく斜か橫のもの、煮凍の透明なもの、膜肉の少ないもの、脂肪の少ないものがよく、肉面を擦すると古い原料を使つたものはボヤけて來る。肉に光澤があつて靑味を帶びてゐるものは冷凍肉に多い。煮熟不足のものは色が一定せず貯藏中變敗し易い。內容物を溫め之を液汁中より引揚げて見て濕潤と光澤とを有するものは寒天或はゼラチンが用ひられたものである。少量を取つて牛肉の味が充分にあるか否かを見る。嚙みしめて見ると靑島牛は味なく

内地牛は味がよく纎維が密である。濠洲牛は其中間で纎維は粗であり、滿蒙牛の脂肪は靑味を帶びてゐて纎維は密である

其他醬油の良否、味淋使用の有無等を見る。特殊味附品には普通の味附材料の外に玉葱の煮汁、バター、カレー粉、山椒等を用ひたものもある。

(二)牛肉野菜、牛肉松茸、　野菜の方に濃厚な味附を施したものがよく、豆腐、里芋、馬鈴薯等を入れたものは腐敗し易い

混合の割合は牛肉四分各種野菜六分位で、松茸は之に準じ虫喰ひの入らぬものがよい。

(三)ローストビーフ、　香氣、味がよく、切方は牛肉味附の場合と同じく、色は鼠色で、水分少なく、脂肪は少ない方がよく、若しあれば純白色を呈したものがよい。

(四)コーンドビーフ、　脂肪少なく、色は黑ずんだもの又はあくどい赤色でなく薄桃色のものがよく、自然に凝固して適當に濕りを有し、切つて香氣を嗅ぎ、凝固した肉塊の大小を見る(大きい方がよい)。

(五)ハム　脂肪は純白色で、肉片が厚くて枚數多く完全であるのがよい。豚肉は飼料に依り特殊の臭氣を有する様になるが玉蜀黍や甘薯で飼育されたものは飯豚と稱し最も良質である。

(六)ソーセージ　肉摺り充分で緻密で彈力あり、切斷面に氣泡のないものがよい。

(七)鷄肉味附、鷄肉野菜煮、　製造後半年位經過したものが食べ頃で、脂肪の附着しないものがよく、色澤は日を經るに從つて淡紅色となる。肉に惡臭のない事が肝要で、液汁の清澄してゐるものがよい。普通の氣溫では液を凝固して居るが變質したものは冬でも液狀をなして居る。

野菜混合割合は約肉の二倍位で肉と野菜とは別々に充分に味附を施すべきもので此點を吟味し、牛蒡を入れたものはアクが出て黑くなり、筍は硬軟の度に依つて鑑別する。

鷄肉製品には右の外鷄肉水煮、チキンスープ等がある。

(八)ミルク類　幼兒の哺乳用としては脂肪八%以上、乳糖、蔗糖五五%以下なる事を要する。色は淡藍黃色を良品とし、黃褐色はよくない。變色後中が凝結すると湯に溶解せず臭氣を發し酸を生ずる。靑味を帶びたものは飼料に靑草を用ひた影響である。口中に含んだ時舌の上で散つて了ふ位のものがよく、混ぜ物のある時は舌の上で溶け難い。開罐して斑點のあ

るのは煉り方不充分のもので、乳糖の結晶が罐の縁に附着してゐるのは、製造法と原料選擇の不充分に起因する。生乳を檢査して一等となつたものを原料としてコンデンスミルクを造り、二等となつたものからバターとクリームを採り其殘りが脫脂乳である。エバポレーテツドミルクは高熱で水分を蒸發せしめ二分の一程に濃縮したものである。

(九)小鳥照燒　製造後一ケ年を經過すると味が失はれる。叮嚀に製造したものは嘴が切つてある。小鳥と稱して「つぐみ」が一、二割入つてゐるものもある。形が完全で骨ぐるみ食べられる事が主要點で味には相當の風味があるとよい。

(一〇)鯨肉大和煮　原料に須の子を用ひたものと赤肉を用ひたものとあり、製造後半ケ年位經たものが美味で、赤肉を原料としたものは玉葱、生姜等を加へて臭氣を消し、脂肪少なきものは湯煮した脂肪肉を添加してゐる。赤肉の方は一ケ年以上貯藏すると肉が崩れ味も淡くなり惡臭を發し變敗し易い。抹香鯨は不味で惡臭を有する。鑑別には臭氣を調べることが一番肝要である。

魚肉罐詰

(一)鮭鱒水煮　開罐したら速かに香氣を嗅いで見るのが最も正しく、開罐後時間を經過したものは肉を割つて嗅いで見る。此臭には芳香あるもの、芳香無いもの、蒸れた臭氣、酸味臭硫化水素臭等があり、冷凍魚を原料としたものは骨の部分に惡臭のあることがある。液汁の上部に浮ぶ脂肪量の多い程良くまた美味で、英國の輸入業者は紅鮭の脂肪量を次の如く等級附けてゐる。

一等	オイル	表面全部を脂肪で蔽ふもの
二等	オイル・アンド・ウオーター	脂肪が水分より多いもの
三等	ウオーター・アンド・オイル	脂肪が水分より少ないもの
四等	ウオーター	脂肪が非常に少なく粒狀をなして浮ぶもの

肉を指で抑へて見て彈力あるもの、脊骨と肉を離した部分の純白色のものは原料が新鮮で、彈力に乏しく赤味を帶びたものは古い。骨は指で壓潰せる程度のものが適當で、硬いものは加熱不充分である。

（二）鮭トマト煮、鮭筍　香味、魚體の完否、肉詰の適否、原料の鮮度、液汁の清濁等について見る。トマト煮の方はトマトの色澤、濃度についても見る。

（三）鰮水煮　魚形の完否、表皮の完否、原料の鮮度、肉の締り工合等が主なる點で、鮭鱒水煮を參照すること。

（四）鰮、秋刀魚味附、鰮さくらぼし　魚體表皮の完否、原料の鮮度、味附の適否、液汁の多少並清澄度等を見る。さくらぼしは長期間貯藏すると脂肪が滲出して不味となり形が崩れ易い。

（五）トマトサーディン、オイルサーディン　トマト或は油の質の良否を見、魚の腹の切れないもの、形の等大で崩れてゐないもの、光澤あるものがよい。着色したトマトを使つたものは其の染料が加熱に依つて魚體に移行し易い。オイルは內地及米國向其他は綿實油でもよいが、歐洲向はオリーヴ油を使ふべきである。

（六）鯖、鰹、鰤、鮪味附　香味の良否、魚體の完否、肉詰の適否、原料の鮮度、液汁の清濁等を見る。古い原料を用ひたものは形崩れ易く彈力乏しく、多く肉斷面に虫の通つた樣な穴がある。味附けしてから詰めたものは中心まで味がついてゐるが、焙燻したもの調味液を注入したものは往々中心迄屆いてゐないことがある。味附不充分又は淡い味のものは變敗を來たし易い。

（七）魚肉切身照燒　一般的鑑定法の外原料の鮮度、燒け方の程度等を見る。

（八）魚肉味淋乾　鰮さくらぼしに準ず。

（九）魚團（魚の摺身）、蒲鉾　摺身の適否、肉の緻密度、油で揚げたものはその油の質、彈力、切斷面の氣泡の有無、燒き加減、味の良否等を見る

（一〇）鰻蒲燒　肉の締つてゐるもの、味附の良好なもの、燒過ぎないもの、形の整つてゐるものがよい。二つ折のものは不可、長期の保存には耐え難い。

（一一）白魚水煮及味附　原料が極めて崩れ易いものであることを念頭に置かねばならぬ。魚の大さ一寸乃至二寸のもので罐に一杯詰まつてゐること肝要。形の崩れを防ぐ爲に使用する鹽の量も多過ぎない方がよい。水煮の方は白色で光澤あるものがよく、液が多量でダブつくものは不可。

(一二)蟹水煮　肉の彈力の程度により原料の鮮度を判斷する。工船製品は原料處理が迅速で肉の締りはよいが、用水の關係上幾分淡黄色を帶びてゐる。陸上製品は漁場が工場と遠距離にある關係上概して鮮度劣り肉も緩んで居り、晒過ぎる爲か味が稍々水つぽい。併し近來製造設備並技術が向上して此差は殆どなくなつてゐる。肉の色は赤い部分が鮮明で、白い部分は純白色のものがよいとされてゐる。黑變を有するものは不可。液は溷濁せず稍々桃色がかつたものがよい。

朝鮮產毛蟹は右に準ず。毛蟹は甘味乏しくサバ〳〵して纖維が細い。

(一三)海老水煮　色澤良好、粒が大きく揃つてゐて、菊花狀に詰めたもの(菊詰と稱す)がよい。製造後一年も經過すると團子狀になり易く、指でつまんで見ると粘化しかけたものがある。往々黑變を來たしてゐるものもある。

(一四)鯛田麩　味附適度で調味液が或る箇所に偏してゐないこと、色合が均一で乾鱈を使用したものがあるがその惡臭のないこと、口觸りの軟かなものがよい。

(一五)鯛味噌　煉り方のあまり軟かに過ぎないもの、粘着力の強いものがよい。舌の上で味噌を轉がす樣にした時纖維の硬いのは揉み鱈、身欠鰊等の安物を原料としたもので、比較的軟かく感ずるものは上物を原料としたものである。飴の多過ぎるものはしつこくてよくない。味噌の質に注意すべきは勿論である。

(一六)蛸味附　原料の鮮否、液汁、味附の良否、形態の完否等を見る。色は黑過ぎないものがよい。飯蛸は頭の切れたもの粒の不揃のものはよくない。

(一七)烏賊味附　形態完全で、味は日を經るに從ひ淡くなるから味附の充分利いてゐることが肝要である。小烏賊、米烏賊は粒の揃つてゐる方がよい。烏賊は一般に長期貯藏中に鼠色となり、裂け易く粘氣が出て肉の密着した部分は糸を曳き、液汁も黑變する。

(一八)小鮎飴煮　魚體が完全で飴の味のよく利いたもので肉の引緊つた旨味のあるものがよい。

(一九)鮒甘露煮　原料は冬期のものがよい。形のよく揃つたもの、骨は嚙み得る程度に燒けてゐるものがよい。

(二〇)鯉こく　魚體の完否、香味、味噌汁の濃度等を見る。

(二一)昆布卷（鯛、鮒、鰊）　昆布の質の良否、着色の有無、緊め帶の材料の如何（一緒に食べ得るもので永く經過しても切れないものがよい）、包んであるもの丶工合（鮒は中央部が膨らみ稍々紡錘形で、身欠鰊は圓筒形で兩端まである）、液汁の多少、味附の良否等を見る。

貝類罐詰

(一)鮑水煮　肉を嚙んで見てしなやかで一寸齒切れの惡い程度のものがよく、嚙んで脆いものはよくない。色澤は鼈甲色で粒は大きく揃つたもの程よい。味は鹹過ぎない程度で、液汁は淸澄したものがよい。製造に際し原料の洗滌が不充分なものは液汁が濁る。トコブシ（ナガレコ）の混入せるものは不可。味附は大抵トコブシを原料としたものである。

(二)蛤水煮　液汁は乳白色に近い色をして細砂が少なく、其儘スープ或は吸物に使用出來るもの、生臭い臭氣のないもの、黑變してゐないものがよい。

(三)蜊水煮　右に準ず。殼附のものは肉が殼から離れてゐないものがよい。

(四)牡蠣水煮　大體は右に準ず、形の崩れてゐないことが肝要である。

(五)北寄水煮　肉のあまり白色のものは加熱不充分で變敗し易い。液汁の淸澄して白茶けてゐないものがよい。其他襷狀の紐のとれてゐない大さの揃つたものがよい。

(六)帆立貝柱水煮　形態完全なもの、臭氣なく、肉は多少黃褐色を帶びてゐても差支なく、液汁は乳白色でコツクリとした旨味のあるのがよい。

(七)蛤味付（時雨煮）　關東向は味は比較的甘く、肉は軟いが、關西向は鹹くて硬い。保存上から云へば前者は變敗し易い。香氣のよいもの、原料新鮮で粒の揃つたもの、液汁の旨味のあるものがよく、苦味のあるものは不可。

(八)蜊味附　右に準ず。

(九)赤貝　原料の新鮮なもの、肉に彈力と光澤あるもの、粒のよく揃つたものがよい。大體蛤味附に準じてよい。

(一〇)蠑螺　形の完全で粒の揃つたもの、粒の大さは親指大のものが最もよい。液汁に粘氣があり、光澤のあるのがよい。粘氣のないものは詰めかへものである。粒の大きなものは切つて煮熟の程度を見る必要がある。肉に彈力があるか否か。噛んで一寸齒切れの悪い程度のものがよく、直ちに噛切れるものは煮過ぎたものか原料不鮮のものである。腸及外套膜が除かれてゐないと苦味と臭氣を生じ不味い。

(一一)貝柱味附(帆立貝、平貝)　生を原料としたものと乾物を原料としたものとある。後者は前者に比し風味劣り、齒觸りに處々に固まつたものゝ感がする。肉に彈力あるもの、粒の揃つてゐるもの、味附けのよいものがよい。

(一二)其他貝類味付　以上の外馬刀貝、鳥貝、揚巻等の味付がある、形態、香味、色調等が鑑別上の條件であるが剝身を調味して罐に詰めたものは艶があつて味もよいが所謂罐内味付をしたものは色が淺く艶がない、殊に安醤油を使つたものは酸敗し易い傾向がある。鹽を使用したものは醤油と二重の味があつてよろしくない。

海藻類罐詰

(一)海苔佃煮　香氣、光澤、醤油の良否、味附の適否等を見ることは他の罐詰に於けると同様で、特に砂の有無と海苔の品種の良否並に煮詰の程度等を見る必要がある。配合した原料の種類を見別けるには水を入れた硝子のコップに少量を入れて浮べて見るとよくわかる。

蔬菜罐詰

(一)筍水煮　先づ製造の初期のものか中期のものか或は末期のものかを見る。初期のもの程節と節の間が接近してゐて上物とされてゐる。形は砲彈形のものが最もよく、握つて見て硬いもの、根元にある多數の疣の小豆色を呈するもの、液汁の清澄したものがよい。液の白濁して居るものはチロシンと稱する蛋白質の分解物であつて有害ではないが甚だしいのはよろしくない。根元の切口に爪のたつものはよく、たゝないものは根が多く附けてあるか又は質の硬いもので料理に不向である。從つて價格も安い。

(二)グリンピース　粒の小さいものを最上とし、中、大之に次ぎ、よく揃つてゐて色も一様のものがよい。粒の手觸りがゴム球の様な感のするもので、指で潰すと饅頭の餡の押出される様に出るものはよく、硬くて飛び出すものは實が入り過ぎてゐてよくない。又腹切れのもの、黒點のあるものはよくない。硫酸銅を以て着色したものは水晒しが悪いと液汁が幾分黒ずんで見えてよくない。無害着色料を使用したものは液も緑色を呈してゐるが差支なく寧ろ味がよい。

(三)ストリングビーンズ　太さや長さが揃つて居つて虫喰ひなどの混じて居らないものがよい、着色したものであつても餘り濃厚なものよりは薄緑でムラのないものがよい。原料の硬軟の程度、液の清濁なども鑑定上の一要件である。

(四)アスパラガス　本邦産はコロツサルとマンモス、ラーヂ、メデイアムの四級しかないが、米國では左の六級に區分されてゐる。

ヂヤイアント	矩形罐(大)	八――一二本
コロツサル	〃	一三――一六〃
マンモス	〃	一七――二四〃
ラーヂ	〃	二五――三四〃
メデイアム	〃	三五――四四〃
スモール	〃	四五――六〇〃

香氣よく形の崩れてゐないものがよく、色の白いものは製造後日の淺いもので黄色を帶びたものは古い。又頭部の青いものは新しいので古くなると青色は消えて白くなる。液汁は勿論清澄してゐなくてはならない。

(五)蕗水煮　大中小とあるが何れも揃つたものがよく、外皮の傺のよくとつてあること。色はあくどくない程度で成るべく生の感のあるもの。着色のものはその程度を見る。液汁の濁つたものは水晒し不充分。

(六)牛蒡水煮　太いものは内部に鬆が立つてゐることがあるから切つて見ること。水晒しの充分か否かを見ること。之も太さがよく揃つてゐなければならぬ。

(七)人參水煮　人參の硬さに注意を要する。此種（人參、馬鈴薯、里芋等澱粉質）のものは加熱に長時間を要するが、長きに失すると軟かくなり過ぎて不味となる傾向がある。

(八)慈姑水煮　芽の附いてゐるものが喜ばれるが、とれ易いので切去つたものもある。香、味、粒の大小、粒の齊否、液汁の清濁等を見る。

(九)蓮根水煮　穴の小さいのを原料としたもので、齒切れよく、絲を曳く様で、モチ〳〵した旨味のあるもの、色は白い方がよい。液を調べて水晒しの充分か否かを見る。

(一〇)白瀧水煮　色は白く透明なものがよく、純白色のものは石灰の使用が多過ぎたものである。混ぜ物のないものはサラ〳〵してゐて、鹽分を加へたものはダラ〳〵になり固形を保ち難い。

(一一)トマト水煮　多少果肉が崩れてゐても差支ない。固形量多く水分の少ないもの、酸味の多いもの色の濃厚なものがよい。差液としてトマトジユースを入れたものと水を入れたものとあるが前者の方がうまい。

(一二)葉唐辛子味附　醬油の良否、實の多少を主として見る。大きい實のないこと、あつても小さいのがよい。味は輕い辛味を持つたもの。成るべく葉の多い方がよい。

(一三)福神漬　先づ香氣の良否を見る。澤庵臭の殘つてゐるものはよくない。光澤は成るべく自然色でよいものがよい。味淋や飴を使用したものは光澤が出る。醬油の良否、混合材料の種類、刻み方、齒切れの良否等を見る。

(一四)味淋漬、奈良漬　原料、味淋、酒粕の質、色合、齒切れ等について見る。初めから粕漬にしたものは半透明で、鹽漬後脱鹽しアルコールに漬けたものは鼻を刺戟する。

(一五)辛子漬　加熱時間長ければ齒耐へが無くなり、齒耐へをよくすれば膨脹し易いので長期の貯藏は困難である。之の特徴は嚙みしめる時スツと鼻にぬける辛い匂がよいので品質良否を決定する要件である。茄子は小さいもので丸のまゝのものがよい。

(一六)煮豆類、きんとん　煮豆の方は粒の揃つてゐて崩れのないこと、味のつけ方、色澤のよいこと。きんとんの色は多少淡黄色でもよい。白色のものは加熱不充分で酸敗し易い。皮の軟かい、甘味のつけ方及鹽の入れ方の適度のものがよい。

(一七)お多福豆　粒が大きく揃つて、原形を存し、皮が軟かく中まで軟かく味の通つたものがよい。色は葡萄色で光澤あるものがよい。然し飴を多量に使ひ過ぎたものは不可。

茸類罐詰

(一)松茸水煮　原料としては長さ一寸五分乃至二寸で一本が四匁乃至六匁程度で傘の開かないものがよい。生の形をしてゐて足は硬く太く短いのがよく、軟かいものは虫喰が多い。粒がよく揃つてゐて根元の掃除よく、松茸固有の風味を保ち、液は稍々粘氣を有し、清澄してゐるものがよい。

四つに割つて質の良否を見、齒切れの良否とベトつくか否かで鮮度を見る。どす黒い色のものは二度加熱したものか或は一度貯藏したものを詰めたものである。

切松茸は松茸固有の風味、虫喰の程度等を見、切方の亂雜でないものがよい。

(二)燒　松　茸
(三)松茸味附　大體前者に準じ味附の適否を見る。

(四)しめじ水煮　松茸と同じく小さい揃つたものがよい。半年も經過すると解ける事があるから指で壓して見て硬い位の方がよい。

(五)なめこ水煮　色は傘の方の黒くなつてゐないものがよく、傘の開き加減、粒の齊否、香氣の存否、液(ヌメリ)の濃度夾雜物の有無等を見る。

(六)松露水煮　粒のよく揃つたものであつて清掃が完全に行はれ、固有の色合と香味とを保ち液汁の清澄なものがよい。

果實罐詰

(一)パインナツプル　在來種と舶來種とある。在來種は芳香高く、纖維稍々硬く、黄金色強し。舶來種は在來種に比し香氣少なく、纖維軟かく、黄金色淡し。内容の種類によりホールスライス、ラセンスライス、ブロークン、テイビツト、クラツシュの五等級に區別され、其頭文字ホ、ラ、フ、テ、クを夫々各罐に打出すことになつてゐる。

香氣、味、色澤、直徑の大小、各片の完否、齊否、色合の齊否、液汁の糖度清濁等を見る。

(二)桃　白桃と黄桃の二種類あるが、本邦產は白桃多く黄桃は少ない。香氣、味、原料の鮮否、熟度の適否、液汁の糖度清濁、虫害の有無、脫核の良否、剝皮の良否、粒と色の齊否等を見る。

色の青いものは未熟又は湯通しの不足のもの。軟かさはフォークが刺せる程度。離核種を原料としたものは脫核の跡の果肉赤色を帶び、寧ろ粘核種の方がよい。液汁は日を經るに從ひペクチンの爲に粘稠度を增す。

(三)梨　香氣、味、色合、糖液を見る。果肉や液汁の紫色に變つてゐるのは梨の品種に依る。原料の熟度が齊一でなければならぬ。過熟のものを入れると液が濁る。勿論粒がよく揃つて軟かさもスプーンで切つて食べられる程度に揃つてゐるものがよい。

(四)櫻桃　柄の附いたものと附かないものとあるが、前者は膨脹し易い。製造後日の淺いものは果皮に斑點があるが、日を經るに從ひ消えて色合が齊一になる。糖液が濃厚であると果皮に皺が寄るが、必らずしも不良品ではない。香氣あり、液汁清澄で、粒の揃つたものがよい。

(五)蜜柑　剝皮法にアルカリと酸を使用する二方法がある。粒の大小と齊否、崩れの有無、色澤の良否、臭氣の有無、液の糖度清濁、剝皮の充分であるか否か等を見る。

(六)枇杷　丸枇杷と割枇杷とある。形の崩れないもの、粒の大さと色の揃つたもの、液の糖度が適當で濁つてゐないものがよい。色のよいものには「當り」のある場合がある。秤量する時には果核の跡の液を叮嚀に除くべきである。

(七)杏　丸杏と甘露杏とある。丸杏は丸のまゝ、甘露杏は乾果を原料とし甘く煮つめたものである。

丸杏は、色及粒の揃つてゐるか否か、斑點の有無（無いものがよい）液汁の糖度等を主として見る。

甘露杏はよく戻してあるか否か、斑點の有無（無いものがよい）甘酸味共相當多くあるか否かを見る。

(八)無花果　白と赤との二種あるが、白の方が多い。軟かくて形の崩れないもの、甘いものがよい。

(九)栗　製造に煮込式と差液式との二方法あるが、製品としては前者に依るもの〻方が一般に美味である。

原料栗の色が白いと黄粉を以て着色することがあるが、人工着色を施したものは栗固有の自然的な鼈甲色がないので判然する。抱栗（一つの皮の中に双生兒の樣に入つてゐるもの）の混入したものは不可。栗の表面に黑斑のあるものは澁皮が殘つてゐるのでよくない。香氣、味、液、色澤、粒等を見ることは他のものと同樣である。

（一〇）まるめろ、かりん　輪切りにしたものと然らざるものとある。製造後日の淺いものは靑味を帶びてゐる。糖液の濃厚なもの、形が完全で色も齊一したものがよい。色の赤茶けたものはよくない。皮附のものゝ方が形も整ひ香氣もよい。

（一一）きんかん　粒の揃つてゐるもの、甘味の中まで通つてゐるもの、色は黃金色で、固有の香味を保有せるものがよい。

ジャム類罐詰

（一）苺ジャム　外國製品は果形が崩れてゐるけれども、本邦製のものは商習慣上果形を保つてゐるものがよいとされてゐる但しパン等に塗る時に容易に潰れる程度の軟かさでなければならぬ。

粒の大さがよく揃つて夾雜物のないもの、着色もなるべく淡いもの、糖度のあまりあくどくないものがよい。着色の有無と濃淡は毛糸を入れて見て染色の度合に依つて判別する。糖度を增し光澤を見せる爲に飴が混入されるが、冬期伸びが惡くなる。

混ぜ物の有無に注意を要する。

（二）杏ジャム　之れには寒天、南瓜、林檎等種々な混ぜ物をしたものがある。寒天を入れるのは杏と砂糖のみでは酸味が强過ぎるからである　輸入乾杏を原料としたものは含有する亞硫酸の量が防腐劑取締規則に牴觸せざるや否やを檢定すべきである。杏の風味を存してゐるものがよい。

（三）林檎ジャム　原料から云へば製品は色も白羊羹位に上り酸味も少ない筈であるが、現在の製品は原料の本質と全く異つたものが出來てゐるが、矢張り林檎の風味を保つ樣に造られたものがよい。

（四）無花果ジャム　之も着色を施したものが多く、粒の無い點が苺ジャムと異るだけで、他はよく苺ジャムに似てゐる。色合、風味、水分の多少等を見る。

(五)マーマレード　粘稠度強く、色冴えて、甘味強く、原料の切方適當で亂雜でないものがよい。果皮と果肉と混入してゐるから稍々苦味を有するのが普通である。

其他の罐詰

(一)甘酒　生姜の入つたものがあるが大抵は入つてゐない。醱酵に依つて生じた甘味のあるものがよく砂糖を添加して甘味をつけたものは面白くない、二三倍に薄めて使用するのであるから相當の濃度のものでなければならぬ。

(二)汁粉　甘味のサツパリしてゐてあくどくない餅の入らないものがよい。餅が入れてあつても溫めた場合に餅が溶けてドロノヽにならないものがよい。

罐詰檢査標準

日本蟹罐詰業水産組合聯合會

一、蟹罐詰

甲號（崩肉罐詰以外ノモノ）

檢査事項	合格 ファンシー	合格 フヱヤー	格外	廢品
一 罐の表示	罐蓋ニ製造者ノ記號ヲ打出セルモノ	同上	同上	同上ニ反スルモノ
二 罐の外觀	巻締罐ニシテ脫氣孔跡ヲ有セズ外觀良好且打檢善良ナルモノ	同上	罐型不完全ナルモノ、銹ヲ生ゼルモノ、脫氣孔跡ヲ有スルモノ其ノ他罐ノ不完全ナルモノ	密封不完全ナルモノ又ハ打檢不良ナルモノ
三 品位	香味、肉質、色澤及形態何レモ良好且加熱ノ程度適當ト認メラルルモノニシテ黑變ナク、靑斑ナキカ又ハ其ノ程度少キモノ	香味、肉質、色澤又ハ形態良好ナルモ品質ノ程度上級品ニ次ギ且加熱ノ程度適當ト認メラルルモノニシテ黑變ナキカ又ハ其ノ程度少ク靑斑少キモノ	香味、肉質、色澤若ハ形態劣レルモノ加熱不足若ハ過度ト認メラルルモノ黑變稍多キモノ又ハ靑斑多キモノ	腐敗若ハ其ノ徵候アルモノ變色若ハ異臭アルモノ、黑色甚シキモノ又ハ雌蟹肉ヲ使用セルモノ
四 肉量	半封度罐ハ肉量百八十八グラム以上ヲ有シ一番脚肉ハ大サ著シク不揃ナラザルモノ六箇以內ニシテ其ノ總量五十三グラム以上及崩肉五十六グラム未滿ノモノ一封度罐及四分ノ一封度罐ハ之ニ準ス	同上	同上ニ反スルモノ	

檢查事項	合格 A級	合格 B級	格外	廢品
五 罐材	罐材ハ米國製チヤコール又ハ之ニ相當スル良質ノ錻力ニシテ適當ノ厚サヲ有シ且內面ニ良質ノ塗料ヲ完全ニ施セルモノ	同上	同上ニ反スルモノ	
六 荷造	函材ハ良質ノ乾燥板ニシテ妻木ハ十八ミリメートル以上、蓋、底及胴板ハ各十五ミリメートル以上ノ厚サヲ有シ且構造堅牢ナルモノ	同上	同上ニ反スルモノ	

乙（崩肉罐詰）

檢查事項	合格 A級	合格 B級	格外	廢品
一 罐の表示	罐ノ蓋ニ製造者ノ記號及直徑一ミリメートル以上ノ突起ヲ打出セルモノ	同上	同上	同上ニ反スルモノ
二 罐の外觀	卷締罐ニシテ脫氣孔跡ヲ有セズ外觀良好且打檢善良ナルモノ	同上	罐型不完全ナルモノ、銹ヲ生ゼルモノ、脫氣孔跡ヲ有スルモノ其ノ他罐ノ不完全ナルモノ	密封不完全ナルモノ又ハ打檢不良ナルモノ
三 品位	香味及色澤良好、加熱ノ程度適當ト認メラルルモノニシテ且黑變ナキモノ	香味又ハ色澤良好ナルモノ品位ノ程度上級品ニ次ギ加熱ノ程度適當ト認メラルルモノニシテ黑變ナキカ又ハ其ノ程度少キモノ	香味若ハ色澤劣レルモノ加熱不足若ハ過度ト認メラルルモノ又ハ黑變稍多キノ	腐敗若ハ其ノ徵候アルモノ變色若ハ異臭アルモノ、黑變甚シキモノ又ハ雌蟹肉ヲ使用セルモノ

四 肉量	半封度罐ハ肉量百八十八グラム以上ヲ有スルモノ一封度及四分ノ一封度罐ハ之ニ準ズ	同上	同上ニ反スルモノ	
五 罐材	罐材ハ米國製チヤコール又ハ之ニ相當スル良質ノ錻力ニシテ適當ノ厚サヲ有シ内面ニ良質ノ塗料ヲ完全ニ施セルモノ	同上	同上ニ反スルモノ	
六 荷造	函材ハ良質ノ乾燥板ニシテ妻木ハ十八ミリメートル以上、蓋、底、及胴板ハ各十五ミリメートル以上ノ厚サヲ有シ且構造堅牢ナルモノ	同上	同上ニ反スルモノ	

二、鮭鱒罐詰

日本鮭鱒罐詰業水産組合

等級 / 検査事項	合格 一等品(CHOICE) 二等品(STANDARD) 三等品（検三等）	格外	廢品
一、罐ノ表示	罐蓋ニ製造者ノ記號ヲ打出セルモノ	同上	同上ニ反スルモノ
二、罐ノ外觀	巻締罐ニシテ脱氣孔ヲ有セス外觀良好且ツ打検善良ナルモノ	罐形稍不完全ナルモノ、打検稍不良ナルモノ、稍錆タルモノ、脱氣孔ヲ有スルモノ	密封不完全ナルモノ、打検不良ナルモノ、膨脹罐

三、罐材	品質良好ニシテ適當ノ厚サヲ有スルモノ			同上ニ反スルモノ	
四、罐型並ニ内容固形肉量	鮭堅一斤罐 固形肉量 三九〇瓦（一〇四、〇匁）以上 平一號罐（平一斤罐）同 三九〇瓦（一〇四、〇匁）以上 平二號罐（平半斤罐）同 一九五瓦（五二、〇匁）以上 鮭四分ノ一斤罐 同 九五瓦（二五、三匁）以上 堅二號罐（海軍々需品）同 海軍所定ノ規格ニ依ル			罐型上記ノモノニシテ内容固形肉量稍不足セルモノ	上記罐型以外ノモノ、内容固形肉量不足セルモノ
五、品位	鮮度及肉質優良形態完全ニシテ脂肪ニ富ミ、固有ノ色澤香味ヲ有シ液汁ノ色調優良ナルモノ	鮮度優良肉質形態佳良ニシテ脂肪、色澤、香味、液汁ノ色調等一等品ニ次グモノ	鮮度、肉質、形態、脂肪、色澤香味、液汁ノ色調等二等品ニ次グモノ	鮮度、肉質、形態及色澤、稍不良ナルモ尚食用ニ堪ユルモノ	肉質ノ不良ナルモノ又ハ腐敗ノ虞レアルモノ肉ノ崩潰セルモノ又ハ是ガ虞レアルモノ變色、變味、不良臭アルモノ、液汁無キモノ食用ニ堪ヘサルモノ
六、包裝	材料適當ニシテ荷造堅牢ナルモノ包裝ノ外側ニ品名數量ヲ明示シタルモノ			同上ニ反スルモノ	

但シ罐ノ表示ニ付テハ仕向國ノ法規、商習慣アルモノハ本規程ニ依ラサルコトヲ得

本標準中合格三等品ハ支那、關東州、及滿洲國ノミニ限リ輸出スル事ヲ得ルモノトス

乙、鮭トマト漬、鮭蔬菜羹、鮭味付及頸肉、屑肉罐詰檢査標準

檢査事項＼等級	合格（PASSED）	格外	廢品
一、罐ノ表示	「レーベル」ニ品名及正味量ヲ明記シ罐蓋ニ製造者ノ記號ヲ打出セルモノ	同上ノ明記又ハ記號ヲ缺クモノ	表記ト内容ノ相違セルモノ

檢査事項	合格 A級	合格 B級	不合格
二、罐ノ外觀	卷締罐ニシテ脫氣孔ヲ有セス外觀良好ニシテ且ツ打檢善良ナルモノ	甲標準ニヨル	甲標準ニヨル
三、罐材	品質良好ニシテ適當ノ厚サヲ有スルモノ	同上ニ反スルモノ	
四、罐型並ニ內容固形肉量	罐型ニ付テハ甲標準ニヨル 內容固形肉量 鮭味付ハ甲標準ニヨル 鮭蔬菜煮平一號罐（平一斤罐） 固形肉量 二二五瓦（六〇匁）以上 蔬菜量 一一三瓦（三〇匁）以上 液量 五六瓦（一五匁）以上 鮭トマト漬平二號罐（平半斤罐） 固形肉量 一八〇瓦（四八匁）以上 液量 四五瓦（一二匁）以上	鮭トマト漬鮭蔬菜煮及鮭味付罐詰ニアリテハ內容固形肉量上記量目ニ稍不足セルモノ 頸肉、屑肉ヲ詰メタルモノハ固形肉量平一號罐（平一斤罐）ニアリテハ三九〇瓦（一〇四匁）以上トス	內容固形肉量不足セルモノ 同上以下ノモノ
五、品位	形態完全、肉詰適度、色澤良好ニシテ香味優良ナルモノ	甲標準ニヨル	甲標準ニヨル
六、包裝	材料適當ニシテ荷造堅牢ナルモノ 包裝ノ外側ニ品名、數量ヲ明示シタルモノ	同上ニ反スルモノ	

備考 頸肉屑肉ヲ詰メタルモノハ合格トスルコトヲ得ス

三、鮪油漬罐詰

日本鮪油漬罐詰業水產組合

甲、ホワイト ミート（原料ビンナカ鮪）

檢査事項	合格 A級	合格 B級	不合格

罐ノ表示	罐蓋ニ製造者ノ記號ヲ打出スカ又ハ容易ニ抹消剝落セサル方法ヲ以テ明瞭ニ印刷シレーベルニ品種名、內容量、製造者又ハ販賣者ノ氏名ヲ明示セルモノ	同上	同上ニ反スルモノ
罐ノ外觀	罐ハ巻締罐又ハ巻取罐ニシテ形態完全外觀良好且脫氣孔跡ヲ有セサルモノ	同上	同上ニ反スルモノ
罐材	良質ノ錻力ニテ適當ノ厚サヲ有シ內面ニエナメル又ハラツカーヲ完全ニ施セルモノ	同上	同上ニ反スルモノ
罐型	巻締罐ニアリテハ耗寸 3½オンス罐ハ径六八、〇(二、二四)高三九、五(一、三〇) 7オンス罐ハ径八六、五(二、八五)高四五、五(一、五〇) 13オンス罐ハ径一〇一、五(三、三五)高六〇、五(二、〇〇)	同上	同上ニ反スルモノ
內容量	左記ノ內容總量ヲ有シ注油適量ナルモノ 3½オンス罐ハ九九、二瓦(3½オンス二六、五匁)以上 7オンス罐ハ一九八、五瓦(7オンス五二、九匁)以上 13オンス罐ハ三六八、六瓦(13オンス九八、三匁)以上	同上	同上ニ反スルモノ
肉詰	ソリツドパツクニアリテハ全部固形肉スタンダードパツクニアリテハ固形肉量八五%以上、フレーク一五%以下ナルコト	同上	フレーク過量ナルモノ 血合肉其ノ他ノ廢棄肉ヲ混セルモノ 肉面ノヤケ甚シキモノ

検査事項	合格 No. I	合格 No. II	不合格
用油	香氣及色澤優良ナルコーンオイル、コツトンシードオイル、オリーブオイル又ハ是等ノ混合油ニシテ酸價ハ左記ヲ超ヘサルモノ オリーブオイルニアリテハ 二、〇〇 其ノ他ニアリテハ 一、〇〇	同上	香氣又ハ色澤不良ニシテ蠟分ノ析出多キモノ 油ニ水分ノ混入多ク液ノ溷濁甚シキモノ 酸價上記ヲ超ユルモノ
品位	原料ハ新鮮ナルビンナガ鮪ヲ使用シ香味色澤及肉質優良ニシテ鹽味適當ナルモノ	原料ハ新鮮ナルビンナガ鮪ヲ使用シ香味、色澤及肉質上級品ニ亞キ鹽味適當ナルモノ	原料不鮮ニシテ香味不良又ハハニカムノ存スルモノ 內面塗料ノ剝離セルモノ
荷造	箱ハ堅牢ニシテ外部ニ品種名、數量ヲ明示セルモノ	同上	同上ニ反スルモノ

罐ノ表示ニ付テハ仕向先國ノ法規、商習慣アルモノハ本規定ニ依ラサルコトヲ得

乙、ライト ミート（原料 キハダ、クロ、メジ鮪）

検査事項	合格 No. I	合格 No. II	不合格
罐ノ表示	罐蓋ニ製造者ノ記號ヲ打出スカ又ハ容易ニ抹消剝落セサル方法ヲ以テ明瞭ニ印刷シレーベルニ品種名、內容量、製造者又ハ販賣者ノ氏名ヲ明示セルモノ	同上	同上ニ反スルモノ
罐ノ外觀	罐ハ卷締罐又ハ卷取罐ニシテ形態完全外觀良好且脫氣孔跡ヲ有セサルモノ	同上	同上ニ反スルモノ

罐材	良質ノ鉽力ニテ適當ノ厚サヲ有シ內面ニエナメル又ハラツカーヲ完全ニ施セルモノ	同上	同上ニ反スルモノ
罐型	卷締罐ニアリテハ、耗　寸 $3\frac{1}{2}$オンス罐ハ徑六八、〇（二、二四）高三九、五（一、三〇） 7オンス罐ハ徑八六、五（二、八五）高四五、〇（一、五〇） 13オンス罐ハ徑一〇一、五（三、三五）高六〇、五（二、〇〇）	同上	同上ニ反スルモノ
內容量	左記ノ內容總量ヲ有シ注油適量ナルモノ $3\frac{1}{2}$オンス罐ハ九九、二瓦（$3\frac{1}{2}$オンス二六、五匁）以上 7オンス罐ハ一九八、五瓦（7オンス五二、九匁）以上 13オンス罐ハ三六八、六瓦（13オンス九八、三匁）以上	同上	同上ニ反スルモノ
肉詰	ソリツドパツクニアリテハ全部固形肉スタンダードパツクニアリテハ固形肉量八五%以上、フレーク一五%以下ナルコト	同上	フレーク過量ナルモノ 血合肉其ノ他ノ廢棄肉ヲ混セルモノ 肉面ノヤケ甚シキモノ
用油	香氣及色澤優良ナルコーンオイル、コツトンシードオイル、オリーブオイル又ハ是等ノ混合油ニシテ酸價ハ左記ヲ超ヘサルモノ	同上	香氣又ハ色澤不良ニシテ蠟分析出多キモノ 油ニ水分ノ混入多ク液ノ溷濁甚シキモノ

	オリーブオイルニアリテハ 二、〇〇 其ノ他ニアリテハ 一、〇〇		酸價上記ヲ超ユルモノ
品位	原料ハ新鮮ナルキハダ、クロ又ハメヂ鮪ヲ使用シ香味、色澤及肉質優良ニシテ鹽味適當ナルモノ	原料ハ新鮮ナルキハダ、クロ又ハメヂ鮪ヲ使用シ香味色澤及肉質上級品ニ亞キ鹽味適當ナルモノ	原料不鮮ニシテ香味不良又ハハニカムヲ存スルモノ內面塗料ノ剝離セルモノ
荷造	箱ハ堅牢ニシテ外部ニ品種名數量ヲ明示セルモノ	同上	同上ニ反スルモノ

罐ノ表示ニ付テハ仕向先國ノ法規 商習慣アルモノハ本規程ニ依ラサルコトヲ得

丙、フレーク ミート（崩肉）

檢査事項	合格	不合格
罐ノ表示	罐蓋ニ製造者ノ記號及FLAKESナル文字ヲ打出スカ又ハ容易ニ抹消剝落セサル方法ヲ以テ明瞭ニ印刷シレーベルニ品種名、內容量、製造者又ハ販賣者ノ氏名並ニFLAKESナル文字ヲ明示セルモノ	同上ニ反スルモノ
罐ノ外觀	罐ハ卷締罐又ハ卷取罐シテ形態完全外罐良好且脫氣孔跡ヲ有セサルモノ	同上ニ反スルモノ
罐材	良質ノ錻力ニテ適當ノ厚サヲ有シ內面ニエナメル又ハラツカーヲ完全ニ施セルモノ	同上ニ反スルモノ

罐型	内容量	用油	品位	荷造
巻締罐ニアリテハ 粍 寸 3½オンス罐ハ 径六八、〇（二、二四） 高三九、五（一、三〇） 7オンス罐ハ 径八六、五（二、八五） 高四五、五（一、五〇） 13オンス罐ハ 径一〇一、五（三、三五） 高六〇、五（二、〇〇）	左記ノ内容總量ヲ有シ注油適量ナルモノ 3½オンス罐ハ 九九、二瓦（3½オンス二六、五匁）以上 7オンス罐ハ 一九八、五（7オンス五二、九匁）以上 13オンス罐ハ 三六八、六（13オンス九八、三匁）以上	香氣及色澤優良ナルコーンオイル、コツトンシードオイル、オリーブオイル又ハ是等ノ混合油ニシテ酸價ハ左記ヲ超ヘサルモノ オリーブオイルニアリテハ 二、〇 其ノ他ニアリテハ 一、〇	香味、色澤及肉質優良ニシテ鹽味適當ナルモノ	箱ハ堅牢ニシテ外部ニ品種名、數量並ニFLAKESナル文字ヲ明示セルモノ
同上ニ反スルモノ	同上ニ反スルモノ	香氣又ハ色澤不良ナモノ 油ニ水分ノ混入多ク液ノ溷濁甚シキモノ 酸價上記ヲ超ユルモノ	原料不鮮ニシテ香味不良ナルモノ 血合肉其ノ他ノ廢棄肉ヲ混セルモノ	同上ニ反スルモノ

罐ノ表示ニ付テハ仕向先國ノ法規、商習慣アルモノハ本規定ニ依ラサルコトヲ得但シ FLAKES ナル文字ハ省略スルコトヲ得ス

四、鰛罐詰

一、トマト漬鰛罐詰輸出檢査標準

日本輸出鰛罐詰業水産組合

檢査事項	合格	不合格
罐ノ表示	罐ノ表示ハ官廳ノ規定、輸入國ノ法規、商習慣等ニ準據シタルモノ	同上ニ反スルモノ
罐ノ外觀	良質ノ鉞力ニシテ適當ノ厚サヲ有シ楕圓罐ハ打拔巻締罐ニシテ脫氣孔跡ヲ有セス罐型完全外觀良好ナルモノ	同上ニ反スルモノ
罐型	別項	同上ニ反スルモノ
内容量	楕圓一斤罐 肉量 三五〇瓦以上（九三、三匁以上） 液量 六五瓦以上（一七、三匁以上） 總量 四二五瓦以上（一一三、三匁以上）	同上ニ反スルモノ
品位	肉質適當、香味優良、トマトノ色澤濃度共ニ良好ナルモノ	魚體崩潰セルモノ、水分ノ過量ナルモノ香味甚シク不良ナルモノ、有害着色料ヲ使用セルモノ
荷造	荷造堅牢ニシテ長途ノ輸送ニ耐ユルモノ荷造ノ外側ニ品名、數量其他輸入國ノ法規、習慣等ニ適合セル事項ヲ明示セルモノ	同上ニ反スルモノ

種類	長徑	短徑	高サ
一斤	一六二、〇粍 五、三五寸	一一〇、五粍 三、六〇寸	三九、五粍 一、三〇寸
半斤	一五六、〇粍 五、一五寸	九八、五粍 三、二五寸	三三、五粍 一、一〇寸

二、油漬鰮罐詰輸出檢查標準

檢査事項	合格	不合格
罐ノ表示	罐ノ表示ハ官廳ノ規定、輸入國ノ法規、商習慣等ニ準據シタルモノ	同上ニ反スルモノ
罐ノ外觀	罐材ハ良質ノ錻力ニシテ適當ノ厚サヲ有シ罐型完全、外觀良好、密封完全ナルモノ	同上ニ反スルモノ
品位	適當ナル原料ニシテ大小不同ナク品質優良、香味色澤共ニ良好ナルモノ	同上ニ反スルモノ
用油	煠油、注入油共ニ良好ナル食用油ヲ使用シタルモノ	同上ニ反スルモノ
荷造	荷造堅牢ニシテ長途ノ輸送ニ耐ユルモノ、荷造ノ外側ニ品名、數量其他輸入國ノ法規、習慣等ニ適合セル事項ヲ明示セルモノ	同上ニ反スルモノ

五、魚類罐詰（貝類味付ヲ含ム）

検査事項	合格			格外
	特等	一等	二等	
一、罐ノ表示	「レーベル」ニ品名及正味量ヲ明記シ罐ニ製造者ノ記號ヲ打出セルモノ	同上	同上	同上ノ明記ナキモノ
二、罐ノ外觀	巻締封鑞罐形完全ニシテ打検善良ナルモノ	同上	同上	膨脹罐、錆罐、不正形罐及巻締封鑞不完全ナルモノ
三、品位	形態完全、色澤良好ニシテ香味優良ナルモノ	形態完全、色澤良好ニシテ香味佳良ナルモノ	形態稍完全、色澤稍良好ニシテ香味良好ナルモノ	品質劣等ナルモノ
四、反應	中性又ハ弱酸性ノモノ	同上	同上	强酸性ノモノ
五、罐材	錻力ハ品質良好ニシテ一箱九十封度以上ノモノ	同上	同上	同上ノ重量ヲ有セス品質不良ナルモノ
六、荷造	材質適當ニシテ乾燥シ妻木ハ正六分以上其他ハ正五分以上ノ厚サヲ有シ荷造堅固ナルモノ但シベニア板ハ此限ニアラズ	同上	同上	材質不適當又ハ薄弱ニシテ荷造不完全ナルモノ

六、烏賊章魚罐詰（米烏賊、飯章魚ヲ含ム）

檢某事項	合格		格外
	一等	二等	
一、罐ノ表示	「レーベル」ニ品名及正味量ヲ明記シ罐ニ製造者ノ記號ヲ打出セルモノ	同上	同上ノ明記ナキモノ
二、罐ノ外觀	卷締封鑞罐形完全ニシテ打檢善良ナルモノ	同上	膨脹罐、銹罐、歪形罐及卷締封鑞不完全ナルモノ
三、品位	形態完全、色澤香味良好ナルモノ	形態完全、色澤香味稍良好ナルモノ	形態崩潰セルモノ、變味變色セルモノ、液汁不良ナルモノ
四、反應	中性又ハ弱酸性ノモノ	同上	强酸性ノモノ
五、罐材	錻力ノ品質良好ニシテ一箱八十五封度以上ノモノ	同上	同上ノ重量ヲ有セス品質不良ナルモノ
六、荷適	材質適當ニシテ乾燥シ妻木ハ正五分以上其他ハ正四分以上ノ厚サヲ有シ荷造堅固ナルモノ 但胴板二枚以上繼キ合シタルモノハ棧木ヲ要ス	同上	材質不適當又ハ薄弱ニシテ荷造不完全ナルモノ

七、蒲鉾罐詰（竹輪ヲ含ム）

檢査事項	合格 特等	合格 一等	合格 二等	格外
一、罐ノ表示	「レーベル」ニ品名及正味量ヲ明記シ罐ニ製造者ノ記號ヲ打出セルモノ	同上	同上	同上ノ明記ナキモノ
二、罐ノ外觀	卷締封緘罐形完全ニシテ打檢善良ナルモノ	同上	同上	膨脹罐、銹罐、不正形罐及卷締封緘不完全ナルモノ
三、品位	原料色澤良好練製加熱適度ニシテ彈力ヲ有シ香味佳良ナルモノ	原料色澤稍良好練製加熱適度ニシテ彈力ヲ有シ香味佳良ナルモノ	原料色澤稍良好練製加熱適度ニシテ彈力ヲ有シ香味稍佳良ナルモノ	練製著シク不良ナルモノ、品質劣等ナルモノ
四、罐材	錻力ノ品質良好ニシテ一箱九十封度以上ノモノ	同上	同上	同上ノ重量ヲ有セス品質不良ナルモノ
五、荷造	材質適當ニシテ乾燥シ妻木ハ正六分以上其他ハ正五分以上ノ厚サヲ有シ荷造堅固ナルモノ但ベニア板ハ此限リニアラス	同上	同上	材質不適當又ハ薄弱ニシテ荷造不完全ナルモノ

八、北寄貝水煮罐詰

檢査事項＼等級	合格 一等	合格 二等	不合格
罐ノ表示	「レベル」又ハ「ステッカー」ニ品名、内容正味量及製造者若クハ販賣者ノ氏名ヲ明記シ、罐蓋ニ製造者ノ記號ヲ打出セルモノ		上記ニ反スルモノ 表記ト内容ノ相違セルモノ
罐ノ外觀	卷締罐ニシテ脫氣孔跡ヲ有セズ、卷締、罐形共ニ完全ナルモノ、打檢善良ナルモノ	卷締又ハ封鑞完全ニシテ、打檢善良ナルモノ	錆罐、歪形罐、卷締又ハ封鑞不完全ナルモノ 打檢良好ナラザルモノ
罐材	品質良好ニシテ適當ノ厚サヲ有スルモノ		上記ニ反スルモノ
罐型並内容固形量	平一號（平一斤）罐 固形量 二六〇瓦（六九、三匁）以上 平二號（平半斤）罐 固形量 一三〇瓦（三四、七匁）以上		上記ノ罐型以下ノモノ 内容固形量上記以下ノモノ
品位	肉質、香味、色澤優良形態完全ニシテ、砂泥其他ノ雜物ヲ含マズ、液汁良好ナルモノ 中性又弱酸性	肉質、香味、色澤、形態、液汁ノ色調等一等ニ次グモノ、雜物ヲ含マズ砂泥極メテ少ナキモノ中性又弱酸性	肉質、香味、色澤不良ノモノ 形態崩潰セルモノ、腐敗ノ虞アルモノ、砂泥又夾雜物ヲ含ムモノ、液汁不良ノモノ、强酸性ノモノ
粒ノ大小	粒ハ均一ニシテ平一號罐ニハ八乃至十二粒 平二號罐ハ之レニ準ズ	粒ハ大小ノ差少ナク平一號罐ニハ二十粒以内平二號罐ハ之レニ準ズ	粒ノ甚ダシク不均一ノモノ 粒ノ極メテ小サキモノ

包装	材料適當ニシテ荷造堅牢ナルモノ 包装ノ外側ニ品名數量ヲ明示シタルモノ	同上ニ反スルモノ

備考　一等以上ト認メタルモノヲ特等トス

九、鮑水煮罐詰

東京罐詰同業組合

等級 検査事項	合格 一等	合格 二等	不合格
罐ノ表示	「レベル」又ハ「ステッカー」ニ品名、内容正味量及製造者若クハ販賣者ノ氏名ヲ名記シ罐蓋ニ製造者ノ記號ヲ打出セルモノ		上記ニ反スルモノ 表記ト内容ノ相違セルモノ
罐ノ外觀	巻締・封鑞、罐形完全ニシテ、打検善良ナルモノ		銹罐、歪形罐　巻締・封鑞不完全ナルモノ 打検不良ノモノ
罐材	品質良好ニシテ適當ノ厚サヲ有スルモノ		上記ニ反スルモノ
罐型並ニ内容固形量	竪四號（竪一斤）罐 固形量　重　二三〇瓦（六一、三匁）以上 輕　一五〇瓦（四〇、〇匁）以上		上記ノ罐型以外ノモノ 内容固形量上記以下ノモノ
品位	肉質優良、粒ハ整一、形態完全、洗滌丁寧、色澤液汁ノ色調等良好ニシテ固有ノ香味ヲ有シ、肉ニ彈力アルモノ 中性又ハ弱酸性ノモノ	品質良好、粒ハ稍整一、形態稍完全、洗滌丁寧色澤、液汁ノ色調等稍良好ニシテ固有ノ香味ヲ有スルモノ 中性又ハ弱酸性ノモノ	變敗セルモノ、液汁甚ダシク溷濁セルモノ、臟腑付鮑、乾鮑切鮑ヲ原料トセルモノ、一個ノ重量省令規程ニ達セザヽモノ、強酸性ノモノ
包装	材料適當ニシテ荷造堅牢ナルモノ 包装ノ外側ニ品名、數量ヲ明示シタルモノ		上記ニ反スルモノ

備考　一等以上ト認メタルモノヲ特等トス

罐詰鮑ニ對スル省令規程

罐詰鮑一個ノ重量左記重量未滿ノモノハ販賣スルヲ得ス

種類	罐詰鮑一個ノ重量
ゑぞあわび（青森、岩手、宮城縣産ヲ除ク）	三匁
まだか	七匁五分
其他（青森、岩手、宮城縣産ゑぞあわびヲ含ム）	五匁五分

一〇、牡蠣、蜊、蛤、蜆水煮罐詰檢査標準

東京罐詰同業組合

<table>
<tr><th rowspan="2">等級
檢査事項</th><th colspan="2">合格</th><th rowspan="2">不合格</th></tr>
<tr><th>特級（EXTRA）</th><th>並級（STANDARD）</th></tr>
<tr><td>罐ノ表示</td><td colspan="2">罐ニ製造者ノ記號及製造年月ヲ表ハス記號ヲ打出シ、「レベル」又ハ「ステッカー」ニ品名内容正味量及製造者若クハ販賣者ノ氏名ヲ明示セルモノ</td><td>上記ニ反スルモノ
表記ト内容ノ相違セルモノ</td></tr>
<tr><td>罐ノ外觀</td><td colspan="2">罐ハ巻締罐ニシテ脱氣孔跡ヲ有セズ、形態完全外觀良好ナルモノ</td><td>半田付罐ヲ使用セルモノ、脱氣孔跡ヲ有スルモノ、罐形不完全ナルモノ若クハ錆ヲ生ゼルモノ</td></tr>
<tr><td>罐材</td><td colspan="2">良質ノ「ブリキ」ニシテ適當ノ厚サヲ有シ、内面ニC「エナメル」又ハ「ラツカー」ヲ完全ニ施セルモノ</td><td>罐材不良ナルモノ
内面ニ塗料ヲ施サザル罐ヲ使用シタルモノ</td></tr>
</table>

	合格		格外
罐型及内容固形量	竪二號（竪三斤）罐固形量四二五瓦（一五オンス）以上 竪四號（竪一斤）罐〃 二二七瓦（八オンス）以上 竪七號（十一オンス）罐〃 一四二瓦（五オンス）以上		内容固形量不足セルモノ
品位	肉質、香味、色澤優良形態肥大ニシテ整一シ砂泥其他ノ夾雑物ナキモノ	肉質、香味、色澤良好、形態完全ニシテ整一シ砂泥其他ノ夾雑物ナキモノ	肉質、香味、色澤不良ナルモノ形態崩潰セルモノ夾雑物ヲ含有スルモノ
液汁	色調良好ニシテ、中性若クハ弱酸性ノモノ		液汁ノ溷濁甚ダシキモノアルカリ性若クハ酸性强キモノ
包装	材料適當ニシテ乾燥シ、荷造堅牢ナルモノ箱ニ品名及數量ヲ明示セルモノ		上記ニ反スルモノ

備考　罐ニ製造年月ヲ表ハス記號ヲ打出サヾルモノ並ニ牡蠣水煮罐詰ニ限リ、罐ノ内面ニ塗料ヲ施サザルモノモ當分ノ間合格トスルコトヲ得

二、貝類ボイルド罐詰

検査事項	合格 特等	合格 一等	合格 二等	格外
一、罐ノ表示	「レーベル」ニ品名及正味量ヲ明記シ罐ニ製造者ノ記號ヲ打出セルモノ	同上	同上	同上ノ明記ナキモノ

二、罐ノ外觀	卷締封鑞罐形完全ニシテ打檢善良ナルモノ	同上	同上	膨脹罐、銹罐、不正形罐及卷締封鑞不完全ナルモノ
三、品位	形態完全、色澤良好香味優良ニシテ液ノ溷濁甚シカラサルモノ	形態稍完全、色澤稍良好香味良好ニシテ液ノ溷濁甚シカラサルモノ	形態稍完全、色澤稍良好ナルモノ	形態甚シク崩潰セルモノ變味セルモノ
四、反應	中性又ハ弱酸性ノモノ	同上	同上	强酸性ノモノ
五、罐材	錻力ハ品質良好ニシテ一箱九十封度以上ノモノ	同上	同上	同上ノ重量ヲ有セス品質不良ナルモノ
六、荷造	材質適當ニシテ乾燥シ妻木ハ正六分以上其他ハ正五分以上ノ厚サヲ有シ荷造堅固ナルモノ但シベニア板ハ此限リニアラス	同上	同上	材質不適當又ハ薄弱ニシテ荷造不完全ナルモノ

二二、牛肉大和煮罐詰

檢査事項	合格 一等	二等	三等	格外
一、罐ノ表示	「レーベル」ニ品名及正味量ヲ明記シ罐ニ製造者ノ記號ヲ打出セルモノ	同上	同上	同上ノ明記ナキモノ

一等品以上ノ製品ト認メタルモノハ之ヲ特等トス

二、罐ノ外觀	巻締封鑞罐形完全ニシテ打検善良ナルモノ	同上	同上	膨脹罐、銹罐、不正形罐及巻締封鑞不完全ナルモノ
三、品位	雑肉ヲ混セス截切適度ニシテ色澤香味共ニ優良ナルモノ	截切適度ニシテ色澤香味共ニ良好ナルモノ	色澤香味稍良好ナルモノ	異種ノ獸肉ヲ混セルモノ肉ノ崩潰セルモノ變味變色セルモノ
四、反應	中性又ハ弱酸性ノモノ	同上	同上	強酸性ノモノ
五、罐材	錻力ハ品質良好ニシテ一箱八十五封度以上ノモノ	同上	同上	同上ノ重量ヲ有セス品質不良ナルモノ
六、荷造	材質適當ニシテ乾燥シ妻木ハ正五分以上其他ハ正四分以上ノ厚サヲ有シ荷造堅固ナルモノ但シ胴板二枚繼キ合シタルモノハ棧木ヲ要ス	同上	同上	材質不適當又ハ薄弱ニシテ荷造不完全ナルモノ

一三、牛肉（松茸入・野菜入）罐詰

檢査事項	合格 一等	合格 二等	格外
一、罐ノ表示	「レーベル」ニ品名及正味量ヲ明記シ罐ニ製造者ノ記號ヲ打出セルモノ	同上	同上ノ明記ナキモノ
二、罐ノ外觀	卷締封鑞罐形完全ニシテ打檢善良ナルモノ	同上	膨脹罐、銹罐、不正形罐及卷締封鑞形不完全ナルモノ
三、品位	截切適度ニシテ色澤香味共ニ良好肉詰適度ナルモノ	色澤香味稍良好肉詰適度ナルモノ	異種ノ獸肉ヲ混セルモノ、肉ノ崩潰セルモノ變味變色セルモノ
四、內容肉割合	牛肉ハ內容量ノ三割以上混在セルモノ	牛肉ハ內容量ノ二割以上混在セルモノ	
五、反應	中性又ハ弱酸性ノモノ	同上	强酸性ノモノ
六、罐材	鉽力ハ品質良好ニシテ一箱八十五封度以上ノモノ	同上	同上ノ重量ヲ有セス品質不良ナルモノ
七、荷造	材質適當ニシテ乾燥シ妻木ハ正五分以上其他ハ正四分以上ノ厚サヲ有シ荷造堅固ナルモノ 但シ胴板二枚繼キ合シタルモノハ棧木ヲ要ス	同上	材質不適當又ハ薄弱ニシテ荷造不完全ナルモノ

一等品以上ノ製品ト認メタルモノハ之ヲ特等トス

一四、鳥獸肉罐詰（鯨肉、鷄肉、燒牛肉、串刺牛肉ハム、小鳥等ヲ含ム）

檢査事項	合格 一等	合格 二等	格外
一、罐ノ表示	「レーベル」ニ品名及正味量ヲ明記シ罐ニ製造者ノ記號ヲ打出セルモノ	同上	同上ノ明記ナキモノ
二、罐ノ外觀	卷締封鑞罐形完全ニシテ打檢善良ナルモノ	同上	膨脹罐、銹罐、不正形罐及卷締封鑞不完全ナルモノ
三、品位	品質優良色澤香味良好ニシテ肉詰適度ナルモノ	品質良好色澤香味稍良好ニシテ肉詰適度ナルモノ	異種ノ鳥獸肉ヲ混セルモノ肉ノ崩潰セルモノ、變味變色セルモノ
四、反應	中性又ハ弱酸性ノモノ	同上	強酸性ノモノ
五、罐材	鉽力ハ品質良好ニシテ一箱八十五封度以上ノモノ	同上	同上ノ重量ヲ有セス品質不良ナルモノ
六、荷造	材質適當ニシテ乾燥シ妻木ハ正五分以上其他ハ正四分以上ノ厚サヲ有シ荷造堅固ナルモノ但シ胴板二枚繼キ合シタモノハ棧木ヲ要ス	同上	材質不適當又ハ薄弱ニシテ荷造不完全ナルモノ

一等品以上ト認メタルモノハ之ヲ特等トス

一五、筍水煮罐詰

檢査事項	合格 一等	合格 二等	合格 三等	格外
一、罐ノ表示	「レーベル」ニ品名及正味量ヲ明記シ罐ニ製造者ノ記號ヲ打出セルモノ	同上	同上	同上ノ明記ナキモノ
二、罐ノ外觀	卷締封鑞罐形完全ニシテ打檢善良ナルモノ	同上	同上	膨脹罐、銹罐、不正形罐及卷締封鑞不完全ナルモノ
三、品位	初期ニ發生セル原料ヲ用ヒ品質優良大小不同ナク形態完全色澤良好ニシテ固有ノ香味ヲ有シ液汁清澄ナルモノ	中期以前ニ發生セル原料ヲ用ヒ品質良好大小不同少ナク色澤良好ニシテ固有ノ香味ヲ有シ液汁稍清澄セルモノ	品質稍良好形態完全色澤香味稍良好ニシテ液汁ノ甚シク溷濁セサルモノ	品質劣等ナルモノ切屑ヲ混セルモノ肉ノ崩潰セルモノ變味變色セルモノ液汁ノ甚シク溷濁セルモノ
四、反應	中性又ハ弱酸性ノモノ	同上	同上	強酸性ノモノ
五、罐材	錻力ハ品質良好ニシテ六封度又ハ二封度罐ハ一箱百封度ノモノ、其他ハ八十五封度以上ノモノ	同上	同上	同上ノ重量ヲ有セサルモノ
六、荷造	材質適當ニシテ乾燥シ妻木ハ正五分以上其他ハ正四分以上ノ厚サヲ有シ荷造堅固ナルモノ（内地賣買ノ六封度罐ニアリテハ當分ノ間荷造ヲ堅固ニシ	同上	同上	材質不適當又ハ薄弱ニシテ荷造不完全ナルモノ

檢印ヲ施シ得ル木枠ヲ用フルコトヲ得）但シ胴板二枚繼キ合シタルモノハ棧木ヲ要ス

一等品以上ノ製品ト認メタルモノヲ之ヲ特等トス

一六、青豌豆罐詰

檢査事項	合格			格外
	特等	一等	二等	
一、罐ノ表示	「レーベル」ニ品名及正味量ヲ明記シ罐ニ製造者ノ記號ヲ打出セルモノ	同上	同上	同上ノ明記ナキモノ
二、罐ノ外觀	卷締封鑞罐形完全ニシテ打檢善良ナルモノ	同上	同上	膨脹罐、錆罐、不正形罐及卷締、封鑞不完全ナルモノ
三、品位	粒形整一完全硬軟適度色澤良好液汁佳良ニシテ固有ノ香味ヲ有スルモノ	粒形整一完全硬軟稍適度色澤稍良好液汁良好ニシテ固有ノ香味ヲ有スルモノ	粒形稍整一色澤稍良好硬軟稍適度ニシテ固有ノ香味ヲ消失セサルモノ	粒形著ク不整一又ハ不完全ナルモノ、硬軟適度ナラサルモノ、色澤著ク不良ナルモノ、固有ノ香味ヲ有セサルモノ一旦乾燥シタルモノヲ原料トシテ使用セルモノ
四、罐材	錻力ハ品質良好ニシテ一箱九十封度以上ノモノ	同上	同上	同上ノ重量ヲ有セス品質不良ナルモノ

檢査事項	特等	一等	二等	格外
五、荷造	材質適當ニシテ乾燥シ妻木ハ正六分其他ハ正五分以上ノ厚サヲ有シ荷造堅固ナルモノ、但シベニア板ハ此限リニ非ラス	同上	同上	材質不適當又ハ薄弱ニシテ荷造不完全ナルモノ

有害性著色料取締規則ニ規定セラレタル範圍ニテ使用セル著色料ハ之ヲ有害物ト認メス

一等品以上ノ製品ト認メタルモノハ之ヲ特等トス

一七、松茸水煮罐詰

檢査事項	合格			格外
	特等	一等	二等	
一、罐ノ表示	「レーベル」ニ品名及正味量ヲ明記シ罐ニ製造者ノ記號ヲ打出セルモノ	同上	同上	同上ノ明記ナキモノ
二、罐ノ外觀	巻締封鑞罐形完全ニシテ打検善良ナルモノ	同上	同上	膨脹罐、銹罐、不正形罐及巻締封鑞不完全ナルモノ
三、品位	初期ノ原料ヲ用ヒ品質優良形態完全、大小不同ナク色澤良好ニシテ固有ノ香味ヲ有シ液汁清澄セルモノ	中期以前ノ原料ヲ用ヒ品質良好形態完全大小甚シク不同ナク色澤良好ニシテ固有ノ香味ヲ有シ液汁清澄セルモノ	品質色澤稍良好ニシテ固有ノ香味ヲ有シ液汁溷濁セサルモノ	品質劣等ナルモノ肉ノ崩潰セルモノ變味變色セルモノ液汁ノ甚シク溷濁セルモノ
四、反應	中性又ハ弱酸性ノモノ	同上	同上	強酸性ノモノ

五、罐材	錻力ハ品質良好ニシテ一箱八十五封度以上ノモノ	同上	同上	同上ノ重量ヲ有セス品質不良ナルモノ
六、荷造	材質適當ニシテ乾燥シ妻木ハ正五分以上其他ハ正五分以上ノ厚サヲ有シ荷造堅固ナルモノ但シ胴板二枚繼キ合シタルモノハ棧木ヲ要ス	同上	同上	材質不適當又ハ薄弱ニシテ荷造不完全ナルモノ

一等品以上ノ製品ト認メタルモノハ之ヲ特等トス

一八、茸類罐詰（しめじ、松露等ヲ含ム）

検査事項	合格		格外
	一等	二等	
一、罐ノ表示	「レーベル」ニ品名及正味量ヲ明記シ罐ニ製造者ノ記號ヲ打出セルモノ	同上	同上ノ明記ナキモノ
二、罐ノ外觀	巻締封鑞罐形完全ニシテ打検善良ナルモノ	同上	膨脹罐、銹罐不正形罐及巻締封鑞不完全ナルモノ
三、品位	品質優良形態完全ナルモノしめじハ傘ノ直徑一寸以下足ノ長サ八分以下ノモノ	品質良好形態稍完全ナルモノ	品質劣等ナルモノ變味變色セルモノ傘ト脚ト分離シタルモノヲ詰メタルモノ
四、反應	中性又ハ弱酸性ノモノ	同上	強酸性ノモノ

五、罐材	錻力ハ品質良好ニシテ一箱八十五封度以上ノモノ	同上	同上ノ重量ヲ有セス品質不良ナルモノ
六、荷造	材質適當ニシテ乾燥シ妻木ハ正五分以上其他ハ正四分以上ノ厚サヲ有シ荷造堅固ナルモノ但シ胴板二枚繼キ合シタルモノハ棧木ヲ要ス	同上	材質不適當又ハ薄弱ニシテ荷造不完全ナルモノ

一等品以上ノ製品ト認メタルモノハ之ヲ特等トス

一九、蔬菜罐詰（蕗、獨活、牛蒡、人參、慈姑、小芋、蓮根、松茸及筍味付ヲ含ム）

檢査事項	合格		格外
	一等	二等	
一、罐ノ表示	「レーベル」ニ品名及正味量ヲ明記シ罐ニ製造者ノ記號ヲ打出セルモノ	同上	同上ノ明記ナキモノ
二、罐ノ外觀	卷締封鑞罐形完全ニシテ打檢善良ナルモノ	同上	膨脹罐、銹罐、歪形罐及卷締封鑞不完全ナルモノ
三、品位	品質優良硬軟適度色澤香味良好ナルモノ	品質良好硬軟稍適度色澤稍良好ナルモノ	品質劣等ナルモノ變味變色セルモノ、液汁不良ナルモノ
四、反應	中性又ハ弱酸性ノモノ	同上	强酸性ノモノ
五、罐材	錻力ハ品質良好ニシテ一箱八十五封度以上ノモノ	同上	同上ノ重量ヲ有セス品質不良ナルモノ

六、荷造	材質適當ニシテ乾燥シ妻木ハ正五分以上其他ハ正四分以上ノ厚サヲ有シ荷造堅固ナルモノ但胴板二枚繼キ合シタルモノハ棧木ヲ要ス	同上	材質不適當又ハ薄弱ニシテ荷造不完全ナルモノ

二〇、豆類罐詰（大多福豆、十六豆、そらまめヲ含ム）

檢査事項	合格 一等	合格 二等	格外
一、罐ノ表示	「レーベル」ニ品名及正味量ヲ明記シ罐ニ製造者ノ記號ヲ打出セルモノ	同上	同上ノ明記ナキモノ
二、罐ノ外觀	卷締封鑞罐形完全ニシテ打檢善良ナルモノ	同上	膨脹罐、銹罐、歪形罐及卷締封鑞不完全ナルモノ
三、品位	品質優良、大粒ニシテ不同ナク硬軟適度ニシテ形態完全色澤香味良好ナルモノ	品質良好、硬軟適度形態完全色澤香味稍良好ナルモノ	異種ノ原料ヲ用ヒタルモノ品質劣等ナルモノ變味變色セルモノ
四、反應	中性又ハ弱酸性ノモノ	同上	强酸性ノモノ
五、罐材	錻力ハ品質良好ニシテ一箱八十五封度以上ノモノ	同上	同上ノ重量ヲ有セス品質不良ナルモノ

六、荷造	材質適當ニシテ乾燥シ妻木ハ正五分以上其他ハ正五分以下ノ厚サヲ有シ荷造堅固ナルモノ但シ胴板二枚繼キ合シタルモノハ桟木ヲ要ス	同上	材質不適當又ハ薄弱ニシテ荷造不完全ナルモノ

一等品以上ノ製品ト認メタルモノハ之ヲ特等トス

二一、臺灣鳳梨罐詰

等級 / 檢査事項	特等	一等	二等	不合格
罐ノ表示	「レーベル」又ハ「ステッカー」ニ品名及正味量ヲ明記シ罐蓋ニ製造者ノ記號及種類ヲ打出セルモノ	同上	同上	同上ニ反スルモノ及表記ト内容ノ相違セルモノ
罐ノ外觀	罐ハ巻締ニシテ密封罐形共ニ完全、打檢善良ニシテ脱氣孔ナキモノ	同上	罐ハ巻締又ハ半田付ニシテ封鑞罐形共ニ完全、打檢善良ナルモノ	膨脹罐、銹罐、歪形罐密封不完全、打檢不良ナルモノ
罐型	三封度罐 直徑 一〇・一五糎 高サ 一二・一〇糎 二封度罐 直徑 八・六五糎 高サ 一一・三六糎	同上 同上	同上 同上 罐型ニ於テ半田付罐ハ直徑〇・三糎高サ〇・六糎減ノコト	同上ニ反スルモノ 同上ニ反スルモノ
罐内上部ノ空隙	極メテ少ナキモノ	少ナキモノ	同上	同上ニ反スルモノ

内容固形量	形態	色彩	品位	液汁濃度（攝氏二〇度ニ於ケル）	罐材	半田罐
三封度罐 六〇〇瓦以上 二封度罐 四〇〇瓦以上	「ホールスライス」ニシテ各切片ノ形狀完全ニシテヨク整一セルモノ	固有ノ色彩鮮明ニシテ不同ナキモノ	果肉ノ熟度、硬軟共ニ適度ニシテ纖維少ク香味優良液汁ノ色相良好ニシテ清澄ナルモノ	ブリツクス度一九・五以上	三封度罐ハ九五封度以上二封度罐ハ九〇封度以上ニシテ良質ノ鈑力ヲ使用シタルモノ	外部ノ鑞著ニ在リテハ百分中鉛五〇分以下ノ配合ヲ有スルモノ
同上 五七〇瓦以上 同上 三七〇瓦以上	「ホールスライス」又ハ「ラセンスライス」ニシテ各切片ノ形狀完全ニシテ整一シ多少ノ疵アルハ可ナルモ破片ヲ混入セサルモノ	同上	果肉液汁同上ニ次クモノ	同上 一八・〇以上	同上	同上
同上 五二〇瓦以上 同上 三四〇瓦以上	「ホール」又ハ「スライス」ニシテ全形又ハ各切片ノ形狀稍完全ナルモノ	色彩稍鮮明ニシテ不同少ナキモノ	果肉熟度、硬軟共ニ稍適度ニシテ纖維稍多ク香味液汁稍良好ナルモノ	同上 一七・〇以上	同上	外部ノ鑞著ニ在リテハ百分中鉛五〇分以下内部ノ鑞著ニ在リテハ鉛二〇分以下ノ配合ヲ有スルモノ
同上 同上未滿ノモノ 同上 同上未滿ノモノ	内容甚タシク不揃ヒナルカ大小破片ヲ多數ニ混入シ又ハ形態崩潰セルモノ	色彩甚タシク不鮮明ナルモノ	果肉硬ク纖維多ク香味不良液汁ノ混濁甚タシキモノ	同上 一七・〇未滿	同上ニ反スルモノ	同上ニ反スルモノ

荷造	材質適當ニシテ乾燥シ妻板ハ一、五糎以上其他ハ一、二糎以上ノ厚サヲ有シ構造堅牢ニシテ輸出品ニアリテハ兩端ヲ適當ナル帶鐵又ハ針金ニテ其他ハ適當ナル材料ニテ緊縛セルモノ	同上	同上	同上ニ反スルモノ
荷造ノ表示	品名、商號又ハ氏名、罐型數量ヲ箱ノ外面ニ明示セルモノ	同上	同上	同上ニ反スルモノ

一、本檢査標準以外ノ罐型ヲ使用スル場合ハ當分ノ内其内容固形量ハ本檢査標準ノ重量ニ準ス

二、「チビッド」（扇形）「キュウブ」（正方形）「チョンク」（方柱形）「クラッシュ」（碎肉）「インジュウス」（果汁入）「インウオーター」（水煮）等ノ製品ハ當分ノ内罐蓋及箱ニ之ヲ表示シタルモノニ限リ臺灣總督ノ定ムル檢査標準中必要ナル檢査項目ヲ準用ス但シ合格品ニハ等級ヲ附セス

二二、栗罐詰

檢査事項	合格 一等	合格 二等	格外
一、罐ノ表示	「レーベル」ニ品名及正味量ヲ明記シ罐ニ製造者ノ記號ヲ打出セルモノ	同上	同上ノ明記ナキモノ
二、罐ノ外觀	巻締封鑞罐形完全ニシテ打檢善良ナルモノ	同上	膨脹罐、銹罐、不正形罐及巻締封鑞不完全ナルモノ

三、品位	品質優良形態完全、斑點少ナク硬軟適度色澤香味優良ニシテ液汁清澄セルモノ	形態完全、硬軟稍適度色澤香味稍良好ニシテ糖液ノ甚シク溷濁セサルモノ	肉ノ崩潰セルモノ變味變色セルモノ糖液甚シク溷濁セルモノ
四、反應	中性又ハ弱酸性ノモノ	同上	強酸性ノモノ
五、罐材	錻力ノ品質良好ニシテ一箱八十五封度以上ノモノ	同上	同上ノ重量ヲ有セス品質不良ナルモノ
六、荷造	材質適當ニシテ乾燥シ妻木ハ正五分以上其他ハ正四分以上ノ厚サヲ有シ荷造堅固ナルモノ但シ胴板ハ二板繼キ合シタルモノハ棧木ヲ要ス	同上	材質不適當又ハ薄弱ニシテ荷造不完全ナルモノ

一等品以上ノ製品ト認メタルモノハ之ヲ特等トス

二三、福神漬罐詰

東京罐詰同業組合

等級／検査事項	合格 一等	合格 二等	不合格
罐ノ表示	「レベル」又ハ「ステツカー」ニ品名、内容正味量及製造者若クハ販賣者ノ氏名ヲ明記スルカ又印刷シタルモノ、罐蓋ニ製造者ノ記號ヲ打出セルモノ（印刷罐ハ此限リニ非ズ）		上記ニ反スルモノ表記ト内容ノ相違セルモノ
罐ノ外觀	巻締罐ニシテ、巻締、罐形共ニ完全、打検善良ナルモノ	巻締又ハ封鑞並ニ罐形完全ニシテ打検善良ナルモノ	銹罐、歪形罐、巻締、封鑞不完全ニシテ、打検不良ナルモノ

罐材	品質良好ニシテ適當ノ厚サヲ有スルモノ		上記ニ反スルモノ
罐型並内容固形量	竪四號（竪一斤）罐 固形量 三四〇瓦（九〇、七匁）以上 竪六號（竪半斤）罐 固形量 一七〇瓦（四五、三匁）以上		上記ノ罐型以外ノモノ 内容固形量上記以下ノモノ
品位	材料ノ截切、配合適當ニシテ品質、色澤、香味優良ナルモノ 弱酸性ノモノ	材料ノ截切、配合稍適當ニシテ品質香味良好ナルモノ 弱酸性ノモノ	材料ノ截切・配合不適ナルモノ、品質不良ノモノ、變色、變味セルモノ 强酸性ノモノ
包裝	材料適當ニシテ荷造堅牢ナルモノ 包裝ノ外側ニ品名數量ヲ明示シタルモノ		上記ニ反スルモノ

罐詰關係法規（本邦之部）

飲食物其ノ他ノ物品取締ニ關スル法律

明治三十三年二月法律第十五號

第一條　販賣ノ用ニ供スル飲食物又ハ販賣ノ用ニ供シ若ハ營業上ニ使用スル飲食器、割烹具及其ノ他ノ物品ニシテ衞生上危害ヲ生スルノ虞アルモノハ法令ノ定ムル所ニ依リ行政廳ニ於テ其ノ製造、採取、販賣、授與若ハ使用ヲ禁止シ又ハ其ノ營業ヲ禁止シ若ハ停止スルコトヲ得

前項ノ場合ニ於テ行政廳ハ物品ノ所有者若ハ所持者ヲシテ其ノ物品ヲ廢棄セシメ又ハ行政廳ニ於テ直接ニ之ヲ廢棄シ其ノ他必要ノ處分ヲ爲スコトヲ得　但シ所有者若ハ所持者ニ於テ衞生上危害ヲ生スルノ虞ナキ方法ニ依リ之ヲ處置セムコトヲ請フトキハ之ヲ許可スルコトヲ得

第二條　行政廳ハ吏員ヲシテ前條ノ物品ヲ檢査セシメ試驗ノ爲必要ナル分量ニ限リ無償ニテ收去セシムルコトヲ得

前項ノ場合ニ於テ行政廳ハ吏員ヲシテ普通營業時間又ハ營業ノ爲開カルル間ニ限リ物品ヲ製造シ採取シ陳列シ貯藏シ若ハ携帶スル場合ニ立入ラシムルコトヲ得

第三條　本法ノ執行ニ關シ官吏又ハ公吏ノ命ヲ受ケテ指定ノ期間內ニ之ヲ履行セサル者ハ二十圓以下ノ罰金ニ處ス

本法ノ執行ニ關シ官吏公吏又ハ行政廳ノ命ヲ受ケテ公務ヲ行フ者ニ抗拒シタル者ハ一月以下ノ【重禁錮】ニ處シ【十圓以下ノ罰金ヲ附加】ス

第四條　官吏公吏又ハ行政廳ノ命ヲ受ケテ公務ヲ行フ者本法ノ執行ニ關シ不正ノ行爲ヲ爲シタル者ハ一年以下ノ【重禁錮】ニ處シ【四十圓以下ノ罰金ヲ附加】ス

行政廳ノ命ヲ受ケテ公務ヲ行フ者本法ノ執行ニ關シ人ノ囑託ヲ受ケ賄賂ヲ收受シ又ハ之ヲ聽許シタル者ハ刑法【第二百八十四條】ノ例ニ照シテ處斷ス

飲食物用器具取締規則

明治三十三年十二月内務省令第五十號
改正明治三十九年第十一號　四十二年第二十四號

第一條　本則ニ於テ飲食物用器具ト稱スルハ飲食器、割烹具其ノ他飲食物ノ調製器、容器、貯藏器又ハ量器ヲ謂フ

第二條　營業者ハ飲食物用器具ヲ鉛又ハ百分中鉛十分以上ヲ含ム合金ヲ以テ製造シ又ハ修繕スルコトヲ得ス

第三條　營業者ハ飲食物用器具ノ飲食物ニ接觸スル部分ヲ百分中鉛二十分以上ヲ含ム合金ヲ以テ鑞着シ又ハ百分中鉛五分以上ヲ含ム錫合金ヲ以テ鍍布スルコトヲ得ス

罐詰用ノ罐ニ在テハ營業者ハ外部ノ鑞受ノ鑞著ニ百分中鉛五十分以上ヲ含ム合金ヲ使用スルコトヲ得ス

第四條　營業者ハ珐瑯又ハ釉藥ヲ施シタル飲食物用器具ニシテ之ニ百分中醋酸四分ヲ含ム水ヲ容レ三十分時間煮沸スルニ其ノ液中ニ砒素又ハ鉛ヲ溶出スルモノヲ製造スルコトヲ得ス　修繕ニ關シテ亦同シ

第五條ノ二　營業者ハ其ノ製造又ハ輸入スル金屬性飲食物用器具ニ極印其ノ他容易ニ剝落セサル方法ヲ以テ自己ノ製造又ハ輸入ニ係ルコトヲ證スルニ足ルヘキ商號其ノ他ノ符號ヲ附スヘシ

第六號　第二條乃至第五條ニ違背シテ製造若ハ修繕シタル飲食物用器具ハ之ヲ販賣シ販賣ノ目的ヲ以テ貯藏若ハ陳列シ又ハ營業上ニ使用スルコトヲ得ス

第五條ノ二ニ定ムル符號ナキ金屬性飲食物用器具ハ之ヲ販賣シ又ハ販賣ノ目的ヲ以テ貯藏若ハ陳列スルコトヲ得ス

第七條　銅又ハ其ノ合金ヲ以テ製造シ又ハ修繕シタル飲食物用器具ノ飲食物ニ接觸スル部分ニシテ鍍金屬ノ剝脫シタルモノ又ハ固有ノ光澤ヲ有セサルモノハ營業上ニ使用スルコトヲ得ス

第十條　第二條乃至第七條ニ違背シタル者ハ二十五圓以下ノ罰金ニ處ス

第十一條　營業者カ未成年者又ハ禁治產者ナルトキハ本則ニ依リ之ニ適用スヘキ罰則ハ之ヲ法定代理人ニ適用ス　但シ其ノ營業ニ關シ成年者ト同一ノ能力ヲ有スル未成年者ニ付テハ此ノ限ニ在ラス
營業者ハ其ノ代理人戶主、家族、同居者、雇人其ノ他ノ從業者ニシテ其ノ業務ニ關シ本則ニ違背シタルトキハ自己ノ指揮ニ出テサルノ故ヲ以テ處罰ヲ免カルルコトヲ得ス
法人ノ代表者又ハ其ノ雇人其ノ他ノ從業者法人ノ業務ニ關シ本則ニ違背シタル場合ニ於テハ本則ニ規定シタル罰則ヲ法人ニ適用ス法人ヲ罰スヘキ場合ニ於テハ法人ノ代表者ヲ以テ被告人トス

有害性著色料取締規則

明治三十三年四月內務省令第十七號
改正明治三十七年第十二號、三十九年第八號
四十二年第一號、大正二年第十二號

第一條　有害性著色料ヲ分チ左ノ二種トス
第一種　左ニ揭クル物質其ノ化合物及之ヲ含有スルモノ
砒素、拔僞謨、嘉度密烏謨、格羅謨、銅、水銀、鉛、錫、安知母紐謨、烏拉紐謨、亞鉛、藤黃、必偏林酸、「ヂニトロクレゾール」、「コラルリン」
第二種　左ニ揭クル物質及之ヲ含有スルモノ
硫酸、拔僞謨、硫酸嘉度密烏謨、酸化格羅謨、朱、酸化錫、「ムツシーフ」金、酸化亞鉛、硫化亞鉛、銅、錫、亞鉛及其ノ合金屬ニシテ固有ノ光澤ヲ有スルモノ
第二條　有害性著色料ハ販賣ノ用ニ供スル飮食物ノ着色ニ使用スルコトヲ得ス　但シ野菜果實類ノ貯藏品ニ在リテハ其ノ一「キログラム」中銅百「ミリグラム」、昆布ニ在リテハ其ノ無水物一「キログラム」中銅百五十「ミリグラム」ヲ含有スル限度マテ銅、銅化合物又ハ之ヲ含有スル著色料ヲ使用スルハ此ノ限ニ在ラス

第三條　有害性著色料ヲ以テ著色シタルモノハ販賣ノ用ニ供スル飲食物ノ容器又ハ被包トシテ使用スルコトヲ得ス　但シ左ニ揭クルモノハ此ノ限ニ在ラス
一、漆、硝子、釉藥又ハ琺瑯質ニ有害性著色料ヲ融和シタルモノ
二、第一條第二種ノ著色料ヲ以テ著色シタル容器又ハ被包ニシテ飲食物ニ其ノ著色料混入ノ虞ナキモノ
第六條　第二條ニ違背シテ著色シタル飲食物第三條ノ容器被包及之ヲ使用シタル飲食物又ハ第四條若ハ第五條ニ違背シテ製造シ著色シタル物品若ハ材料ハ之ヲ販賣シ又ハ販賣ノ目的ヲ以テ陳列シ若ハ貯藏スルコトヲ得ス
第九條　第二條乃至第六條ニ違背シタル者ハ二十五圓以下ノ罰金ニ處ス
第十條　營業者カ未成年者又ハ禁治產者ナルトキハ本則ニ依リ之ニ適用スヘキ罰則ハ之ヲ法定代理人ニ適用ス但シ其ノ營業ニ關シ成年者ト同一ノ能力ヲ有スル未成年者ニ付テハ此ノ限ニ在ラス
營業者ハ其ノ代理人戶主、家族、同居人、雇人其ノ他ノ從業者ニシテ其ノ業務ニ關シ本則ニ違背シタルトキハ自己ノ指揮ニ出テサルノ故ヲ以テ處罰ヲ免カルルコトヲ得ス
法人ノ代表者又ハ其ノ雇人其ノ他ノ從業者法人ノ業務ニ關シ本則ニ違背シタル場合ニ於テハ本則ニ規定シタル罰則ヲ法人ニ適用ス
法人ヲ罰スヘキ場合ニ於テハ法人ノ代表者ヲ以テ被告人トス

人工甘味質取締規則

明治三十四年十月內務省令第三十一號
改正明治三十九年第十二號、昭和三年第二十一號

第一條　人工甘味質トハ「サツカリン」（甘精）其ノ他之ニ類スル化學的製品ニシテ含水炭素ニ非サルモノヲ謂フ
第二條　販賣ノ用ニ供スル飲食物ニハ人工甘味質ヲ加味スルコトヲ得ス　但シ治療上ノ目的ニ供スヘキ飲食物ノ調味ニ使用スルハ此ノ限ニ在ラス

前項ノ規定ニ違反スル飲食物ハ之ヲ販賣シ又ハ販賣ノ目的ヲ以テ陳列シ若ハ貯藏スルコトヲ得ス
第七條　第二條第一項、第二項、第三條第一項又ハ第四條ニ違反シタル者ハ五十圓以下ノ罰金又ハ拘留若ハ科料ニ處ス
第八條　營業者カ未成年者禁治產者又ハ法人ナルトキハ本則ニ依リ之ニ適用スヘキ罰則ハ之ヲ法定代理人又ハ代表者ニ適用ス但シ其ノ營業ニ關シ成年者ト同一ノ能力ヲ有スル未成年者ニ付テハ此ノ限ニ在ラス
營業者ハ其ノ代理人、戶主、家族、同居者、雇人其ノ他ノ從業者ニシテ其ノ業務ニ關シ本則ニ違反シタルトキハ自己ノ指揮ニ出テサルノ故ヲ以テ處罰ヲ免カルルコトヲ得ス

飲食物防腐劑漂白劑取締規則

昭和三年六月
內務省令第二十二號

第一條　左ニ揭クル物ハ販賣ノ用ニ供スル飲食物ノ製造又ハ貯藏ニ之ヲ使用スルコトヲ得ス　但シ別ニ指定スル者ヲ指定ノ條件ノ下ニ使用スルハ此ノ限ニ在ラス
一、安息香酸、硼酸、「クロール」酸、「フルオール」水素、「フオルムアルデヒード」、昇汞、亞硫酸、次亞硫酸、「サリチール」酸、「チモール」、「ナフトール」、「レゾルチン」、「ヒノゾール」、蟻酸、亞硝酸、蒼鉛、銀、桂皮酸、「フルアクリール」酸
二、前號ニ揭クル物ノ化合物及之ヲ含有スル物
前項ニ揭ケサル物ニ付テハ品名、用法及用量ヲ具シ主タル營業所所在地ノ地方長官（東京府ニ在リテハ警視總監以下之ニ倣フ）ノ許可ヲ受クルニ非サレハ防腐又ハ漂白ノ目的ヲ以テ販賣ノ用ニ供スル飲食物ノ製造又ハ貯藏ニ使用スルコトヲ得ス
但シ第二條ノ規定ニ依リ許可ヲ受ケタル防腐劑又ハ漂白劑ヲ許可ヲ受ケタル用法、用量ノ範圍內ニ於テ使用シ又ハ食鹽、砂糖、酢、アルコホル、蕃椒其ノ他調味ヲ主トスル物品ヲ使用スルハ此ノ限ニ非ス
前二項ノ規定ニ違反スル飲食物ハ之ヲ販賣シ又ハ販賣ノ目的ヲ以テ運搬、陳列若ハ貯藏スルコトヲ得ス
第八條　左ニ揭クル者ハ百圓以下ノ罰金又ハ拘留若ハ科料ニ處ス　但シ第一條第一項又ハ第二項ノ規定ニ違反シタル場合ニ於

テハ其ノ事實ヲ知ラサルトキト雖モ處罰ヲ免ルルコトヲ得ス
一、第一條各項ノ規定ニ違反シタル者
第九條　營業者カ未成年者、禁治産者又ハ法人ナルトキハ本令ノ罰則ハ其ノ法定代理人又ハ代表者ニ適用ス　但シ其ノ營業ニ關シ未成年者ト同一ノ能力ヲ有スル未成年者ニ付テハ此ノ限ニ在ラス
第十條　營業者ハ其ノ代理人、戸主、家族、同居人、雇人其ノ他ノ從業者ニシテ其ノ業務ニ關シ本令ニ違反シタルトキハ自己ノ指揮ニ出テサルノ故ヲ以テ處罰ヲ免ルルコトヲ得ス

昭和三年六月
内務省令第二十三號

昭和三年六月内務省令第二十二號飲食物防腐劑、漂白劑取締規則第一條第一項ニ依リ左ノ通指定ス
一、亞硫酸、次亞硫酸、其ノ化合物及之ヲ含有スル物ヲ別ニ定ムル所ノ飲食物中亞硫酸試驗法ニ適合スル範圍内ニ於テ使用スルコト
二、安息香酸及安息香酸「ナトリウム」ヲ別ニ定ムル所ノ天然果實汁及天然果實蜜類中安息香酸試驗法ニ適合スル範圍内ニ於テ天然果實汁及天然果實蜜類ノ製造又ハ貯藏ニ使用スルコト　但シ此ノ場合ニ於テハ其ノ容器又ハ安息香酸「ナトリウム」ヲ含有スル旨明記スヘシ

飲食物中亞硫酸試驗法

昭和三年六月
内務省令第二十四號

内容約七百五十立方「センチメートル」ノ圓底硝子壜ヲ取リ之ニ二孔ヲ有スル栓ヲ施シ其ノ一孔ニハ殆ト壜底ニ達スル硝子管（甲）他ノ一孔ニハ壜頸ニ終ル硝子管（乙）ヲ挿入シ乙管ヲ「リービヒ」冷却器ニ連結シ冷却器ニハ有孔栓及接續管（下端ノ内徑約五「ミリメートル」ヲ有スルモノ）ニヨリ球附U字管（兩側ノ球約二百立方「センチメートル」底部ノ球約五十立方

「センチメートル」ノ内容ヲ有スル「ペリゴー管」ヲ附シ甲管ヨリ炭酸瓦斯（過「マンガン」酸「カリウム」溶液ヲ以テ洗滌セルモノ）ヲ通シテ装置内ノ空氣ヲ全ク驅除シタル後「ペリゴー」管ニ澱粉糊液五十立方「センチメートル」ヲ容レ「ヨードカリウム」一「グラム」ヲ添加シ「ビウレット」ヨリ五十分定規「ヨード」液一乃至二滴ヲ加ヘタル後炭酸瓦斯ヲ通シツツ硝子壜ヲ纔カニ開栓シ檢體二十五「グラム」（固形ノ檢體ニ在リテハ細剉セルモノ）ヲ容レ一旦煮沸シタル水百八十立方「センチメートル」ヲ以テ之ヲ洗入シ「タンニン」酸〇・二「グラム」及二十五「プロセント」ノ燐酸二十五立方「センチメートル」ヲ加ヘ再ヒ栓ヲ施シ絶ヘス炭酸瓦斯ヲ通シツツ十五分時間經過シタル後注意シテ加熱シ一分時間四十乃至五十滴ノ餾出速度ニ於テ蒸餾シ「ペリゴー」管中ノ溶液脱色セントスルトキハ更ニ「ビウレット」ヨリ「ヨード」液ヲ滴加シツツ絶ヘス淡藍色又ハ淡藍紫色ヲ呈セシメ蒸餾液餾出シ始メテヨリ正確ニ一時間蒸餾スルニ茲ニ消費シタル五十分定規「ヨード」液（「ヨード」液一滴ニヨル「ヨード」澱粉ノ藍色乃至藍紫色一分時間以上持續スルヲ要ス）ハ乾杏果ニ在リテハ三十九・一立方「センチメートル」「ゼラチン」ニ在リテハ十九・五立方「センチメートル」糖蜜ニ在リテハ十一・七立方「センチメートル」葡萄酒ニ在リテハ七・八立方「センチメートル」其ノ他ノ飲食物ニ在リテハ一・二立方「セントメートル」ヲ過クヘカラス（五十分定規「ヨード」液一立方「センチメートル」ハ無水亞硫酸〇・六四「ミリグラム」ニ相當ス）

乾果類ニ在リテハ其ノ細剉セルモノ二十五「グラム」ヲ乳鉢内ニ取リ六「プロセント」ノ「ナトロン」滷液三十立方「センチメートル」ヲ加ヘ善ク研和シテ糜粥狀トナシ三十分時間放置シタル後之ヲ蒸餾壜ニ容レ試驗スヘシ

澱粉糊液製法　馬鈴薯澱粉〇・二「グラム」ヲ少量ノ水中ニ混攪シ之ヲ沸湯二百立方「センチメートル」中ニ注加シ攪拌シツツ一乃至二分時間加熱シタル後茲ニ得タル糊液ヲ乾燥濾紙ヲ用ヒ温ニ乘シテ濾過シ冷後之ヲ使用スヘシ、本液ハ用ニ臨ミテ製スヘシ。

天然果實汁及天然果實密類中安息香酸試驗法

檢體百「グラム」ヲ内容二百立方「センチメートル」ノ劃度硝子壜ニ取リ飽和食鹽溶液ヲ加ヘテ約百五十立方「センチメー

トル」トナシ次ニ食鹽ノ粉末ヲ加ヘテ溶解セシメ飽和スルニ至リ十「プロセント」ノ「ナトロン」滷液ヲ以テ「アルカリ」性トナシ飽和食鹽溶液ヲ加ヘテ全量ヲ二百立方「センチメートル」トナシ時々振盪シツツ二時間以上放置シ上液透明トナルニ至リ乾燥濾紙ヲ用ヒテ之ヲ濾過シ濾液百立方「センチメートル」(檢體五十「グラム」ニ相當ス)ヲ圓筒形分液漏斗ニ容レ稀鹽酸(1+3)ヲ以テ中和シ更ニ同鹽酸五立方「センチメートル」ヲ追加シ注意シテ四回各「エーテル」及石油「エーテル」(沸騰點六十度以下ノモノ)同容量混液五十立方「センチメートル」ヲ以テ振盪シ「エーテル」振盪液ヲ合シ三回各水五立方「センチメートル」ヲ以テ振盪、洗滌シタル後無水硫酸「ナトリウム」適量ヲ加ヘ時々振盪シツツ三十分時間乾燥シ次ニ乾燥濾紙ヲ用ヒテ之ヲ小「エルレンマイエル」硝子壜ニ濾入シ少量ノ無水「エーテル」ヲ以テ分液漏斗及濾紙ヲ善ク洗浣シ重湯煎上ニテ六十度以下ノ溫ニ於テ蒸餾シ殘留液約五立方「センチメートル」トナルニ至リ之ヲ重湯煎上ヨリ去リ乾燥空氣ヲ通シテ「エーテル」分ヲ揮散セシメ殘留物ヲ再ヒ少量ノ無水「エーテル」ニ溶解シ之ヲ內徑一・五乃至一・八「センチメートル」高サ十五乃至十六「センチメートル」ノ試驗管ニ移シ少量ノ無水「エーテル」ヲ以テ硝子壜ヲ善ク洗浣シ「クロールカルチウム」ヲ通過セシメタル空氣ヲ通シツツ三十度以下ノ溫度ニ於テ徐々ニ蒸發乾涸セシメ直徑三・五「センチメートル」高サ七「センチメートル」ヲ有スル秤量壜ニ流動「パラフイン」ヲ四「センチメートル」ノ高サマテ滿タシ二孔ヲ有スル石綿板ヲ以テ覆蓋シ其ノ一孔ニ寒暖計他ノ一孔ニ前上ノ試驗管ヲ挿入シ其ノ下端ヨリ約四「センチメートル」ノ處マテ「パラフイン」中ニ沒入セシメ百八十乃至百九十度ニ於テ約一時間熱シタル後注意シテ昇華物ノ附着セル處ヨリ約一「センチメートル」ノ下方ニ鑢傷ヲ附シ熾灼シタル硝子棒ヲ以テ試驗管ヲ切斷シ硫酸除濕器內ニ容レ一時間乾燥ノ後昇華物ヲ少量ノ「アルコホル」(「フエノールフタレイン」ニ對シ中性ナルヲ要ス)ニ溶解シ試驗管ヲ善ク洗浣シ「フエノールフタレイン」ヲ標示藥トナシ二十分定規「ナトロン」液ヲ以テ測定スルニ該液ヲ費スコト四・九立方「センチメートル」ヲ過クヘカラス(二十分定規「ナトロン」液一立方「センチメートル」ハ安息香酸六・一〇四「ミリグラム」ニ相當ス)

有害性著色料取締規則第二條野菜果實類ノ貯藏品及昆布中銅ノ試驗方法

大正二年七月
內務省令第十三號

明治三十七年十一月內務省令第十五號有害性著色料取締規則第二條野菜果實類ノ貯藏品及昆布中銅ノ試驗方法ヲ左ノ通改正ス

檢體五「グラム」ヲ磁製坩堝ニ取リ（昆布ニ在リテハ百度ノ溫ニ於テ恒量ヲ得ルニ至ルマテ乾燥シ先ツ水分ヲ定量シタル後）熱灼シテ炭化セシメ冷後硝子棒ヲ以テ搗碎シテ粉末トナシ稀硝酸約五立方「センチメートル」ヲ注加シテ溫浸シ「エルレンマイエル」硝子壜中ニ濾入シ濾紙上ノ殘留物ハ濾紙ト共ニ再ヒ前ノ磁製坩堝ニ致シ乾燥シ熾灼シテ全ク灰化セシメ此ノ殘灰ニ稀硝酸約二立方「センチメートル」ヲ加ヘ溫浸シ濾過シ洗滌シ前ノ濾液ニ合シ「アンモニア」水ヲ以テ中和シタル後鹽酸々性トナシ之ニ硫化水素ヲ通シテ充分飽和セシメ壜口ヲ寬ク栓塞シ約三時間溫所ニ放置シ全ク沈底セル硫化銅ヲ濾紙上ニ採取シ硫化水素水ヲ以テ善ク洗滌シタル後燥燥シ濾紙ト共ニ前ノ磁製坩堝內ニ於テ灰化シ殘灰ヲ數滴ノ硝酸ニ溶解シ重湯煎上ニ溫メ「アンモニア」水ヲ注加シテ「アルカリ」性トナシ若シ必要アレハ濾過シ茲ニ得タル透明ノ液ヲ蒸發皿ニ移シ重湯煎上ニ蒸發シテ過剩ノ「アンモニア」ヲ驅逐シ中性反應ヲ呈スルニ至リ其ノ中性液ヲ二百立方「センチメートル」ノ標線アル硝子壜ニ移シ硝酸「アンモニウム」溶液（硝酸「アンモニウム」百「グラム」ヲ蒸餾水一「リートル」ニ溶解シ其ノ反應全ク中性ノモノ）二十立方「センチメートル」ヲ注加シ水ヲ以テ全容量二百立方「センチメートル」トナシ善ク混和シテ其ノ二十立方「センチメートル」（原品〇・五「グラム」ニ相當ス）ヲ內徑約一・五「センチメートル」ノ無色試驗管ニ取リ又別ニ前ト同一ノ試驗管數箇ニ標準銅溶液（純結晶硫酸銅〇・三九二七「グラム」ヲ蒸餾水一「リートル」ニ溶解シタルモノニシテ其ノ一立方「センチ

メートル」中〇・一「ミリグラム」ノ純銅ヲ含有ス）若干立方「センチメートル」トヲ取リ之ニ硝酸「アムモニウム」溶液ニ二立方「センチメートル」ヲ加ヘ水ヲ以テ全容量二十立方「センチメートル」トナシタル後各試驗管ニ新ニ製シタル黄色血滷鹽溶液（用ニ臨テ黄色血滷鹽一「グラム」ヲ蒸餾水一「リートル」ニ溶解シタルモノ）〇・五立方「センチメートル」ヲ加ヘ善ク混和シ十分時内ニ白紙上ニ於テ上面ヨリ透視シ比色定量法ヲ行フヘシ、但昆布ニ在リテハ其ノ無水物一「キログラム」中ノ銅量「ミリグラム」ニ改算スヘシ

飲食物中砒素及錫ノ定性分析法

明治三十四年十月
內務省令第三十號

甲、固體

著色部分二十「グラム」ヲ取リ試驗ニ供スヘシ、若シ其ノ量ヲ得難キトキハ少量ヲ使用スルコトヲ得檢體ヲ細剉若ハ粉碎シ瓷皿ニ容レ之ニ純鹽酸（比重一・一〇乃至一・一三）ヲ三倍容量ノ蒸餾水ヲ以テ稀釋シタルモノ百立方「センチメートル」ヲ注加シ次ニ格魯兒酸加僂謨約〇・五「グラム」ヲ投加シ重湯煎上ニ致シ其ノ內容ノ溫度重湯煎ノ溫度ニ達スルヲ窺ヒ五分時間每ニ格魯兒酸加僂謨〇・一乃至〇・二「グラム」ヲ投加シ蒸發スル水分ハ斷ヘス之ヲ補ヒ其ノ內容鮮黄色ニシテ且均同稀薄トナルニ至ラハ尙約〇・五「グラム」ノ格魯兒酸加僂謨ヲ投加シ加溫シ格魯兒臭ノ消失スルニ至リ冷却シ濾過シ濾紙上ノ殘渣ハ溫湯ヲ以テ能ク洗滌シ濾液及洗滌液ヲ最初用ヰタル純鹽酸量ノ少クモ六倍トナシ之ヲ攝氏六十度乃至八十度ニ溫メツツ三時間徐々ニ純硫化水素瓦斯ヲ通シ飽和セシメ然ル後濾紙ヲ以テ覆ヒ少クモ十二時間溫處ニ放置シ玆ニ沈澱ヲ生セハ濾過シ硫化水素含有ノ水ヲ以テ能ク洗滌シ尙濕潤ナルニ乘シ黄色硫化安母紐謨（黄色硫化安母紐謨四立方「センチメートル」比重〇・九六ノ安母尼亞水二立方「センチメートル」及水十五立方「センチメートル」ヨリ成レル混和液）ヲ以テ溶解セシメ殘渣ハ硫化安母紐謨含有ノ水ヲ以テ洗滌シ其ノ濾液及洗滌液ハ微溫ニテ蒸發乾燥シ約三立方「セン

チメートル」ノ發煙硝酸ヲ加ヘ微溫ニテ蒸發シ黃色ノ殘渣ヲ得ルニ至リ（殘渣尙暗色ナレハ發煙硝酸ヲ加ヘテ溫ムルノ法ヲ反復スヘシ）其ノ殘渣ノ濕潤ナルニ乘シ之ニ少量ノ炭酸那篤僧謨末ヲ加ヘテ亞爾加里性トナシ之ニ三分ノ炭酸那篤僧謨及一分ノ硝酸那篤僧謨ヨリ成レル混和物二「グラム」ヲ加ヘ更ニ少量ノ水ヲ混シ均同泥狀トナシ乾燥シ注意シテ熱シ熔融セシメ無色トナルニ至リ（熔塊無色ナラサルトキハ尙少量ノ硝酸那篤僧謨ヲ加フヘシ）熔塊ハ冷後溫湯ヲ以テ溶解シ濾過シ始メハ冷水次ニ水及酒精各等分ヨリ成レル混和液ヲ以テ洗滌スヘシ　錫アレハ濾紙上ノ殘渣中ニ存在シ砒素アレハ濾液中ニ存在ス濾液及洗滌液ハ蒸發シテ約十五立方「センチメートル」トナシタル後稀硝酸ヲ滴加シテ酸性トナシ（玆ニ水酸化錫ヨリ成レル沈澱ヲ生セハ前ノ如ク濾過洗滌スヘシ）溫メテ炭酸及亞硝酸ヲ去リ（必要アレハ濾過スヘシ）而ル後過量ノ「アムモニヤ」水ヲ加ヘ（必要アレハ濾過スヘシ）次ニ少量ノ酒精及麻僞涅失亞合劑ヲ加フヘシ

砒素存在スレハ直ニ（若ハ冷所ニ放置シタル後）白色結晶性ノ沈澱ヲ析出ス此ノ沈澱ヲ濾過シ安母尼亞水一分水二分及酒精一分ヨリ成レル混和液少量ヲ以テ洗滌シタル後成ル可ク少量ノ稀硝酸ニ溶解シ其ノ溶液ヲ蒸發シ少量トナシ其ノ一滴ヲ小瓷皿ニ取リ硝酸銀溶液一滴ヲ加ヘ瓷皿ノ邊緣ヨリ安母尼亞水（比重〇・九六）一滴ヲ注意シテ添加スヘシ　然ルトキハ其ノ接界ニ赤褐色ノ帶ヲ生ス

前上炭酸那篤僧謨ト硝酸那篤僧謨トノ熔塊ノ水ニ溶解セサル殘渣ハ濾紙ト共ニ乾燥シ磁製坩堝內ニ於テ灰化シ之ニ少量ノ藏化加僧謨ヲ加ヘ熱シテ熔融シ且紅熾シ始ムルニ至ラシムヘシ　冷後坩堝ノ內容ニ水ヲ加ヘテ軟化シ水ヲ用キテ瓷皿內ニ移スヘシ

錫存在スレハ金屬トナリ沈著スルヲ以テ能ク洗滌シ乾燥シタル後之ニ少量ノ鹽酸ヲ加ヘテ溫メ其ノ溶液ニ就キテ昇汞又ハ格魯兒金若ハ硫化水素ヲ以テ錫ヲ檢査スヘシ

乙、液體

液中ニ含有スル固形物質量約二十「グラム」ニ應スル量ヲ取リ試驗ニ供スヘシ　稀薄ノ液體ニシテ酸性ナラサルモノハ直チニ蒸發シ酸性ノモノハ蒸餾シテ少容量トナシ其ノ殘渣ハ固體ノ試驗ニ於ケル如ク格魯兒酸加僧謨及鹽酸ヲ以テ處置スヘシ

其ノ餾液ハ鹽酸ニテ酸性トナシ純硫化水素瓦斯ヲ通シ若シ沈澱ヲ生セハ前ノ殘渣ヨリ得ヘキ硫化水素沈澱ト合スヘシ

輸出飲食物罐詰取締規則

大正五年一月
農商務省令第一號

第一條　飲食物罐詰ハ罐又罐ノ標紙ニ邦語又ハ外國語ヲ以テ內容物ノ品名及正味量ヲ明示シタルモノニ非サレハ之ヲ輸出スルコトヲ得ス

罐詰ノ包裝箱ニハ其ノ品名ヲ明示スヘシ

第二條　鑞附若ハ卷締ノ不完全ナル罐詰又ハ罐ノ膨脹シタルモノニシテ內容物腐敗ノ虞アルモノハ之ヲ輸出スルコトヲ得ス

第三條　前二項ノ規定ニ違反シタル者ハ百圓以下ノ罰金又ハ科料ニ處ス

前項ノ未遂罪ハ之ヲ罰ス

鮑及海鼠製品取締規則

大正五年八月
農商務省令第二十五號

第一條　乾鮑、罐詰鮑及海參ハ別表ニ掲クル重量以上ノモノニ非レハ之ヲ販賣スルコトヲ得ス

第二條　乾鮑、罐詰及海參ヲ販賣スル者ハ其ノ容器又ハ包裝ニ品名及原產地名ヲ表示スヘシ

第三條　第一條ノ規定ニ違反シタル者ハ百圓以下ノ罰金ニ處シ其ノ所有シ又ハ所持スル製品ハ之ヲ沒收ス

前項ノ未遂罪ハ之ヲ罰ス

第二條ノ規定ニ違反シ又ハ虛僞ノ表示ヲ爲シタル者ハ五十圓以下ノ罰金又ハ科料ニ處ス

別表

	種類	乾鮑一個ノ重量（上乾）	罐詰鮑一個ノ重量
鮑製品	ゑぞあわび（青森縣、岩手縣及宮城縣産ヲ除ク）	明鮑 一匁五分 灰鮑（臓腑付） 二匁 灰鮑（臓腑抜） 一匁六分	三匁
	まだか	明鮑 四匁 灰鮑（臓腑付） 五匁 灰鮑（臓腑抜） 四匁三分	七匁五分
	其他	明鮑 二匁八分 灰鮑（臓腑付） 三匁五分 灰鮑（臓腑抜） 三匁	五匁五分
海鼠製品	産地		
	沖縄縣		五匁
	其他		二匁

「タラバ」蟹類採捕取締規則

昭和八年六月一日改正
農林省令第九號

第一條　本則ニ於テ蟹トハ「タラバカニ」（學名テイレシウス氏―パラリトーデス・カムチヤテイカ）及「アブラガニ」（學名プラント氏―パラリトーデス・プラテイプス）ヲ謂フ

第二條　左ノ各號ノ一ニ該當スル蟹ハ之ヲ採捕スルコトヲ得ス但シ漁具ニ罹リタルモノニシテ生活力ヲ失ヒタルモノハ此ノ限ニ在ラス

一　雌蟹
二　胸甲ノ幅十五センチメートル(「ベーリング」海及「オホーツク」海ヲ含ム北緯五十一度以北ノ北太平洋ニ於テハ十三センチメートル)未滿ノ雄蟹
第三條　蟹ノ腹甲ニ抱カレタル卵ハ之ヲ採取スルコトヲ得ス
第四條　第二條各號ニ掲クル蟹又ハ前條ノ卵ハ販賣ノ目的ヲ以テ之ヲ製品ト爲スコトヲ得ス但シ第二條但書ニ該當スル蟹ニシテ北海道ニ於テ製品ト爲スモノニ付テハ北海道廳長官ノ許可ヲ受ケタル場合ニ限リ之ヲ罐詰以外ノ製品ト爲スコトヲ得
第五條　第二條、第三條又ハ前條ノ規定ニ違反シタル者ハ百圓以下ノ罰金ニ處ス

附　則

本令ハ公布ノ日ヨリ之ヲ施行ス
本令施行前大正三年農商務省令第二十九號第二條第三項ノ規定ニ依リ受ケタル許可ハ本令ニ依リ之ヲ受ケタルモノト看做ス

輸出蟹罐詰取締規則

昭和八年六月一日改正
農林省令第十號

第一條　本則ニ於テ蟹トハ「タラバガニ」(學名テイレシウス氏―パラリトーデス・カムチヤテイカ)及「アブラガニ」(學名プラント氏―パラリトーデス・プラテイプス)ヲ謂フ
第二條　蟹罐詰ハ農林大臣ノ定ムル檢査標準ニ依リ農林大臣ノ指定スル水產組合聯合會又ハ水產組合ノ行フ檢査ニ合格シタルモノニ非サレハ營利ノ目的ヲ以テ之ヲ輸出シ又ハ保稅地域ヨリ外國ニ向ケ搬出スルコトヲ得ス但シ農林大臣ノ認可ヲ受ケタル場合ハ此ノ限ニ在ラス
前項ノ水產組合聯合會又ハ水產組合ノ名稱、檢査標準及檢査ノ表示ニ用フル印章ハ之ヲ告示ス

第三條　前條ノ規定ニ違反シタル者ハ百圓以下ノ罰金ニ處ス
　前項ノ未遂罪ハ之ヲ罰ス

附　則

本令ハ昭和八年六月十日ヨリ之ヲ施行ス
本令施行ノ際既ニ日本蟹罐詰業水産組合聯合會ノ行フ檢査ニ合格シタル蟹罐詰ニシテ未タ輸出セス又ハ保税地域ヨリ外國ニ向ケ搬出セサルモノハ第二條ノ規定ニ拘ラス之ヲ輸出シ又ハ保税地域ヨリ外國ニ向ケ搬出スルコトヲ得但シ輸出又ハ搬出前日本蟹罐詰業水産組合聯合會ノ定款ノ定ムル所ニ依リ檢査ノ効力ヲ失ヒタルモノ又ハ再檢査ヲ受クヘキモノニ付テハ此ノ限ニ在ラス
輸出「イバラ」蟹罐詰取締規則ハ之ヲ廢止ス

農林省告示第百七十三號

輸出蟹罐詰取締規則第二條ノ規定ニ依リ蟹罐詰ノ檢査ヲ行フ水産組合聯合會左ノ通指定シ昭和八年六月十日ヨリ之ヲ施行ス
　昭和八年六月一日　　農林大臣　後　藤　文　夫
　日本蟹罐詰業水産組合聯合會

朝鮮水産物罐詰製造營業取締規則

昭和五年九月
朝鮮總督府令第七十九號

第一條　水産物ノ罐詰ノ製造ヲ營業ト爲サントスル者ハ製造工場毎ニ左ニ揭クル事項ヲ具シ朝鮮總督府ニ申請シ許可ヲ受クヘシ

一、住所、氏名及生年月日（法人ニ在リテハ主タル事務所ノ所在地及名稱若ハ稱號並ニ代表者ノ住所及氏名）
二、製造セントスル罐詰ノ種類
三、製造ノ時期
四、製造工場ノ名稱
五、製造工場ノ位置
六、製造工場ノ敷地ノ面積及建物ノ坪數
七、製造工場ノ建築仕樣及設備ノ概要
八、主ナル機械ノ名稱、員數及各其ノ最高能力
九、用水ノ性質及分量
十、製造原料ノ蒐集方法、製造工程及一年間ノ種類別製造豫定數量
十一、許可ヲ受ケントスル期間
十二、水產物以外ノ罐詰ノ製造ヲモ爲サントスルモノニ在リテハ其ノ罐詰ノ種類、原料ノ蒐集方法、製造工程及一年間ノ種類別製造豫定數量

前項ノ規定ニ依ル申請書ニハ製造工場ノ建物、機械其ノ他ノ設備ノ配置圖及製造工場ノ場所附近ノ見取圖ヲ添附スヘシ

第二條　前條第一項ノ許可ノ期間ハ許可ノ日ヨリ十年以內ニ於テ許可ノ際朝鮮總督府之ヲ定ム

第三條　朝鮮總督ハ必要アリト認ムルトキハ第一條第一項ノ許可ヲ爲スニ當リ之ニ制限又ハ條件ヲ附スルコトヲ得

第四條　左ノ各號ノ一ニ該當スルトキハ朝鮮總督ハ許可シタル營業ヲ制限シ、停止シ、又ハ營業ノ許可ヲ取消スコトヲ得

一、朝鮮漁業令又ハ之ニ基キテ發スル命令ニ違反シテ採捕シタル物ヲ原料トシテ製造ヲ爲サントシタルトキ
二、本令又ハ本令ニ依リテ爲ス處分若ハ其ノ制限、條件ニ違反シタルトキ

朝鮮總督水產動植物ノ蕃殖保護其ノ他公益上必要アリト認ムルトキ亦前項ニ同シ

第五條　第一條第一項ノ許可ヲ受ケタル者引續キ二年以上營業ヲ爲ササルトキハ朝鮮總督ハ其ノ營業ノ許可ヲ取消スコトヲ得

前項ノ期間中ニハ前條ノ規定ニ依リ營業ヲ停止セラレタル期間及第九條ノ規定ニ依リ許可ヲ受ケ營業ヲ爲ササル期間ハ之ニ算入セス

第六條　製造工場ノ構造及設備ハ左ノ各號ニ依ルヘシ

一、場屋內ノ採光及換氣充分ナルコト

二、原料ノ處理場及罐詰場ノ床ハ「コンクリート」打又ハ石其ノ他ノ不滲透質ノ材料ヲ以テ水密張ト爲スコト

三、水道又ハ揚水「ポンプ」ヲ設クルコト

四、工場內外ノ排水ヲ完全ニスルコト

五、工場ヨリ相當ノ距離ヲ存スル場所ニ廢棄物ノ處置ヲ爲スニ適當ナル設備ヲ設クルコト

かに罐詰ノ製造工場ニ在リテハ前項ノ規定ニ依ルノ外原動機、汽罐、高熱寒暖計ヲ有スル加壓殺菌釜並ニ卷締機及「ヱキゾースト・ボックス」又ハ「バキユームシーマー」ヲ備附クヘシ

第七條　罐材ハかに罐詰ニ在リテハ「チヤコール」、「プライム・コークス」又ハ之ニ相當スル良質ノ鉽力板ニシテ一箱ノ重量九十封度以上ヲ有シ內面ノ塗漆完全ナルモノ、其ノ他ノモノニ在リテハ錆ナキ良質ノ鉽力板ニシテ一箱ノ重量八十五封度以上ノモノヲ使用スヘシ

第八條　罐ノ蓋ニハ營業許可ノ番號ヲ刻印ニ依リ表示スヘシ

第九條　左ノ各號ノ一ニ該當スルトキハ第一條第一項ノ許可ヲ受ケタル者ハ其ノ事由ヲ具シ朝鮮總督ニ申請シ許可ヲ受クヘシ

一、第一條第一項第二號、第五號又ハ第八號ノ事項ヲ變更セントスルトキ

二、一定ノ期間休業ヲ爲サントスルトキ

第十條　左ノ各號ノ一ニ該當スルトキハ第一條第一項ノ許可ヲ受ケタル者ハ遲滯ナク朝鮮總督ニ屆出ツヘシ

一、第一條第一項第一號、第三號、第四號、第六號、第七號又ハ第九號乃至第十一號ノ事項ヲ變更シタルトキ

二、前條第二號ノ許可ヲ受ケタル場合ニ於テ許可ノ期間滿了前營業ヲ爲シタルトキ

三、營業ヲ廢止シタルトキ

前項第三號ノ場合ニ於テ解散ニ因ルトキハ其ノ清算人ニ於テ前項ノ手續ヲ爲スヘシ
第一條第一項ノ許可ヲ受ケタル者ノ死亡又ハ合併ニ因リ其ノ營業ヲ相續又ハ承繼シタル者ハ相續ヲ爲シタル日又ハ合併ノ登記ヲ爲シタル日ヨリ一月以內ニ第一條第一項第一號ノ事項ヲ具シ其ノ旨朝鮮總督ニ屆出ツヘシ
前項ノ規定ニ依ル屆書ニハ解散、相續又ハ合併ヲ證スル書面ヲ添附スヘシ

第十一條　朝鮮總督ハ必要アリト認ムルトキハ第一條第一項ノ許可ヲ受ケタル者ニ對シ其ノ營業ニ關スル帳簿、書類其ノ他ノ物件ノ提出ヲ命シ又ハ報告ヲ爲サシムルコトヲ得

第十二條　朝鮮總督ハ必要アリト認ムルトキハ製造工場ノ構造若ハ設備、製造原料、製造材料、用水、製造方法又ハ製品ニ付檢査ヲ爲シ取締上必要ナル命令ヲ爲スコトヲ得

第十三條　左ノ各號ノ一ニ該當スル者ハ二百圓以下ノ罰金ニ處ス
一、許可ヲ受ケスシテ第一條第一項ノ營業ヲ爲シタル者
二、第三條ノ規定ニ依リ許可ニ附シタル制限若ハ條件又ハ第四條ノ規定ニ依ル營業ノ制限若ハ停止ニ違反シテ營業ヲ爲シタル者

第十四條　左ノ各號ノ一ニ該當スル者ハ二百圓以下ノ罰金又ハ科料ニ處ス
一、第八條ノ規定ニ依ル表示ヲ爲ササル者又ハ虛僞ノ表示ヲ爲シタル者
二、許可ヲ受ケスシテ第一條第一項第一號、第五號又ハ第八號ノ事項ヲ變更シタル者
三、第十一條ノ規定ニ依ル物件ノ提出又ハ報告ヲ怠リタル者
四、第十二條ノ規定ニ依ル檢査ヲ拒ミ、妨ケ若ハ忌避シ又ハ命令ニ從ハサル者

第十五條　第十條第一項乃至第三項ノ規定ニ依ル屆出ヲ爲ササル者ハ科料ニ處ス

第十六條　營業者ハ其ノ代理人、戶主、家族、雇人其ノ他ノ從業員カ其ノ事務ニ關シ本令ノ罰則ニ違反シタルトキハ自己ノ指揮ニ出テサルノ故ヲ以テ其ノ處罰ヲ免ルルコトヲ得ス

第十七條　本令ノ罰則ヲ營業者ノ業務ニ關シ之ヲ適用スル場合ニ於テ營業者法人ナルトキハ理事、取締役其ノ他ノ法人ノ業務

ヲ執行スル役員ニ、未成年又ハ禁治産者ナルトキハ其ノ法定代理人ニ之ヲ適用ス　但シ營業ニ關シ成年者ト同一ノ能力ヲ有スル未成年者ニ付テハ此ノ限ニ在ラス

附　則

本令施行ノ際現ニ第一條第一項ノ營業ヲ爲ス者ニシテ其ノ營業ヲ繼續スルモノニ對シテハ本令施行ノ日ヨリ第六條ノ規定ニ在リテハ六月間ハ之ヲ適用セス

水産製品検査規則

大正七年五月朝鮮總督府令第五十六號
改正大正九年第八十五號、十二年第百七號
十三年第六十一號、第八十四號
昭和二年第三十八號

第一條　本令ニ於テ水産製品ト稱スルハ左ノ食用乾製品、食用罐詰品、肥料及海藻ヲ謂フ

食用乾製品

海參、鱶鰭、乾鰕、乾玉筋魚、鰑、乾鱈、乾鮑、乾牡蠣、淡菜、乾蟶、乾竹蟶、乾北寄貝、乾鳥貝、乾貝柱、乾海苔（但シ岩海苔ヲ原料トスル製品ヲ除ク）

食用罐詰品

鮑罐詰、鯖罐詰、鰆罐詰、鰕罐詰、蟹罐詰、貝柱罐詰、北寄貝罐詰、鰻罐詰、蠑螺罐詰

肥　料

鰯搾粕、鰊搾粕、太刀魚搾粕、鱈荒粕、干鰰、干鰯、干鰊、鰊卵其ノ他ノ水産肥料

海　藻

石花菜、海蘿、銀杏草、櫻草、小凝草、礎草、於期菜

第二條　營利ノ目的ヲ以テ水產製品ヲ輸出又ハ移出セントスル者ハ本令ニ依リ稅關ノ檢査ヲ受クヘシ
第三條　前條ノ檢査ヲ行フ檢査所ノ名稱及位置ハ別ニ之ヲ告示ス
特別ノ事由アル場合ニ於テ檢査ヲ受ケントスル者ノ請求アリタルトキハ現品所在地ニ就キ檢査ヲ行フコトヲ得
第四條　檢査ヲ受ケントスル者ハ水產製品ノ品名、箇數、數量、價格、生產地、仕向地及製造人ノ氏名、住所（法人ニ在リテハ名稱、事務所ノ所在地及代表者ノ氏名）ヲ記載シタル第一號樣式ノ檢査請求書ヲ檢査所ニ差出スヘシ
輸出セントスル水產製品ノ檢査ニ付テハ輸出申告書ニ前項ノ事項及檢査ヲ請求スル旨ヲ記載シ檢査請求書ニ代フルコトヲ得
檢査ヲ受ケントスル者代理人ナルトキハ檢査請求書ニ其ノ權限ヲ證スル書類ヲ添附スヘシ
第五條　檢査ヲ受ケントスル者ハ包裝一箇ニ付左ノ檢査手數料ヲ納ムヘシ

一、肥料　　五錢
二、鯖味附罐詰　　五錢
三、前各號以外ノ製品　　十錢

檢査手數料ハ收入印紙ヲ檢査請求書又ハ輸出申告書ニ貼附シ納ムヘシ
第六條　檢査ハ品質、結束、重量、製罐、容量、包裝並第八條及第九條ノ規定ニ依リ表示スヘキ事項ニ付之ヲ行ヒ合格不合格ヲ定ム
第七條　檢査ノ標準ハ品質、結束、重量及製罐ニ付テハ第一號表ニ、容量及包裝ニ付テハ第二號表ニ依ル　但シ容量及包裝ニ付テハ特別ノ事由アル場合ニ限リ朝鮮總督ノ許可ヲ受ケ右ノ標準ニ依ラサルコト
第八條　檢査ヲ受ケントスル食用罐詰品ノ罐ニハ製造者ノ記號ヲ、罐又ハ罐ノ標紙ニハ內容物ノ品名及正味量ヲ表示スヘシ
（中略）
前項但書ノ規定ニ依リ許可ヲ受ケントスル者ハ稅關ヲ經由シテ之ヲ申請スヘシ
第九條　檢査ヲ受ケントスル水產製品ノ包裝ニハ其ノ品名及原產地名ヲ表示スヘシ
前項ノ外乾海苔ニ在リテハ一箱ノ枚數及判ノ種類ヲ、食用罐詰品ニ在リテハ一箱ノ罐數及一罐ノ內容物ノ正味量ヲ表示スヘ

シ

第十條　第七條ニ規定スル標準ニ適合セス又ハ前二條ノ規定ニ違反スルモノハ不合格トス

不合格品ハ輸出又ハ移出スルコトヲ得ス

第十一條　合格品ニハ等級ヲ附ス　但シ海參、乾鮑及乾玉筋魚ニ在リテハ其ノ形態ニ依リ大中小ニ區別シテ等級ヲ附ス

等級ノ標準ハ第三號表ニ依ル

第十二條　檢查ハ請求ノ順序ニ從ヒ之ヲ行フ

第十三條　檢查ハ包裝及第九條ノ規定ニ依リ表示スヘキ事項ニ付テハ包裝一箇每ニ之ヲ行フ

前項以外ノ事項ニ付テハ左ノ方法ニ依ル

一、食用乾製品、肥料及海藻ニ在リテハ包裝三十箇迄每ニ三箇以上ノ割合ヲ以テ其ノ內容物ニ付抽出檢查ヲ行フ

二、食用罐詰品ニ在リテハ包裝三十箇迄每ニ三箇以上ノ割合ヲ以テ抽出シ其ノ包裝ヲ開キ一罐每ニ罐ノ外觀ニ付檢查ヲ行ヒ更ニ包裝三十箇迄每ニ一罐以上五罐以下ノ割合ヲ以テ其ノ抽出品ニ付罐ヲ開キ一罐每ニ其ノ內容物ニ付檢查ヲ行フ

第十四條　前條第二項ノ場合ニ於テ抽出品ノ全部カ檢查ノ標準ニ適合シ且第八條ノ規定ニ違反セサルトキハ檢查請求品ノ全部ヲ檢查ノ標準ニ適合シ且第八條ノ規定ニ違反セサルモノト看做シ抽出品中檢查ノ標準ニ適合セサルモノ又ハ第八條ノ規定ニ違反スルモノアルトキハ檢查請求品ノ全部ヲ檢查ノ標準ニ適合セサルモノ又ハ第八條ノ規定ニ違反スルモノト看做ス

合格品ニ附スヘキ等級ハ前條第二項ノ規定ニ依リ檢查ヲ行ヒタル抽出品中ノ最低位ノ等級ニ依ル

第十五條　稅關ニ於テ合格品ノ內容物ニ付異狀アリト認ムルトキハ再檢查ヲ行フコトヲ得

第十六條　合格品ニシテ左ノ各號ノ一ニ該當スルモノハ更ニ檢查ヲ受クルニ非サレハ之ヲ輸出又ハ移出スルコトヲ得ス

一、包裝ニ異狀ヲ呈シタルモノ

二、磨滅、汚損其ノ他ノ事由ニ因リ檢查證印、等級證印、大小別證印又ハ封印ノ識別シ難キニ至リタルモノ

三、檢查（再檢查ヲ除ク）後食用乾製品ニ依リテハ二箇月、食用罐詰品ニ在リテハ六箇月、肥料及海藻ニ在リテハ三箇月ヲ經過シタルモノ

第十七條　左ノ各號ノ一ニ該當スル場合ニ於テハ税關ハ檢査ヲ取消スコトヲ得
一、第十五條ノ規定ニ依リ再檢査ヲ行ヒタル場合ニ於テ檢査ノ標準ニ適合セサルトキ
二、不正ノ手段ニ依リ檢査ニ合格シタルトキ又ハ合格品ニ不正ノ手段ヲ施シタルトキ
第十八條　檢査ヲ行ヒタル水産製品ニハ其ノ包裝ニ檢査證印ヲ押捺ス
合格品ニハ前項ノ證印ノ外等級證印及大小別證印ヲ押捺シ其ノ包裝ニ封印ヲ施ス
第十五條ノ規定ニ依リ再檢査ヲ行ヒ檢査ノ標準ニ適合シタルトキハ其ノ包裝ニ再檢査ノ封印ヲ施ス
第十六條ノ規定ニ依リ更ニ檢査ヲ行ヒタルトキハ前檢査ニ基ク證印ニ消印ヲ押捺ス
前項ノ規定ハ前條ノ規定ニ依リ檢査ヲ取消シタル場合ニ之ヲ準用ス
前各項ノ證印、消印及封印ハ第二號樣式ニ依ル
第十九條　前條ノ規定ニ依ル證印ヲ押捺シタル包裝材料ハ其ノ印影ヲ抹消スルニ非サレハ更ニ水産製品ノ輸出又ハ移出ニ之ヲ使用スルコトヲ得ス
第二十條　檢査ヲ受ケントスル者ハ檢査ニ立會ヒ且檢査請求品ノ取扱ニ付テハ檢査官吏ノ指揮ニ從フヘシ
前項ノ規定ハ第十五條ノ規定ニ依ル再檢査ノ場合ニ之ヲ準用ス
第二十一條　檢査ノ決定ニ對シテハ異議ヲ申立ツルコトヲ得ス
第二十二條　輸出又ハ移出セントスル水産品ノ包裝ニハ檢査證印、等級證印、大小別證印又ハ消印ニ類似スル商標、記號其ノ他ノ標記ヲ附スルコトヲ得ス
第二十三條　左ノ各號ノ一ニ該當スル者ハ二百圓以下ノ罰金又ハ科料ニ處ス
一、第二條ノ規定ニ依ル檢査ヲ受ケスシテ水産製品ヲ輸出又ハ移出シタル者
二、第十條第二項又ハ第十六條ノ規定ニ違反シタル者
三、不正ノ手段ニ依リ檢査ヲ受ケタル者
四、檢査濟ノ水産製品又ハ其ノ容量、包裝、檢査證印、等級證印、大小別證印若ハ封印ニ不正ノ手段ヲ施シタル者

前條ノ未遂罪ハ之ヲ罰ス

第二十四條　再檢査ヲ拒ミ、妨ケ又ハ忌避シタル者又ハ第十九條、第二十條若ハ第二十二條ノ規定ニ違反シタル者ハ百圓以下ノ罰金又ハ科料ニ處ス

附　則（昭和二年朝鮮總督府令第三十八號）

本令ハ當分ノ內滿洲ニ輸出スル乾蝦ニ限リ之ヲ適用セス

第十一條ノ規定ハ當分ノ內海參、鱶鰭、乾鮑、乾蟶、乾竹蟶、乾烏貝、乾貝柱、水產肥料（鰯搾粕、鰊搾粕、太刀魚搾粕、鱒荒粕、干鰰、干鰯、干鰊、鰊卵ヲ除ク）銀杏草、櫻草、小凝草、髮草及於期菜ニ之ヲ適用セス

從前ノ規定ニ依ル合格品ニ付テハ仍從前ノ例ニ依ル

從前ノ規定ニ依ル封印ハ當分ノ內仍之ヲ使用スルコトヲ得

第一號表　品質、結束、重量及製罐標準

一、食用乾製品

二、食用罐詰品

品質	重量			製罐
原料適當香味及色澤佳良加熱適度ニシテ裝塡良存ナルモノ	鮑	エゾ鮑類	一粒ノ重量 二匁以上	完全ナルモノ　但シ鯖、鰆、蟹及蝦ノ水煮罐詰ニ在リテハ製罐法ハ卷締又ハ外嵌トシ罐材ハ鉽力板一箱ノ重量八十五封度以上トス 歐米向タラバ蟹罐詰ニ在リテハ製罐法ハ卷締トシ罐材ハ米國製チヤーコール又ハ之ニ相當スル
		マダカ	同 七匁五分以上	
		其ノ他ノ鮑	同 五匁五分以上	
	水	鯖、鰆	一封度罐肉量 百匁以上	
			半封度罐同 五十匁以上	
		タラバ蟹（一名イバラ蟹）	一封度罐肉量 百匁以上 歐米向ニ在リテハ右肉量中一番脚肉三十四匁以上崩肉二十匁未滿ノモノ	

		半封度罐右ニ準ス 崩肉罐詰ニ在リテハ脚肉ノ規定ヲ除ク外同右		
煮	其ノ他ノ蟹	一封度罐肉量	八十匁以上	
		半封度罐同	四十匁以上	
	蝦	一封度罐肉量	五十匁以上	
		半封度罐同	二十五匁以上	
	鮑	一封度罐肉量	三十匁以上	
	貝柱	同	七十匁以上	
	北寄貝	同	六十匁以上	
				良質ノ錻力板ニシテ適度ノ厚サヲ有シ且塗漆完全ナルモノ 鮑貝柱及北寄貝ノ水煮罐詰ニ在リテハ製罐法ハ適宜トシ罐材ハ錻力板一箱ノ重量十五封度以上トス

第二號表　容量及包裝標準

二、食用罐詰品

品名	容量（一箱ノ罐數）	包裝 種類	包裝 材料	包裝 荷造方法
鮑、鯖、鰆、蝦、 蟹、貝柱、北寄貝 鰻、螺蠑罐詰	一封度罐四打 半封度罐及角罐 六打又ハ八打	箱入	松其ノ他ノ適材ニテ棲板ノ厚サ正六分以上 蓋底及胴板ノ厚サ正五分以上 但シ棲板ノ兩端ニ添ヒ適當ナル棧木ヲ施シテ補張シタルモノニ限リ板ノ厚サヲ各一分ツツ低減スルコトヲ得、鐵帶ノ幅五分以上鐵線ノ太サ十三番乃至十五番、掛繩ノ徑二分以上	箱ノ兩緣ヲ鐵帶又ハ鐵線（鐵線荷造機ヲ使用スルモノニ限ル）ヲ以テ緊縛ス 但シ右ノ外縱一箇所及橫二箇所ニ各二條以上ノ掛繩ヲ施スコトヲ得

備考

一、本表ニ依リ包裝シタルモノニ更ニ適當ノ掛繩ヲ施シテ二箇合ト爲スコトヲ得

二、風袋込重量ニ付テハ乾海苔及食用罐詰品ヲ除クノ外十斤以內ノ過不足アルヲ妨ケス

第三號表　等級標準

鮑水煮罐詰	原料香味及色澤優良内臓異物ノ除去及形態完全等大ニシテ中性又ハ弱酸性ノ反應ヲ呈シ液汁著シク溷濁セス有害物及殘渣ヲ含マス一罐ノ内容量六十匁ノモノニ在リテハ其ノ粒數十二箇ヲ超エサルモノ（六十匁以下ノ粒數之ニ準ス）	内臓異物ノ除去、性ノ反應及有害物ニ付テハ同上其ノ他ノ事項一等ニ次キ一罐ノ肉量六十匁以上ノモノニ在リテハ其ノ粒數二十箇ヲ超エサルモノ（六十匁以下ノ粒數之ニ準ス）	内臓異物ノ除去性ノ反應及有害物ニ付テハ同上其ノ他ノ事項二等ニ次グモノ	
蟹水煮罐詰	原料香味色澤及充塡優良ニシテ脚肉多ク有害物及殘渣ヲ含マス中性又ハ弱アルカリ性ノモノ	性ノ反應有害物及殘渣ニ付テハ同上其ノ他ノ事項一等ニ次クモノ	性ノ反應有害物及殘渣ニ付テハ同上其ノ他ノ事項二等ニ次クモノ	
蝦水煮罐詰	原料香味及色澤優良形態完全等大柔軟適度ニシテ有害物ヲ含マス中性又ハ弱アルカリ性ノモノ	性ノ反應有害物及殘渣ニ付テハ同上其他ノ事項一等ニ次クモノ	性ノ反應有害物及殘渣ニ付テハ同上其ノ他ノ事項二等ニ次クモノ	
其ノ他ノ水煮罐詰	原料香味色澤及充塡優良形態完全且等大（貝柱、北寄貝、蠑螺罐詰ニ限ル）ニシテ有害物ヲ含マス液汁著シク溷濁セス殘渣ナク一罐ノ肉量充實セルモノ	有害物及殘渣ニ付テハ同上其ノ他ノ事項一等ニ次クモノ	有害物ニ付テハ同上其ノ他ノ事項二等ニ次クモノ	
味付罐詰	原料香味色澤及充塡優良形態完全且等大（貝柱、北寄貝罐詰蠑螺罐詰ニ限ル）ニシテ有害物ヲ含マス一罐ノ肉量充實セルモノ	有害物及肉量ニ付テハ同上、其ノ他ノ事項一等ニ次クモノ	有害物ニ付テハ同上其ノ他ノ事項二等ニ次クモノ	

第一號樣式（略ス）

第二號樣式（略ス）

水産製造物檢査規則

大正十五年三月樺太廳令第五號
改正昭和二年第十三號　四年第十四號

第一條　水産製造物ノ檢査ハ本令ニ依ル
第二條　檢査ヲ受クヘキ水産製造物ノ種類左ノ如シ
九、「タラバ」蟹、蝦、北寄貝、鱒及鮭ノ水煮罐詰
第三條　水産製造物ハ檢査ヲ受クルニ非サレハ之ヲ讓渡シ若ハ讓受ケ又ハ製造場外ニ搬移スルコトヲ得ス　但シ荷造又ハ結束一箇未滿若ハ其ノ數一束未滿ノモノハ此ノ限ニ在ラス
第四條　荷造又ハ結束一箇未滿若ハ其ノ數一束未滿ノ水産製造物ヲ讓受ケタル場合ニ於テ其ノ荷造又ハ結束カ一箇以上若ハ其ノ數一束以上ニ達シタルトキハ前條ノ規定ヲ適用ス
第五條　水産製造物ノ檢査ハ水産物檢査員之ヲ行フ
水産物檢査員ハ左襟ニ別記ノ徽章ヲ附スヘシ
第六條　水産製造物ノ檢査ヲ受クル者ハ手數料ヲ納ムヘシ　但シ再檢査ノ場合ハ此ノ限ニ在ラス
檢査手數料ハ別ニ之ヲ定ム
第七條　水産製造物ノ荷造及結束ノ方法、量目、等級其ノ他檢査ノ標準ハ別ニ之ヲ定ム
第八條　水産物檢査員ニ於テ水産製造物ノ品質、荷造、結束又ハ量目成規ニ適合セスト認ムルトキハ之カ改造若ハ改修又ハ増減ヲ命スルコトアルヘシ
第九條　水産物檢査員ニ於テ必要アリト認ムルトキハ檢査ノ場所ヲ指定シ水産製造物ノ搬移ヲ命スルコトアルヘシ

第十條　水産物檢査員ニ於テ再檢査ヲ行フノ必要アリト認ムルトキハ其ノ旨水産製造物ノ所有者又ハ占有者ニ通告シ檢査ヲ行フコトヲ得

再檢査ノ通告ヲ受ケタル者ハ其ノ檢査ノ終了迄水産製造物ヲ他ニ搬移スルコトヲ得ス

第十一條　檢査濟水産製造物ノ品質、荷造又ハ結束ヲ改造若ハ改修セムトスルトキハ水産物檢査員ノ承認ヲ受クヘシ

水産製造物ノ品質、荷造又ハ結束ヲ改造若ハ改修シタルトキハ更ニ檢査ヲ受クヘシ

第十二條　水産製造物ノ檢査ヲ受クル者又ハ其ノ代理人ハ檢査ニ必要ナル勞力ヲ提供シ且檢査施行中ハ現場ニ立會スヘシ

第十三條　水産製造物ノ檢査ヲ受ケタル者檢査ニ對シ異議アルトキハ其ノ事由ヲ疏明シ再檢査ヲ請求スルコトヲ得

第十四條　水産物檢査員水産製造物ノ檢査ヲ終リタルトキハ檢印ヲ押捺シ且受檢者ニ檢査證ヲ交付スヘシ

水産製造物ノ檢査ヲ受ケタル者檢査證ノ交付ヲ受ケタルトキハ遲滯ナク檢査濟水産製造物ニ之ヲ添附スヘシ

檢査證及檢印ノ雛形ハ別ニ之ヲ定ム

第十五條　左ノ各號ノ一ニ該當スル者ハ七十圓以下ノ罰金又ハ科料ニ處ス

一、第三條及第四條ノ規定ニ違反シタルトキ

二、第十一條ノ規定ニ違反シタルトキ

第十六條　左ノ各號ノ一ニ該當スル者ハ五十圓以下ノ罰金又ハ科料ニ處ス

一、檢査ヲ拒ミ又ハ檢査ヲ免ルル目的ヲ以テ水産製造物ヲ隱匿シタルトキ

二、第十條第二項ノ規定ニ違反シタルトキ

三、檢査證若ハ檢印ヲ塗抹シ又ハ毀棄シタルトキ

第十七條　左ノ各號ノ一ニ該當スル者ハ科料ニ處ス

一、第八條又ハ第九條ノ命ニ從ハサルトキ

二、第十二條又ハ第十四條第二項ノ規定ニ違反シタルトキ

第十八條　水産製造物ノ所有者又ハ占有者ノ代理人、戸主、家族、同居人・雇人其ノ他ノ從業者ニシテ本令ニ違反シタルトキ

ハ水產製造物ノ所有者又ハ占有者ヲ處罰ス
第十九條　水產製造物ノ所有者又ハ占有者カ未成年者又ハ禁治產者ナルトキハ其ノ法定代理人ヲ處罰ス
第二十條　法人ノ代表者又ハ雇人其ノ他ノ從業者ニシテ法人ノ業務ニ關シ本令ノ規定ニ違反シタルトキハ法人ヲ處罰ス
第二十一條　本令ノ規定ハ官公署ニ於テ調査又ハ試驗ヲ爲ス場合ニハ之ヲ適用セス
水產製造物ノ改良其ノ他特別ノ事由ニ依リ樺太廳長官ノ許可ヲ受ケタル場合亦前項ニ同シ

罐詰及壜詰製造業取締規則

大正十五年一月樺太廳令第一號

第一條　蟹罐詰又ハ壜詰製造業ヲ爲サムトスル者ハ左ノ事項ヲ具シ樺太廳長官ニ願出テ許可ヲ受クヘシ
一、本籍、住所、氏名及生年月（法人ニ在リテハ事務所ノ所在地、名稱代表者ノ氏名以下之ニ傚フ）
二、製造ノ場所（船舶ニ依ル場合ニ在リテハ船名及根據地）
三、事業ノ計畫
第二條　行政官廳ニ於テ必要アリト認ムルトキハ出願又ハ屆出ヲ爲シタル者ニ對シ書類ノ提出、訂正又ハ物件ノ提出ヲ命スルコトアルヘシ
第三條　蟹罐詰又ハ壜詰製造業ノ許可ヲ受ケタル者ハ其ノ生產スル罐詰又ハ壜詰ノ蓋又ハ底ノ睹易キ箇所ニ樺太廳長官ノ指定スル數字ヲ附スヘシ
第四條　蟹罐詰又ハ壜詰製造業ノ許可ヲ受ケタル者ハ每月ノ生產高及移出高ノ種類、數量並移出先ヲ翌月十日迄ニ所轄樺太廳支廳長ニ屆出ツヘシ
第五條　左ノ場合ニ於テハ遲滯ナク樺太廳長官ニ屆出ツヘシ
一、住所、氏名ヲ變更シタルトキ

二、相續ニ依リ業務ヲ承繼シタルトキ
三、著業又ハ休業シタルトキ
四、廢業シタルトキ
前項第二號ノ場合ニ於テハ戸籍謄本ヲ添付スヘシ第一項第四號ノ場合ニ於テ死亡又ハ解散ニ依ルトキハ相續人又ハ法定代理人ニ於テ之ヲ爲スヘシ
第六條　蟹罐詰又ハ墁詰製造業許可ノ日ヨリ九十日以内ニ著業セサルトキ又ハ引續キ二年以上休業シタルトキハ樺太廳長官ハ其ノ許可ヲ取消スコトアルヘシ
第七條　許可ヲ受ケスシテ蟹罐詰又ハ墁詰製造業ヲ爲シタル者又ハ本令ノ規定ニ違反シタル者ハ七十圓以下ノ罰金又ハ科料ニ處ス
第八條　蟹罐詰又ハ墁詰製造業ノ許可ヲ受ケタル者ハ其ノ代理人、戸主、家族、同居人、雇人其ノ他ノ從業員ニシテ其ノ業務ニ關シ本令ノ規定ニ違反シタルトキハ自己ノ指揮ニ出テサルノ故ヲ以テ其ノ處罰ヲ免ルルコトヲ得ス
第九條　蟹罐詰又ハ墁詰製造業ノ許可ヲ受ケタル者未成年者又ハ禁治産者ナルトキハ本令ノ規則ハ之ヲ其ノ法定代理人ニ適用ス　但シ其ノ業務ニ關シ成年者ト同一ノ能力ヲ有スル未成年者ニ付テハ此ノ限ニ在ラス
第十條　法人ノ代表者又ハ其ノ雇人其ノ他ノ從業者ニシテ法人ノ業務ニ關シ本令ノ規定ニ違反シタルトキハ法人ヲ處罰ス

附　則

從前ノ規定ニ依リ蟹罐詰製造業ノ許可ヲ受ケタル者ハ本令ニ依リ許可ヲ受ケタル者ト看做ス

漁業法抜萃

第五十一條　漁業者又ハ水產動植物ノ製造若クハ販賣ヲ業トスル者ハ水產業ノ改良發達及水產動植物ノ蕃殖保護其ノ他水產業ニ關シ共同ノ利益ヲ圖ル爲水產組合ヲ設クルコトヲ得

第五十二條　水產組合成立シタルトキハ其ノ地域內ニ於テ定款ノ定ムル所ニ依リ組合員タル資格ヲ有スル者ハ總テ其ノ組合ニ加入シタルモノト看做ス
但シ主務大臣ニ於テ加入ノ義務ナシト認メタル者ハ此ノ限ニ在ラス
第五十三條　水產組合ハ相互ニ共同シテ其ノ目的ヲ達スル爲水產組合聯合會ヲ設クルコトヲ得
第五十四條　水產組合及水產組合聯合會ハ法人トシ重要物產同業組合法ヲ準用ス

重要物產同業組合法拔萃(明治三十三年三月七日法律第三十五號　大正五年三月六日　法律第十五號改正)

第一條　重要物產ノ生產、製造又ハ販賣ニ關スル營業ヲ爲ス者ハ同業者又ハ密接ノ關係ヲ有スル營業者相集リテ本法ニ依リ同業組合ヲ設置スルコトヲ得
重要物產及密接ノ關係ヲ有スル營業ノ種類ハ農商務大臣ノ認定ニ依ル
第二條　同業組合ハ組合員協同一致シテ營業上ノ弊害ヲ矯正シ其ノ利益ヲ增進スルヲ以テ目的ト爲ス
第三條　同業組合ヲ設置セムトスルトキハ豫メ地區ヲ定メ其ノ地區內ノ同業者三分ノ二以上ノ同意ヲ得テ創立總會ヲ開キ定款ヲ議定シ農商務大臣ノ認可ヲ受クヘシ
但シ二種以上ノ營業者相集リ組合ヲ設置セムトスルトキハ各種營業每ニ三分ノ二以上ノ同意ヲ要ス
第四條　同業組合設置ノ地區內ニ於テ組合員ト同一ノ業ヲ營ム者ハ其ノ組合ニ加入スヘシ
但シ營業上特別ノ情況ニ依リ農商務大臣ニ於テ加入ノ必要ナシト認ムル者ハ此ノ限ニ在ラス
第六條　同業組合及同業組合聯合會ハ法人トス
同業組合及同業組合聯合會ハ營利事業ヲ爲スコトヲ得ス
第十條　同業組合及同業組合聯合會ハ各其ノ定款ニ於テ檢查規定ヲ設ケ組合員ノ營業品ヲ檢查スルコトヲ得
同業組合及同業組合聯合會ハ各其ノ定款ニ於テ違約者ニ關スル規定ヲ設ケ違約者ニ對シ過怠金ヲ徵シ違約物品ヲ沒收スルコ

トヲ得

第十七條　地方長官ハ其ノ管內ニ於ケル同業組合及同業組合聯合會ヲ監督シ必要アルトキハ意見ヲ具シ農商務大臣ノ處分ヲ請フヘシ

第十八條　農商務大臣ハ同業組合及同業組合聯合會ニ關シ其ノ職權ノ一部ヲ地方長官ニ委任スルコトヲ得

第二十條　同業組合又ハ同業組合聯合會ノ證票若クハ檢査證ヲ不正ニ使用シタル者、行使ノ目的ヲ以テ證票若クハ檢査證ヲ僞造若クハ變造シタル者又ハ僞造若クハ變造ノ證票若クハ檢査證ヲ使用シタル者ハ三年以下ノ懲役又ハ三百圓以下ノ罰金ニ處ス

重要物產同業組合法施行規則拔萃（大正五年五月二十九日農商務省令第八號　同七年七月十日同省令第二十四號改正　同九年八月二十八日省令第二十五號改正）

第一條　同業組合ノ名稱中ニハ同業組合ナル文字ヲ用ウヘシ
同業組合ニ非サルモノハ其ノ名稱中ニ同業組合ナル文字ヲ用ウルコトヲ得ス

第二條　組合ノ地區ハ一郡市以上一府縣以下ノ區域ニ依リ之ヲ定ムヘシ
但特別ノ事情アル場合ハ此ノ限ニ在ラス

第三條　組合ヲ設置セムトスルトキハ五名以上ノ營業者發起人ト爲リ組合地區ヲ管轄スル地方長官ニ發起ノ認可ヲ申請スヘシ

工船蟹漁業取締規則拔萃（大正十二年三月十三日農商務省令第五號）

「沿革」昭和二年十月省令第二一號、同四年十一月同第二八號改正

工船蟹漁業取締規則左ノ通リ定ム

工船蟹漁業取締規則

第一條　本則ニ於テ工船蟹漁業ト稱スルハ罐詰製造設備ヲ有スル船舶又ハ之ニ附屬スル漁船ニ依リテ爲ス蟹漁業ヲ謂フ
第二條　工船蟹漁業ヲ營マムトスル者ハ工船毎ニ願書一通ヲ作リ第一號樣式ニ依ル船舶件名書又ハ船舶國籍證書寫及船舶檢査證書寫並第二號樣式ニ依ル事業計畫書ヲ添ヘ之ヲ農林大臣ニ差出シ其ノ許可ヲ受クヘシ
第三條　船舶件名書ヲ差出シ前條ノ許可ヲ受ケタル者ハ指定期間內ニ船舶國籍證書寫及船舶檢査證書寫ヲ差出スヘシ
第三條ノ二　東經百五十度以東ノ「オホーツク」海ニ於テ操業スル工船蟹漁業ハ工船數十八隻以內ニ限リ之ヲ許可ス
第五條　工船蟹漁業者ハ第四號樣式ニ依リ工船ノ兩舷及附屬漁船ノ見易キ場所ニ許可番號ヲ表記スヘシ
工船蟹漁業者ハ其ノ使用スル漁網ノ浮子ニ許可番號ヲ烙印スヘシ
第六條　工船蟹漁業ノ許可ノ期間ハ五年トス
前項ノ期間ハ申請ニ依リ之ヲ更新スルコトヲ得
第八條　網目一尺五寸以下ノ刺網ハ工船又ハ附屬漁船ニ於テ之ヲ所持シ又ハ使用スルコトヲ得ス
第十二條　工船蟹漁業者ハ毎年十二月末日迄ニ其ノ年ノ事業報告書ヲ農林大臣ニ差出スヘシ
農林大臣必要アリト認ムルトキハ隨時事業報告ノ提出ヲ命スルコトアルヘシ
第十四條　許可證ノ交付ヲ受ケタル後一年內ニ工船蟹漁業ニ著手セス又ハ引續キ二年以上工船蟹漁業ヲ營マサルトキハ農林大臣ハ其ノ許可ヲ取消スコトアルヘシ
第十五條　蟹ノ蕃殖保護、漁業取締其ノ他公益上必要アリト認ムルトキハ農林大臣ハ工船蟹漁業ヲ停止シ又ハ其ノ許可ヲ制限スルコトアルヘシ
第十五條ノ二　農林大臣ノ許可ヲ受クルニ非サレハ工船（外國工船ヲ含ム）又ハ附屬船舶ニ於テ蟹ノ採捕ニ關スル勞務ニ從事スルコトヲ得ス

北米合衆國食品藥種法及同施行規則

註……本法は食品、藥種、醫藥及飲料に關し、不正混合、不正標記若くは有毒有害性のもの丶製造、販賣、運搬の禁止及該物品の取引に關する取締の目的を以て一九〇六年に制定せられ其後一九一二年、一九一三年、一九一九年、一九二七年に夫々改正が行はれてゐる。

第一條　本法ハ千九百六年六月三十日北米合衆國上下兩院ノ協賛ニ依リ之ヲ公布ス

何人ト雖合衆國領土內及コロンビヤ地方內ニ於テ本法所定ノ不正混合又ハ不正標記ノ食品若ハ藥種ヲ製造スルコトヲ得ス

本法ノ規定ニ違背シタル者ハ輕罪ニ處ス

犯罪確定シタルトキハ五百弗以下ノ罰金又ハ一年ノ禁錮若ハ裁判所ノ裁量ニ因リ兩者ヲ併科スルコトヲ得

累犯ノ刑ハ一千弗以上ノ罰金又ハ一年ノ禁錮若ハ裁判所ノ裁量ニ因リ兩者ヲ併科スルコトヲ得

第二條　本法所定ノ不正混合又ハ不正標記ノ食品若ハ藥種ヲ他ノ州、領土、コロンビヤ地方若ハ外國ヨリ州、領土、コロンビヤ地方ニ移入若ハ輸入シ又ハ移出若ハ輸出スルコトヲ得ス

前項ノ物品ヲ州、領土若ハコロンビヤ地方ヨリ他ノ州、領土、コロンビヤ地方若ハ外國ニ輸送セムトスル者若ハコロンビヤ地方ニ在リテ他ノ州、領土、コロンビヤ地方若ハ外國ヨリ輸送ヲ受ケムトスル者又ハ原包裝ノ儘支拂其ノ他ノ目的ヲ以テ他ニ輸送セムトスル者又ハコロンビヤ地方若ハ合衆國領土內ニ於テ販賣シ若ハ販賣セントスル者又ハ外國ニ輸出シ若ハ輸出セムトスル者ハ輕罪ニ處ス但シ商品ニシテ輸出ヲ目的トシ且ツ仕向國ノ法律ニ抵觸セサル調製若ハ包裝ヲ爲シ仕向國ノ購買者ノ仕様明細書又ハ指圖ニ依リ調製若ハ包裝シタルモノハ此ノ限ニ在ラス

前項ノ物品ヲ國內ニ於テ使用シ又ハ國內ニ於テ消費ノ目的ヲ以テ販賣セムトスルトキハ本條但書ヲ適用セス

本條ノ罪ヲ犯シタル者初犯ニ付テハ二百弗以下ノ罰金累犯ニ付テハ三百弗以下ノ罰金又ハ一年以下ノ禁錮若ハ裁判所ノ裁量

ニ因リ兩者ヲ併科スルコトヲ得

第三條　大藏卿、農務卿又ハ商務卿ハ本法施行ノ爲メ食品並ニ藥種ニシテコロンビヤ地方又ハ合衆國領土內ニ於テ製造、販賣セムトスルモノ、製造又ハ生產セル州以外ノ州ニ於テ原包裝ノ儘販賣セムトスルモノ、外國ニ輸送セムトスルモノ、若ハ外國ヨリ輸送ヲ受ケムトスルモノ、州、領土、コロンビヤ地方ノ保健、食品、藥種檢查官ニ依リ檢査セラルヘキモノ、各州間若ハ對外取引ノ爲內外諸港ヲ通過スルモノニ對シ見本蒐集檢査ニ關スル規則ヲ定ム

第四條　食品並ニ藥種ノ見本ニ關スル檢査ハ農務省食品、藥種、驅虫劑管理局若ハ該局ノ指揮監督ノ下ニ施行ス

檢査ノ結果違反アリト思料スルトキハ農務卿ハ見本提出者ヲ召喚スヘシ

召喚ニ因リ出頭シタル當事者ハ之ヲ訊問シ本法ニ違反アリタルトキハ直チニ檢査ヲ施行シタル分析者又ハ官吏ノ署名ヲ有スル見本檢査書又ハ分析書ノ寫各一通ヲ添ヘ一件書類ヲ合衆國地方檢事ニ送致スル手續ヲ爲スヘシ

裁判所ノ判決アリタルトキハ其ノ旨公告ス

第五條　本法違背ニ付キ前條ノ送致ヲ受ケ又ハ州、領土若ハコロンビヤ地方ノ保健、食品、藥種檢査官又ハ其ノ代理人提出ニ係ル違反ノ證據ヲ受理シタル地方檢事ハ遲滯ナク適宜ノ處置ヲ執リ且ツ合衆國裁判所ニ公訴ヲ提起ス

第六條　本法ニ於テ藥種ト稱スルハ合衆國々定藥局方又ハ國民藥局方認定ニ依ル內外用醫藥及其ノ調劑並ニ人又ハ動物ノ疾病ノ治癒、鎭靜若ハ豫防ニ使用セラルヘキ物質又ハ其ノ調合物ヲ謂フ

本法ニ於テ食品ト稱スルハ人又ハ動物ノ食料、飲料、菓子若ハ藥味料トシテ使用スル單一物又ハ混合物若ハ合成物ヲ謂フ

第七條　左ノ各號ニ該當スルトキハ不正混合品ト看做ス

藥種ノ場合

一　合衆國々定藥局方又ハ國民藥局方認定ノ名稱ニ依リ販賣スル藥種ニシテ該方所定ノ試驗方法ニ依リ檢査シタル場合ニ濃度、品質若ハ純度カ所定ノ標準ニ違反シタルトキ但シ合衆國々定藥局方又ハ國民藥局方認定ノ藥種ニシテ該方所定ノ標準ニ相違アルモ濃度、品質若ハ純度ノ標準ヲ容器上ニ明記セル場合ハ此ノ限ニ在ラス

二　濃度又ハ純度カ表示セル標準ニ相違セルトキ

糖菓ノ場合
一　糖菓ニテラアルバ、重土、滑石、クロームエロー、鑛物質、有毒性色素、有毒性香味料、保健上有害ナル成分、葡萄酒質、麥芽、酒精液若ハ其ノ合成物又ハ痲醉性藥種ヲ含有スルトキ
食品ノ場合
一　品質、强度ヲ低下シ又ハ有害性物質ヲ混和シ若ハ詰合セタルトキ
二　物品ノ一部若ハ全部ニ付他物ヲ置換シタルトキ
三　物質中ノ有用成分ノ一部若ハ全部ヲ抽出シタルトキ
四　損傷又ハ粗惡ヲ隱蔽スルノ結果ヲ生スルカ如キ混和、着色、粉末化、被包若ハ色染ヲ爲シタルトキ
五　保健上有害ナル成分ヲ混入シタルトキ但シ輸送スヘキ食品ノ製造ニ當リ防腐ノ爲メ防腐劑ヲ外用シ該防腐劑カ機械的若ハ浸漬其ノ他ノ方法ニ依リ完全ニ除去シ得ラレ且其ノ防腐劑除去方法ヲ包裝若ハ被物上ニ印刷シタル場合ニハ該品カ消費ニ適合スヘク處理セラレタルトキニ於テ本法ヲ適用ス
六　全部若ハ一部ノ不潔又ハ分解若ハ腐敗シタル動植物性物質ニ依リ製造又ハ加工シタルモノ又ハ食用ニ適セサル動物體ノ一部又ハ屠殺以外ノ方法ニ依ル死獸若ハ病獸ヲ原料トシタルトキ
第八條　本法ニ於テ不正標記品ト稱スルハ藥種、食品若ハ食品材料ニシテ該品又ハ其ノ含有物ニ關シ欺瞞若ハ虛僞ノ記載、圖案若ハ意匠ヲ施シタルモノ又ハ該物品ヲ製造若ハ生産セル州、領土若ハ國ニ付キ虛僞ノ標記ヲ施シタルモノヲ謂フ
左ノ各號ニ該當スルトキハ不正標記ト看做ス
藥種ノ場合
一　模造品又ハ他製品ノ名稱ヲ附シ販賣スルトキ
二　内容物ノ一部若ハ全部ヲ除去シテ他物ヲ詰換ヘタルモノ又ハ標記上ニアルコール、モルヒネ、阿片、コカイン、ヘロイン、アルフアイフカイン、クロロフオルム、カナビスインデイカ、クロラルハイドレート、アセトアニリツド及之等ノ誘導物若ハ調劑ノ量又ハ含有率ノ記載ヲ缺キタルトキ

三　藥種ノ包裝若ハ貼紙ニ施シタル同品又ハ含有成分ノ治療的效果ニ關スル記載、意匠若ハ圖案ニシテ虚僞ナルトキ食品ノ場合

一　模造品又ハ他商品特殊ノ名稱ニテ販賣スルトキ

二　購買者ヲ欺瞞若ハ誤解セシムル貼紙又ハ標記ヲナシタルモノ、外國品ニ非ザルモノヲ外國品ノ如ク見セタルモノ、內容物ノ一部若ハ全部ヲ抽出シ他物ヲ以テ詰換ヘタルモノ又ハ貼紙上ニモルヒネ、阿片、コカイン、ヘロイン、アルファイフカイン、ベーターイフカイン、クロロフオルム、カナビスインデイカ、クロラルハイドレート、アセトアニリツド及之等ノ誘導物若ハ調劑ノ量若ハ含有率ノ記載ヲ缺キタルトキ

三　包裝物ノ外裝ニ內容量ヲ重量、容量若ハ數量ヲ以テ簡明ニ表示セサルトキ但シ正當ナル變量ハ之ヲ認容ス小型包裝物ニ付其ノ認容程度若ハ免除ニ關シテハ本法第三條ノ規定ニ依リ定メタル施行規則ニ依ル

四　包裝若ハ貼紙上ニ施シタル含有成分又ハ物質ニ關スル記載圖案若ハ意匠ニシテ虚僞又ハ欺瞞的ナルトキ有害成分ヲ含有セサル食品ニシテ左ノ各號ニ該當スルトキハ不正混合若ハ不正標記ニ非ス

一　食品トシテ公知ノモノニ屬シ他品ヲ模造セス又ハ他品ノ名稱ヲ使用セス固有特殊ノ名稱ヲ附シタル混合物若ハ合成物ニシテ其ノ製造地若ハ生產地ヲ標記又ハ記號ヲ以テ記載シタルトキ

二　商品カ合成物模造品若ハ混合物ナル旨貼紙、記號若ハ附箋ヲ以テ明示シ又ハ「合成品」、「模造品」若ハ「混合品」ト包裝上ニ明記シタルトキ但シ混合物ト稱スルハ着色若ハ香味ヲ附スル目的ニノミ使用シタル無害ノ着色料若ハ香味成分ヲ含ミタル類似物質ノ混合物ヲ謂フ

本法ハ不正混合若ハ不正標記ノ防止ヲ目的トシ混入有害物ヲ含マサル食品ノ所有者若ハ製造者ニ對シ貿易方式ノ開示ヲ强制スルモノニ非ス

五　罐詰食品カ農務卿指定ノ性質、狀態若ハ容器ノ容量ニ達セサルトキ、包裝物若ハ標記カ農務鄕ノ指定ニ適合セサルトキ所定ノ標準ニ達セサル旨記載セサルトキ

本法ニ於テ罐詰食品ト稱スルハ氣密容器中ニ密封シ且ツ加熱殺菌シタル食品ヲ謂フ但シ千九百七年三月四日附公布ノ肉

類及食用肉類改正檢査法ノ規定ニ該當スル肉類、肉製品及罐入牛乳ハ此ノ限ニ在ラス
本法ニ於テ等級ト稱スルハ標準ヲ確定シ得ル一般製品ヲ謂フ
農務卿ハ消費者ノ利益ノ爲メ正當ナル取引ノ增進ヲ期シ各種罐詰食品ニ對シ性質、狀態及容器ノ容量ノ合理的ナル標準ヲ決定シ之ヲ公布スルノ權限及其ノ變更又ハ修正ノ權限ヲ有ス
農務卿ハ所定ノ標準ニ達セサル罐詰食品ノ包裝若ハ貼紙上ニ標準量ニ達セサル旨明示スヘキ記載ノ形式ヲ制定、變更及修正スルノ權限ヲ有ス
農務卿ハ前項ノ標準若ハ記載ノ形式又ハ其ノ變更若ハ修正ヲ施行スルニ當リテハ三ケ月前ニ之ヲ公布スルコトヲ要ス

第九條　販賣人ハ左ノ場合ニ於テハ本法規定ニ因リ起訴セラルルコトナシ
販賣人カ當該物品ヲ合衆國居住ノ卸賣業者、仲買業者若ハ製造者ヨリ購入ノ際同製品カ本法ニ基ク不正混合若ハ不正標記ニ非サル旨ノ保證ヲ得タルトキ
前項ノ保證ニハ商品ヲ販賣セムトスル卸賣業者、仲買業者若ハ製造者ノ住所氏名ヲ記入スヘシ
保證ヲ爲シタル當事者ハ罰金其ノ他ノ刑罰ニ付販賣人ニ代位スル義務ヲ有ス

第十條　不正混合若ハ不正標記ノ飲食料及藥種ニシテ州、領土、地方若ハ所屬島ヨリ販賣ノ目的ヲ以テ他ノ州、領土、地方若ハ所屬地方ニ輸送中ノモノ、輸送セラレタルモノ、荷卸シ若ハ販賣セラレサルモノ若ハ原包裝ノ儘ノモノ又ハ該品ヲコロビヤ地方、領土若ハ合衆國所屬島內ニ於テ販賣シ若ハ販賣ヲ申請シ又ハ販賣ノ目的ヲ以テ外國ヨリ輸入シ若ハ外國ニ輸出セムトスルトキハ當該物品ノ在ル地方ノ合衆國所屬地方裁判所ニ公訴ヲ提起シ訴訟手續ニ依リ其ノ商品ヲ押收ス
商品カ不正混合、不正標記若ハ有害性ヲ有スル旨判決アリタルトキハ裁判所ノ命ニ依リ其ノ商品ヲ破毀若ハ競賣ニ付スヘシ
競賣ノ結果競賣價額甚シク低廉ナルトキハ其ノ價額ヲ合衆國大藏省ニ納付スヘシ
本法ノ規定若ハ權限ニ依リ公布シタル法令ニ違反シテ販賣スルコトヲ得ス
訴訟手續、執行、貨物ノ引渡及本法ノ規定又ハ州、領土、地方若ハ所屬島ノ法規ニ違反シ賣却處理スヘカラサル旨表示シタル約定書等ニ關スル諸費用ノ支拂ヲ決濟セルトキハ命令ヲ以テ當該商品ノ所有者ニ交付スルコトヲ得

本法ノ訴訟手續ハ合衆國ノ名ニ於テ施行シ海軍裁判所ニ於ケル訴訟手續ヲ準用ス但シ當事者ノ一方カ該訴訟ニ關連セル事實ヲ陳述スヘキ陪審員ニ依ル審理ヲ要求スル場合ハ此ノ限ニ在ラス

第十一條　大藏卿ハ農務卿ノ要求ニ依リ合衆國ニ輸入セムトスル食品及藥種ノ見本ヲ回付シ且ツ必要ニ應シ荷主若ハ荷受人ニ召喚狀ヲ發スヘシ

見本檢査ノ結果不正混合若ハ不正標記ナルトキ、國民ノ保健上有害ナルトキ、製造國若ハ輸出國ニ於テ輸入又ハ販賣ノ禁止若ハ制限ヲ受ケタル種類ノ商品ナルトキ又ハ標記ニ於テ不正ナルトキハ該品ノ輸入ヲ禁止ス

大藏卿ハ荷受人ニ對シ貨物ノ引渡ヲ拒絕シ其ノ處分方ヲ通知ス

通知ヲ受ケタル荷受人カ通知ヲ發シタル日ヨリ三ケ月以內ニ該拒絕貨物ヲ處分セサルトキハ之ヲ破毀スルコトヲ得但シ關稅及送狀ニ記載スル全價格ニ對シ罰金誓約書ヲ提出シタルトキハ檢査中ノ貨物ヲ荷受人ニ送付スルコトヲ得

商品ヲ國外ニ移出又ハ其ノ他ノ處分ノ爲大藏卿ノ保管ニ移スヘキ要求ニ對シ之ヲ拒絕シタルトキハ荷受人ハ罰金ニ處ス

輸入又ハ引渡ヲ拒絕セラレタル貨物ノ保管料、運送料及人夫料ハ荷主又ハ荷受人ニ於テ之ヲ負擔ス

第十二條　本法ニ於テ領土ト稱スルハ合衆國及合衆國所屬ノ島ヲ謂フ

本法ニ於テ人ト稱スルハ自然人及法人ヲ謂フ

法人ハ社員、理事及其ノ他ノ代理人カ其ノ職務ヲ行フニ付本法ニ違反シタルトキハ連帶シテ其ノ責ニ任ス

第十三條　本法ハ千九百七年一月一日ヨリ之ヲ施行ス

北米合衆國農務省食品、藥種、驅虫劑管理局告示及取締規則

告示

千九百六年六月三十日制定公布ニ係ル食品、藥種法施行ニ關スル附屬規則ヲ改正シ玆ニ之ヲ公布ス
千九百二十八年六月三十日ヲ以テ終了スル會計年度及其ノ他ノ目的ノ爲農務省豫算ヲ決定スヘキ議會ノ協贊ヲ經千九百二十七年一月十八日附裁可アリタル法律ニ依リ從前化學局ニ於テ施行シタル食品及藥種ノ檢査ハ爾後食品、藥種、驅虫劑管理局ニ於テ之ヲ施行ス
本則ハ千九百二十二年八月七日公布ノ改正第八ノモノト其ノ內容同一ニシテ文中化學局トアルヲ食品、藥種、驅虫劑管理局ト改ム

千九百二十七年八月二十九日　華盛頓ニ於テ

農務卿　ダブリユー・エム・ジヤーデイン

改正食品、藥種法施行規則

第一條　食品、藥種法ハ食品、藥種、醫藥並ニ飮料ニ關シ不正混合、不正標記若ハ有毒有害性ノモノノ製造、販賣若ハ運搬ノ禁止並ニ該物品ノ取引ノ取締其ノ他ノ目的ヲ以テ千九百六年六月三十日附公布シ千九百十二年八月二十三日、千九百十三年三月三日、同年三月四日、千九百十九年七月二十四日及千九百二十七年一月十八日附改正シタル法律ハ之ヲ聯邦食品、藥種法ト稱ス
第二條　食品、藥種法ノ規定ハ各州間ノ取引ニ於テ輸送セラレ若ハ輸送ノ目的ヲ以テ交付セラレ又ハ外國ニ輸出セラレ若ハ輸出ノ目的ヲ以テ提供セラレ又ハ各州間ノ取引ニ於テ販賣ノ目的ヲ以テ輸送中ニアル若ハ輸送セラレ又ハ外國ヨリ受領セラレ

又ハコロムビヤ地方、合衆國領土若ハ所屬島ニ於テ製造セラレ、販賣セラレ又ハ販賣ノ目的ヲ以テ提供セラレタル食品若ハ藥種ニ對シ之ヲ適用ス

第三條

一　食品、藥種、驅虫劑管理局又ハ其ノ監督ノ下ニ施行スル檢査用見本ノ蒐集ハ左ノ各號ニ該當スル官吏之ヲ行フ

(一)農務省ノ委任シタル代理人

(二)農務卿ノ任命ニ係ル州、領土、市若ハコロンビヤ地方ノ保健、食品、藥種檢査官

(三)保健、食品、藥種檢査官ノ推薦ニ因リ農務卿ノ委任シタル州、領土、市若ハコロンビヤ地方ノ保健、食品、藥種檢査官代理人

二　食品、藥種法第一條、第二條及第十條ニ該當スル食品若ハ藥種ハ其ノ所在如何ヲ問ハス見本ト爲スコトヲ得

包裝シタル物品ノ見本ニシテ一個ノ重量四封度及四封度以下又ハ容量二クオーツ及二クオーツ以下ノ場合ハ三個ヲ以テ一組トス

包裝カ重量又ハ容量ニ於テ前項以上ノ場合ニハ物品ノ性狀又ハ檢査方法ニ依リ一個若ハ二個トス

包裝物又ハ其他ノ見本品ハ成ル可ク之ヲ三分シ各部分ニ付キ其ノ出所ヲ明記シ農務省ノ規定スル印章を押捺シ之ヲ封緘スヘシ

三　見本品ハ食品、藥種、驅虫劑管理局又ハ其ノ監督ノ下ニ行フ檢査用ニ供シ檢査ニ供セサリシ殘餘ノ部分ハ密封ノ上保存ス但シ腐敗又ハ滅失ノ虞アル場合ハ此ノ限ニ在ラス

利害關係ヲ有スル當事者ヨリ請求アリタルトキハ見本ノ一部分ヲ交付スルコトヲ得

四　見本品ニ附セラレタル記號、商標、附箋、附屬印刷物若ハ記載文ハ凡テ之ヲ記錄スヘシ

見本品ヲ提供シタル賣主若ハ代理商ノ姓名ハ蒐集ノ時日ト共ニ記錄ス

原送狀、船荷證劵、貨物證若ハ其他輸送、販賣ノ書類、證書並ニ之等ノ寫ハ凡テ商人、運送人、倉庫業者若ハ之ヲ保管スル者ヲシテ提出セシムヘシ

五　運送人及倉庫業者ノ記錄書類ハ證據ヲ得ル目的ヲ以テ隨時調査スルコトヲ得
六　領土若ハコロムビヤ地方ニ於テ販賣ノ爲又ハ各州間ノ取引若ハ外國トノ通商ノ爲メ食品若ハ藥種ニ付キ其ノ全部若ハ一部ヲ保管又ハ手入ヲナス建物ハ農務省ノ委任スル代理人ヲシテ檢査ヲ爲サシムルコトヲ得

第四條
一　合衆國々定藥局方若ハ國民藥局方認定ノ藥種ハ該方所定ノ分析法ニ依リ之ヲ分析ス
二　凡テノ食品並ニ前項以外ノ藥種ハ公立農藝化學協會ノ規定スル方法ニ依リ之ヲ分析ス但シ食品、藥種、驅虫劑管理局ノ承認ヲ經タル場合ハ此ノ限リニ在ラス
三　食品若ハ藥種ノ分析法ニ關シ合衆國々定藥局方、國民藥局方若ハ公立農藝化學協會ニ規定ナキモノハ食品、藥種、驅虫劑管理局ノ承認ヲ經タル方法ニ依リ分析若ハ檢査スルコトヲ得

第五條
一　第一條及第二條ニ依リ公訴ヲ提起セムトスルトキハ被疑者並ニ利害關係ヲ有スル當事者ニ對シ訊問ノ期日ヲ定メ之ヲ通知スヘシ
訊問ハ公開セサル食品、藥種、驅虫劑管理局內事務室ニ於テ事實問題ニ限リ行フ
當事者ハ疏明ノ事由又ハ證據ヲ自身又ハ代理人ヲシテ口頭又ハ文書ヲ以テ提出スルコトヲ得
二　訊問ノ結果違反アリト認ムルトキハ農務卿ハ其ノ事件ヲ合衆國檢事ニ送致スヘシ
三　本法違反ノ確證ヲ得タル州、領土、市若ハコロムビヤ地方ノ保健、食品、藥種檢査官若ハ其ノ代理人ハ證據物ヲ直接合衆國地方檢事ニ送致スルコトヲ得
四　前項以外ノ場合ニ在リテハ食品、藥種法第一條又ハ第二條ノ違反アリト思料スル州、領土、市若ハコロムビヤ地方ノ保健、食品、藥種檢査官若ハ其ノ代理人ハ訊問ノ期日ノ決定並ニ之カ通知ヲ當事者ニ發スル爲ニ證據物ヲ食品、藥種、驅虫劑管理局ニ送致スヘシ

第六條

一　合衆國ニ居住スル卸賣人、製造人、仲買人若ハ其ノ他ノ當事者ハ食品並ニ藥種ヲ販賣スル商人ニ對シ該物品ハ聯邦食品藥種法所定ノ不正標記品ニ非サルコトノ保證ヲ與フルコトヲ得

二　前項ノ保證ニハ該物品ハ聯邦食品、藥種法所定ノ不正混合品若ハ不正標記品ニ非サル旨ヲ記入シ其ノ住所、氏名及署名ヲ要ス

三　第一項ノ保證ハ物品ノ名稱及數量ヲ表示シタル賣買證書、送狀、船荷證券若ハ其ノ他ノ目錄表ニ記入又ハ添附スルヲ要シ貼紙若ハ包裝物上ニ表示スヘカラス

保證ハ左ノ書式ニ依リ作製スヘシ

本物品ハ食品、藥種法ニ基キ不正混合品若ハ不正標記品ニ非サルコトヲ保證ス

保證人ノ署名、住所

四　前項ノ保證ニ代ヘ一般的ノ保證ヲ爲ス場合ニ於テモ第二項ニ依リテ之ヲ爲スヘシ

五　「千九百六年六月三十日制定ノ食品、藥種法ノ下ニ保證セラレタルモノ」及「本法ノ下ニ保證人ニ依リテ保證セラレタルモノ」等紛ハシキ記銘ヲ貼紙又ハ包裝上ニ表示スヘカラス

六　本則ニ依リ交付シタル保證ヲ有スル物品ヲ販賣シタルコトヲ立證シタルトキハ食品、藥種類取扱業者ハ公訴提起ニ付其ノ責ニ任セス

第七條

一　食品、藥種法規定ノ訴訟手續ニ依ル裁判所ノ判決ハ審判後之ヲ公告ス

公告ハ裁判所ノ認定、分析者ノ認定及ヒ農務卿ノ適當ト認ムル事實ノ說明ヲ附シテ之ヲ爲スヘシ

二　公告ハ廻狀、通牒若ハ告示等農務卿ノ定ムル形式ニ依リテ之ヲ爲ス

三　公告前判決ニ對シテ控訴ヲ爲シタルトキハ其ノ旨明示スヘシ

第八條

一　合衆國々定藥局方又ハ國民藥局方ニ於テ認可シタル名稱若ハ其ノ同意語ニ依リ販賣セラルル藥種ハ第二項ニ規定シタル

貼紙ヲ有スル場合ノ外檢査當時合衆國々定藥局方若ハ國民藥局方ニ規定セラレタル濃度、品質及純度ノ標準ニ適合スルコトヲ要ス

藥種ハ合衆國々定藥局方若ハ國民藥局方ノ要件並ニ明細書ノ全部ニ適合スルニ非ザレハ濃度、品質、純度等ノ標準ニ適合スルモノト看做スコトヲ得ス

二 合衆國々定藥局方若ハ國民藥局方ニ認可シタル名稱若ハ其ノ同意語ヲ以テ販賣セラルル藥種ニシテ所定ノ濃度、品質及純度ノ標準ニ適合セサルモノハ合衆國々定藥局方若ハ國民藥局方ニ依ル藥種ニ非サル旨明記セル貼紙ヲ附スヘシ且ツ眞ノ濃度、品質及純度ヲ明記シタル貼紙ヲ附スルカ又ハ合衆國々定藥局方若ハ國民藥局方規定ノ濃度、品質及純度ノ標準トノ差異ノ程度ヲ明記シタル貼紙ヲ附スヘシ

第九條 食品ニハ糖菓用ノモノヲ含ム

食品ニ關スル食品、藥種法ノ規定ハ糖菓ニ關スル特別規定ト共ニ之ヲ適用ス

第十條 食品ハ之ヲ粉末ヲ以テ被蔽シ又ハ毀損若ハ品質粗惡ヲ隱蔽スルカ如キ方法ニ於テ粉末化スルコトヲ得ス

第十一條 有害性成分ハ健康上有害ナル分量ニ於テ食品ニ混入スヘカラス

人意的ニ食品ニ混入シタル成分ハ混入成分トス

第十二條 食品、藥種法第七條第五項但書ニ依リ防腐劑ヲ外面ニ用ヒタル食品ハ其ノ防腐劑ヲ除去スヘキ方法ヲ被物若ハ包裝上ニ明記スヘシ

第十三條

一 無害ナル著色料及防腐劑ニ限リ食品ニ使用スルコトヲ得

二 著色料、防腐劑若ハ其ノ他ノ物質ハ無害ノモノト雖食品製造ノ際毀損若ハ粗惡ヲ隱蔽スル爲ニ使用スヘカラス

三 農務卿ハ食品ニ混入セル著色料、防腐劑若ハ其ノ他ノ物質ニ付キ衞生上無害ナリヤ否ヤヲ隨時決定シ適當ノ方法ニ依リ之ヲ公告スヘシ

前項ニ依リ公告シタル決定ハ食品藥種法施行上ノ基準ト爲スヘシ

四　農務卿ハ著色料カ食品藥種法並ニ本施行規則ニ適合セル旨證明ヲ與フルノ權限ヲ有ス

第十四條

一　本則ニ於テ標記ト稱スルハ物品若ハ其ノ容器ニ表示シタル銘又ハ記載文若ハ圖案又ハ包裝ノ上物品ト共ニ購買者ニ交付セラルヘキ廻狀、小冊子及之ニ類スル物若ハ商品ノ包裝又ハ商品ノ包裝ニ附シタル標記ニ參照セラルヘキ一切ノ文書又ハ廻狀若ハ小冊子ヲ謂フ

二　標記ニハ食品、藥種法ニ規定シタル各事項ヲ簡明ニ明示スヘシ例ヘハ本則第二十六條ニ依ル包裝中ノ內容量、第二十四條及第二十五條ニ依ル食品、藥種法第八條ニ列擧スル藥品ノ量及含有率ノ如シ

標記ニハ製品ノ性質上記載ヲ要スル其他ノ事項ヲ表示スヘシ

三　外國語ヲ以テ記載スル標記及英語並ニ外國語ヲ以テ記載スル說明及其ノ他ノ事項モ亦本則ニ依ルヘシ

四　標記ニハ該品又ハ含有スル成分若ハ物質又ハ該品ノ性質並ニ原產地ニ關シ虛僞若ハ欺瞞的ノ記載又ハ圖案若ハ意匠ヲ爲スヘカラス

本則ニ於テ圖案並ニ意匠ト稱スルハ凡テノ圖形、略號、文字若ハ符號ノ圖形的表徵ヲ謂フ

五　食品並ニ藥種ハ購買者ヲ欺瞞シ若ハ誤解セシムルカ如キ標記若ハ印ヲ爲スヘカラス

物品又ハ成分ニ關スル圖案、印刷、考案又ハ包裝物ノ配列、體裁又ハ被包物上ノ細工並ニ貼紙又ハ包裝上ニ附シタル印刷物若ハ圖形ノ配列上ノ細工ニシテ直接若ハ間接ニ欺瞞ノ虞アルモノハ之ヲ禁ス

六　物品カ一種以上ノ食品又ハ急效性醫藥ヲ含有スル場合ニ單一成分ノミヲ表示シテ命名シタルモノハ不正標記ノモノト看做ス

藥種ノ場合ニ於テハ合衆國々定藥局方及國民藥局方ノ用語ヲ使用スヘシ

七　製法ノ記載ハ不正混合若ハ不正標記ヲ防止スルニ必要ナルトキノ外標記スルヲ要セス

八　全成分ヲ表示セルカ如キ標記ヲ有スル物品ニシテ該成分表カ不完全ナルトキハ不正標記ト看做ス

第十五條

左ノ各號ニ該當スルモノハ標記ヲ要ス

一 模造品（本則第二十條第一項）

二 食品並ニ藥種ニシテ食品、藥種法第八條藥種ノ場合ニ於ケル第二項食品ノ場合ニ於ケル第二項ニ列擧ノ成分ヲ含ムモノ（本則第二十四條、第十五條）

三 藥種ニシテ食品、藥種法第七條第一項但書ニ該當スルモノ（本則第八條第二項）

四 包裝セル食品（本則第二十六條）

五 食品ニシテ食品、藥種法第八條第四項但書ニ該當スル合成物及混合物（本則第十九條及第二十條）

六 代用品（本則第二十一條）

七 食品ニシテ食品、藥種法第七條第五項但書ニ該當スルモノ（本則第十二條）

八 副産物若ハ廢棄物（本則第二十二條）

九 食品、藥種法第二條但書ニ該當スル輸出ヲ目的トスル物品（本則第二十七條第二項）

十 不正混合若ハ不正標記ヲ防止スル爲メ特殊ノ標記ヲ要スル物品

第十六條

一 製造者若ハ生産者ノ氏名ハ標記ニ記載スルヲ要セサレトモ記載セムトスルトキハ眞正ノ氏名ヲ記載スルコトヲ要ス標記ニ記載シタル氏名カ實際ノ製造者若ハ生産者ニ非サル場合ハ「……………ノ爲メニ包裝セラレタル」若ハ「……………ニヨリ販賣セラルル」其他之ニ類スル語ヲ標記ニ附加スルコトヲ要ス

二 製造地若ハ生産地ハ標記ニ記載スルコトヲ要セス但シ不正標記ヲ防止セムカ爲メ物品ヲシテ食品、藥種法第八條第四項但書ニ適合セシムル爲メ該物品カ自國産ニシテ外國製品ニ非サルコトヲ明示スル必要アル場合又ハ該物品固有ノ名稱ノ下ニ販賣セラルル混合物若ハ合成物ニシテ之ヲ明示スル必要アル場合ハ此ノ限リニ在ラス

三 製造地又ハ生産地ヲ明示スル場合ニ於テハ正確ナルコトヲ要ス

四 個人、商會若ハ組合カ二個又ハ二個以上ノ場所ニ於テ食品若ハ藥種ヲ製造スル場合ニ於テハ各製品ニ付キ其ノ眞實ノ製

造地若ハ生産地ヲ標記ニ明示スルコトヲ要セス但シ他ノ僞造品若ハ欺瞞品トノ混同ヲ避ケル爲製造所ノ明記ヲ必要トスル場合ハ此ノ限ニ在ラス

第十七條

一　單一若ハ混合物ニ非サル食品及藥種ハ英語ノ普通名ニヨリ販賣スヘシ但シ藥種カ合衆國々定藥局方若ハ國民藥局ニ於テ認可シタルモノハ其ノ名稱ニヨリテ販賣スルコトヲ得

二　食品若ハ藥種カ特定ノ地ニ於テ生産若ハ製造セラレタルコトヲ示ス地理的名稱ハ該製品カ其ノ地ニ於テ製造若ハ生産セラルルニ非サレハ使用スルコトヲ得ス

三　特定ノ外國製品タルコトヲ示ス特殊ノ名稱ハ其ノ國ニ於テ製造若ハ生産セラレサル製品ニ使用スヘカラス但シ品質、製品ノ型式若ハ形態ノ表示同一ニシテ且ツ製品カ實質的ニ當該外國製品ノ特質ヲ具備スル場合ハ此ノ限リニ在ラス前項但書ノ場合ニハ外國ニ於テ製造セラレタルカ如キ疑ヲ除去スヘキ制限ヲ附スルコトヲ得

第十八條

一　本則ニ於テ特殊ノ名稱ト稱スルハ一食品ト他食品トノ區別ヲ明カニスル名稱ヲ謂フ

二　食品、藥種法第八條第四項ニ於テ固有特殊名稱ト稱スルハ全ク任意ニシテ且ツ假想的ナル名稱ニシテ特定ノ食品ヲ其ノ他ノ食品ヨリ區別スルモノヲ謂フ
固有特殊名稱ハ原産地、品質、組成、成分若ハ製造地ニ關シ虛僞ノ表示ヲ爲スヘカラス又購買人ヲシテ眞僞ヲ誤マラシムルカ如キモノタルヘカラス

第十九條

一　混合物並ニ合成物ナル名稱ハ相互ニ交換使用スルコトヲ得

二　特殊名稱ヲ有スル混合物若ハ合成物ハ單一成分タルト、混合物タルト、合成物タルト又ハ他製品の名稱ノ下ニ販賣ニ供セラレタルトヲ問ハス他製品ノ模造品タルヘカラス
標記若ハ記號上ニハ特殊名稱ト共ニ製造地名若ハ生産地名ヲ記入スヘシ

但シ同一地名カ他州、他領土若ハ他國ニ存スルトキハ州、領土若ハ國名ヲ併セ記載スヘシ

三　食品ハ本則ニ依ル貼紙ヲ附スルニ非サレハ食品、藥種法第八條第四項第一號但書ニ該當スルモノト認ムルコトヲ得ス

第二十條

一　模造品ニハ標記上ニ「模造品」ナル文字ヲ附シ且ツ該品ノ主成分ヲ明記スヘシ

二　混合物、食品、藥種法第八條ニ該當スル食品ノ場合第四項第二號ニ該當セシムル爲場合ニ依リ「混合物」ナル文字ヲ貼紙上ニ示シ且ツ該混合物ノ主成分ヲ明瞭ニ附加記入スヘシ

第二十一條　食品製造ニ普通使用スルコトヲ認メラレタル物質カ他ノ保健上無害ナル物質ヲ以テ一部若ハ全部置換ヘラレタル場合ハ代用品ナル文字ヲ標記上ニ明瞭ニ表示スルコトヲ要ス

第二十二條　食品カ一部若ハ全部副產物又ハ細片、幹、端物若ハ其ノ他之ニ類スル廢棄物ヨリ成ルトキハ其ノ食品ノ母體ニ相當スル名稱ヲ標記ニ用フヘカラス

第二十三條　適法ナル貼紙ヲ有スルト雖其ノ內容適法ナラサルトキハ違法トス　例ヘハ或物品ヲシテ保健上有害ナラシムルカ如キ有害性成分ヲ混入スルコトハ如何ナル形式ノ標記ニ依ルモ違法トス

第二十四條

一　藥種ニ各種アルコール、モルヒネ、阿片、ヘロイン、コカイン、アルフアイフカイン、ベーターイフカイン、クロロフオルム、カナビスインデイカ、クロラルハイドレート、アセトアニリツド又ハ其ノ誘導物若ハ其ノ調劑ノ分量又ハ含有率ヲ標記セサルトキハ不正標記ト看做ス

右記載ハ簡單ニシテ明瞭ナルコトヲ要ス

二　食品ニモルヒネ、阿片、ヘロイン、カコイン、アルフアイフカイン、ベーターイフカイン、クロロフオルム、カナビスインデイカ、クロラルハイドレート、アセトアニリツド又ハ其ノ誘導若ハ其ノ調劑ノ分量又ハ含有率ヲ標記ニ記載セサルトキハ不正標記ト看做ス

右記載ハ簡單ニシテ明瞭ナルコトヲ要ス

三　普通アルコールト稱スルハ特ニ記載ナキトキハエチールアルコールヲ謂フ

エチールアルコール以外ノアルコールニシテ藥種中ニ存在スルトキハ標記ニ其ノ種類ヲ記入スヘシ

食品中ニエチールアルコール存在スルトキハ特ニ明記スルコトヲ要セス

四　第一項及第二項ニ列記セル物質ノ分量若ハ含有率ノ記載ニ付キテハ食品、藥種法所定ノ名稱ヲ使用スヘシ

第一項及第二項列記ノ物質ノ誘導物ニシテ其ノ物質ノ分量若ハ含有率ヲ明記スル場合ニハ誘導物ノ商業上ノ名稱ト共ニ物質ノ名稱ヲ附記シ其ノ誘導物ナルコトヲ明示スヘシ

第二十五條

一　藥種中アルコールノ量ハ製品中ノ純アルコールノ量ヲ容量百分率ニ依リ記載スヘシ

二　液體ノ場合ニアリテハアルコールヲ除キ本則第二十四條ニ列記ノ物質及其ノ誘導物若ハ調劑又ハアルコールノ誘導物ノ量ハ一液體オンス每ニ對シグレインズ若ハミニムズノ語ヲ以テ記載スヘシ

固體ノ場合ニアリテハ、分量ハ一常衡オンス每ニ對シ、グレインズ若ハミニムズノ語ヲ以テ記載スヘシ

右分量記載ニ當リ場合ニ依リメートル法ヲ使用スルモ妨ケナシ

三　二個若ハ二個以上ノ丸粒、ウエーフワー、錠、粉、膠囊其ノ他之ニ類スル物カ同一容器ニ依リテ販賣セラルル場合ニハ其ノ各單位ニ付キ本則第二十四條列記ノ各物質若ハ其ノ誘導物ノ量ヲ記載スヘシ

四　本則第二十四條ニ列記セル物質ニ付キ其ノ最大分量若ハ最大含有率ノ記載ハ該記載ニシテ平均量若ハ平均含有率ヨリ實質上ニ於テ異ナラサルトキハ適法トス

第二十六條

一　食品ノ包裝ニハ通常消費者ニ送附セラルヘキ容器ノ外部若ハ包裝外被物ニ其ノ內容ノ重量、容量若ハ數量ヲ簡明ニ記載スヘシ

二　記載スヘキ內容量ハ包裝中ノ食品ノ分量タルコトヲ要ス

三　內容量ノ記載ハ簡單ニシテ明瞭ナルヘク銘若ハ意匠ノ一部ト爲シ若ハ之ニ依リ不明瞭トナスヘカラス

四　包裝物ノ大サ及消費者ニ於テ之ヲ檢査スル事情ヲ考慮シ讀ミ易キ文字ヲ以テ明瞭ニ記載スヘシ

重量若ハ容量ヲ以テ內容量ヲ記載スル場合ハ包裝中ニ含マルル最大單位ヲ以テ記載スヘシ

但シ商品ノ量ヲ記載スルニ當リ更ニ大ナル單位ノ分數ヲ以テスル商習慣アルトキハ其ノ慣習ニ依ルコトヲ得

約分可能ナル分數ハ最下位ノ單位迄約スヘシ小數ヲ以テ表示セラルルトキハ零ヲ以テ初メ小數點以下二倍以上ニ至ルヘカラス

五　重量ノ記載ハ常衡封度若ハオンスヲ以テ表示スヘシ

液量ノ記載ハ合衆國ノガロン（一ガロンハ二、三一立方吋）及其ノ慣習上ノ區分即チガロン、クオーツ、パイント若ハ液量オンスヲ以テシ且ツ華氏六十八度（攝氏二十度）ニ於ケル液體ノ量ヲ表示スヘシ

乾容量ノ記載ハ合衆國ノ標準ナルブツシエル（一ブツシエルハ二、一五〇・四二立方吋）並ニ其ノ慣習上ノ區分即チブツシエル、ペツク、クオート、パイントヲ以テシ樽詰ノ場合ニ於テハ合衆國標準ノバレル並ニ其ノ合法的區分即チ三分ノ一、二分ノ一若ハ四分ノ三バレルノ如ク千九百十五年三月四日法律ニ依リ制定セラレタル語ヲ以テスヘシ

但シ量ノ記載ハメートル法重量若ハメートル法容量ニ依ルコトヲ得

メートル法重量ノ記載ハキログラム、グラムヲ以テシメートル法容量ノ記載ハリツトル若ハ立方粍ヲ以テ表示スヘシ

メートル法重量若ハメートル法容量ニ於テ前記以外ノ單位ヲ使用スル特定ノ商習慣アルトキハ其ノ慣習ニ準據スルコトヲ得

六　固體ノ量ハ重量ヲ以テシ液體ノ量ハ容量ヲ以テ記載スヘシ

但シ該物品ニ關シ特別ノ商業上ノ慣習ニ依ル重量若ハ容量ヲ以テ記載スルコトヲ得

粘體若ハ半固體ノ食品又ハ固體ト液體ノ混合物ノ量ハ重量若ハ容量ノ何レカヲ以テシ該記載ハ特定ニシテ且ツ重量ヲ以テセルカ容量ヲ以テセルカヲ明示スヘシ例ヘハ「重量十二オンス」、「常衡十二オンス」、「容量十二オンス」、「十二液量オンス」ノ如シ

七　包裝物ニ其ノ內容個數ヲ記載セサルカ又ハ個數ニヨリ其ノ內容量ヲ明確ニ示シ得サルモノハ重量若ハ容量ヲ以テ記載ス

ヘシ

八　內容量ハ最小限重量、最小限容量若ハ最小限數量ヲ以テ示スヘシ例ヘハ「最小限重量十オンス」「最小限容量一ガロン」若ハ「四液量オンス以上」ノ如シ

此ノ場合ニ於ケル記載ハ實際ノ量ニ近似スルコトヲ要シ記載サレタル最小限以下タルヘカラス

九　包裝上ニ明記セル內容量ノ誤差並ニ變量ハ左ノ場合ニ限リ之ヲ許容ス

(一)善良ナル商行爲ニ從ヒテ爲サレタル包裝ニシテ重量、容量若ハ數量測定ノ際已ムヲ得ス生スル誤差

(二)內容積ヲシテ全ク同一ナラシメ得サル製造上ノ困難ニ起因シ壜若ハ之ニ類似スル容器ノ已ムヲ得サル不同ニ基ク內容量ノ誤差

但シ意匠ノ爲メニ同一ニ近キ容量ニ製造スルヲ得サル壜若ハ之ニ類似スル容器ニアリテモ比較的同一容量ニ製造シ得ルモノヨリ誤差許容ノ程度大ナラス

(三)土地ノ氣候若ハ氣象ノ差異ニ基ク重量若ハ容量ノ誤差又ハ普通ノ大氣露出ノ爲メ水分ノ蒸發若ハ吸收ニ因リテ生スル重量若ハ容量ノ誤差

本項(一)及(二)ニ於ケル誤差ハ記載分量ヨリ大ナルコト若ハ小ナルコトアルヘシ

本項(三)ニ於ケル誤差ノ正否ハ各場合ニ於ケル事實ニ付キ決定ス

十　常衡半オンス若ハ半オンス以下ノ食品ヲ容ルル包裝物ハ之ヲ「小」ト稱シ其ノ包裝物ニハ重量ノ記載ヲ要セス

十一　一液量オンス若ハ一液量オンス以下ノ食品ヲ容ルル包裝物ハ之ヲ「小」ト稱シ其ノ包裝物ニハ容量ノ記載ヲ要セス

十二　本條第七項ニ依リ重量若ハ容量ニ依ル內容量ノ記載ヲ要セサル包裝物ニシテ食品六個若ハ六個以下ヲ容ルルモノハ本則ニ依リ「小」ト看做シ數量ノ記載ヲ要セス

第二十七條

一　輸出ヲ目的トスル食品若ハ藥種ニシテ外國購買者ノ仕樣明細書若ハ指圖ニ依リ製造又ハ包裝シ且ツ該品ノ輸出仕向先ノ法律ニ抵觸スル物質ヲ製造若ハ包裝ニ使用セサルコトヲ發送者若ハ輸送者ニ於テ保證シタルトキハ食品、藥種法ニ謂フ

不正混合若ハ不正標記品ニ非ス

二 前項ニ依リ製造若ハ包裝シタル輸出ヲ目的トスル商品ニハ外國購買者ノ仕樣明細書若ハ指圖ニ依リ製造又ハ包裝シタル旨外裝容器上又ハ包裝上ニ記載スヘシ

前記標記ヲ缺クコトニ依リ不正混合若ハ不正標記ト認メラルル虞アル場合ニ於テノミ之ヲ要ス

三 前二項ニ依リ輸出ヲ目的トシテ製造シタル商品ニシテ國內消費ノ爲メ販賣シ又ハ販賣ノ爲メ提供スル場合ニ於テハ國內販賣ニ關スル法律ヲ適用ス

第二十八條

一 合衆國ニ輸入シタル食品若ハ藥種ノ送狀ニハ合衆國領事ノ面前ニ於テ作製シタル左記樣式ノ荷送人ノ申告書ヲ添附スルコトヲ要ス

書式第百九十八號 領事――(一九一六年七月訂正)

食品並ニ藥種ノ荷主ノ申告

何年何月何日何々ノ場所ニ於テ確證セラレタル送狀第何號ヲ附シタル貨物ニ關スル申告書

下記署名ノ余ハ茲ニ添附セル領事ノ送狀ニ列記セル商品ノ……(賣渡人、所有者並ニ該代理人)……ナリ本商品ハ保健上有害ナル何等ノ附加的物質ヲ含マサル食品若ハ藥種ヨリ成ル

本商品ハ 何年中……(國名)……ニ於テ生產セラレ……(製造者名)……ニヨリ……(都市名)……ニテ製造セラレタルモノニシテ……(都市名)……ヨリ輸出セラレ、又ハ……(都市名)……ニ對シ輸出セラレタルモノナリ

本商品ニハ虛僞ノ標記若ハ記號ヲ附セス

又……(使用サレタル國定著色料)……ヲ除キ他ノ何等ノ人工的著色ヲ施サス 又……(使用サレタル國定防腐劑)……以外何等ノ防腐劑(但シ鹽、砂糖、酢若ハ木煙ヲ除ク)ヲ使用セス且ツ該品ノ製造國若ハ輸出國ニ於テ販賣ノ爲メ禁止若ハ制限ヲ受クルカ如キ性質ノモノニ非ス

又聯邦食品、藥種法ノ規定ニ依リ合衆國ニ輸入スルコトヲ禁止セラルヘキ性質ノモノニ非サルコトヲ保證ス

余ハ余ノ智識並ニ信仰ノ最上ニ於テ眞實ヲ述ヘタルコトヲ玆ニ宣誓ス

何年何月何日　　　　（場所名）　ニ於テ認ム

姓　　　　名　署　名

領事ニ對スル訓令

（一）本申告書ハ價格百弗以上ノ貨物ニ對スル書式自第百三十八號至第百四十號若ハ自第三十九號至第四十號ノ形式ニ依リ領事ノ送狀ノ特別副本ニ添附スヘシ

（二）本申告書ニハ官印ヲ押捺シ且ツ送狀確認ノ番號、日附並ニ場所名ヲ明記スヘシ

（三）荷主ニ對シ成ルヘク製造者名ヲ申告セシムヘシ

（四）申告ニシテ誤謬若ハ不備ノ疑アルトキ若ハ領事ニ於テ該商品ノ抑留サルル虞アリト信スル場合ニ於テハ送狀ニアル領事ノ訂正若ハ記載欄内ニ其ノ旨記入スヘシ

二　バルチモアー、ボストン、バツフアロー、シカゴ、シンシナチ、デンヴアー、カンサスシテイー、ミネアポリス、ニユーオルリンス、紐育、フイラデルフイヤ、桑港、サンジユアン、ポートリコ、サヴアナー、セントルイス、シヤトル其他食品、藥種檢査所々在地ニ於テ商品ヲ輸入スル場合ニ於テハ本申告書ヲ送狀ニ添附スヘシ其他ノ場合ニ在リテハ申告書ヲ食品、藥種、驅虫劑管理局ニ提出スヘキ送狀ノ副本ニ添附スヘシ

第二十九條

一　輸入食品若ハ藥種ニ關スル聯邦食品、藥種法ノ規定ノ施行ハ一般原則トシテ農務省食品、藥種、驅虫劑管理局所屬檢査所官吏ノ行フ所ナルモ食品、藥種法ノ規定ニ準據セサル場合ニ商品ノ差押、輸出、破毀及約定書ニ依ル行爲ニ關スル命令ノ執行ハ收税官ニ於テ之ヲ行フ

二　食品、藥種法ノ規定ニ依リ檢査ニ附セラルヘキ商品ハ關税ト共ニ送狀ニ表示セラルル全價格ニ對シテ適當ノ形式ニ於テ約定書ヲ提出スルニ非サレハ檢査報告前ニ荷受人ニ之ヲ交付スルコトヲ得ス荷受人カ商品ノ國外移出其ノ他ノ目的ノ爲メ其ノ商品ヲ收税官ノ保管ニ移スコトヲ拒絶シタルトキハ約定書ノ全額ヲ沒

収ス

三　商品ヲ輸入セムトスル者ハ検査所代表者ノ行フ検査ノ為メ遅滞ナク食品、薬種並ニ一貨物ニ関スル送状ヲ提出スヘシ見本ヲ要セサル場合ニ於テハ「見本不要――合衆國農務省食品、薬種、驅虫劑管理局（検査官名ノ頭文字）」ノ印章ヲ送状ニ押捺スヘシ

四　収税官若ハ鑑定官ハ検査所ヨリ見本ノ請求アリタルトキハ即日見本ヲ提出セシムヘシ

商品ハ検査、分析ノ結果報告アル迄保存スヘシ

商品カ聯邦食品、薬種法所定ノ要件ニ適合セサル場合ニ於テハ處分ノ為メ収税官ニ交付サルヘキ旨輸入者ニ通知スヘシ

通知ハ収税官若ハ鑑定官ヨリ各個人ニ對シテ之ヲ為シ又ハ税關ニ於テ毎日掲示スル公告ニ依リテ為スヘシ

五　違反ナキトキ――許可

見本検査ニ依リ本法ニ違反セサルトキハ検査所長ハ輸入者ニ許可ノ通知ヲ為シ其ノ副本ヲ収税官ニ送付スヘシ

六　違反アリタルトキ

(一)食品、薬種法ニ違反シタルトキハ検査所長ハ輸入者ニ對シ違反セル旨ヲ通知シ且ツ異議ヲ申立ツヘキ期日並ニ場所ヲ通知スヘシ

前項ノ場合ニ於テハ商品ノ抑留ニ關シ収税官ニ通知シ若シ第二項ニ依リ約定書ヲ提出スルコトナクシテ商品ノ輸入ヲ許可シタル場合ニハ輸入者ニ對シ商品ノ發送ヲ中止セシメ若ハ税關ノ保管ニ付スル為メ之ヲ返送セシムヘシ

異議申立ノ期日ハ要求ニ依リ證據蒐集ニ必要ナル期間之ヲ延長スルコトヲ得

(二)輸入者カ異議申立期間内ニ口頭又ハ文書ヲ以テ申立ヲ為ササルトキハ検査所長ハ遅滞ナク申立ナキトキハ収税官ヲシテ商品ノ輸入ヲ拒絶セシムル旨最後ノ督促ヲナスヘシ

輸入拒絶品

(三)商品カ輸入ヲ拒絶セラレタル場合ニ於テハ検査所長ハ輸入者カ訊問後一日又ハ督促ヲ受ケタル後三日以内ニ出頭セス若ハ回答セサルトキハ収税官ニ對シ二通ノ通知書ヲ送付スヘシ

(四)通知ヲ受ケタル收稅官ハ受領後一日以內ニ其ノ一通ニ記名シ之ヲ輸入者ニ轉送スヘシ
通知書ノ內一通ハ輸入者ニ對シ法定期日ヨリ三ケ月以內ニ當該商品ヲ輸出シ若ハ破毀スヘキ旨通知スルノ用ニ供シ他ノ一通ハ事務所ノ記錄トシテ保存シ後日檢查所長ニ對スル報告トシテ返送スヘキモノトス
通知ニ關シテハ所定ノ形式ニ從ヒ確證ノ上收稅官ニ之ヲ返送スヘシ

條件ヲ附スヘキ商品

(五)商品ノ標記ヲ訂正シ又ハ一定ノ條件ヲ附シテ許可シタル場合ニ於テハ檢查所長ハ輸入者ニ直接通知ヲ發シ副本一通ヲ收稅官ニ送致スヘシ
通知書ニハ特ニ履行スヘキ條件ヲ記載シ消費及入庫ニ關スル稅關約定書ノ條項ヲ遵守スヘキコトヲ命スヘシ
食品、藥種法並ニ同法ニ依リ公布シタル法規ニ付亦同シ
通知書ニハ輸入者ヨリ商品カ檢查ヲ受クル準備ノ成リタルコトヲ通知スヘキ官吏ノ氏名ヲ記載スヘシ
(六)輸入者ハ前項ノ條件ヲ具備シ且ツ檢查ノ爲メ指定ノ場所ニ於テ準備セル旨記載セル通知ヲ記入濟ノ證明書ト共ニ指定セラレタル收稅官若ハ檢查所長ニ返送スヘシ
(七)檢查官ハ檢查後通知書ニ檢查ノ結果ヲ裏書シ之ヲ場合ニ應シ收稅官若ハ檢查所長ニ返送スヘシ
(八)檢查所長監督ノ下ニ適法ニ條件ヲ具備シタルトキハ檢查所長ハ輸入者ニ該商品ノ輸入ヲ許可シ輸入許可通知書ノ副本ヲ收稅官ニ送付スヘシ
商品ノ全部若ハ一部ノ破毀若ハ其ノ他ノ條件ヲ附セラレタルトキ又ハ輸入者ニ於テ指示セラレタル條件ヲ具備セサル爲メ該商品ヲ輸出若ハ破毀セシムヘキ場合ニハ檢查所長ハ直ニ檢查ノ結果ノ通知書二通ヲ收稅官ニ送付スヘシ
收稅官ハ署名ノ上通知書ノ副本ヲ輸入者ニ送付スヘシ
(九)收稅官ハ所定ノ條件ヲ具備セシムル爲メ商品ヲ抑留シタル場合ニ其ノ條件完備シタルトキハ商品ノ抑留免除ノ旨輸入者ニ通知スヘシ
許容期間內ニ條件具備セサルトキハ商品ノ輸出若ハ破毀ヲ命スヘシ

(十)輸入ヲ拒絶セフレタル商品若ハ輸入ヲ許可スル爲メ條件ヲ附シタル商品ニ對シ最後ノ處理ヲ採リタルトキハ收稅官ハ免除若ハ破毀ノ日附又ハ輸出ノ日附並ニ仕向國ヲ記入シ其ノ旨檢查所長ニ通知スヘシ

(十一)故意ニ食品、藥種法ニ違反シタル意志明白ナルトキハ再標記淸淨其ノ他之ニ類スル修正ヲ許サス

同樣ニ不注意其ノ他ノ事由ニ依リ食品、藥種法ニ違反シタル商品ヲ輸入セムトスルトキ又ハ輸出者若ハ輸入者カ既往ノ商品ノ違反ニ關シ通知セラレタルコトアル場合ハ檢查所長ノ裁量ヲ以テ前項ノ修正ヲ許ササルヘシ

同一標記ヲ附シタル商品ハ三度以上其ノ標記ヲ訂正スルコトヲ得ス

(十二)輸入者ハ許可ヲ受クル前ニ商品ノ類別若ハ仕直ノ特權ヲ附與セラレタル商品ノ同一性ニ付證據ヲ提出スルコトヲ要ス

前項ノ特權ハ商品ヲ指定ノ場所ニ於テ分離シ且ツ同一性質ヲ有スル他ノ商品ヨリ離隔スル等指定條件ニ對シ輸入者カ同意シタル場合ニ限リ之ヲ附與ス

(十三)檢查所長若ハ其ノ任命シタル官吏ハ商品カ適法ニ處理セラレタルコトヲ立證スル爲メ輸入者ニ對シ宣誓書ノ提出ヲ命スルコトヲ得

宣誓ハ公證人若ハ一般ニ宣誓ノ權限ヲ有スル官吏ノ面前ニ於テ之ヲ爲スヘシ

(十四)聯邦食品、藥種法ノ規定ニ準據シテ輸入シタル商品ニシテ再檢查若ハ輸出ノ爲メ他港ニ轉送スルコトハ約定書ヲ有スル商品ト同シク稅關運送人ノ積荷目錄ニ依リテ船積スルコトヲ要ス

(十五)商品ヲ輸出若ハ破毀スル場合及檢查所專任官吏ノ不在ノ場合ニ於テハ收稅官ハ檢查事務ヲ施行ス

(十六)收稅官並ニ檢查所代表者ハ土地ノ狀況ニヨリ檢查事務ノ分擔ヲ協議決定ス

檢查所官吏ハ商品ヲ淸潔ナラシメ又ハ標準ニ適合セシメ若ハ之ニ類スル再檢查ノ爲メ隨時檢查事務ヲ執行スルコトヲ得

七　罰　則

(一)商品處理條件ニ付檢查所長ノ指令若ハ勸告ニ從ハサル場合ニ於テハ檢查後三日以內又ハ何等ノ處理ヲモ爲ササルトキ

ハ法定猶豫期間タル三ケ月經過後收稅官ハ其ノ旨檢査所長ニ報告スヘシ

(二)檢査所長前項ノ報告ヲ受ケタルトキハ聯邦食品藥種法ノ規定ニ適合セシムル爲メ輸出者ノ信用ヲ明示スヘキ證據物件ヲ收稅官ニ送致シ且ツ之ニ對スル勸告ヲ與フヘシ

(三)收稅官ハ前項ノ勸告接受後三日以內ニ輸入者ニ對シ罰金ノ免除又ハ輕減若ハ確定シタル處理方ヲ收稅官ニ出願セサル場合ニハ輸出又ハ破毀ニ關スル三ケ月ノ法定猶豫期間經過セルニ因リ三十日以內ニ處分スヘキ旨通知スヘシ免除又ハ輕減ニ關スル願書ハ宣誓ノ下ニ其ノ理由ヲ詳述シ二通ヲ提出スヘシ

(四)收稅官ハ二通ノ出願書ニ自己並ニ檢査所ノ勸告書各二通ヲ添附シ稅關部會計課長ニ廻付スヘシ

八　檢査所ナキ開港場

(一)食品、藥種、驅虫劑管理局所屬檢査所ノ設置ナキ港ニ在リテハ收稅官若ハ入關通知書ニ依ル最初ノ通知ヲ受ケタル日所轄檢査所長ニ其ノ旨通知スヘシ

(二)前項ノ通知ヲ受ケタル檢査所長ハ見本ヲ必要トセサル場合ニハ其ノ旨收稅官ニ通知スヘシ本項ニ依ル通知書ハ檢査所々在港ニ於テハ「見本不要——農務省食品、藥種、驅虫劑管理局檢査官氏名」ノ捺印アル送狀ト同樣ノ效力ヲ有ス

(三)見本ヲ要スルトキ檢査所長ハ其ノ旨直ニ收稅官ニ通知スヘシ

(四)收稅官ハ直ニ商品ノ見本ニ明細書ヲ添付シテ送致スヘシ

(五)食品若ハ藥種ノ各商品中ヨリ見本ヲ要スル場合ニハ檢査所長ハ該檢査所々屬港ノ收稅官若ハ代理人ニ必要ナル見本ノ仕樣書ヲ送付スヘシ見本ハ檢査所長ノ請求ナキトキト雖商品到着當日ニ送付スヘシ

(六)其他詳細ナル事項ニ關スル手續ハ檢査所々在ノ港ニ於ケル手續ニ同シ　但シ郵便ヲ以テ通知ヲ送達スル場合ニ於テハ郵送ニ要スル日數ハ該期間ニ算入セス

九　檢査所長ハ輸入規則施行ニ關シテハ關稅官ト同一ノ權限ヲ有ス

第三十條

一　食品、藥種法ニ基ク不正混合若ハ不正標記ノ食品並ニ藥種ヲ工業用トシテ輸入セムトスルトキハ之ヲ工業用ニ變質ノ上送狀ニ工業用ニ供スヘキモノナル旨明記スヘシ
(一)食品ノ場合ニアリテハ「食料品ニ非ス」藥種ノ場合ニアリテハ「醫藥ニ非ス」ト明瞭ニ標記シタルトキ
(二)輸入者カ本商品ハ食品若ハ藥種トシテ使用スルモノニ非スト記載シタルトキ
(三)輸入者ノ指定スル當事者カ適當ノ方法ヲ以テ使用スル旨記載シタルトキ
(四)輸入者カ商品ノ眞ノ用途及商品ヲ使用スル當事者ニ關シ保證スルコトニ同意シタルトキ
輸入當時契約シタル罰金契約書ハ適法ニ處理シタルコトノ證據ヲ提出スルニ非サレハ解除セス
二　其ノ用途一定範圍ニ限ラレ且違法ノ虞ナキ食品若ハ藥種即チ主要組成物カ不完全ナル未製藥種若ハ其ノ代用品ニシテ適法ニ標記セラレ且ツ適法ニ使用セラルヘキ製品ニ製造スル爲メ特定セル當事者ニ依リテ使用セラルル旨宣誓書若ハ保證ヲ提供シタル場合ニハ輸入ヲ許可スルコトヲ得
輸入當時契約シタル罰金契約書ハ適法ニ處理シタルコトノ證據ヲ提出スルニ非サレハ解除セス
第三十一條　本則ノ變更又ハ修正ニハ大藏卿、農務卿、商務卿ノ同意ヲ要ス
本則ハ公布ノ日ヨリ之ヲ施行ス
曩ニ公布施行中ノ聯邦食品、藥種法施行規則ハ之ヲ廢止ス

千九百二十二年六月十日　　華盛頓ニ於テ

大藏卿　エー・ダブリユー・メロン
農務卿　ヘンリー・シー・ワレス
商務卿　ハーバート・フーバー

陸軍罐詰購買規格

陸軍二等主計正　繁　富　保　雄

目　次

一、軍用罐詰の種類

陸軍で使用する罐詰は戰用品と常用品に依つて異るのみならず亦平時と戰時に依つても異ふのである。

（１）戰用品

戰用品は名の如く戰時に使用する罐詰であるが後に述べる如く軍事上の必要に依り其の中の一部分を平時から準備貯藏して置く、從つて之を新陳交換して行く爲平時に軍隊で之を使用するものであるが其種類は

（イ）平時

一、牛肉罐詰　（大和煮）
正味　四五〇瓦入……尋常罐詰と稱す
〃　一五〇瓦入……携帶罐詰と稱す

二、魚肉罐詰　（大和煮）
正味　四五〇瓦入……尋常罐詰と稱す
魚の品種は鯖、鰹、鮪、鰤の四種とす

三、醬油エキス罐詰
正味　四五〇瓦入……尋常罐詰と稱す

（ロ）戰時　然れども戰用罐詰も戰時に於ては前記平時の樣に單純ではない。資源、嗜好等の要求から殆んど我國產罐詰の總てに及ぶものである、即ち

一、獸肉罐詰　獨り牛肉のみならず豚肉、鷄肉、羊肉、兎肉等に及ぶ、但し携帶罐詰に限り牛肉罐詰のみである。

二、魚肉罐詰　鯖、鰹、鮪、鰤は勿論鱒、鮭、鰯等各魚種に及び調味も大和煮のみに限らず一部、佃煮、ボイルドを加ふ。

三、野菜入肉罐詰　戰時は單に肉のみの罐詰の外、豆類、牛蒡、人參、蓮根、筍等の野菜入肉罐詰を使用す

四、醬油エキス罐詰　平時に同じ

五、其他の罐詰　野菜ボイルド罐詰、蜜柑、パイナツプル等果物罐詰、甘酒、しる粉等甘味品罐詰。

(2) 常用品

常用品とは平時及平時と同樣の狀態にある戰時の軍隊で使用するものであつて

(イ)平時　平時に於て軍隊が使用する罐詰には(一)戰用繰下品　(二)購買品の二つがある。

「戰用繰下品」とは平時に於ける戰用準備品を新陳交換の爲に繰下げて每年使用するものであつて、之で不足するものは市井販賣品を購入して使用することになつて居る。

從つて戰用繰下品の種類は前記平時に於ける戰用準備品と同じである。平時軍隊購買品の種類には制限は無い、兵食に適する罐詰の總てゞある。

(ロ)戰時　戰時留守部隊等の軍隊は平時同樣兵食に適する總ての罐詰を購入使用することが出來るのであつて別に制限は無い、唯戰時は戰用準備品の新陳交換が不要であるから此の繰下品は無い。

二、軍用罐詰の調達

軍用罐詰の調達には平時、戰時共　(一)官營製造と(二)市販品を購買する場合と二通ある、

(1) 官　營　製　造

官營製造は陸軍糧秣廠で專らやつて居り、其の製造する罐詰の種類は前記「戰用品」のみであつて「常用品」を造ることはない、又戰用品も其の全部ではなく平時造つて居るものは

牛肉大和煮罐詰　正味　四五〇瓦入 ｝……宇品糧秣支廠
同　　　　同　一五〇瓦入 ｝
醬油エキス罐詰　同　四五〇瓦入……東京糧秣本廠

の若干量であつて戰時になつても此の品種は增さない、唯造る數量が多くなる丈けである。

加之平時は右の二種三品は必要量の全部を糧秣廠で官營製造して居るが、戰時になると之等の品種も其の大部分(携帶罐詰を除く)を市井工場で製造せしめ又は購入するのである。

(2)市販品購買

市販品を購買するのは二通に分れる。

(A)糧秣廠購買(戰用品)　其の一つは糧秣廠で戰用品を買ふものであつて、平時に於ては「魚肉大和煮罐詰」一種(魚種は鯖、鮭、鮪、鰤の四種あること前述の通り)のみであるが戰時には內地で買ふ總ての戰用罐詰は糧秣廠で買ふのである。

糧秣廠は前述の如く戰用罐詰を買ふ機關であつて平時屯營

内で使用する罐詰は左の通購買されるものである。

（B）軍隊購買（常用品）　其の二は軍隊の常用品たる罐詰であつて之は軍隊自ら購入するものである。

右軍用罐詰の規格は平時と戰時とに依つて異なるが之は製造する場合にも、購買する場合にも據らねばならぬ規格である。

平、戰兩時に於ける糧秣廠罐詰規格を示せば次の通である

（イ）平時規格

平時規格は平時糧秣廠で製造し、又は購入する前記戰用品（牛肉大和煮、魚肉大和煮、醤油エキス）だけであつて其の外平時軍隊自ら購入する罐詰には別に定まつた規格といふものはなく軍隊各個に單簡な檢査規格を設けて實施して居る。糧秣廠で定めた平時軍用罐詰規格は次の通である。

其ノ一　製造規格

第一　牛肉罐詰（携帯及尋常共）

一、原料及材料　内地牛（内地ニアル外地産牛ヲ含ム）ヲ主トスルモ特ニ尋常罐詰ニ限リ朝鮮及支那産冷藏移輸入枝肉ヲ使用スルコトヲ得但シ相當新鮮ニシテ肉質ノ變化セサルモノナルコト其他ノ材料ハ醤油(乙)砂糖唐辛子等トス

二、製　造　法

（イ）斷　肉　屠殺解體後概ネ一晝夜ヲ經タル後（移輸入枝肉ハ檢査ノ後）骨肉ヲ分離シ腱、膜、靱帶及遊離脂肪等ヲ除去シ肉纖維ニ直角ノ切口約〇・〇六〇米平方、長サ〇・一七〇米乃至〇・一八〇米ノ角柱狀ニ切斷ス

（注意）「フランケン」ハ使用シ横隔膜、及頭肉ハ使用セサルコト

（ロ）煮　肉　斷肉シタル肉片ハ一〇〇・〇〇〇瓩宛二重釜ニ入レ水ヲ加フルコトナク加熱空煮ヲ爲ス煮熱ノ程度ハ肉色變シ最大肉片心部ノ斷面赤色ヲ消失スルニ至ルヲ度トシ其間時々攪拌シテ平均ノ熟度ヲ與フル樣注意ス可シ煮熟シタルモノハ笊ニ揚ゲ液汁ヲ滴下セシム煮肉時間ハ概ネ一時間トス

（ハ）味　付　精肉量一〇〇瓩（一釜分）ニ對スル調味液配合割合概ネ左ノ如シ

材料	尋常罐詰	携帯罐詰	摘要
醤油	一四・七〇〇立	一五・四〇〇立	
砂糖	二・三〇〇瓩	二・四〇〇瓩	
唐辛子	〇・〇三〇瓩	〇・〇三二瓩	
牛脂	〇・六〇〇瓩	〇・六三〇瓩	
牛肉煮汁	二・五〇〇立	二・六〇〇立	空煮ノ際滲出シタル液ヲ濾過シタルモノ

（備考）本表ノ割合ハ各材料ノ品質狀況ニ依リ多少加減スルコトヲ得

右ノ配合ニヨル調味液ヲ一旦煮沸セシメタル後前ニ空煮セル肉片ヲ入レ加熱味付ス加熱ノ時間ハ概ネ十分トス

(ニ)肉　詰　味付肉ハ笊ニ取リ揚ゲ調味液ヲ分離シタル後約〇・〇一〇米ノ厚サニ細切シ各部ヲ充分混和シ之レヲ秤量シテ罐ニ詰メ味付ニ使用セル調味液ヲ注加ス

一罐ノ詰込標準量及内容量ハ左表ニ依ルコト

種別	詰込標準量(瓩) 固形肉	詰込標準量(瓩) 汁	詰込標準量(瓩) 計	内容量(瓩) 固形肉	内容量(瓩) 汁	内容量(瓩) 計	使用罐種
携帯罐詰	〇・一一五	〇・〇四五	〇・一六〇	〇・一二四	〇・〇二六	〇・一五〇	一五〇瓦罐
尋常罐詰	〇・三四〇	〇・一二〇	〇・四六〇	〇・三七五	〇・〇七五	〇・四五〇	四五〇瓦罐

(ホ)假締脱氣及本締　肉詰後假締機ニヨリ蓋ノ假締ヲ行ヒ次ギニ眞空卷締機ニヨリ脱氣及本締ヲ行フ、眞空卷締機ヲ使用セサル時ハ蓋假締後脱氣機ヲ通過セシメ脱氣後本締ヲ行フ何レノ場合ニアリテモ脱氣程度ハ眞空計ノ十五吋ヲ標準トス

(ヘ)殺　菌　本締ヲ終リタルモノハ左記要領ニ依リ殺菌ス

種別	壓力(封度)	溫度(攝氏)	時間(時・分)
携帯罐詰	八	一一二	・四〇
尋常罐詰	八	一一二	一・〇〇

(ト)檢　罐　殺菌ヲ終リタルモノハ一罐毎ニ打檢ヲ爲シ不良品ヲ除外スルモノトス

(チ)冷罐及仕上　檢罐ヲ終リタルモノハ冷罐槽ニテ冷却セシメタル後布ヲ以テ清拭シ假漆ヲ塗布スルコト

陸軍罐詰購買規格

(リ)箱詰　製品ハ假山積トナシ少クトモ一ケ月經過後全部ニ亘リ嚴密ナル檢査ノ上左ノ要領ニヨリ木箱ニ詰メ假釘付ヲナスモノトス

種別	詰方
携帯罐詰	七個二列 六個一列 五段詰(百個)
尋常罐詰	七個二列 六個一列 二段詰(四十個)

三、容器ノ製作法　容器ノ製作法ハ後ニ述フル處ニ據ル

第二　醬油エキス(省略)

第三　魚肉罐詰

一、原料及材料

(イ)魚肉ノ品種ハぶり、かつお、まぐろ、さばノ四種トシ凡テ新鮮ナルモノナルコト

(ロ)醬油、砂糖食鹽等　醬油、砂糖ハ自營罐詰製造用ニ同シ。食鹽ハ三等鹽以上ノモノナルコト

(ハ)用水　飲料ニ適シ良質ノモノナルコト

(ニ)空罐　空罐ハ糧秣廠ヨリ交附セルモノ又ハブリキ其他ノ材料ヲ支給若クハ指定シ廠外ニテ製造セルモノニシテ何レノ場合ニアリテモ次頁其ノ二第三ノ要件ニ合致スルモノナルコト

二、製　造　法

(イ)原料ノ處理　原料ハ清水ヲ以テ能ク洗滌シ頭部内臓其他廢棄部ヲ叮嚀ニ除去シタル後脊鰭及腹鰭ニ沿ヒ庖丁目ヲ入レ魚種ニヨリ更ニ身卸及身割ヲ行ヒ「ボーメ」三度ノ食鹽水ニ概ネ十五分間浸漬シタル後蒸シ又ハ湯煮シ冷却後小骨ヲ拔キ肉質緊縮ノ目的ヲ以テ炭火ニテ適度ニ焙乾シタル後二段詰ニ適當ナル大キサノ寸法ニ

切斷ス

但シ脂肪分多クシテ焙乾後ノ切斷困難ナル場合ニハ生ニテ細切シタル後蒸煮熟ヲ行フ

(ロ)肉詰　一罐ノ詰込標準量及內容量ハ左表ニ依ルコト

種別	詰込標準量(瓩) 固形肉	詰込標準量(瓩) 汁	詰込標準量(瓩) 計	內容量(瓩) 固形肉	內容量(瓩) 汁	內容量(瓩) 計
魚肉罐詰	〇・三六〇	〇・一〇〇	〇・四六〇	〇・三七五	〇・〇七五	〇・四五〇

但シ肉詰ニ當リテハ焙乾ノ程度ヲ顧慮シ適量ヲ定ムルコト

調味液ノ配合割合左記ノ如シ但シ一旦煮沸後使用スルヲ要ス

材料	配合量	摘要
醬油	立 一〇・〇〇〇	配合量ハ醬油ノ品質魚種其他ノ關係ニ依リ適宜ニ加減セシムルコトヲ得
砂糖	瓩 一・三五〇	
水	立 一・五〇〇	

(ハ)脫氣密閉及殺菌　調味液注入後脫氣密閉等ノ操作ヲ經テ殺菌ヲ行フモノトス脫氣ノ程度及殺菌溫度時間等左表ノ如シ

脫氣	殺菌		
標準眞空度(吋)	壓力(封度)	溫度(攝氏)	時間(時・分)
一五	六	一〇九	一・〇〇

(ニ)冷罐及仕上　殺菌終了ノモノハ冷水ヲ以テ冷却セシメ乾布ヲ以テ清拭シタル後防銹假漆ヲ塗布スルコト

(ホ)檢查及箱詰　製品ハ少クモ一ヶ月經過後全部ニツキ嚴密ナル打檢ヲ行ヒ四十個ヲ七個二列六個一列二段詰トシ木箱ニ收容シ假釘付ヲナスモノトス

三、容器製作法　容器ノ製作法ハ後ニ述フル處ニ據ル

四、開罐檢查

(イ)品質　肉質、肉詰、香味、色澤等良好ニシテ打檢及溫室檢查ニ合格セルモノナルコト

(ロ)量目　一罐ノ內容總重量〇・四五〇瓩ヲ下ラス攝氏三十度ニ於ケル固形肉量〇・三七五瓩以上トス

但シ內容總量ニ於テ〇・〇一一瓩以內ノ不足ハ之レヲ公差トスルコトヲ得ルモ一梱ノ內容量ハ四十罐入一八・〇〇〇瓩以上タルコト

其ノ二　容器規格

第一　木箱

製箱ノ要領及刷込等ハ附圖ノ樣式ニ依ル然シテ其ノ內法寸法ハ左記ノ通リトス

品種	內法(單位米) 長サ	內法(單位米) 幅	內法(單位米) 深サ	一梱ノ收容數
尋常罐詰	〇・五四二	〇・二一二	〇・二三〇	四〇罐
魚肉罐詰	〇・五四二	〇・二一二	〇・二三〇	四〇罐
醬油エキス	〇・五四二	〇・二一二	〇・二三〇	四〇罐
携帶罐詰	〇・五四二	〇・二一二	〇・二五七	一〇〇罐

木箱ノ打釘數左ノ通リトス

釘打個所	打釘數	計	備考
蓋底	二八	八〇	桟ノ釘ハ内側ヨリ打チ込ミ尖端ヲ外側ニ折リ曲グルモノトス
側	二八		
妻	二四		

第二　ブリキ罐

ブリキ罐ノ形式ハ巻締罐ニシテ四五〇瓦罐（牛、魚肉尋常罐詰及醤油エキス）並ニ一五〇瓦罐（携帯罐詰）ノ二種トス

空罐ノ出來上リ寸法ハ左表ノ如クシ蓋ニハ附圖ニ示ス處ニ從ヒ「マーク」ヲ打出スモノトス

ブリキノ切斷法ハ附圖ニ示ス如クナルモブリキノ金質並ニ「グレーン」等ヲ顧慮シ適宜變更スルコトヲ得

罐種	徑	高サ	ブリキ品質
四五〇瓦罐	三吋十六分ノ一	四吋三十二分ノ十五	九十五封度ノモノニシテ「アメリカンシート、エンド、テンプレート」會社製「カンナース、スペッシャル」若クハ之レト同等以上ノモノナルコト
一五〇瓦罐	三吋十六分ノ一	二吋	同

罐ハ密閉ヲ完全ニシテ十五封度以上ノ壓力ニ堪フルヲ要ス　空罐密閉ノ半田鑞及液體ゴム並ニブリキ函ブリキ罐塗布用假漆等ハ左ノ處方ニ依ル

半田鑞　胴着用半田鑞ハ純分九十九「プロセント」以上ノ錫及鉛各

五分五分ノ配合ノモノナルコト

魚肉罐詰ノ脱氣孔封鎖用ニハ鉛二分以上ヲ含ムベカラズ

液體ゴム　「ベンゾール」五〇立ニ對シ細切セル「セイロンクレープ」一・七三〇瓩ヲ加ヘ攪拌溶解セシメ此レニ無水酒精ノ適量ヲ加ヘテ所要ノ粘度トナシ「オイルスカーレット」ヲ加ヘテ適度ニ着色シタル後濾過スベシ

防錆假漆　天然産良質ノ「アスファルト」ヲ以テ製シタル假漆ニシテ左ノ配合法ニ依ル

但シ市販品ニテモ此レト同等以上ノ効力ヲ有スルモノハ此レヲ使用シ得

原料ノ配合割合

揮發油	二〇・〇〇〇立
アスファルト	一・六六〇瓩
ボイル油	〇・二〇〇立
テレビン油	三・〇〇〇立

製法　先ヅ溶解釜ニ粉碎セル「アスファルト」及「ボイル油」ノ全量ト「テレビン油」ノ半量トヲ入レ弱キ熱ヲ加ヘ時々攪拌シテ全ク溶解スルニ至リ攪拌シツヽ殘餘ノ「テレビン油」ヲ加ヘ暫時ニシテ加熱ヲ中止シ冷ヘザル內ニ揮發油ノ全量ヲ加ヘ尙能ク攪拌シテ充分溶解セシメ濾過又ハ沍引ノ上使用ニ供スルモノトス

木箱文字刷込様式

文字ノ刷込ハ刷込個所ノ中央ニ成ルベク簡明ニ之ヲ行ヒ且ツ後日キ字綑掛ニ際シ文字ノ隱蔽ヲ避クル爲メ側ノ刷込ニハサ形ノ空所アル様ニ刷込ヲ行フヲ要ス（下圖ノ斜線內ハ刷込個所）此レガ大體ノ刷込間隔寸法ハ下表ノ如シ

陸軍罐詰購買規格

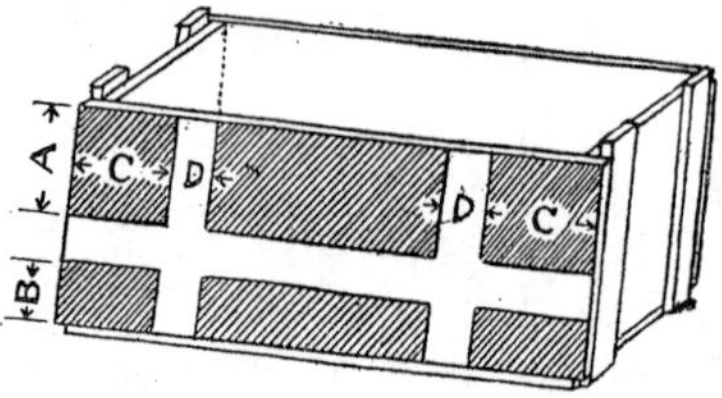

品種	刷込個所寸法（單位米） A	B	C	D
魚肉罐詰	○・一二○	○・○六○	○・一二○	○・○四五
尋常罐詰	○・一二○	○・○六○	○・一二○	○・○四五
携帯罐詰	○・一二○	○・○六○	○・一二○	○・○四五
醬油エキス	○、一二○	○・○六○	○・一二○	○・○四五

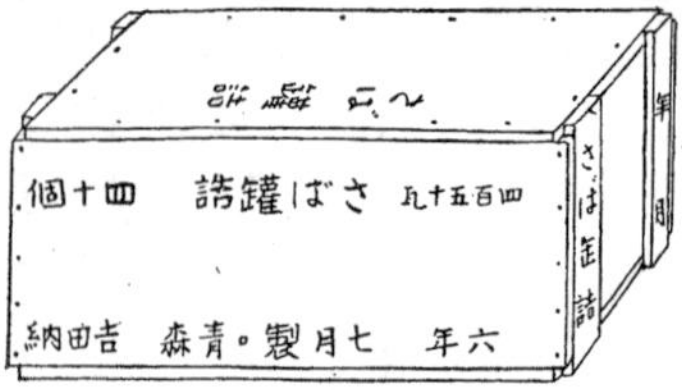

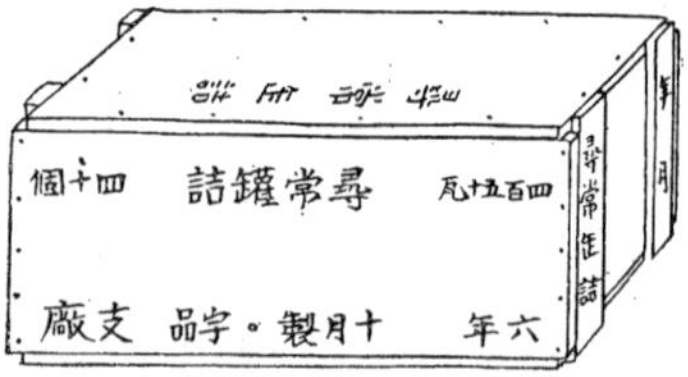

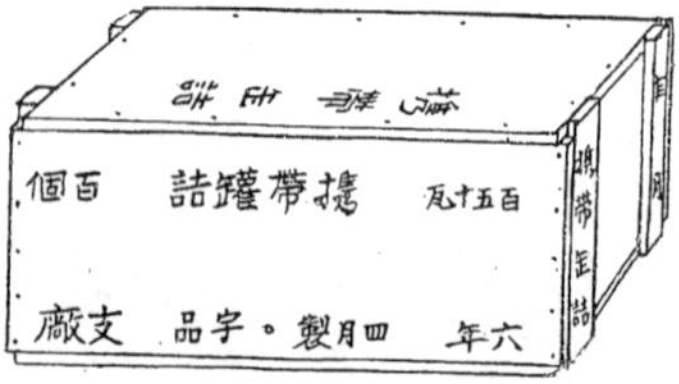

標記及文字打出様式

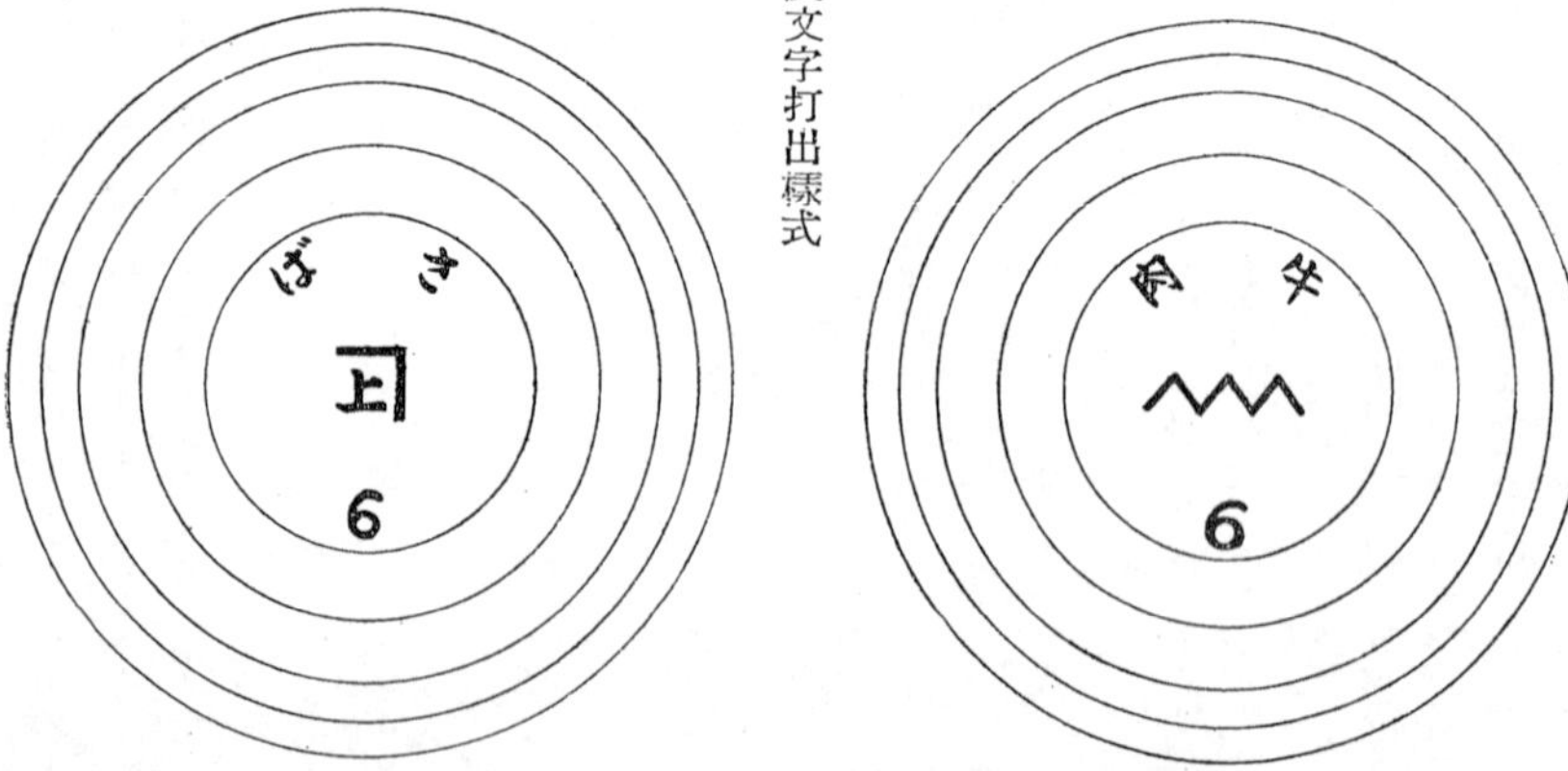

其ノ三　製造用原料材料規格

第一　醤油

一、原料　小麥、大豆、食鹽及水以外ノモノヲ使用セサルモノナルコト

二、品質　香味色相標本ニ劣ラサルモノナルコト

三、比重　攝氏十五度ニ於テ一・一八〇ヲ下ラス固形分ハ醤油百立方「センチメートル」中三五・五瓦以上ナルコト

四、食鹽ノ含有量　醤油百立方「センチメートル」中一七乃至一八・五瓦ナルコト

但シ食鹽量稍々過多ナル場合ニ於テモ其他ノ條件ヲ規格ニ照ラシ考査ノ上採用スルコトアルヘシ

五、總窒素量　醤油百立方「センチメートル」中一・二〇瓦以上ナルコト

六、殊更ニ著色料又ハ調味料等ヲ加ヘサルモノナルコト

第二　砂糖

砂糖供給組合ノ取扱ニ依ル第四號品以上ノモノ

第三　食鹽

一、品質　再製鹽ノ上物ニシテ左ノ要件ニ適フモノナルコト

二、外狀　色相純正ニシテ結晶小ナルモノ

三、水分　八「プロセント」以下ノモノ

四、純食鹽分　八十九「プロセント」以上ノモノ

第四　ブリキ

（イ）ブリキ（甲）

一、品質　（a）品質標本ニ劣ラズ完全ナル「オープンハース」軟鋼板ニ純錫ヲ以テ完全ニ鍍錫シ「アメリカンシート、エンドチンプレト」會社製「カンナース、スペシアル」若クハ之ト同等以上ノ品質ヲ有スルモノナルコト

（b）「サイズ」ハ長サ二十八吋幅二十吋ニシテ一函百十二枚入トシ各葉間ニ薄紙ヲ挿入シアルコト

（c）「グレーン」ハ短邊ニ平行シ「エリヒゼン氏」板金試驗機ニ於テ五・〇粍以上ノ成績ヲ示シ板面平滑ニシテ厚薄ナキコト

（d）重量ハ「ベースボックス」九十五封度ノモノナルコト

（e）「ウエスター」ハ一切之ヲ含マザルコト

二、梱包　ブリキヲ以テ包ミ半田鑞ヲ以テ完全ニ密封シタルモノヲ木箱ニ容レ鐵帶若クハ鐵線掛トシ運搬途中ニ破損セザル樣特ニ堅固ニ荷造シ外部小口ニハ製造所、製造年次及品質等ヲ示スベキ「マーク」ヲ表記スルヲ要ス

（ロ）ブリキ（乙丙）

一、品質　（a）軟鋼板ニシテ純錫ヲ以テ完全ニ鍍錫シ氣泡氣孔及酸化ノ痕跡ナキモノナルコト

（b）「サイズ」ハ長サ二十吋幅十四吋ニシテ一函百十二枚入ナルコト

但シ賣主ノ都合ニ依リ二百二十四枚入ノモノヲ以テ履行スルコトヲ得此ノ場合ニハ一函ヲ以テ二函ニ換算ス

（c）重量ハ「ベースボックス」（乙）八十五封度（丙）八十封度ヲ標準トスルコト

（d）「ウエスター」ハ一切之ヲ含マザルコト

（e）其他總テ標本ニ劣ラザルコト

二、梱包 ブリキヲ以テ包ミ牛田鑞ヲ以テ完全ニ密封シタルモノヲ木箱ニ入レ鐵帶若クハ鐵線掛トシ運搬途中ニ破損セザル樣堅固ニ荷造シ其外部小口ニハ製造所製造年次及品質等ヲ示スベキ「マーク」ヲ表記スルヲ要ス

第五 板

乾燥良好ナル樅、栂、唐松、椴松、白檜ノ正〇・〇一八米物（〇・〇一七米乃至〇・〇二〇米）ニシテ左ノ條件ニ適スルモノナルコト

一、生節ハ打釘ノ個所ヲ外レタルモノニシテ其長サ徑〇・〇五米未満ノモノ五ケ以内（仕組板ノ場合ハ三ケ以内）ナルコト

二、死節拔節及乾裂虫害等ノナキモノナルコト

板ノ寸法左ノ如シ

種別	使用區分	幅（米）	長サ（米）	備考
尋常罐詰	側	〇・二三〇	一・八五〇以上	一、板幅ハ耳摺ノ寸法トシテ長サ三・七〇〇米以上ノモノヲ以テ二枚ニ換算スルコトヲ得 二、二枚接キノ場合ニハ板幅ヲ制限セザルモ過不足ヲ生ゼザラシムル樣組合セニ注意スルコト
	蓋底	〇・二四八		
携帶罐詰	側	〇・二五八	一・八五〇以上	
	蓋底	〇・二四八		
醬油エキス	側	〇・二三〇	一・八五〇以上	
	蓋底	〇・二四八		

ロ、戰時規格

戰時規格は種類の所で述べた如く戰時は戰用品として糧秣廠で市販品を買上げ使用する物が非常に多く殆んど國産品の總てに及ぶのであるから規格も澤山ある。と同時に戰時調達した軍用罐詰は平時の如く長く貯藏して置いて使用する物でないから其の規格も一段と低下さしてある。

戰時規格の主要なるものを示せば次の通りである

第一、牛肉罐詰

イ、牛肉罐詰用原料及材料

一、精肉 中等以上ノ營養狀態ヲ有スル四歳乃至八歳（發育特ニ佳良ナルモノハ三歳乃至十歳ニ擴張シ得）ノ健全ナル生牛ニシテ二六二・五〇〇瓩（七十貫）以上ノ生體ヲ有シ本支廠若クハ地方廳獸醫ノ健康診斷ニ合格シタルモノニツキ屠殺前約十二時間絶食セシメタル生牛ヲ屠殺解體シ疾病ノ形跡ヲ認メザルモノニツキ約十二時間以上懸垂シ完全ニ脫血セシメタル枝肉ヨリ割截セル精肉又ハ前掲檢査官ノ檢査ヲ經タル輸入枝肉（凍結肉ヲ使用スルコトヲ得）ニシテ檢印アル儘工場ニ送附シアルモノヨリ得タル精肉ニシテ何レモ新鮮固有ノ色彩及香氣ヲ有シ肉纖維ハ緊密彈力ニ富ミ脂肪ハ白色又ハ淡黃色ヲ帶ビ堅硬ナルモノナルコト

二、醬油 品質、香味、色澤等標本ニ劣ラズ殊更ニ加工セザルモノナルコト

比重攝氏十五度ニ於テ一、一八〇ヲ下ラズ固形分ハ醬油百立方「センチメートル」中三五・五瓦以上ナルコト

食鹽醬油百立方「センチメートル」中一七瓦乃至一八・五瓦ナルコト、但シ其ノ他ノ條件良好ニシテ香味調和セルモノニアリテハ右ノ範圍ヲ越ユルモ差支ヘナシ

總窒素、醬油百立方「センチメートル」中一・二瓦以上ナルコト

三、砂糖　砂糖供給組合取扱ニ依ル第四號品以上ノモノナルコト

四、唐辛子　鮮紅色ヲ呈シ乾燥充分ニシテ光澤ヲ有シ香味強キモノナルコト

五、用水　飲料ニ適スル良質ノモノニシテ水量豐富ナルコト

六、板　乾燥良好ナル樅、栂、唐松、椴松、白檜ノ正〇・〇一八米（六分）物（〇・〇一七米（五分五厘）乃至〇・〇二〇米（六分五厘）厚ニシテ死節、核節、及乾裂虫害等ノナキモノナルコト

但シ品質良好ナル時ハ徑〇・〇一五米（五分）以内ノ死節五ヶ所以内又ハ長サ〇・一五〇米（五寸）巾〇・〇〇六米（二厘）以内ノ乾裂アルモノト雖モ場合ニ依リ合格トナスコトアルヘシ

板ノ寸法左ノ如シ

罐種	使用區分	巾	長
尋常	側	〇・二三〇米（七寸六分）	一・八五〇米（六尺一寸以上）
	蓋底	〇・二四九米（八寸二分）	
携帶	側	〇・二三〇米（七寸六分）	
	蓋底	〇・二四九米（八寸二分）	

備考

一、板巾ハ耳摺ノ寸法トシ長サ三・七〇〇米（十二尺二寸）以上ノモノヲ以テ二枚ニ換算スルコトヲ得

二、二枚接ギノ場合ニハ板巾ヲ制限セザルモ過不足ヲ生ゼシメザラシムル様組合セニ注意スル事

七、釘　十三番〇・〇五〇米（寸六）ニシテ標本ト同等以上ノモノナルヲ要シ百本ノ重量〇・一八八瓩（五十匁）以上〇・二〇六瓩（五十五匁）以下ナルコト

八、繩　藁ノ質強靱ニシテ撚ニ不齊ナク且ツ堅實ナルモノニシテ徑約〇・〇一二米（四分）ノモノナルコト

九、ブリキ　良好ナル軟鋼「ブリキ」ニシテ純錫ヲ以テ完全ニ鍍錫シ氣孔及酸化ノ痕ヲ認メズ且板面ニ厚薄凸凹ナキモノニシテ一梱ノ重量「ベースボックス」三八・二五〇瓩（八十五封度）以上ノモノナルコト

十、錫　純分九十九%以上ノモノナルコト

十一、鉛　純分九十九%以上ノモノナルコト

十二、亞鉛　純分九十九%以上ノモノナルコト

十三、鹽酸　色相淡黄色ニシテ攝氏十五度ニ於テ比重一・一五ヲ降ラス他ノ酸類ノ存跡顯著ナラサルモノナルコト

十四、鹽化亞鉛　純分九十%以上ノモノナルコト

十五、鹽化アンモニア純分九十%以上ノモノナル事

十六、松脂　鉛色ノ色澤ヲ有シ「アルコール」ニ全ク溶解スルモノナルコト

十七、メチルアルコール　無色透明ニシテ攝氏十五度ニ於ケル比重〇・八一五以下ノモノナルコト

十八、生護謨　品質標本ト同等以上ノ「セイロンクレープ」又ハ「ペールシート」ナルコト

十九、ベンゾール　色相無色透明ニシテ攝氏十五度ニ於ケル比重〇・八八〇以上〇・八八六以下ニシテ攝氏百度ニ於テ全部蒸發シ且ツ九十五%以上ヲ蒸溜シ他物ヲ混有セザルモノナルコト

再溜ノ上使用スルモノニアリテハ必ズシモ右ノ條件ニ適合スルヲ要セザルモ再溜液ノ品質ニ關シテハ右ノ條件ヲ適用ス

二十、オイルスカーレット　外狀黑褐色ニシテ溫氣ヲ帶ビズ冷「ベンゾール」ニ極メテ容易ニ溶解シ殘滓ヲ止メズ其ノ溶液ハ濃厚ナル鮮紅色ヲ呈シ之レヲ乾燥シテ結晶ヲ析出セザルモノナルコト

二十一、アスフアルト　品質標本ニ劣ラザル天然產ノモノニシテ「ベンゾール」ニ全ク溶解シ乾燥後固化完全ニシテ粘着性ヲ有セザルモノナルコト

二十二、テレビン油　色相淡ク透明ニシテ他物ヲ混有セズ攝氏十五度ニ於ケル比重〇・八五〇乃至〇・八八〇ナルコト

二十三、ボイル油　荏油製ノモノニシテ紙片ニ浸潤懸垂セシメ二十四時間以內ニ乾燥スルモノナルコト

二十四、揮發油　無色透明ニシテ異臭ヲ有セズ「アスフアルトニス」ニ使用シ沈澱ヲ生ズルコトナク攝氏十五度ニ於ケル比重〇・七三七以下ノモノニシテ攝氏百度ニ於ケル蒸發殘渣僅少ニシテ百五十度ニ於テ全部蒸發スルモノナルコト

ロ、牛肉罐詰製造法

一、斷肉　枝肉ハ骨肉ヲ分離シ同時ニ罐詰用ニ不適ナル膜、腱、靱帶及脂肪等ヲ除去シ肉纖維ニ直角ノ切口約〇・〇六〇米（二寸）平方長サ〇・一五〇米乃至〇・一八〇米（五、六寸）ノ角柱狀ノ肉片トナス

二、煮肉　斷肉シタル肉片ハ其ノ適量ヲ二重釜ニ入レ水ヲ加フルコトナク加熱空煮ヲナス（直火釜ノ場合ニハ少量ノ水ヲ加フルコトヲ得）煮熟ノ程度ハ最大肉片斷面ノ心部赤色ヲ消失スルニ至ルヲ度トシ其ノ間時々攪拌シテ平均ノ熱度ヲ與フル樣注意ス可シ煮熟シタルモノハ笊ニ揚ゲ液汁ヲ滴下セシム煮肉時間ハ概ネ一時間トス

三、味付　煮肉終了ノモノハ味付ヲ行フ、精肉三七・五〇〇瓩（十貫匁）ニ對スル調味液配合割合概ネ次ノ如シ

材料	使用量	摘要
醬油	四・五一〇立（二・五〇升）	
砂糖	〇・六九〇瓩（一八四匁）	
唐辛子	〇・〇一五瓩—〇・〇一二瓩（四—三匁）	品種ニヨリ多少加減スルコト
脂肪	〇・二一〇瓩（五六匁）	
濾過液	一・二六〇立（七合）	空煮ノ際滲出シタル液ヲ濾過シタルモノ

右ノ配合法ニヨル調味液ヲ一旦煮沸セシメタル後先キニ空煮セル肉片ヲ入レ加熱味付ス加熱時間ハ概ネ十分間トス

四、肉詰　味付肉ハ笊ニ取リ揚ゲ調味液ヲ滴下セシメタル後〇・〇〇九米（三分）位ノ厚サニ細切シ各部ヲ充分混和シ之レヲ秤量シテ罐ニ詰メ味付ノ際ノ煮汁ヲ注入シ密閉ス、肉詰ノ際注意スベキハ肉片ハ罐ノ上端ヲ越ヘザル樣ニ爲シ蓋付密閉ノ故障ヲ生ゼザラシムベシ

一罐ノ內容量及秤量ハ左表ニ依ルコト

罐種	内容量(匁)			秤量(匁)		
	固形肉	汁	計	固形肉	汁	計
携帯罐	〇・一二四瓩(三三)	〇・〇二六〇瓩(七)	〇・一五〇瓩(四〇)	〇・一一五瓩(三一)	〇・〇四五瓩(一二)	〇・一六〇瓩(四三)
尋常罐	〇・三七五瓩(一〇〇)	〇・〇七五瓩(二〇)	〇・四五〇瓩(一二〇)	〇・三四〇瓩(九一)	〇・一二〇瓩(三二)	〇・四六〇瓩(一二三)

備考　壹罐ノ内容量ヲ確保スル爲メ下段秤量欄ニ示スガ如ク幾分餘分ニ秤量スルモノトス

五、脱氣及殺菌　肉詰終了ノモノハ速ニ密閉シ左記要領ニ依リ脱氣並ニ殺菌ヲ行フモノトス然シテ其ノ脱氣ノ程度ハ眞空計ノ〇・三八〇米(十五吋)ヲ標準トス、本工程ハ罐ノ製作ト相俟テ罐詰製造上ノ重要ナル事項ナルヲ以テ之レヲ誤ラザル様細心ノ注意ヲ拂フコト

釜ノ種類	罐種	脱氣		殺菌	
		溫度又ハ壓力	時間	溫度又ハ壓力	時間
普通釜	携帯罐	攝氏一〇〇度	三〇分	攝氏一〇〇度	一時二〇分
	尋常罐		四〇分		一時三〇分
壓力釜	携帯罐	一・三五瓩(三封度)	二〇分	二・一五瓩(七封度)	五〇分
	尋常罐		三〇分		一時〇〇分

殺菌ヲ終リタルモノハ一罐毎ニ打検ヲナシ不良品ヲ除外スルコト

備考　脱氣函ノ備付アルモノハ蓋ノ假締ヲ行ヘル後脱氣機ヲ通過セシメテ前記ノ殺菌ヲ行フモ可ナリ、此ノ場合ニモ脱氣ノ程度ハ前記ノ如ク眞空計ノ〇・三八〇米(十五吋)ヲ標準トスルハ言ヲ俟タズ

六、冷罐及仕上　殺菌ヲ終了シタルモノハ冷水ヲ以テ可及的速カニ冷却セシメ布ヲ以テ清拭シタル後假漆ヲ塗布ス

七、打検検査　製品ハ製造後少ナクトモ一週間ヲ經過シタル後全部ニ亘リ嚴密ナル打検ヲ爲シ不良罐ヲ除去スルコト

廠外製品ニ就テハ製造家ニ於テ打検ヲ行ヒタル良品ニ就キ糧秣廠檢査官ノ檢査ヲ受クルコト

八、箱詰及蓋打　檢査ニ合格セル製品ハ後記梱包法ニ從ヒ左記ノ如ク箱詰ヲ行ヒ釘打スルコト

罐種	一梱収容個数	詰方	
携帯罐	一〇〇個	七個二列 六個一列	五段詰
尋常罐	四〇	七個二列 六個一列	二段詰

注意　蓋ノ釘打ニ際シテハ釘尖ノ逸穿ニヨリ釘孔ヲ穿ツコトナキ様注意スルコト

八、牛肉罐詰梱包法　梱包材料ノ品質ハ前掲ノモノニシテ左ノ如ク行フ

一、木箱　様式ハ圖面通リトス但シ圖ノ木箱寸法ハ外法ナルニヨリ長サヨリ〇・〇七三米(二寸四分)巾及高サヨリ〇・〇三六米(一寸二分)ヲ減ジタルモノヲ其ノ内法トス

木箱ノ打釘數左ノ通リ

個所	打釘數	計	備考
蓋底	二八	八〇	一、尋常携帶共ニ打釘數及製箱樣式同一ナリ 二、桟ノ釘ハ內側ヨリ打チ込ミ尖端ヲ外側ニ折リ曲グルモノトス
側	二八		
妻	二四		

二、「ブリキ罐」罐詰用空罐ノ良否ハ殺菌ト相俟テ罐詰製造上ノ最モ重要ナル部分ヲ占ムルヲ以テ之レガ材料ノ選擇及製作ニハ綿密ナル注意ヲ拂フコト

空罐ノ出來上リ寸法ハ左表ノ如クシ蓋ニハ附圖ニ示ス所ニ從ヒ文字ヲ打出スコト但シ已ムヲ得ザル場合ハ「ゴム」印又ハ印刷紙片ニテ之レヲ表示スルコト

「ブリキ」ノ切斷法ハ自動製罐機ニ依ルモノハ概ネ附圖ニ示セル處ニ據ル、但シ「ブリキ」ノ金質並ニ「グレーン」ノ關係ヲ顧慮シ適宜變更スルコト

罐種	卷締罐		半田罐	
	徑	高	徑	高
携帶罐	〇・〇七八米（三吋十六分ノ一）	〇・〇五一〇米（二吋） 〇・〇五二五米（二吋十六分ノ一）	〇・〇七五米（三吋十六分ノ十五）	〇・〇四五米（一吋四分ノ三）
尋常罐	〇・〇七八米（三吋十六分ノ一）	〇・一一四米（四吋三十二分ノ十五）	〇・〇七五米（三吋十六分ノ十五）	〇・一〇七五米（四吋三十二分ノ十五）

罐ハ密閉ヲ完全ニシ六・七五瓩（十五封度）以上ノ壓力ニ堪フルヲ要ス、空罐密閉用半田鑞、媒鑞劑、液體「ゴム」及空罐用防銹假漆等ハ左ノ處方ニ據ル

半田鑞、胴着用半田鑞ハ端折罐ニアリテハ錫及鉛各等量ノモノヲ用ヒ胴重ネ合セ式ノモノ及脱氣孔封鎖並ニ蓋底密閉用ニハ鉛四分以上ヲ含マザルコト

媒鑞劑、半田鑞着罐ニハ鹽化亞鉛水ヲ使用ス、即チ鹽酸二七・〇〇瓩（六十封度）ニツキ亞鉛七瓩五〇（二貫目）ノ割合ニテ陶器製壺中ニテ亞鉛ヲ溶解セシメ水素瓦斯ノ發生熄ムニ至リ使用ニ際シ其ノ上澄液ヲ取リ水ニテ倍量ニ稀釋シ使用ス、液體「ゴム」「ベンゾール」五四・〇〇立（三斗）ニ對シ「セイロンクレープ」又ハ「ペールシート」一・八八〇瓩（五百匁）ヲ加ヘ攪拌溶解セシメ適度ノ粘度トナル迄攪拌シツ、無水酒精ヲ加ヘ「オイルスカーレット」ニテ着色後濾過シ使用ニ供ス

防銹假漆、左ノ處方ニ據レルモノ又ハ此レト同等以上ノ效力ヲ有スルモノナルコト

揮發油 一八〇〇〇立（壹斗） ボイル油 〇・一八〇立（壹合）

アスファルト 一五〇〇瓩（四百匁） テレビン油 二・七〇〇立（壹升五合）

先ヅ溶解釜ニ粉碎セル「アスファルト」及「ボイル油」ノ全量、「テレビン油」ノ半量トヲ入レ弱キ熱ヲ加ヘ時々攪拌シテ「アスファルト」全ク溶解スルニ至リ更ニ攪拌シツ、殘餘ノ「テレビン油」ヲ加ヘ暫時ニシテ加熱ヲ中止シ冷ヘザル內ニ揮發油ノ全量ヲ加ヘ

尙良ク攪拌シテ充分溶解セシメ濾過又ハ漉引ノ上使用ニ供ス

三、携帯罐詰梱包法

備考

木箱寸法ハ大略下圖ニ依ルモ板ノ厚薄ニ由リ差違アリ内容品動揺セザル如クスルヲ要ス

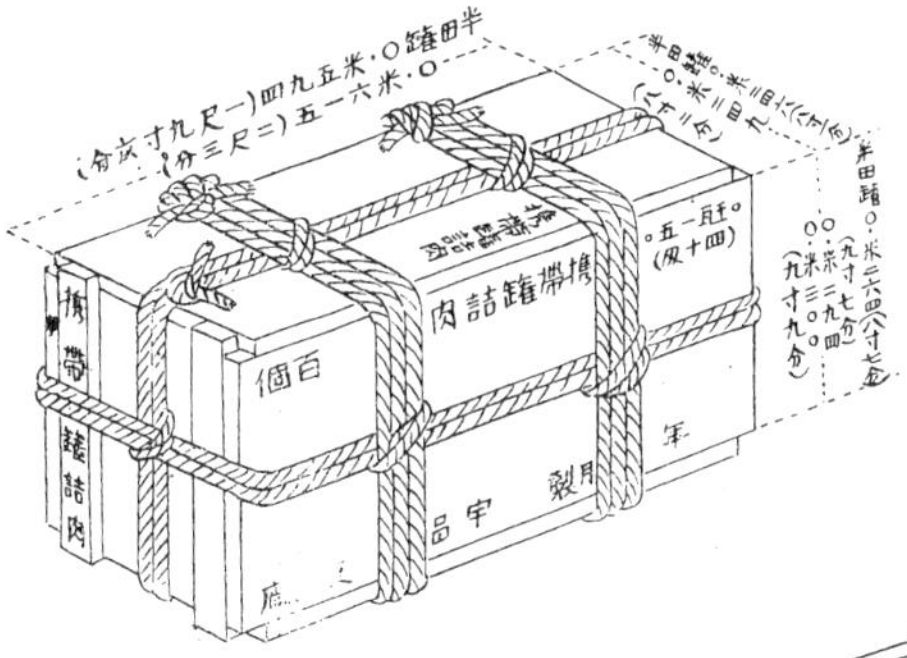

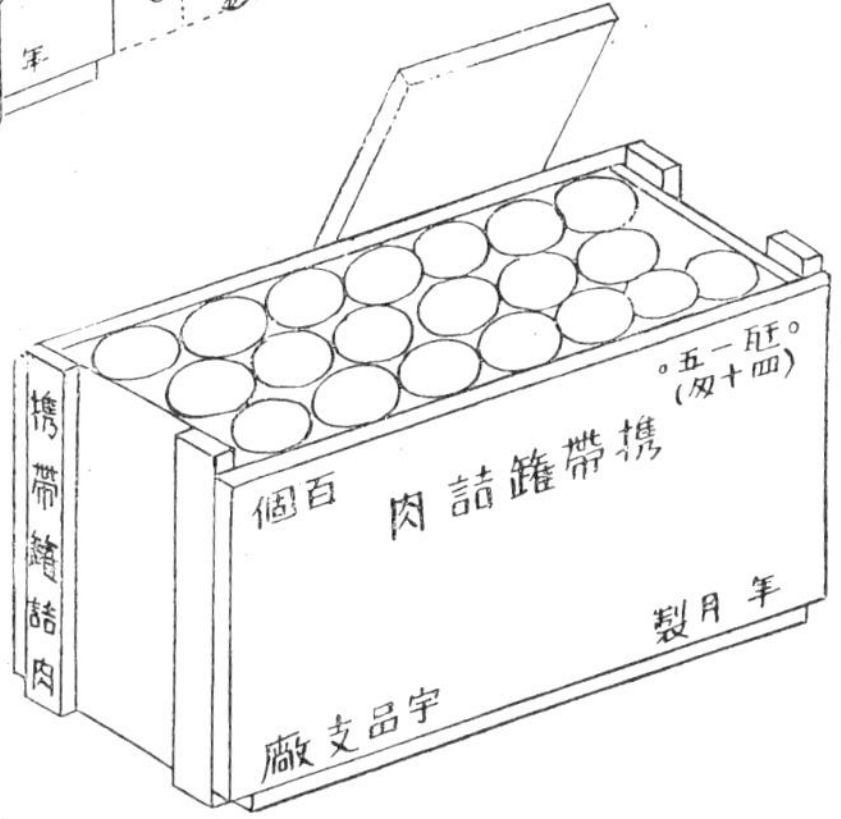

四、尋常罐詰肉梱包法

備考

木箱寸法ハ大略下圖ニ依ルモ板ノ厚薄ニ由リ差違アリ内容品動揺セザル如クスルヲ要ス

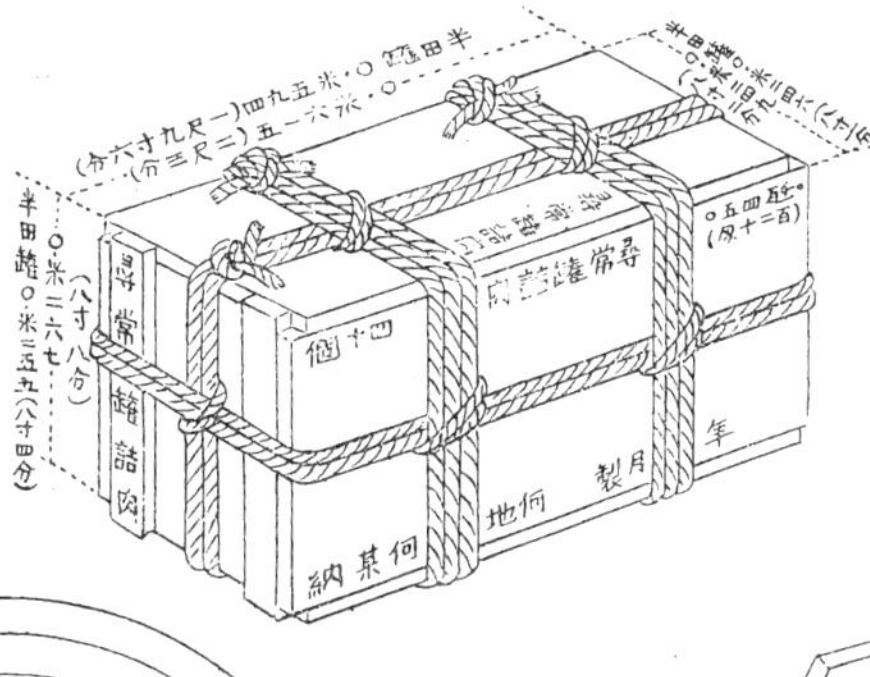

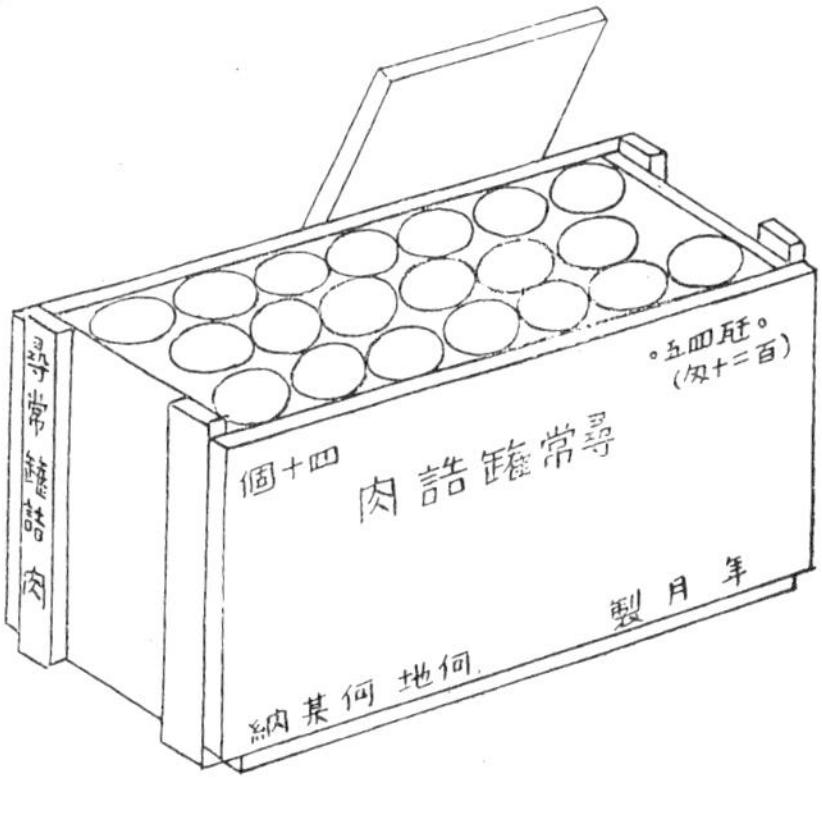

五、蓋文字打出シ様式

周圍ノ文字ハ直徑約〇、〇三〇米（一寸）ノ圓形ニ配列シ中央ニハ製造工場特入ノ「マーク」ヲ附ス

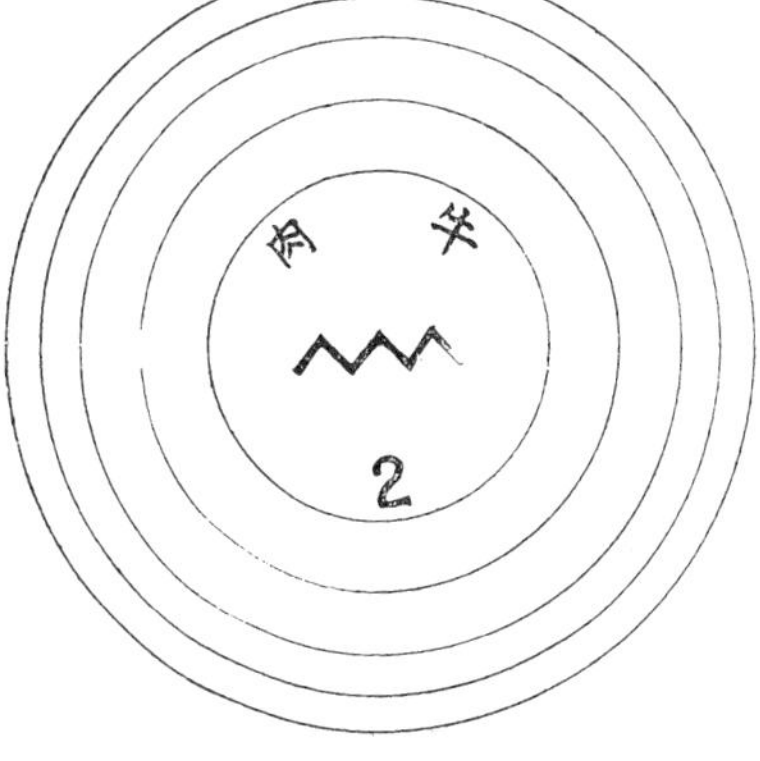

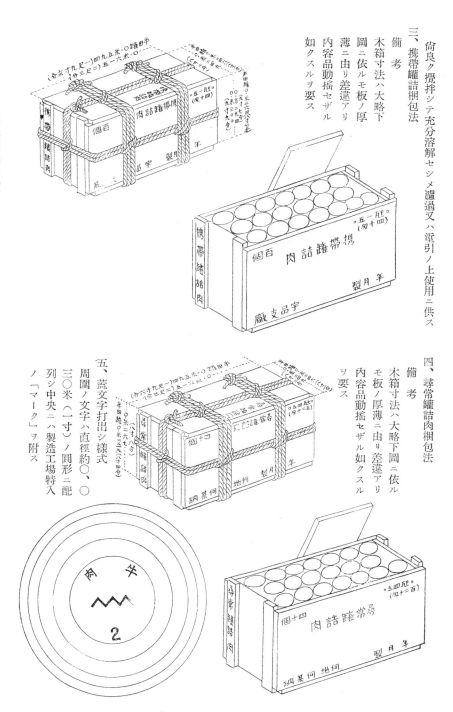

二、牛肉罐詰檢査法

一、品質　打審檢査ニ合格シ金屬及防腐劑等ヲ含マズ且肉質及香味色澤等良好ナルモノナルコト

二、空罐　品質良好ナル三八・二五〇瓩（八十五封度）以上ノ軟鋼ブリキヲ以テ堅固ニ製作シアル丸罐ニシテ出來上リ寸法ハ左記ヲ標準トスルコト

罐種	出來上リ寸法 卷締罐 徑	出來上リ寸法 卷締罐 高	出來上リ寸法 半田罐 徑	出來上リ寸法 半田罐 高
携帶罐	○・○七八米（三吋十六分ノ五）	○・○五一米（二吋） ○・○五二五米（二吋十六分ノ一）	○・○七五米（二吋十六分ノ十五）	○・○四五米（一吋四分ノ三）
尋常罐		○・一一四米（四吋三十二分ノ十五）	○・○七五米（二吋十六分ノ十五）	○・一○七五米（四吋三十二分ノ五）

三、封鑞　錫及鉛ノ合金ニシテ鉛ノ含量四十％ヲ超ユベカラズ但シ衞生罐（封鑞ノ罐ノ內面ニ露出セザル製罐法）ニアリテハ鉛五十％ヲ含ムモ差支ヘナキコト

四、量目　內容量ハ左記ノ通リトス。但シ開罐檢査溫度ハ攝氏三十度トシ一罐ニ對シテ携帶罐ハ○・○○八瓩（二匁）尋常罐ハ○・○一一瓩（三匁）ノ不足ハ公差トシテ認ムルモ一梱內容量ハ規定量以上タルベキコト

罐種	壹罐ニツキ 固形量	壹罐ニツキ 內容總量	壹梱內容量
携帶罐	○・一二四瓩（三三匁）以上	○・一五○瓩（四○匁）以上	一五・○○○瓩（四・○○○匁）
尋常罐	○・三七五瓩（一○○）以上	○・四五○瓩（一二○）以上	一八・○○○瓩（四・八○○匁）

五、梱包　木箱ノ大イサ內容品ニ比シ過大、過小ナラザルコト

第二　牛肉佃煮

イ、牛肉佃煮用原料及材料

一、精肉　營養中等以上ニシテ年齡四歲乃至八歲（發育特ニ佳良ナルモノハ三歲乃至十歲ニ擴張シ得）ノ健全ナル生牛ニシテ一頭ノ生體量二六二・五○○瓩（七十貫）以上ノ生體ヲ有シ本支廠若クハ地方廳獸醫ノ健康診斷ニ合格シタルモノニツキ屠殺前十二時間絶食セシメタル生牛ヲ屠殺解體シ病的ノ形跡ヲ認メザルモノニツキ十二時間以上懸垂シ完全ニ脱血セシメタル枝肉ヨリ割截セル精肉、又ハ前揭檢査官ノ檢査ヲ受ケタル移輸入枝肉（凍結肉ヲ使用スルコトヲ得）ニシテ檢印アル儘工場ニ送附シアルモノヨリ得

タル精肉ニシテ何レモ新鮮固有ノ色彩及香氣ヲ有シ肉纎維ハ緊密彈力ニ富ミ脂肪ハ白色又ハ淡黄色ヲ帶ビ堅硬ナルモノナルコト

二、醬　油　品質、香味、色相、標本ニ劣ラズ殊更ニ加工セザルモノナルコト

比重、攝氏十五度ニ於テ一、一八〇ヲ下ラズ、固形分ハ醬油百立方「センチメートル」中三五、五瓦以上ナルコト

食鹽、醬油百立方「センチメートル」中鹽分一七瓦乃至一八、五瓦ナルコト、但シ其ノ他ノ條件良好ニシテ香味調和セルモノニアリテハ右ノ範圍ヲ超ユルモ差支ヘナシ、總窒素百立方「センチメートル」中一、二瓦以上ナルコト

三、砂　糖　砂糖供給組合取扱ニ依ル第四號品以上ノモノナルコト

四、水　飴　固有ノ甘味ヲ有シ夾雜物ヲ混ゼザルモノナルコト

五、用　水　飲料ニ適スル良質ノモノニシテ水量豊富ナルコト

六、板　牛肉罐詰用原料及材料ニ同ジ

板ノ寸法左ノ如シ

使用區分	巾	長
側	〇・二三〇米(七寸六分)	一・八五〇米(六尺一寸以上)
蓋底	〇・二四八米(八寸二分)	(右　同)

備考　牛肉罐詰用原料及材料ニ同ジ

七、釘　以下右ニ同ジ

ロ、牛肉佃煮製造法

一、斷　肉　枝肉ハ骨肉ヲ分離シ同時ニ罐詰ニ不適ナル膜、腱、靱帶及脂肪等ヲ除去シタルモノヲ〇瓩二六〇—〇瓩三〇〇（七、八十匁）ノ肉片トナス

二、煮肉及細切味付　斷肉シタル肉片ハ適量ヲ二重釜ニ入レ水ヲ加フルコトナク加熱シ空煮ヲナス（直火釜ノ場合ニハ少量ノ水ヲ加フルコトヲ得）煮熟ノ程度ハ最大肉片斷面ノ心部赤色ヲ消失スルニ至ルヲ度トシ其ノ間時々攪拌シ平均ノ熱度ヲ與フル様ニ注意スベシ

煮肉終了ノモノハ笊ニ上ゲ煮汁ヲ滴下セシメ纎維ノ方向ニ直角ニ厚サ〇米〇〇九（三分）長サ〇米〇四五（一寸五分）位ニ細切シ味付ヲ行フ

味付ハ普通大和煮ノ場合ヨリモ幾分丁寧ニ壹時間以上行フヲ可トス

壹釜精肉　三七瓩五〇〇（十貫匁）ニ對スル調味液配合割合次ノ如シ

材料	使用量	摘要
醬油	八・六四〇立(四升八合)	
砂糖	〇・四五〇瓩(一二〇匁)	
水飴	〇・四五〇瓩(一二〇匁)	
濾過液	一・八〇立(一升〇合)	空煮ノ際滲出セル液ヲ濾過セルモノ

右ノ配合法ニヨル調味液ヲ一旦煮沸セシメタル後先キニ空煮セル肉片ヲ入レ加熱味付ス

三、肉詰及密閉　味付肉ハ調味液ヲ滴下セシメ急激ニ冷却セシメタル後液汁ヲ滴下セシメ左記要領ニ依リ肉詰密閉スルモノトス

罐種	固形肉	汁	計
尋常罐	〇・三四九瓩（九三匁）	〇・〇二六瓩（七匁）	〇・三七五瓩（一〇〇匁）

四、脱氣及殺菌　密閉セルモノハ左記要領ニ依リ脱氣殺菌ヲ行フ脱氣程度ハ眞空計ノ〇米三八〇（十五吋）ヲ標準トス

釜ノ種類	脱氣		殺菌	
	溫度又ハ壓力	時間	溫度又ハ壓力	時間
普通釜	攝氏　一〇〇度	四〇分	攝氏　一〇〇度	一時三〇分
壓力釜	一・三五瓩（三封度）	三〇分	二・七〇〇瓩（六封度）	一時〇〇分

備考　脱氣函ノ備付アルモノハ此レヲ使用スルモ可ナリ

五、冷却及仕上　殺菌終了ノモノハ冷水ヲ以テ冷却シタル後布ニテ清拭シ「ニス」ヲ塗布スルモノトス

六、打審檢査　製品ハ製造一週日後全數ニ亘リ嚴密ナル打檢ヲ行ヒ不良罐ヲ除去ス

廠外製品ニアリテハ製造家ニ於テ打檢ヲ行ヒ良品ニツキ當廠檢査員ノ檢査ヲ受クベシ

七、箱詰及藎打　檢査ニ合格シタルモノハ後記梱包法ノ如ク四十個ヲ七個二列六個一列二段詰トナシ釘打ヲ行フ

注意

釘ノ打方ニ際シテハ釘尖箱内ニ逸穿シ内容品ヲ損スルコトナキ様ニ注意スルヲ要ス

八、牛肉佃煮梱包法　梱包材料ノ品質前掲ノモノニシテ左ノ如クス

一、木箱　樣式ハ圖面通リトス、但シ圖ノ木箱寸法ハ外法ナルニ依リ長サヨリ〇米〇七三（二寸四分）巾及高サヨリ〇米〇三六（一寸二分）ヲ減ジタルモノヲ其ノ内法トス

木箱ノ打釘數左ノ通リ

個所	打釘數	計	備考
蓋底	二八	八〇	棧ノ釘ハ内側ヨリ打チ込ミ尖端ヲ外側ニ折リ曲グルモノトス
側	二八		
妻	二四		

二、「ブリキ」罐

罐詰用空罐ノ良否ハ殺菌ト相俟テ罐詰製造上ノ最モ重要ナル部分ヲナスヲ以テ之レガ材料ノ選擇及製作ニハ綿密ナル注意ヲ拂フコト

空罐ノ出來上リ寸法ハ左表ノ如シ蓋ニハ附圖ニ示ス所ニ從ヒ文字ヲ打出スコト、但シ已ムヲ得ザル場合ニハ「ゴム」印又ハ印刷紙片ニテ之レヲ表示スルコト

「ブリキ」板ノ切斷法ハ自動製罐機ニ依ルモノハ概ネ附圖ニ示セル處ニ據ル、但シ「ブリキ」ノ金質並ニ「グレーン」ノ關係ヲ顧慮シ適宜變更スルコトヲ得

卷締罐		半田罐	
徑	高	徑	高
〇・七八米（三吋十六分ノ一）	〇・一一四米（四吋卅二分ノ一五）	〇・〇七四五米（三吋十六分ノ十五）	〇・一〇七五米（四吋卅二分ノ五）

罐ハ密閉ヲ完全ニシ六瓩七五（十五封度）以上ノ壓力ニ堪フルヲ要ス

空罐密閉用半田鑞、媒鑞用劑、液體「ゴム」及空罐用防銹假漆等ハ左ノ處方ニ據ル（以下牛肉罐詰梱包法ニ同ジ）

ニ、牛肉佃煮檢查法

一、品　質　打審檢查ニ合格シ重金屬及防腐劑ヲ含マズ且ツ肉質並ニ香味色澤良好ナルモノナルコト

二、空　罐　三八瓩二五〇（八十五封度）以上品質良好ナル軟鋼「ブリキ」ヲ以テ堅固ニ製作シアル丸罐ニシテ出來上リ寸法ハ左記ヲ標準トス

卷締罐		半田罐	
徑	高	徑	高
〇・〇七八米（三吋十六分ノ一）	〇・一一四米（四吋三十二分ノ十五）	〇・〇七四五米（二吋十六分ノ十五）	〇・一〇七五米（四吋三十二分ノ五）

三、封　鑞　錫及鉛ノ合金ニシテ鉛ノ含量四十%ヲ超ユベカラズ、但シ、衞生罐（封鑞ノ內面ニ露出セザル製罐法）ニアリテハ鉛五十%以內ヲ含ムモ差シ支ヘナキコト

四、量　目　壹罐ノ內容總重量〇瓩三七五（百匁）ヲ下ラズ、攝氏三十度ニ於ケル固形肉量〇瓩三五〇（九十三匁）以上トス、但シ內容總量ニ於テ〇瓩〇一一（三匁）以內ノ不足ハ此レヲ公差トシテ認ムルコトヲ得ルモ一梱ノ內容量ハ四十罐入一五瓩〇〇〇（四貫匁）以上タルベキコト

五、梱　包　木箱ノ大イサ內容品ニ比シ過大過少ナラザルコト

第三　野菜入豚肉罐詰

イ、野菜入豚肉罐詰用原料及材料

一、精　肉　糧秣廠若クハ地方廳獸醫ノ檢查ニ合格シタル肉付佳良健全ナル生豚ヲ屠殺シタルモノ、皮剝セル新鮮淸潔ナル枝肉ヨリ骨、膜、腱、靱帶等ノ不用部分ヲ除去シタル精肉ヲ原料トス、但シ脂肉ハ赤肉ノ四分ノ一以內トス

二、野　菜　各種豆類、牛蒡、蓮根、里芋、人參等適度ニ成熟シタルモノヲ各季節ニ應ジ使用ス

三、醬　油　以下牛肉罐詰用原料及材料ニ同ジ

板ノ寸法左ノ如シ

使用區分	巾	長
側	〇・二三〇米（七寸六分）	一・八五〇米（六尺一寸以上）
蓋底	〇・二四八米（八寸二分）	

備　考　以下牛肉罐詰用原料材料ニ同ジ

ロ、野菜入豚肉罐詰製造法

一、斷　肉　約〇・〇九〇米（三寸）立方位ニ切斷ス、肉片ノ大イサハ可成大イサニ不同ナカラシムル樣注意スベシ

二、煮　肉　細切セル豚肉ヲ煮釜中ニ入レ少量ノ水ヲ加ヘ豚固有ノ臭氣ヲ去ルタメ肉十貫匁ニ付キ玉葱〇・七五〇瓩（二百匁）生姜〇・三七五瓩（百匁）ノ細切シタルモノヲ加ヘ攪拌シツヽ加熱シ概ネ一時間煮熟シ熱ノ肉ノ心部ニ到達セル時笊ニ揚ゲ液汁ヲ滴下セシム

三、味付調味液ノ配合　煮肉終了ノモノハ味付ヲ行フ、精肉三七・五〇〇瓩（十貫目）ニ對スル調味液配合割合左ノ如シ

材料	使用量	摘要
醬油	四・五〇立（二升五合）	
砂糖	〇・六七五瓩（百八十匁）	
水	一・一七〇立（六合五勺）	

右ノ配合ニヨル調味液ヲ一旦煮沸セシメタル後前ニ水煮セル肉片ヲ投入シ十分乃至二十分間加熱味付ス

四、煮菜　野菜ハ外皮ヲ去リ清水ニテ洗ヒ〇・〇〇三米乃至〇・〇〇六米（一、二分）ノ厚サニ輪切ト爲シ水ニ浸シテ灰汁拔ヲナシタル後掬ヒ揚ゲテ水ヲ切リ右ノ調味液ニテ煮熟味付ヲ爲ス

生青豌豆ハ煮沸ヲ行ハス、淸水ニテ洗滌シタルモノヲ直チニ罐ニ詰ムルコト

乾燥セル豆類ハ水ニ浸漬シ膨脹軟化セシメタル後上記ノ如クス

五、肉詰　味付肉ハ約〇米〇〇九（三分）ノ厚サニ細切シタル後肉詰ス

一罐收容內容量次ノ如シ

罐種	肉量	野菜	汁	計
尋常罐	〇・二二五瓩（六十匁）	〇・一一〇瓩（二十九匁）	〇・一一五瓩（三十一匁）	〇・四五〇瓩（百二十匁）

六、殺菌　肉詰シタルモノハ密閉ヲ完全ニシ左記要領ニ依リ脫氣殺菌スベシ脫氣ノ程度ハ眞空計ノ〇米三八〇（十五吋）ヲ標準トス

釜ノ種類	脫氣		殺菌	
	溫度又ハ壓力	時間	溫度又ハ壓力	時間
普通釜	攝氏一〇〇度	四〇分	攝氏一〇〇度	一時三〇分
壓力釜	一・三五〇瓩（三封度）	三〇分	三・一五〇瓩（七封度）	一時〇分

脫氣函ノ備付アルモノハ之レヲ使用スルコトヲ得

七、冷罐及仕上　殺菌終了ノモノハ冷水ヲ以テ可及的速カニ冷却セシメ布ヲ以テ淸拭シタル後「ニス」ヲ塗布ス

八、打審檢査　製品ハ製造後一週日ヲ經過シタル後嚴密ナル打檢ヲナシ不良罐ヲ除外ス

廠外製品ニアリテハ製造家ニ於テ打檢ヲ行ヒ良罐ニツキ當廠檢査員ノ檢査ヲ受クベシ

九、箱詰及蓋付　檢査ニ合格シタルモノハ後記梱包法ノ如ク四十個ヲ七個二列六個一列二段詰トシ釘打ヲ行フ

注意　蓋ノ釘打ニ際シテハ釘尖往々箱內ニ逸穿シ內容品ヲ損スルコト多キヲ以テ打方ニ注意スルヲ要ス

八、野菜入豚肉罐詰梱包法　梱包材料ノ品質前揭ノモノニシテ左ノ如ク行フ（以下牛肉佃煮罐詰梱包法ニ同ジ）

三、野菜入豚肉罐詰檢査法

一、品質　打審檢査ニ合格シ重金屬及防腐劑等ヲ含マズ且ツ固形物崩壞セズ香味色澤等良好ナルモノトス

二、空罐　品質良好ナル三八瓩二五〇（八十五封度）以上ノ軟鋼「ブリキ」ヲ以テ堅固ニ製作シアル丸罐ニシテ出來上リ寸法ハ左記ヲ標準トス

巻締罐		半田罐	
徑	高	徑	高
○・○七八米（三吋十六分ノ一）	○・一一四米（四吋三十二分ノ十五）	○・○七四五米（二吋十六分ノ十五）	○・一○七五米（四吋三十二分ノ七）

三、封鑞　錫及鉛ノ合金ニシテ鉛ノ含量四十%ヲ超ユベカラズ、但衛生罐（封鑞ノ罐内面ニ露出セザル製罐法）ニアリテハ鉛五十%以内ヲ含ムモ差支ヘナシ

四、量目　一罐ノ内容總量○瓩四五○（百二十匁）ヲ下ラズ攝氏三十度ニ於ケル固形量ハ○瓩三七五（百匁）以上トス、但シ固形量中豚肉ハ其ノ三分ノ二以上タルベク脂肉ハ赤肉ノ四分ノ一以下ナルコト

尚内容總量ニ於テ○瓩○一一（三匁）以内ノ不足ハ之レヲ公差トスルコトヲ得ルモ一梱ノ内容量ハ四十罐入一八瓩○○○（四貫八百匁）以上タルベキコト

五、梱包　木箱ノ大イサ内容品ニ比シ過大過小ナラザルコト

第四　魚貝罐詰

イ、魚貝罐詰用原料及材料

一、魚貝　原料魚貝ハ凡テ新鮮ナルモノナルコト

二、醬油　品質、香味色相標本ニ劣ラズ殊更ニ加工セザルモノナルコト

比重、攝氏十五度ニ於テ一、一八○ヲ下ラズ、固形分ハ醬油百立方「センチメートル」中三五瓦五以上ナルコト

食鹽、百立方「センチメートル」中一七瓦乃至一八瓦五ナルコト

但シ其他ノ條件良好ニシテ香味調和セルモノニアリテハ右ノ範圍ヲ超ユルモ差支ヘナシ

總窒素、百立方「センチメートル」中一瓦二以上ナルコト

三、砂糖　砂糖供給組合ノ取扱ニ依ル第四號品以上ノモノナルコト

四、食鹽　三等鹽以上ノモノナルコト

五、用水　飲料ニ適スル良質ノモノニシテ水量豊富ナルコト

六、板　乾燥良好ナル樅、栂、唐松、椴松、白檜ノ正○米○一八（六分）物（○米○一七（五分五厘）乃至○米○二○（六分五厘））ニシテ死節拔節及乾裂虫害等ナキモノナルコト

但シ品質良好ナルトキハ徑五分以内ノ死節五ケ所以内又ハ長サ○米一五二（五寸）巾○米○○六（二厘）以内ノ乾裂アルモノト雖モ場合ニヨリ合格トナスコトアリ

板ノ寸法左ノ如シ

使用區分	巾	長
側	○・二三○米（七寸六分）	一・八五○米（六尺一寸）以上
蓋底	○・二四八米（八寸二分）	

備考

板巾ハ耳摺ノ寸法ニシテ長サ三米七○○（十二尺二寸）以上ノモノヲ以テ二枚ニ換算スルコトヲ得

二枚接ギノ場合ニハ板巾ヲ制限セザルモ過不足ヲ生ゼザラシムル様組合セニ注意スルコト

七、以下牛肉罐詰用原料及材料ニ同ジ

ロ、魚貝罐詰製造法

製品ハ水煮及大和煮製トス

一、原料ノ處置

イ、水煮　原料ヲ充分ニ洗滌シタル後頭部及內臟其他廢棄部ヲ丁寧ニ除去シ適當ニ身割ヲナシ小魚ハ其ノ儘大形ノモノハ罐ノ寸法ニ應ジテ細切ス

細切シタルモノハ母氏十度ノ食鹽水中ニ約三十分乃至四十分間浸漬シ血拔キ及鹽漬ヲ行ヒタル後取出シ充分水切ヲ行ヒ肉詰ス

貝類ハ生剝トシ含有スル泥砂ヲ充分ニ除去スルヲ原則トスルモ止ムヲ得ザル場合ハ蒸熟除殼シタル後肉ヲ剝取リ種類ニヨリテハ內臟ヲ除去ス

ロ、大和煮　魚類ハ清水ヲ以テ良ク洗滌シ腹部ヲ丁寧ニ除去シ三枚ニ卸シ更ニ適當ニ身割ヲナシ（但シ小魚ノ場合ハ骨附ノマヽトス）母氏三度ノ食鹽水ニ約十五分間浸漬シタル後、蒸シ又ハ湯煮シ冷却後小骨ヲ拔キ肉質緊縮ノ目的ヲ以テ炭火ニテ適度ニ焙乾シタル後適當ニ切斷ス

肉質緊縮ノ目的ノ爲メ焙乾行程ニ代フルニ味付煮ヲ以テスルコトヲ得、此ノ場合ニハ煮沸冷却後小骨ヲ拔キ（肉質ヲ崩壞セシメザル樣注意スベシ）適當大ニ切斷シタルモノニツキ此ヲ行フ貝類ハ水煮ノ場合ト同樣ニ處理セル後水煮ヲ行フ

二、肉　詰

イ、水　煮　魚類ハ二段詰トシ出來上リ固形肉〇瓩三七五（百匁）以上總重量〇瓩四五〇（百二十匁）以上タラシムル樣ニ肉詰ヲ行ヒ此レニ〇瓩〇一一（三匁）ノ再製鹽ヲ添加シ差汁ヲナサズ

貝類ハ生剝ノモノハ固形肉〇瓩四五〇（百二十匁）以上ヲ秤量シ食鹽〇瓩〇一一（三匁）ヲ添加シ差汁ヲナサズ、但シ湯剝ノモノハ固形肉〇瓩三七五（百匁）以上ヲ秤量シ煮熟シタル液ヲ布ニテ濾過セルモノ〇瓩〇七五（二十匁）ヲ注加ス

ロ、大和煮　魚貝類共同樣ニシテ出來上リ固形肉〇瓩三七五（百匁）以上總重量〇瓩四五〇（百二十匁）以上タラシムル樣ニ肉詰ヲ行ヒ調味液ヲ注入スルコト

調味液配合割合左ノ如シ

材料	使用量	備考
醬油	七・二〇立（四升〇合）	水ノ配合量ハ醬油ノ品質魚種等ノ關係ニヨリ適宜加減スルコト
砂糖	〇・九七五瓩（二六〇匁）	
水	一・〇八〇立（六合）	

調味液ハ一旦煮沸シテ使用スルコト

三、脫氣及殺菌　肉詰終了ノモノハ速ニ密閉シ左記要領ニ依リ脫氣及ビ殺菌スルコト、脫氣ノ程度ハ眞空計ノ〇米三八〇（十五吋）ヲ標準トス

釜ノ種類	脫氣		殺菌	
	溫度又ハ壓力（封度）	時間	溫度又ハ壓力（封度）	時間
普通釜	攝氏百度	四〇分	攝氏百度	一時三〇分
壓力釜	一・三五瓩（三封度）	三〇分	三・一五瓩（七封度）	一時〇〇分

脫氣函ノ備付アルモノハ此レヲ使用スルコトヲ得

四、冷却及仕上　殺菌ヲ終リタルモノハ冷水ヲ以テ成ルベク速ニ冷却セシメ乾布ヲ以テ清拭シタル後假漆ヲ塗布ス

五、打審検査　製品ハ製造後一週日ヲ經過シタル後嚴密ナル打檢ヲナシ不良品ヲ除外ス

廠外製品ニアリテハ製造家ニ於テ打檢ヲ行ヒ良罐ニ就キ當廠検査員ノ檢査ヲ受クルコト

六、箱詰及蓋打　檢査ニ合格シタル製品ハ後記梱包法ノ如ク四十個ヲ七個二列六個一列二段詰トシ釘打スルコト

注　意　蓋ノ釘打ニ際シテハ釘尖ニテ内容品ヲ損スルコトナキ様注意スルヲ要ス

ハ、魚貝罐詰梱包法

梱包材料ノ品質前掲ノモノニシテ左ノ如ク行フ（以下牛肉佃煮罐詰梱包法ニ同ジ）

ニ、魚貝罐詰検査法

一、品　質　打審検査ニ合格シ重金屬及防腐劑等ヲ含マズ、且ツ内容品ハ土砂其他ノ異物ヲ混セズ新鮮ニシテ異種ノ魚貝ヲ混ゼザル確實ナル原料ヲ使用セルモノニシテ肉質肉詰香味色澤等凡テ標本ニ劣ラズ頭部骨（又ハ殼）臓腑等ノ廢棄部分ヲ叮嚀ニ除去シアルコト但シ水煮製並ニ沙魚、鰮等ノ如キ小魚ノモノニハ骨拔ヲ要セズ貝類ニハ特ニ砂ヲ混在セザルコト

二、空　罐　品質良好ナル三八瓩二五〇（八十五封度）以上軟鋼「ブリキ」ヲ以テ堅固ニ製作シアル丸罐ニシテ出來上リ寸法ハ左記ヲ標準トス

巻締罐		半田罐	
徑	高	徑	高
〇・〇七八米（三吋十六分ノ一）	〇・一一四米（四吋卅二分ノ十五）	〇・〇七四五米（三吋十六分ノ十五）	〇・一〇七五米（四吋三二分ノ五）

三、封　鑞　錫及鉛ノ合金ニシテ鉛ノ含有量四十％ヲ超ユベカラズ但シ衞生罐（封鑞ハ罐ノ內面ニ露出セザル製罐法）ニアリテハ鉛五十％以內ヲ含ムモ差支ナシ

四、量　目　一罐ノ內容總量〇瓩四五〇（百二十匁）ヲ降ラズ、攝氏三十度ニ於ケル固形肉量ハ〇瓩三七五（百匁）以上トス、但シ內容總量ニ於テ〇瓩〇一一（三匁）以內ノ不足ハ之レヲ公差トスルコトヲ得ルモ一梱ノ內容量ハ四十罐入一梱一八瓩〇〇〇（四貫八百匁）以上タルベキコト

五、梱　包　木箱ノ大イサ內容品ニ比シ過大、過少ナラザルコト

第五　醬油エキス（省略）

三、軍用罐詰の特殊性

軍用罐詰は前述の如く其の規格が面倒であるが之は長き貯藏と困難なる運搬に堪えねばならぬからである。軍用罐詰は平時に於ては

一、牛肉罐詰　　六年

二、魚肉罐詰　　三年

の貯藏をして第四、第六年目以降に食用するものであるから平時から製造して貯藏する戰用罐詰にはよほど嚴重なる規格を要求すること前述の通である。

而して戰時に於て製造し使用する者は右の様に長期間貯藏することは稀で大多數は一二年目に使用されるのであるが、之とても內地から戰地へ、又戰地に於ては風雨にさらされな

がら次から次へと運搬されるのであるからやはり原料殊にブリキの品質、製法、梱包等に嚴重なる規格を必要とするものである。

之等の點は一般需用品とは同一に見ることの出來ない處であつて又同じ軍用品でも平時屯營内で食ふものは一般民需品と同様なものでよろしく唯内容が兵食向きに出來て居ればよいのである。

海軍罐詰購買規格

本項は海軍省軍需局第三課より提示されたるもの及び海軍主計中佐長妻篤嶋氏の講演「海軍と罐詰」より輯錄したるものなることを附記す。

現今施行されてゐる海軍糧食に關する事項は「海軍給與令」中の規定に依るもので、平時に於ける諸規格を基準として戰時に於ける給與及購買をも行はれるのである。但し戰時は作戰行動に順應せんが爲生糧品の蒐集困難なる場合も多々あるので、其所要數量激增を來たすべきは勿論である。

一、罐詰の給與

海軍に於て使用されてゐる罐詰類は貯藏獸魚肉と特殊貯藏鳥獸魚肉との二つに大別され、此外罐詰野菜、罐詰果物、罐詰牛乳がある。

貯藏獸魚肉と稱するものはローストビーフ、コンドビーフ鮭鱒、鯖、鰮の水煮。（一名普通罐詰）

特殊鳥獸魚肉と稱するものは牛肉大和煮、同佃煮、其他鳥獸魚肉を原料とした味附品。（一名特殊罐詰）

右の外罐詰果物、罐詰野菜、罐詰牛乳をも購買給與する。之等を給與するに當つては貯藏獸魚肉は毎月二回宛となつてゐるが、在庫或は航海中等の關係で右回數以上に給與されることがある。普通は一人一食一〇〇瓦を給され、例外として潜水艦、航空機等の乘員に對しては夫々相當量を增給される。

特殊貯藏鳥獸魚肉は演習、行軍、其他航海中生糧品を得られざる場合普通の貯藏獸魚肉に換へて適宜給される。

罐詰果物、罐詰野菜は前同様遠洋航海其他の艦船に於て生果野菜の得られない場合に給される。普通一旬三食以內、長期航海艦船にありては一旬七食以内に限られてゐる。斯くして尙生野菜を得られざる場合は乾物を給される。

罐詰牛乳は生牛乳を得られざる場合給せられ、潜水艦、航空機乘員には平常にても給せられてゐる。

二、罐詰の購買及規格

購買方法は貯藏獸魚肉に於ては「海軍購買名簿」の登錄者のみより購買し、其他製品優良、工場設備優秀のものあらば試驗購買を行ひ、海軍罐詰の向上に資すると同時に納入者への奬勵をも行つてゐる。特殊貯藏鳥獸魚肉、罐詰野菜、罐詰果物、罐詰牛乳に於ては一般製造家中、製品優良にして信用ある向より購買する。即ち營業證明書に依つて適當と認むる者を指定し、見積書、見本を提出せしめ、見本の審査を行つて採點し、合格したものゝ中見積價格の安い方より購買する

購買は左の檢査規格に依つて行つてゐる。

貯藏獸魚肉檢査規格

品名				
品名	種類	貯藏獸肉	貯藏獸肉	貯藏
品名	品質			
罐器	形状	長丸型 直徑一〇一、五粍 高サ一二一、〇粍	枕型 蓋 長徑一〇八粍 短徑七六〃 底 長徑一〇六〃 短徑六六〃 高サ一二七、〇〃	長丸型 直徑一〇一、五粍
罐器	外觀	卷締罐（蠟若ハ生護謨使用）		
罐器	材料	米國「プライムコークス」 U. S. S. G 100 lbs. base. (B. W. G. $30\frac{1}{2}$) 若ハ之ト同等以上ノ「ブリキ」		
罐器	外部塗色	淡褐色（アスフアトニス）		
品質		無骨		頭尾鰭除去シ
一罐ノ容量		八〇〇瓦	八〇〇瓦	
一罐内ノ固形重量		六八〇瓦	七二〇瓦	
反應		中性若ハ弱酸性		
記事		（別記參照）		固形肉以外ノ量ハ肉

魚肉		高サ 一二四、〇粍				及臓物ヲ タルモノ	九〇〇瓦	七一〇瓦		汁トス

「固形肉ノ量ハ豫メ 30°C 乃至 30°C ニ加熱シタル加温器内ニ入レ約二時間半放置（罐中心温度 25°C 乃至 30°C）シタル後肉汁ヲ分離スル爲メ分離器ニ入レ其ノ儘更ニ加温器内ニ入レテ約三十分放置シタル後ニ於テ算定ス」

（別記參照）「記事」

備　考

一、肉ハ著明ノ金屬反應ヲ呈スベカラズ

二、固形ハ試驗品ノ平均額ニ依ル但シ一罐ノ容量百分ノ三以内ノ不足ハ之ヲ公差トスルコトヲ得

三、罐詰十二個ヲ木箱ニ裝塡スルモノトス

四、木箱ハ松（エゾ松ヲ含ム）樅若ハ之ト同等以上ノ硬力アル木質ニシテ充分ニ乾燥シ棲板ハ一六粍以上其他ハ一三粍以上ノモノヲ用ヒ棲板及側板ハ一枚板其他ハ一枚板若ハ二枚板トス釘ハ三六粍以上ノモノ三六本以上ヲ用フルモノトス

五、毎罐蓋底何レカ一方ニ內容品名ハ片假名ニテ其頭文字ヲ、製造者名ハ平假名ニテ其姓（社名）ヲ、製造年月日ハアラビヤ數字ニテ年月ヲ夫々打拔式ニ依リ明示スルコト但シ別ニ製造者ヲ表示スル商標等ヲ刻印スルヲ妨ゲズ

六、木箱ノ棲板兩面ニハ品名、量額、一罐ノ容量、罐數、納品年月、納入先、軍需部名及製造人住所氏名ヲ明記スルモノトス

七、保存保證期間ハ三ケ年トス

八、納品中ヨリ持込日毎ニ其千分ノ一、（購買高四、〇〇〇瓩未滿ノモノハ千分ノ二）以內ノ數量ヲ拔出シ檢査ヲ行フ但シ特ニ必要ト認ムル場合ハ右ノ拔出標準ヲ變更スルモノトス

罐型は右表に示す通りで、全國的協定の標準罐型に近いものではあるが、大體一罐が何人分と云ふことがきまらぬと給與上都合が惡いので、この三種の罐型を決定してゐる。但し之は貯藏獸魚肉にのみ限られ、其他には何等規格を設けられてゐないが、成るべく標準罐型に據ることゝし製品包裝共に完全なることを要求してゐる。

罐詰內容標準量及標準罐型規格

本規格ハ農林省後援社團法人日本罐詰協會主催ノ罐詰內容標準量及罐型規格統一ニ關スル左記三回ノ全國關係團體協議會ニ於テ左記關係者參加ノ上愼重審議可決々定シタルモノナリ。

第一回　昭和五年十一月二十一日

第二回　昭和七年三月三十日

第三回　昭和八年十一月二十一日

參加者

農林省農務局、水產局、畜產局、經濟更生部係官、商工省工務局、商務局、臨時產業合理局係官

海軍省軍需局、橫須賀海軍々需部官係、

陸軍省經理局、糧秣本廠係官、

廣島縣罐詰檢查官、

福岡縣、滋賀縣水產課係官、

東京、大阪、神戶、函館罐詰同業組合檢查員

全國各罐詰同業組合代表者

社團法人日本罐詰協會代表者

其他關係當業者

尙昭和六年五月九日付ヲ以テ農林、商工兩省次官連名ノ下ニ全國府縣知事、北海道廳長官、殖民地長官宛本規格勵行方ニツキ通牒ヲ發セラレタリ。

本規格制定ニ就イテ

本規格原案制定ニ際シテハ其罐型ニ於テハ徹底的單純化其內容量ニ於テハ最高充實主義ヲ主旨トシ十年ニ亘ル市販罐詰開罐研究會ノ諸成績罐詰內容標準量及標準罐型規格表

ヲ參照シテ、眞個理想案ヲ得ント努力セルモ四圍ノ狀勢ハ時運ノ未ダ熟セザルヲ暗示シ遂ニ前者ニ於テハ數種ノ暫定罐型ヲ留メ後者ニ於テハ中位罐詰ノ內容量ヲ最低基準トシテ採用スルニ至レリ。

故ニ從來本規格以上ノ內容量ヲ備ヘタル罐詰ニ本規格ノ數字、即チ最低量ニ依ル改惡ノ加ヘラル、ガ如キ誤解ナカランコトヲ望ム。

要之本規格ハ我國罐詰產業ノ進展ニ伴フテ逐次改訂向上セシムルノ要アルモノナリ。

水產罐詰最低標準內容固形量表

一、魚介類ボイルド

品名	罐型			最低內容固形量	表示スベキ內容正味量
		稱呼	舊稱呼		
鮭鱒	標	平一號罐	平一斤罐	三九〇瓦(一〇四、〇匁)以上	內容全量
	〃	〃二號罐	〃半斤罐	一九五〃(五二、〇〃)以上	
	特	鮭四號罐	鮭竪一斤罐	三九〇〃(一〇四、〇〃)以上	
	〃	〃平三號罐	〃四分一斤罐	九五〃(二五、三〃)以上	
	〃	海軍二號罐	(海軍々需品)	七一〇〃(一八九、三〃)以上	九〇〇瓦
鮭クビ肉、肩肉	標	平一號罐	平一斤罐	三九〇〃(一〇四、〇〃)以上	內容全量
	〃	平二號罐	平半斤罐	一九五〃(五二、〇〃)以上	
鰆	〃	平一號罐	平一斤罐	三八〇〃(一〇一、三〃)以上	右同
	〃	二號罐	半斤罐	一九〇〃(五〇、七〃)以上	
	特	鮭四號罐	鮭竪一斤罐	三八〇〃(一〇一、三〃)以上	
白魚	標	四號罐	一斤罐	二四〇〃(六四、〇〃)以上	內容固形量
	〃	七號罐	十一オンス罐	一六〇〃(四二、七〃)以上	
鮑	〃	四號罐	一斤罐	重 二三〇〃(六一、三〃)以上 輕 一五〇〃(四〇、〇〃)以上	右同

鰒	〃 暫	七號罐 十三オンス罐	十一オンス罐 —	一五〇〃（四〇、〇〃）以上 一九〇〃（五〇、七〃）以上	右同
北寄貝	標 〃	平一號罐 〃二號罐	平一斤罐 〃半斤罐	二六〇〃（六九、三〃）以上 一三〇〃（三四、七〃）以上	右同
帆立貝	〃 〃	平一號罐 〃二號罐	平一斤罐 〃半斤罐	二六〇〃（六九、三〃）以上 一三〇〃（三四、七〃）以上	右同
板屋貝 馬刀貝	標 〃	四號罐 七號罐	一斤罐 十一オンス罐	二三〇〃（六一、三匁）以上 一四〇〃（三七、三〃）以上	右同
牡蠣、蜊 蛤、蜆	〃 〃 〃	二號罐 三號罐 七號罐	三斤罐 一斤罐 十一オンス罐	四二五〃（一一三、三〃）以上 二二七〃（六〇、五〃）以上 一四二〃（三七、九〃）以上	右同
烏賊	〃 〃	四號罐 七號罐	一斤罐 十一オンス罐	二四〇〃（六四、〇〃）以上 一六〇〃（四二、七〃）以上	右同
蝦	〃 〃 〃	七號罐 蟹一號罐 〃二號罐	十一オンス罐 蟹一斤罐 〃半斤罐	一四二〃（三七、九〃）以上 二三〇〃（六一、三〃）以上 一一四〃（三〇、四〃）以上	右同
毛蟹 ズワイ蟹 花咲蟹	特 〃 〃	蟹一號罐 〃二號罐 〃三號罐	蟹一斤罐 〃半斤罐 〃四分一斤罐	三八〇〃（一〇一、三〃）以上 一九〇〃（五〇、七〃）以上 九五〃（二五、三〃）以上	内容全量

二、魚介類味付並ニ燻製品

品名	罐型 称呼		罐型 旧称呼	最低内容固形量	表示スベキ内容正味量
鯖 鰹	標 〃	四號罐 六號罐	一斤罐 半斤罐	三三〇瓦（八八、〇匁）以上 一六〇〃（四二、七〃）以上	固形量ニ固形量ノ二〇%以内

罐詰内容標準量及標準罐型規格表

鰤 鮪	〃 〃 〃 暫	七號罐 八號罐 平一號罐 十三オンス罐	十一オンス罐 五オンス罐 平一斤罐	二二〇〃(五八、七〃)以上 一〇〇〃(二六、七〃)以上 三四〇〃(九〇、七〃)以上 二六〇〃(六九、三〃)以上	ノ液量ヲ加算シタルモノ
鰮	標 特 暫	平一號罐 楕圓二號罐 角罐一號	平一斤罐 楕圓七分罐 鰮角罐	三八〇〃(一〇一、三〃)以上 二六〇〃(六九、三〃)以上 二六〇〃(六九、三〃)以上	固形量ニ固形量ノ一五%以内ノ液量ヲ加算シタルモノ
はぜ、あみ佃煮	標 〃 〃	四號罐 六號罐 七號罐	一斤罐 半斤罐 十一オンス罐	二四〇〃(六四、〇〃)以上 一二〇〃(三二、〇〃)以上 一六〇〃(四二、七〃)以上	〃五%以内ノ液量ヲ加算シタルモノ
白魚(紅梅煮ヲ含ム)	標 〃	四號罐 七號罐	一斤罐 十一オンス罐	二六〇〃(六九、三〃)以上 一六〇〃(四二、七〃)以上	〃一〇%以内ノ液量ヲ加算シタルモノ
白魚佃煮	標 〃	四號罐 七號罐	一斤罐 十一オンス罐	二二〇〃(五八、七〃)以上 一五〇〃(四〇、〇〃)以上	〃五%以内ノ液量ヲ加算シタルモノ
鮎、鮒甘露煮	標 暫	四號罐 十三オンス罐	一斤罐	二二〇〃(五八、七〃)以上 一七〇〃(四五、三〃)以上	右同
魚類照燒	標 〃	平一號罐 平二號罐	平一斤罐 平半斤罐	三〇〇〃(八〇、〇〃)以上 一六〇〃(四二、七〃)以上	右同
鰮櫻干及照燒	特	楕圓二號罐	楕圓七分罐	一五〇〃(四〇、〇〃)以上	固形量ニ固形量ノ二〇%以内ノ液量ヲ加算シタルモノ
鰻、穴子蒲燒	暫 暫	角罐二號 〃三號	四〇匁角罐 三〇匁角罐	一五〇〃(四〇、〇〃)以上 一〇〇〃(二六、七〃)以上	〃一〇%以内ノ液量ヲ加算シタルモノ
小鮎飴煮	標 暫	一號罐 角罐四號	六斤罐 小鮎角罐	一、八〇〇〃(四八〇、〇〃)以上 九〇〇〃(二四〇、〇〃)以上	内容全量
魚類フレーク	標 〃 特	五號罐 六號罐 ツナ二號罐	ミルク罐 竪半斤罐 ツナ罐七オンス	二五〇〃(六六、七〃)以上 一七〇〃(四五、三〃)以上 一六五〃(四一、六〃)以上	右同

鮭蔬菜煮	標	平一號罐	平一斤罐	固形肉量二二五〃（六〇、〇〃）以上 蔬菜量一一三〃（三〇、〇〃）以上	〃二〇%以内ノ液量ヲ加算シタルモノ
魚類蔬菜混合煮	〃	四號罐	竪一斤罐	三四〇〃（九〇、七〃）以上	右同
	〃	五號罐	ミルク罐	二四〇〃（六四、〇〃）以上	
	〃	平一號罐	平一斤罐	三四〇〃（九〇、七〃）以上	
	〃	平二號罐	平半斤罐	一八五〃（四九、三〃）以上	
鯉こく	標	四號罐	一斤罐	四五〇〃（一二〇、〇〃）以上	内容全量
	〃	平一號罐	平一斤罐	四五〇〃（一二〇、〇〃）以上	
帆立貝柱時雨煮及佃煮	標	八號罐	五オンス罐	一一〇〃（二九、三〃）以上	固形量ニ固形量ノ五%以内ノ液量ヲ加算シタルモノ
蠑螺、鰒、鮑	標	四號罐	一斤罐	二四〇〃（六四、〇〃）以上	固形量ニ固形量ノ二五%以内ノ液量ヲ加算シタルモノ
	〃	七號罐	十一オンス罐	一六〇〃（四二、七〃）以上	
	暫	十三オンス罐	—	一九〇〃（五〇、七〃）以上	
乾帆立貝柱	標	八號罐	五オンス罐	一〇〇〃（二六、七〃）以上	〃二〇%以内ノ液量ヲ加算シタルモノ
貝類並ニ貝類蔬菜混合煮	標	四號罐	一斤罐	二八〇〃（七四、七〃）以上	固形量ニ固形量ノ五%以内ノ液量ヲ加算シタルモノ
	〃	五號罐	ミルク罐	二〇〇〃（五三、三〃）以上	
	〃	七號罐	十一オンス罐	一九〇〃（五〇、七〃）以上	
	〃	八號罐	五オンス罐	九〇〃（二四、〇〃）以上	
	〃	平一號罐	平一斤罐	三四〇〃（九〇、七〃）以上	
	〃	平二號罐	平半斤罐	一八五〃（四九、三〃）以上	
蛤、赤貝、蜊時雨煮及佃煮	標	四號罐	一斤罐	二七〇〃（七二、〇〃）以上	固形量ニ固形量ノ五%以内ノ液量ヲ加算シタルモノ
	〃	七號罐	十一オンス罐	一八〇〃（四八、〇〃）以上	
	〃	八號罐	五オンス罐	九〇〃（二四、〇〃）以上	
烏賊、飯蛸 小烏賊	標	七號罐	十一オンス罐	一七〇〃（四五、三〃）以上	〃 烏賊二〇% 飯蛸二〇% 米烏賊五% 小烏賊五% 以内ノ液量ヲ加算シタルモノ
米烏賊	暫	十三オンス罐	—	二〇〇〃（五三、三〃）以上	

品名	罐型稱呼	舊稱呼	最低內容量	表示スベキ內容正味量
蛸	標 平一號罐	平一斤罐	二七〇〃（七二、〇〇〃）以上	〃二五%以內ノ液量ヲ加算シタルモノ
	〃 平二號罐	平半斤罐	一五〇〃（四〇、〇〇〃）以上	
燒烏賊	標 七號罐	十一オンス罐	一五〇〃（四〇、〇〃）以上	內容全量
燒鳥貝	特 二號平罐	三斤型平罐	一二〇〃（三二、〇〃）以上	右同
蒲鉾	標 四號罐	一斤罐	三七〇〃（九八、七〃）以上	右同
	〃 七號罐	十一オンス罐	二三〇〃（六一、三〃）以上	
竹輪	標 四號罐	一斤罐	二六〇〃（六九、三〃）以上	右同
	〃 七號罐	十一オンス罐	一七〇〃（四五、三〃）以上	
魚團揚ゲ物	標 四號罐	一斤罐	三二〇〃（八五、三〃）以上	右同
	〃 七號罐	十一オンス罐	二二〇〃（五八、六〃）以上	
フイシユボール	標 五號罐	ミルク罐	二〇〇〃（五三、三〃）以上	固形量ニ固形量ノ一〇%以內ノ液量ヲ加算シタルモノ
	〃 七號罐	十一オンス罐	一九〇〃（五〇、七〃）以上	
	〃 八號罐	五オンス罐	九五〃（二五、三〃）以上	
ペースト	特 七號ポケツト罐	打拔卷締罐	五七〃（一五、二〃）以上	內容全量

三、油漬並ニトマト漬

品名	罐型 稱呼	罐型 舊稱呼	最低內容量 肉量	最低內容量 總量	表示スベキ內容正味量
鮪油漬	特 ツナ一號罐	ツナ罐十三オンス	三一一、九瓦（八三、二匁）以上	三六八、六瓦（九八、三匁）以上	內容全量
	〃 〃二號罐	〃七オンス	一六三、〇〃（四三、五〃）以上	一九八、五〃（五三、〇〃）以上	
	〃 〃三號罐	〃三オンス二分一	七八、〇〃（二〇、八〃）以上	九九、三〃（二六、五〃）以上	

鰮油漬	特	1/4 Club 1/4 Dingley 1/4 Haut	クオーター罐ニ該當スルモノトシテ認定ス	內容量ハ日本罐詰協會ニ於テ更ニ研究調査ノ上決定ス		右同
鰮トマト漬	特 〃 〃	楕圓一號罐 楕圓二號罐 楕圓三號罐	楕圓一斤罐 楕圓七分罐 楕圓半斤罐	三五〇瓦(九三、三三匁)以上 二四〇〃(六四、〇〇〃)以上 一七五〃(四六、七〃)以上	四二五瓦(一一三、三三匁)以上 三〇〇〃(八〇、〇〇〃)以上 二一五〃(五七、三〃)以上	右同
鮭トマト漬	標 〃	平一號罐 平二號罐	平一斤罐 平半斤罐	三六〇〃(九六、〇〇〃)以上 一八〇〃(四八、〇〇〃)以上	四五〇〃(一二〇、〇〇〃)以上 二二五〃(六〇、〇〇〃)以上	右同

四、雜類

品名		罐型 稱呼	罐型 舊稱呼	最低內容固形量	表示スベキ內容正味量
鯛、牡蠣、すつぽん、其他味噌加工類	標 〃 〃 〃	四號罐 五號罐 六號罐 平二號罐	一斤罐 ミルク罐 半斤罐 平半斤罐	四五〇〃(一二〇、〇〇〃)以上 三二〇〃(八五、三〇〃)以上 二二〇〃(五八、七〃)以上 二五〇〃(六六、七〃)以上	內容全量
田麩	標 〃 〃 〃	五號罐 六號罐 八號罐 平二號罐	ミルク罐 半斤罐 五オンス罐 平半斤罐	內容量ノ決定ハ更ニ研究ヲ要スルヲ以テ當分出來得ル限リ多量ニ內詰スルコトトシ罐型ノミヲ設定ス	右同
昆布巻	標 〃 〃 〃	一號罐 四號罐 五號罐 六號罐	六斤罐 一斤罐 ミルク罐 半斤罐	二、〇〇〇瓦(五三三、三三匁)以上 三五〇〃(九三、三三〃)以上 二一〇〃(五六、〇〇〃)以上 一五〇〃(四〇、〇〇〃)以上	固形量ニ固形量ノ一〇%以內ノ液量ヲ加算シタルモノ

	暫 十三オンス罐		二四〇〃（六四、〇〃）以上	
海苔佃煮	標四號罐	一斤罐	四五〇〃（一二〇、〇〃）以上	内容全量
	〃五號罐	ミルク罐	三一〇〃（八二、七〃）以上	
	〃六號罐	半斤罐	二二〇〃（五八、七〃）以上	
	〃八號罐	五オンス罐	一五〇〃（四〇、〇〃）以上	
鯨肉	標四號罐	一斤罐	三四〇〃（九〇、七〃）以上	固形量ニ固形量ノ二〇%以内ノ液量ヲ加算シタルモノ
	〃六號罐	半斤罐	一七〇〃（四五、三〃）以上	

農産罐詰最低標準内容固形量表

一、野菜類ボイルド

品名	罐型		最低内容固形量	表示スベキ内容正味量
	稱呼	舊稱呼		
筍	標一號罐	六斤罐	一、七〇〇瓦（四五三、三匁）以上	内容固形量
	〃二號罐	三斤罐	五〇〇〃（一三三、三〃）以上	
	〃三號罐	二斤罐	三〇〇〃（八〇、〇〃）以上	
	〃四號罐	一斤罐	二四〇〃（六四、〇〃）以上	
青豌豆	標一號罐	六斤罐	一、八〇〇〃（四八〇、〇〃）以上	右同
	〃二號罐	三斤罐	五三〇〃（一四一、三〃）以上	
	〃四號罐	一斤罐	二八〇〃（七四、七〃）以上	
	〃六號罐	半斤罐	一三〇〃（三四、七〃）以上	
ストリングビーンズ	標二號罐	三斤罐	四五〇〃（一二〇、〇〃）以上	右同
	〃三號罐	二斤罐	三〇〇〃（八〇、〇〃）以上	
	〃四號罐	一斤罐	二三〇〃（六一、三〃）以上	
牛蒡、白瀧、人参、小芋、	標二號罐	三斤罐	五〇〇〃（一三三、三〃）以上	右同
	〃三號罐	二斤罐	三〇〇〃（八〇、〇〃）以上	

蕗、獨活	標	一號罐	六斤罐	一、七五〇〃（四六六、七〃）以上	右同
	〃	二號罐	三斤罐	五三〇〃（一四一、三〃）以上	
	〃	三號罐	二斤罐	三四〇〃（九〇、七〃）以上	
慈姑	標	二號罐	三斤罐	四五〇〃（一二〇、〇〃）以上	右同
蓮根	標	一號罐	六斤罐	一、四〇〇〃（三七三、三〃）以上	右同
	〃	二號罐	三斤罐	四〇〇〃（一〇六、七〃）以上	
松茸、占地 松露、切松茸	標	一號罐	六斤罐	一、七〇〇〃（四五三、三〃）以上	右同
	〃	二號罐	三斤罐	五〇〇〃（一三三、三〃）以上	
	〃	四號罐	一斤罐	二六〇〃（六九、三〃）以上	
	〃	七號罐	十一オンス罐	一八〇〃（四八、〇〃）以上	
	暫	十三オンス罐	—	二〇五〃（五四、七〃）以上	
ナメコ	標	四號罐	一斤罐	一九〇〃（五〇、七〃）以上	右同
マッシュルーム	〃	七號罐	十一オンス罐	一五六〃（四一、六〃）以上	右同
アスパラガス	標	七號罐	十一オンス罐	二三〇〃（六一、三〃）以上	右同
	特	矩形罐	—	六〇〇〃（一六〇、〇〃）以上	
	暫	三號竪型罐	—	五五〇〃（一四六、七〃）以上	
銀杏	標	四號罐	一斤罐	二六〇〃（六九、三〃）以上	右同
	〃	七號罐	十一オンス罐	一八〇〃（四八、〇〃）以上	

二、漬物類、煮豆類並ニ野菜類味付

品名	罐型			最低内容固形量	表示スベキ内容正味量
		稱呼	舊稱呼		
福神漬	標	四號罐	一斤罐	三四〇瓦（九〇、七匁）以上	固形量ニ固形量ノ二五％以内ノ液量ヲ加算シタルモノ
	〃	六號罐	半斤罐	一七〇〃（四五、三〃）以上	

粕入奈良漬	標 〃	二號罐 四號罐	三斤罐 一斤罐	三四〇〃（九〇、七〃）以上 一八〇〃（四八、〇〃）以上	粕ヲ除キタル内容固形量
奈良漬 味淋漬	標 〃 〃 〃	四號罐 五號罐 六號罐 七號罐	一斤罐 ミルク罐 半斤罐 十一オンス罐	三二〇〃（八五、三〃）以上 二二〇〃（五八、七〃）以上 一六〇〃（四二、七〃）以上 二一〇〃（五六、〇〃）以上	固形量ニ固形量ノ二五%以内ノ液量ヲ加算シタルモノ
辛子漬	標 〃 〃	四號罐 六號罐 七號罐	一斤罐 半斤罐 十一オンス罐	四五〇〃（一二〇、〇〃）以上 二二〇〃（五八、七〃）以上 三〇〇〃（八〇、〇〃）以上	内容全量
葉唐辛子	標 〃	四號罐 六號罐	一斤罐 半斤罐	三二〇〃（八五、三〃）以上 一六〇〃（四二、七〃）以上	固形量ニ固形量ノ二〇%以内ノ液量ヲ加算シタルモノ
十六豆 大豆	標 〃	四號罐 七號罐	一斤罐 十一オンス罐	三二〇〃（八五、三〃）以上 二一〇〃（五六、〇〃）以上	内容全量
座禪豆 葡萄豆	標 〃	四號罐 七號罐	一斤罐 十一オンス罐	四〇〇〃（一〇六、七〃）以上 二七〇〃（七二、〇〃）以上	固形量ニ固形量ノ一〇%以内ノ液量ヲ加算シタルモノ
金時豆	標 〃	四號罐 七號罐	一斤罐 十一オンス罐	三四〇〃（九〇、七〃）以上 二三〇〃（六一、三〃）以上	右同
お多福豆	標 〃	四號罐 七號罐	一斤罐 十一オンス罐	三〇〇〃（八〇、〇〃）以上 二〇〇〃（五三、三〃）以上	内容全量
シュガーピース（無着色ピース）	標 〃 〃 〃	二號罐 三號罐 四號罐 七號罐	三斤罐 二斤罐 一斤罐 十一オンス罐	五三〇〃（一四一、三〃）以上 三六〇〃（九六、〇〃）以上 二八〇〃（七四、七〃）以上 一九〇〃（五〇、七〃）以上	内容固形量
金平牛蒡	標 〃 暫	四號罐 七號罐 十三オンス罐	一斤罐 十一オンス罐 —	二八〇〃（七四、七〃）以上 一九〇〃（五〇、七〃）以上 二二〇〃（五八、七〃）以上	固形量ニ固形量ノ二〇%以内ノ液量ヲ加算シタルモノ
筍及松茸	標 〃	四號罐 七號罐	一斤罐 十一オンス罐	二七〇〃（七二、〇〃）以上 一八〇〃（四八、〇〃）以上	〃 二五%以内ノ液量ヲ加算シタ

品名	罐型稱呼	舊稱呼	最低內容固形量	表示スベキ内容正味量
味付	暫	十三オンス罐	—	二一〇〃（五六、〇〃）以上	ルモノ
燒松茸	標 特	平二號罐 二號平號	平半斤罐 三斤型平罐	一四〇〃（三七、三〃）以上 一二〇〃（三二、〇〃）以上	〃一〇％以内ノ液量ヲ加算シタルモノ
おでん關東煮其他ノ煮込品	標	四號罐	一斤罐	三〇〇〃（八〇、〇〃）以上	〃二〇％以内ノ液量ヲ加算シタルモノ
蔬菜混合煮	〃	四號罐	一斤罐	三四〇〃（九〇、七〃）以上	右同

三、果實類（シラツプ入）

品名	罐型稱呼	罐型舊稱呼	最低內容固形量	表示スベキ内容正味量
桃、梨、かりん、まるめろ	標 〃 〃 〃 暫	二號罐 三號罐 四號罐 七號罐 十三オンス罐	三斤罐 二斤罐 一斤罐 十一オンス罐	五〇〇瓦（一三三、三匁）以上 三三〇〃（八八、〇〃）以上 二五〇〃（六六、七〃）以上 一六〇〃（四二、七〃）以上 一九〇〃（五〇、七〃）以上	内容全量
櫻桃 割枇杷	標 〃 〃 〃 暫	二號罐 三號罐 四號罐 七號罐 十三オンス罐	三斤罐 二斤罐 一斤罐 十一オンス罐	五〇〇〃（一三三、三〃）以上 三三〇〃（八八、〇〃）以上 二五〇〃（六六、七〃）以上 一六〇〃（四二、七〃）以上 一九〇〃（五〇、七〃）以上	右同
長柄付櫻桃	標 〃 暫	四號罐 七號罐 十三オンス罐	一斤罐 十一オンス罐	二三〇〃（六一、三〃）以上 一五〇〃（四〇、〇〃）以上 一七〇〃（四五、三〃）以上	右同
丸枇杷	標 〃 〃 暫	二號罐 三號罐 四號罐 十三オンス罐	三斤罐 二斤罐 一斤罐	四一〇〃（一〇九、三〃）以上 二七〇〃（七二、〇〃）以上 二一〇〃（五六、〇〃）以上 一六〇〃（四二、七〃）以上	右同

割杏	標	二號罐	三斤罐	五〇〇〃（一三三、三〃）以上	右同
	〃	三號罐	二斤罐	三三〇〃（八八、〇〃）以上	
	〃	四號罐	一斤罐	二五〇〃（六六、七〃）以上	
	〃	五號罐	ミルク罐	一八〇〃（四八、〇〃）以上	
丸杏	〃	二號罐	三斤罐	四一〇〃（一〇九、三〃）以上	右同
	〃	三號罐	二斤罐	二七〇〃（七二、〇〃）以上	
	〃	四號罐	一斤罐	二一〇〃（五六、〇〃）以上	
	〃	五號罐	ミルク罐	一五〇〃（四〇、〇〃）以上	
蜜柑（丸）	標	二號罐	三斤罐	四二〇〃（一一二、〇〃）以上	右同
	〃	三號罐	二斤罐	二八〇〃（七四、七〃）以上	
	〃	四號罐	一斤罐	二二〇〃（五八、七〃）以上	
皮剝蜜柑	標	二號罐	三斤罐	五四〇〃（一四四、〇〃）以上	右同
	〃	五號罐	ミルク罐	二〇〇〃（五三、三〃）以上	
	暫	果實四號罐	—	二五五〃（六八、〇〃）以上	
	特	〃七號罐	—	一四二〃（三七、九〃）以上	
夏蜜柑	標	三號罐	二斤罐	三一五〃（八四、〇〃）以上	右同
	特	果實七號罐	—	一四二〃（三七、九〃）以上	
無花果	標	四號罐	一斤罐	二六〇〃（六九、三〃）以上	右同
金柑、栗	標	四號罐	一斤罐	二七〇〃（七二、〇〃）以上	内容全量
	〃	七號罐	十一オンス罐	一八〇〃（四八、〇〃）以上	
	暫	十三オンス罐	—	二一〇〃（五六、〇〃）以上	
鳳梨 特等	標	二號罐	三斤罐	六〇〇〃（一六〇、〇〃）以上	右同
	〃	三號罐	二斤罐	四〇〇〃（一〇六、七〃）以上	
一等	〃	二號罐	三斤罐	五七〇〃（一五二、〇〃）以上	
	〃	三號罐	二斤罐	三七〇〃（九八、七〃）以上	
二等	〃	二號罐	三斤罐	五二〇〃（一三八、七〃）以上	
	〃	三號罐	二斤罐	三四〇〃（九〇、七〃）以上	
	〃	四號罐	一斤罐	三一〇〃（八二、七〃）以上	
	〃	平一號罐	平一斤罐	三二〇〃（八五、三〃）以上	

四、雑種類

品名	罐型 稱呼	罐型 舊稱呼	最低内容固形量	表示スベキ内容正味量
きんとん	標四號罐 〃五號罐	一斤罐 ミルク罐	四五〇瓦(一二〇、〇匁)以上 三二〇〃(八五、三〃)以上	内容全量
味噌類	標一號罐 〃二號罐 〃四號罐	六斤罐 三斤罐 一斤罐	三、〇〇〇〃(八〇〇、〇〃)以上 九〇〇〃(二四〇、〇〃)以上 四五〇〃(一二〇、〇〃)以上	右同
ジャム類	標五號罐 〃八號罐	ミルク罐 五オンス罐	三七〇〃(九八、七〃)以上 一七〇〃(四五、三〃)以上	右同
甘酒、汁粉	標四號罐	一斤罐	四五〇〃(一二〇、〇〃)以上	右同
水飴	標五號罐	ミルク罐	三七〇〃(九八、七〃)以上	右同

畜産罐詰最低標準内容固形量表

鳥獣肉製品

品名	罐型 稱呼	罐型 舊稱呼	最低内容固形量	表示スベキ内容正味量
牛肉味付 牛肉野菜混合煮	標二號罐 〃四號罐 〃五號罐 〃六號罐 〃七號罐	三斤罐 一斤罐 ミルク罐 半斤罐 十一オンス罐	五七〇瓦(一五二、〇匁)以上 三〇〇〃(八〇、〇〃)以上 二一〇〃(五六、〇〃)以上 一五〇〃(四〇、〇〃)以上 二〇五〃(五四、七〃)以上	固形量ニ固形量ノ四〇%以内

豚肉味付	〃	八號罐	五オンス罐	一〇〇〃（二六、七〃）以上	ノ液量ヲ加算シタルモノ
〃野菜混合煮	特	三號七分罐	二斤七分罐	二三〇〃（六一、三〃）以上	
	〃	三號ポケット罐	二斤型ポケット罐	一八五〃（二二、七〃）以上	
	〃	携帯罐	携帯罐	一三〇〃（三四、七〃）以上	
	〃	二號平罐	三斤型平罐	一五〇〃（四〇、〇〃）以上	
	〃	四號ポケット罐	一斤型ポケット罐	一五五〃（一四、七〃）以上	
鷄肉味付	標	四號罐	一斤罐	三〇〇〃（八〇、〇〃）以上	固形量ニ固形量ノ五〇%以内ノ液量ヲ加算シタルモノ
〃野菜混合煮	〃	五號罐	ミルク罐	二〇〇〃（五三、三〃）以上	
	〃	六號罐	半斤罐	一四〇〃（三七、三〃）以上	
スライスドハム	特	馬蹄罐	大型	一八〇〃（四八、〇〃）以上	内容全量
			中型	一二〇〃（三二、〇〃）以上	
			小型	七〇〃（一八、七〃）以上	
ソーセージ	標	四號罐	一斤罐	三七五〃（一〇〇、〇〃）以上	右同
	〃	六號罐	半斤罐	一八〇〃（四八、〇〃）以上	
	〃	七號罐	十一オンス罐	二六五〃（七〇、七〃）以上	
	〃	八號罐	五オンス罐	一一五〃（三〇、七〃）以上	
	暫	ソーセージ罐	—	一一五〃（三〇、七〃）以上	
	特	ソーセージ長罐	—	一八〇〃（四八、〇〃）以上	
焼牛肉	特	二號平罐	三斤型平罐	一三〇〃（三四、七〃）以上	右同
串刺焼牛肉	標	七號罐	十一オンス罐	一五〇〃（四〇、〇〃）以上	右同
牛肉、鷄肉水煮（骨付ヲ除ク）	標	四號罐	一斤罐	三〇〇〃（八〇、〇〃）以上	内容固形量
チキンスープ	標	七號罐	十一オンス罐	三〇〇〃（八〇、〇〃）以上	内容全量
焼小鳥	標	四號罐	一斤罐	一三羽以上	右同
	〃	平一號罐	平一斤罐	一三羽以上	

附則

一、牛肉及鷄肉罐詰ノ如ク常溫ニ於テ液汁ノ凝固セルモノ、液汁量ヲ秤量スルニハ攝氏三十五度ノ湯槽又ハ同溫度ノ恒溫器中ニ入レ秤量スベキ罐詰ノ中心溫度攝氏二十九度乃至三十三度ニ達シタルモノヲ常法ニ從ツテ檢量スルモノトス

但シ液汁ヲ凝固セシムル目的ニテ殊ニ凝固物質ヲ添加シタルモノニシテ右溫度ニテ液汁ト固形トヲ分離シ能ハザルモノハ更ニ中心溫度ヲ高ムル事ヲ得

一、鳥獸肉類並ニ魚貝類野菜混合煮ニ對シテハ肉量ハ內容固形量ノ三割以上ト規程ス

一、本規格外製品ニ對シテハ原料製法等最モ近似セル品種ノ罐型竝ニ最低標準量規格ヲ準用ス。已ニ設定セラレタル種類ノ何レニモ類似セザル罐詰ハ標準罐若クハ特殊標準罐中ノ何レカニ該當スルヲ要ス。但シ此ノ場合ニアリテハ內容量ハ原料ヲ損傷セザル程度ニ於テ充實セシムベキモノトス

一、一號罐以上ノ罐型並ニ八號及四號ポケット罐型以下ノ規格ハ之レヲ設定セザルモ罐型ハ合理的ナルコトヲ要シ內容量ハ出來得ル限リ充實セシムルコトヲ要ス

一、內容正味量ノ表示ハ明瞭タル可ク且ツ本表ノ「表示スベキ內容正味量」欄ニ準據スルヲ要スルモ消費者ニ忠實ナランガ爲メ內容固形量ト內容總量トヲ併記スルヲ可トス

一、混合煮罐詰ニ對シテハ肉並ニ混合物內容量トヲ併記スルヲ要ス

標準罐型表

稱呼	舊稱呼	直徑	高サ	容積	容量
一號罐	六斤罐	一五六、〇粍 五、一五寸	一六八、〇粍 五、五五寸	二、九七八、四立方糎 一〇七、一六立方寸	二、九七八、四瓦 七九五、一匁
二號罐	三斤罐	一〇一、五 三、三五	一二一、〇 四、〇〇	八七六、三 三一、五二	八七六、三 二三三、九

罐詰内容標準量及標準罐型規格表

三號罐	二斤罐	八六、五 / 二、八五	一一三、五 / 三、七五	五八八、七 / 二一、〇九	五八八、七 / 一五六、五
四號罐	一斤罐	七七、〇 / 二、五五	一一三、五 / 三、七五	四六二、三 / 一六、七四	四六二、三 / 一二四、二
五號罐	ミルク罐	七七、〇 / 二、五五	八二、〇 / 二、七〇	三二六、八 / 一一、七九	三二六、八 / 八七、五
六號罐	半斤罐	七七、〇 / 二、五五	六〇、五 / 二、〇〇	二三四、四 / 八、四九	二三四、四 / 六三、〇
七號罐	十一オンス罐	六八、〇 / 二、二五	一〇一、五 / 三、三五	三一六、九 / 一一、四四	三一六、九 / 八四、九
八號罐	五オンス罐	六八、〇 / 二、二五	五三、〇 / 一、七五	一五六、〇 / 五、六三	一五六、〇 / 四一、八
平一號罐	平一斤罐	一〇一、五 / 三、三五	六八、〇 / 二、二五	四七二、五 / 一七、〇一	四七二、五 / 一二六、二
平二號罐	平半斤罐	八六、五 / 二、八五	五三、〇 / 一、七五	二五七、四 / 九、二一	二五七、四 / 六八、三

特殊標準罐型表

稱呼	舊稱呼	直徑	高サ	容積	容量
蟹一號罐	蟹一斤罐	一〇一、五粍 / 三、三五寸	七一、五粍 / 二、三五寸	四九九、一立方糎 / 一七、八四立方寸	四九九、一瓦 / 一三三、三匁
蟹二號罐	〃半斤罐	八六、五 / 二、八五	五六、〇 / 一、八五	二七三、八 / 九、八〇	二七三、八 / 七二、七
蟹三號罐	〃四分一斤罐	七七、〇 / 二、五五	三九、五 / 一、三〇	一四四、一 / 五、一九	一四四、一 / 三八、五

鮭四號罐	鮭竪一斤罐	七七、〇 二、五五	一一九、〇 三、九〇	四八六、〇 一七、四四	四八六、〇 一二九、四
鮭平三號罐	〃四分一斤罐	七七、〇 二、五五	三六、五 一、二〇	一三一、二 四、七一	一三一、二 三五、〇
三號七分罐	二斤七分罐	八六、五 二、八五	七二、五 二、四〇	三六四、二 一三、〇七	三六四、二 九七、一
三號ポケット罐	二斤型ポケット罐	八六、五 二、八五	三〇、五 一、〇〇	一三四、二 四、七五	一三四、二 三五、八
携帶罐	携帶罐	七七、〇 二、五五	五三、〇 一、七五	二〇二、一 七、九二	二〇二、一 五三、九
二號平罐	三斤型平罐	一〇一、五 三、三五	三六、五 一、二〇	二三二、四 八、三〇	二三二、四 六二、〇
四號ポケット罐	一斤型ポケット罐	七七、〇 二、五五	二七、〇 〇、九〇	九〇、三 三、五八	九〇、三 二四、一
ツナ一號罐	ツナ罐十三オンス	一〇一、五 三、三五	六〇、五 二、〇〇	四一五、三 一四、九三	四一五、三 一一〇、八
ツナ二號罐	〃七オンス	八六、五 二、八五	四五、五 一、五〇	二一六、三 七、七二	二一六、三 五七、二八
ツナ三號罐	〃三オンス二分一	六八、〇 二、二五	三九、五 一、三〇	一一一、二 三、九九	一一一、二 二九、六三
アスパラガス罐	短形罐	巾七六、〇〇粍 長サ八九、〇〇〃	一五九、〇粍	九六〇、〇立方糎	九六〇、〇瓦
楕圓一號罐	(打拔卷締罐) 楕圓一斤罐	長徑 一六二、〇 五、三五 短徑 一一〇、五 三、六〇	三九、五粍 一、三〇寸	四八七、七立方糎 一七、五六立方寸	四八七、七瓦 一三〇、二匁

楕圓二號罐	(打抜巻締罐) 楕圓七分罐	長徑 一五六、〇 五一、五 短徑 九八、五 三二、五	三三、五〃 一一、〇〃	三五〇、〇〃 一二、四九〃	三五〇、〇〃 九二、七〃
楕圓三號罐	(打抜巻締罐) 楕圓半斤罐	長徑 一二八、五 短徑 八六、〇	三三、〇〃	二四六、四〃	二四六、四〃
果實七號罐	七號七分罐	六八、〇粍	八二、〇粍	二二五、二立方糎	二五二、二瓦
ソーセージ長罐	—	四二、〇〃	一三七、〇〃	八二〇、八四〃	二〇八、四〃
海軍二號罐	海軍二斤罐	一〇一、五〃	一二四、〇〃	八九九、二立方糎	八九九、二瓦
尋常罐	(陸軍用)	七八、〇〃	一一四、〇〃	四七七、一立方糎	四七七、一瓦
携帯罐	(陸軍用)	七八、〇〃	五二、五〃 五一、〇〃	二〇五、四〃 一九八、八〃	二〇五、四〃 一九八、八〃

暫定特殊標準罐型表

新稱呼	舊稱呼	長サ	巾	高サ	容積	容量
角罐一號	鮭角罐	一〇六、〇粍	七六、〇粍	五〇、〇粍	四〇二、八立方糎	四〇二、八瓦
角罐二號	鰻四十匁角罐	一〇六、〇〃	八二、〇〃	三五、〇〃	三〇四、二〃	三〇四、二〃
角罐三號	鰻三十匁角罐	一〇六、〇〃	七六、〇〃	二九、〇〃	二三三、六〃	二三三、六〃

角罐四號	小鮎二十五匁角罐	一〇六、〇〃	七六、〇〃	二四、〇〃	一九三、三〃	一九三、三〃
十三オンス罐	—	直徑　七二、五粍	高サ　一〇一、五粍	容積　三六二、三立方糎	容量　三六二、三瓦	
三號型竪罐	—	直徑　八六、五〃	高サ　一五八、〇〃	容積　八三二、四〃	容量　八三二、四〃	
果實四號罐	—	直徑　七七、〇〃	高サ　一〇一、五〃	容積　四一〇、七〃	〃　四一〇、七〃	
ソーセージ罐	—	直徑　六四、〇〃	高サ　六三、〇〃	容積　一六六、六〃	〃　一六六、六〃	

備考

一、特殊標準罐型中ニ以上ノ外左記二種六型ヲ含ム

鰮油漬——¼ Club, ¼ Dingley, ¼ Haut,

スライスドハム——馬蹄罐大型。中型。小型。

一、右罐型表ノ大サハ其外側ヲ測リタルモノニシテ其容積ハ高サニ於テ六粍、直徑ニ於テ三粍減トシテ算出セリ。打抜罐ノ場合ハ右表ノ罐ノ高サヨリ各々三粍減トス

一、罐ノ高サニ〇・五以内五粍ノ公差ヲ認ム

附帯決議

一、本協議會ニ於テ可決々定セル標準内容量表ニ規定サレタル罐型數以上ニ各品種ニ於ケル使用罐型數ヲ增加セザルコト

一、本協議會ニ於テ可決々定セル罐型ト雖モ類似セル罐型ハ將來生產數ノ少キモノヨリ之ヲ整理淘汰スルコト

「但シ必要止ムヲ得ザル場合ハ標準罐型ノ範圍ニ於テ全國關係團體協議會ノ決議ヲ以テ增加スルコトヲ得」

一、同一品種ノ容器トシテ紛ハシキ二種ノ罐型ヲ同時ニ使用セザルコト

一、本協議會ノ決議ヲ各組合ヲシテ承認可決セシメ且又關係團體一致協力シテ、之ヲ全國的ニ强制スベキ法令ノ發布ヲ當局ニ請願スルコト

罐詰内容標準量及標準罐型規格表

罐詰類各國輸入關稅率表（ＡＢＣ順）

北米合衆國

番號	品目	單位	稅率（弗、仙）
七一八	魚類		
（a）	調理貯藏したるもの、油及油と他のものに漬けたるもの	從價	三〇％
（b）	調理貯藏したるもの（油及油と他のものに漬けたるものを除く）直接容器共重量一五封度以下の氣密容器に詰めたるもの、鮭	從價	二五％
	同上、其他	從價	二五％
七二一（a）	蟹肉、鮮又は凍冷せるもの、調理貯藏せるもの、蟹ペースト、蟹ソースを含む	從價	一五％
（b）	貝類、貝汁其他のものと混じたるもの、氣密容器入	從價	三五％
（c）	魚ペースト、魚ソース	從價	三〇％
（d）	カヴイア、其他食用魚卵、鱘魚	從價	三〇％
	其他	封度	二〇％
	魚卵、ボイルドせられ氣密容器入のものソース漬又は然らざるもの	從價	三〇％
（e）	牡蠣、牡蠣汁、其他のものと混じたるもの氣密容器詰、直接容器共	封度	八
七〇六	別號に掲げざる獸肉、鮮、冷凍、調理又は貯藏	封度（但し從價二〇％より尠からざること）	六
七〇八（a）	コンデンスドミルク及エヴアポレーテツド、ミルク無糖のもの	封度	一$\frac{1}{10}$
	加糖のもの、氣密容器詰	封度	一$\frac{3}{4}$
	其他のもの	封度	二$\frac{53}{100}$
七三四	林檎、調理貯藏のもの	封度	二$\frac{1}{2}$
七三五	杏、調理貯藏のもの	從價	三五％
七三六	漿果、調理貯藏のもの	從價	三五％
七三七	櫻桃、（三）硫黃燻蒸のもの、鹹水漬	封度	五$\frac{1}{2}$
	（四）「マラチノ」酒に入れたるもの、キヤンデイード、クリスタライズド又はグラセー等に調理貯藏のもの	從價	四〇％
七三九	オレンヂ、グレープフルーツ、レモン等の果實皮、鹹水漬	封度	二
	同上、調理貯藏のもの	封度	八
	シトロン、調理貯藏のもの	封度	六
七四〇	無花果、調理貯藏のもの	從價	四〇％
七四一	椰子、調理貯藏のもの	從價	三五％
七四五	桃、調理貯藏のもの	從價	三五％
七四七	鳳梨、調理貯藏のもの	封度	二
七四八	梅、調理貯藏のもの	從價	三五％
七四九	梨、調理貯藏のもの	從價	三五％
七五一	ゼリー、ジヤム、マーマレード、フルーツバター	從價	三五％
七五二	其他の果實にて自然の儘のもの、鹹水		

	漬のもの、酢漬のもの、乾したるもの、「エヴアポレート」せるもの、二種以上の果實を混合したるもの、調理貯藏せるもの	從價	三五%
	果實、ペースト、パルプ、貯藏のもの、	從價	三五%
七七五	蔬菜		
	（一）切りたるもの「スライス」せるもの、刻みたるもの、細粉にせるもの「ロースト」せるもの、酢漬、鹽漬、油漬又は其他の方法にて調理貯藏せるもの	從價	三五%
	（二）特に類別せざる各種ソース、醤油、ビーンステック、味噌、ビーンケーク、其類似品、スープ、スープロール、スープタブレット、其他のスープ調理物、ペーストボール、プデング、ハツシ、夫れ等の類似品、特に類別せざる蔬菜合成品、蔬菜と肉類又は魚肉との合成品	從價	三五%
七七三	トマト、ペースト	從價	五〇%
	トマト、自然の儘のもの	封度	三
	トマト、調理貯藏のもの	從價	五〇%

アルバニア

番號	品目	單位	税率（法）
一七(a)	鳥獸肉罐詰	キンタル	二四〇・〇〇
二二(b)	煉乳及殺菌乳		
	（一）液狀のもの	同	一〇〇・〇〇
	（二）粉狀のもの	同	五〇・〇〇
二五(d)(三)	ピルチヤード及サーデイン罐詰	同	一〇〇・〇〇
二六	(a) 其他の油漬の魚類罐詰	同	二〇〇・〇〇

二八	(c) 魚卵、貯藏のもの	同	七〇〇・〇〇
二九	カヴイア		
	(a) 黑	同	六〇〇・〇〇
	(b) 赤	同	五〇〇・〇〇
六二	(c) トマト罐詰	同	六五〇・〇〇
六五	シロツプ漬果實、無糖	同	一〇〇・〇〇
六六	貯藏果實又はペースト、無糖	同	一二〇・〇〇
九三	ジヤム及シロツプ		
	(a) ジヤム	同	一〇〇・〇〇
	(b) 各種シロツプ	同	一二〇・〇〇
九五	果實ペースト及ゼリー	同	二〇〇・〇〇

アルゼリア

税率は佛蘭西本國に準ず。從つて我國は佛蘭西と同樣最惠國税率の適用を受く但し獨立せるコンタンヂヤン制度を有す。

アングロ・エジプシアン・スダン

若干品を除き各品に對し從價一割の輸入税を課す。

アンテイグア

番號	品目	單位	一般税	特惠税
三八	魚類(b)罐壜詰	百封度	一二志 六片	八志 四片
五一	ジヤム、ゼリー及貯藏果實			
	(a) ジヤム、ゼリー及マーマレード	同	一八 九	一二 六
	(b) 罐、壜詰果實	同	一八 九	一二 六
六〇	肉類			
	(f) 肉罐詰	同	一二 六	八 四
	(d) 肉越幾斯	從價	一五%	一〇%
六三	ミルク			

(a) 煉乳、其他の貯藏乳、バターファト七%以上のもの	四八封度	九〇	六〇
(b) 煉乳、其他の貯藏乳、バターファト七%以下のもの	同	一八〇	一二〇
(c) 其他の種類	從價	一五%	一〇%
九二 蔬菜			
(d) 蔬菜罐詰	百封度	九〇	六〇

墺地利

番號	品目	單位	一般税	協定税
			クロネーン	
一〇七	別號に類別せられざる食品及各種罐詰類別號にて高税を課せられざるもの			
	(a) 一、加糖煉乳	百瓩	—	二五
	二、無糖煉乳	同	—	一〇
	三、乾乳粉乳(加糖又は無糖)	同	—	一七
	四、殺菌乳及クリーム、罐詰	同	—	六
	(六ケ月以内に再輸出のものは無税)			
	(b) 魚類罐詰	同	八五	—
	一、サーデン、鮪及鯖の鹹水漬及油漬、アンチヨビー鹽水漬、ロールドアンチヨビー、野菜入アンチヨビー油漬、調理鰊、鱈肝臓ペースト、(總て罐詰とせるもの)	同	—	四〇
	二、鹹水漬又は油漬魚類(前項以外のもの)貯藏魚(罐詰に非ざるもの)	同	—	六〇
	(c) 貯藏蔬菜	同	一三〇	—
	一、トマト罐詰	同	—	二〇
	二、グリーンビーンズ罐詰	同	—	五〇
	三、グリーンピース罐詰	同	—	五五
	四、蔬菜罐詰	同	—	四〇
	五、マシユルーム、アスパラガス、朝鮮アザミ、ホーレン草、セロリー等の罐詰	同	—	四五
	六、ミクスド、ピツクル罐詰	同	—	七〇
	七、其他の蔬菜罐詰	同	—	一〇〇
	(d) 貯藏肉			
	一、貯藏牛肉	同	一〇〇	—
	豆類、キヤベージ、馬鈴薯等を加へたるもの	同	—	二四
	二、其他			
	(a) 普通肉罐詰、蔬菜入共(禽類及ペーストを除く)	同	—	二八
	(b) 小ソーセージ罐詰、スモークドポーク	同	—	五〇
	(c) ビーンズ入豚肉罐詰	同	—	六〇
	(d) ハム罐詰	同	—	一〇五
	(e) 肉ペースト(鵞鳥肝臓ペーストを除く)禽類貯藏	同	—	一二〇
	(c) ロブスター、クレーフイツシユ	同	五〇〇	—
	一、ロブスター、クレーフイツシユ	同	—	三〇〇
	二、鵞鳥肝臓ペースト	同	—	一八〇
	(f) スヰートミート及菓子類	同	一五〇	一二〇
	(g) 其他			
	四、オリーブ罐罐詰	同	—	四〇
	五、マーマレード(ジヤム)	同	—	六〇
	六、硝子容器入糖蜜漬果實	同	—	六〇

七、其他果實罐詰	同	―	六五

（備考）墺地利に於ては從來蟹罐詰は奢侈品として輸入禁止なりしが本邦産蟹罐詰は一九三三年四月以降每三ヶ月に千五百瓩宛一九三三末迄に合計四千五百瓩の輸入を許可することゝなれり。

亞爾然丁

番號	品目	單位	總稅（ペソ金貨）
一四二	カヴイア	容器込重量瓩	二・六四五六
一五八	蔬菜罐詰・罎壺詰	同	〇・一七八
二五九	魚貝類罐詰、茸罐詰（鰮罐詰を除く）		
一六〇	獸肉罐詰、トラッフルを加へたるもの又は然らざるもの	同	〇・六六四二
一六九	罎入ピックル 鹹肉を除く	同	〇・六八一
一七八	各種糖果	同	〇・三九七四
一七九	果實罐詰、果汁又はシロップ入	同	〇・四九三五
一八〇	果實罐詰又は罎詰、自然の儘又は水に貯藏せるもの	同	〇・四八七九
一八一	酒漬果實、各種容器入	同	〇・四〇八六
一八二	リキユール漬果實、各種容器入	同	〇・四〇八六
一九二	ゼリー	同	〇・四三一
一九五	煉乳	同	〇・四〇九六
二一〇	牡蠣罐詰	同	〇・〇九六四六
二一九	アンチヨビー・ペースト	同	〇・〇五六四
二二〇	トマトペースト及トマトソース	同	〇・四四二二
二三六	鰮、油又はソース漬	同	〇・〇七五九四

濠太剌利

番號	品目	單位	英特惠稅 磅志片	中間稅 磅志片	一般稅 磅志片
五一	魚類				
	（c）貯藏、罐詰又は其他の密封容器入、容器込重量				
	（一）鮭	封度	〇〇一	〇〇一½	〇〇四
	（二）甲殼類	同	〇〇二½	〇〇三	〇〇四
	（三）其他	同	〇〇一	〇〇一½	〇〇二½
	（d）ペースト、エキス、カヴイア	從價	二五%	二五%	二五%
六一	（b）ジヤム及ゼリー	封度	〇〇三	〇〇三	〇〇三
七四	（c）肉罐詰、容器込重量	同	〇〇三	〇〇三	〇〇六
七五	ミルク（クリームを含む）				
	（a）貯藏乳、煉乳、ペプトン化乳並に冷凍せるもの				
	（一）有糖	同	〇〇二	〇〇二	〇〇二½
	（二）無糖	同	〇〇二	〇〇三	〇〇二½
	（b）乾乳及粉乳	同	〇〇三	〇〇四	〇〇四
	（c）麥芽乳	同	〇〇六	〇〇七	〇〇八

バルバードス

番號	品目	單位	英特惠稅	一般稅
三九	魚類（a）罐罎詰魚類	從價	一〇%	三〇%
五五	ジヤム、ゼリー及貯藏果實			
	（a）ジヤム、ゼリー及マーマレード	同	一〇%	二〇%
	（b）果實罐罎詰	同	一〇%	二〇%
六五	肉類		志 片	志 片
	（b）肉類罐詰	百封度	四 二	八 四
	（c）ベーコン及ハム	同	二 六	五 〇
六八	煉乳			

	バターファト九%以上のもの	四十八封度函	無稅	一〇
	バターファト九%以下のもの	同	一〇〇	二〇〇
九六	(a)蔬菜罐詰	百封度	二一	四二

白耳義

番號	品目	單位	最低稅率	最高稅率
二一四	特に類別せざる貯藏肉罐詰、壺詰又は類似容器入			
	(a)簡單に調理せるもの、燻製又は鹽藏	百瓩	法 一五・〇〇	法 四五・〇〇
	(b)其他の方法にて調理せるもの	同	一五・〇〇	四五・〇〇
二一八	魚類、甲殼類及軟體類單に乾したるもの、燻製又は鹽藏せるものにて輸入時に函入罎入其他類似包裝のもの			
	(a)鰮及鮪	同	一五・〇〇	三四・五〇
	(b)其他	同	二〇・〇〇	四六・〇〇
二二五	果實、全部又は一部を砂糖又は酢に貯藏したるもの			
	(a)容器共重量三瓩以上のもの			
	(一)杏、桃、梅等	同	二〇・〇〇	三四・五〇
	(二)其他	同	二〇・〇〇	一三八・〇〇
	(b)容器共重量三瓩又は以下のもの	同	四〇・〇〇	二七六・〇〇
二二六	果實、全部又は一部を酒に貯藏せるもの(有糖又は無糖)			
	(a)酒精一五%迄を含有するもの	同	四五〇・〇〇	五六九・〇〇
	(b)酒精一五%以上を含有するものは「リキユール」として課稅す			
二二七	ジャム、ゼリー、マーマレード、フルーツペースト及凝縮果實汁			
	(a)容器共重量三瓩以上のもの			
	(一)pekmez と呼ばるゝ梅實マーマレード、無糖	同	二五・〇〇	三〇・〇〇
	(二)其他	同	二五・〇〇	七五・〇〇
	(b)容器共重量三瓩又は以下のもの	同	五〇・〇〇	一五〇・〇〇
二三三	貯藏蔬菜箱入、罎入、細口罎又は其他包裝にて容器共重量三瓩又はそれ以下のもの			
	(a)カープル及オリーブ	同	五〇・〇〇	三四五・〇〇
	(b)(一)朝鮮薊、アスパラガス、茄子、茸	同	四〇・〇〇	二七六・〇〇
	(二)シャンピニョン	同	四〇・〇〇	一一〇・〇〇
	(c)其他	同	二〇・〇〇	八〇・〇〇
三四二	貯藏蔬菜箱入、罎入、細口罎又は其他包裝にて容器共重量三瓩以上のもの			
	(a)カープ及オリーブ	同	四〇・〇〇	一三八・〇〇
	(b)朝鮮薊、アスパラガス、茄子、茸	同	二〇・〇〇	六九・〇〇
	(c)胡瓜及小胡瓜	同	一二・〇〇	四一・四〇
	(d)其他			

品目	單位	税率	
(一)酢、調味料にて貯藏のもの	同	一二・〇〇	四一・四〇
(二)その汁又は鹽水に貯藏のもの	同	無税	無税
二四四 貯藏ミルク及クリーム			
(a)乾乳			
(一)無糖のもの	同	一二・〇〇	三六・〇〇
(二)有糖のもの	同	五〇・〇〇	一五〇・〇〇
(b)粉乳			
(一)無糖のもの	同	一二・〇〇	三六・〇〇
(二)有糖のもの	同	五〇・〇〇	一五〇・〇〇
(c)煉乳			
(一)無糖のもの	同	一二・〇〇	三六・〇〇
(二)有糖のもの	同	五〇・〇〇	一五〇・〇〇

(備考)本表の外に一般輸入品は税額一割五分の附加税を課せらる

白領コンゴー

魚貝類罐詰及其他類似容器入のものは從價一五%、カヴイア各種容器入は從價二五%を課税す。

ボリヴイア

番號	品目	單位	税率(ボリビアノ)
三七	ジヤム及スエートミート		
	美裝容器入	總量瓩	一・五〇
	普通容器入	同	一・〇〇
三九	肉類罐詰(禽類、魚貝類を除く)	同	〇・三五
四三	貯藏果實	同	〇・四五
四四	水漬、シロツプ漬又は果汁漬果實罐詰、ジヤム、ゼリー、マーマレード	同	〇・六〇
四五	酒漬果實	同	〇・九〇
五五	ハム罐詰	同	〇・五〇
五六	煉乳、殺菌乳、エバポレーテツド・ミルク粉乳、クリーム等	同	〇・一〇
六〇	貯藏蔬菜	同	〇・二五
六四	貯藏貝類	同	〇・二五
六六	肉及魚肉ペースト	同	〇・四〇
七〇	魚類罐詰	同	〇・三〇
七〇B	水又は油漬サーデン	同	〇・〇五

伯剌西爾

番號	品目	單位	税率(伯貨レイス)
五三	獸肉		
	貯藏せるもの、但し調味せざるもの	瓩	一〇〇
	ハム、貯藏肉、ソーセージ、タング、スープ、又はゼリー、藥用に非ざる其他の調理肉	同	一二〇〇
	肉越幾斯	同	六〇〇
五八	貯藏乳、煉乳、殺菌乳又は其他の調理乳	同	八〇〇
六二	貯藏魚貝類、軟體類及魚卵		
	サーデイン	同	六〇〇
	其他各種	同	一二〇〇
九一	貯藏果實、酒、シロツプ、ペースト又はゼリーに貯藏のもの	同	一二〇〇
	糖果類	同	二〇〇〇
一〇二	貯藏蔬菜、果實を加へたるもの又は然らざるもの		
一一一	茸、乾、鮮又は貯藏のもの	同	八〇〇
	ペースト又は其の方法に調理せるもの	同	八〇〇
一三四	各種果汁	同	三〇〇

一三七　各種シロップ、藥用にあらざるもの　同　一四〇〇

（備考）輸入稅は凡て金貨を以て徴し特惠國に對しては其三割の拂戻を爲し一般國に對しては一割の拂戻を爲すことゝせり。

英領北ボルネオ

特類別せざる食料品は從價五分、果實及蔬菜罐詰は從價一割五分、煉乳粉乳貯藏乳は百封度三弗。

ブルガリア

番號	品目	單位		税率
三三	各種魚類罐詰			
	(a)五瓩を超過せざるもの	容器共	百瓩	レヴァ 三五〇
	(b)五瓩又はそれ以上のもの	同	同	二六〇
三四	(d)牡蠣及ロブスター罐詰	同	同	四〇〇
三五	(d)貝類罐詰	同	同	四〇〇
三七	カヴイア(a)黑及ポターゴ	同	同	一、五〇〇
五七	オリーブ密封容器入	同	同	六五
七七	(d)蔬菜罐詰	同	同	七〇〇
七八	(d)食用茸罐詰	同	同	八〇〇
一〇六	ジャム、罐入果實	同	同	三〇〇
一三四	其他の密封罐貯藏各種食料品	同	同	一〇〇—二〇〇

佛領カメロン

若干品目の外は總ての輸入品に對しB表（一〇）により從價一割を課稅す。

錫蘭

各種罐詰類の輸入に對し從價二割を課稅し、英品に對しては一割を課稅す煉乳及其他の乳製品に對しては、有糖無糖を問はず從價一割を課稅す。

加奈陀

番號	品目	單位	英特惠稅	中間稅	一般稅
一〇五a	鳳梨罐詰、別號に掲げざるもの	封度（罐込重量）	½仙	二½仙	二½仙
八八	獸鳥肉罐詰、肉越幾斯及肉汁	從價	一五%	三〇%	三五%
八九	蔬菜罐詰（罐込重量）				
	(a)ビーンズ、ベークド又は其他の方法にて調理せるもの	封度	無稅	二	三
	(b)玉蜀黍及トマト	封度	無稅	二	三
	(c)ピース	封度	一	二	三
	(d)別號に掲げざるもの	從價	無稅	二七½%	三〇%
一〇五d	ゼリー、ジャム、マーマレード、果實ペースト、果實バター、「コンデンスド、ミンス、ミート」				
一〇六	果實罐詰（罐込重量）	封度	二¾	三¾	三¾
	(a)杏、梨、桃	封度	二	四	五
	(b)鳳梨	封度	二	四	五
	(c)別號に掲げざるもの	封度	二	四	五
一二〇	アンチヨビー、サーデン、スプラット、ピルチヤード及ヘーリングの油漬其他の罐詰（罐込重量）				
	(a)一罐の重量二〇オンス以上三六オンス以下	一函	三½	五	六
	(b)一二オンス以上二〇オンス迄	一函	二½	四	四½
	(c)八オンス以上一二オンス				

	迄	一函	二	三	三$\frac{1}{2}$
	（d）八オンス又は夫れ以下	一函	一$\frac{1}{4}$	二	二$\frac{1}{2}$
四三a	粉乳（容器重量共）	封度	二$\frac{1}{2}$	五	五
一二三a	蟹又はクラム、鰕罐詰	從價	一七$\frac{1}{2}$%	四〇%	四〇%

智利

番號	品目	單位	税率 ペソ 仙
一九六	煉乳及エヴァポレーテツドミルク、加糖無糖又は其他の物質を含むもの	總量瓩	一・五〇
一九七	粉乳、加糖無糖又は其他の物質を含むもの	同	五・〇〇
二一九	獸肉罐詰（他に類別せざるもの）	同	六・五〇
二二〇	果實罐詰（シロツプ、ブランデイ、砂糖又は果汁漬）	同	一〇・〇〇
二二一	トラツフル罐詰	法定瓩	一〇・〇〇
二二二	カヴイア罐詰	總量瓩	一二・〇〇
二二三	蔬菜罐詰	同	一〇・〇〇
二二四	魚貝類罐詰	同	八・〇〇
二二五	鮭罐詰	同	一・五〇
二二六	サーデン罐詰（註、鮭及サーデン罐詰はペースト等に製せられアンチヨピー、鮪、其他魚類に模造せられたる場合は税番二二四により課税せらる）	同	一・五〇
二二七	スープ罐詰	同	六・〇〇
二三一	肉越幾斯	同	一〇・〇〇

（備考）一九三三年三月十日の法律第五一四二號（關税五割增徴法）の効力を一九三四年十二月三十一日迄延長す。

中華民國

番號	品名	單位	税率（金單位）
二七五	鮑（乙）罐詰	毎擔（直接容器共）	一三、〇〇
二九八	別號に掲げざる魚類及海産物（乙）罐詰又は其他の包裝のもの	從價	三〇%
二九九	アスパラガス（罐詰又は壜詰）	毎擔（直接容器共）	九・四〇
三〇〇	「ベーコン」及「ハム」（乙）罐詰	從價	三〇%
三〇二	鹹牛肉（乙）罐詰	從價	三〇%
三一七	「ジャム」及「ゼリー」	從價	三〇%
三一八	豚脂（乙）罐詰	從價	三〇%
三一九	「マカロニ」、「ヴアミセリ」及同類似品（乙）罐詰	從價	三〇%
三二三	蒸發又は殺菌したる「クリーム」及牛乳	毎擔（直接容器共）	六・〇〇
三二四	煉乳	毎擔（直接容器共）	七・七〇
三二五	「ミルク・フッド」（乾牛乳、ラクトーゲン、グラクソ等を含む）	毎擔（直接容器共）	二四・〇〇
三二七	オリブ油（乙）鑵入又は其他の包裝のもの	從價	二〇%
三三一	果液及果汁	從價	三〇%
三三四	別號に掲げざる食料品（乙）罐詰又は其他の包裝のもの	從價	三〇%
三九二	別號に掲げざる香料及調味料（調製せざるもの）（甲）大量包裝のもの	從價	一五%
	（乙）其他	從價	二〇%
三九四	蔬菜（生のもの、乾したるもの、調理したるもの又は鹽漬のもの）（甲）大量包裝のもの	從價	一五%
	（乙）其他	從價	二〇%

（備考）從價税率を適用せらるゝ輸入品の課税價格は輸入港に於ける該貨物の卸賣市價を基礎として決定すべく各種の通貨に依り表はさるゝ右卸賣市價は公定換算率に依り海關金單位に換算せられたる場合課税價格より次の額だけ高きものと看做すべし。
（甲）該貨物の輸入税額及
（乙）該貨物の課税價格の七分
課税價格算出の公式は次の如し

$$\frac{\text{卸賣市價}\times 100}{100+\text{輸入税率}+7}$$

例

$$\frac{\text{海關金單位}60\times 100}{100+12\frac{1}{2}+7}=\frac{\text{海關金單位}6000}{119.5}=\text{海關金單位}$$

50.21＝課税價格

チエツコスロヴアキア

番號	品目	單位	税率（クローネ）
一二三	カヴイア及其代用品、トマト罐詰、魚類油漬、オリーヴ油漬鰮	百瓩	一二〇.〇〇
一二八	魚貝類罐詰	同	一二〇.〇〇
一二九	蔬菜罐詰	同	一二〇.〇〇
一三〇	果實罐詰	同	一二〇.〇〇
一三一	罐罎其他密封容器入各種食料品	同	一二〇.〇〇
	煉乳及エヴアポレーテツド、ミルク、加糖又は無糖	同	三六〇.〇〇

コスタ・リカ

番號	品目	單位	税率（コロン仙）
一一八	果實罐詰（果汁、シロシプ、糖液に漬けたるもの）	瓩	〇.五〇
一一八—一二二	肉類罐詰	同	二.〇〇
一一八	各種罐詰	同	〇.五〇
一一八	茸罐詰	同	〇.五〇
一一八	蔬菜罐詰	同	〇.五〇
一一八	果汁	同	〇.五〇
一一八	ロブスター罐詰	同	〇.五〇
一一三	煉乳、エヴアポレーテツド、加糖	同	〇.三〇
一一八	貝類罐詰	同	〇.五〇
一一八	牡蠣罐詰	同	〇.五〇
一一八	其他魚類罐詰	同	〇.五〇

玖馬

番號	品目	單位	最高税（弗仙）	一般税（弗仙）
二四六	（c）煉乳、エヴアポレーテツドミルク			
	有糖又は無糖のもの	百瓩	一〇.〇〇	五.〇〇
	（d）粉乳	同	一六.〇〇	八.〇〇
二七〇	魚貝類罐詰			
	（a）アンチヨビー	瓩	〇.六〇	〇.三〇
	（b）鰹及鮪	同	〇.三〇	〇.一五
	（c）烏賊（添物なきもの）	同	〇.三〇	〇.一五
	（d）烏賊（添物あるもの）	同	〇.八〇	〇.四〇
	（e）サーデイン、漬油又はトマト入	同	〇.八〇	〇.四〇
	（f）サーデイン、燻、鹽水漬又は其他の方法にて貯藏のもの	同	〇.六〇	〇.三〇
	（g）鮭	同	〇.四〇	〇.二〇
	（h）其他の魚貝類	同	〇.二四	〇.一二
二七一	蔬菜類罐詰（各種容器）			
	（a）トマト、ペースト又はプユレー	同	〇.三六	〇.一八
	（b）オリーヴ、自然の儘のもの			

	容器共二瓩以上のもの	總量百瓩	二・〇〇	一・〇〇
	(c)オリーヴ、自然の儘のもの容器共二又は夫れ以下のもの	瓩	〇・一〇	〇・〇五
	(d)オリーヴ、添物、ピクル其他の方理にて調理せるもの	同	〇・四〇	〇・二五
	(e)蒲桃(ピメント)	同	〇・三〇	〇・一五
	(e)唐辛子及其他の蔬菜	同	〇・二四	〇・一二
二七二	果實、ブランデー漬、シロップ漬又は其他の方法にて貯藏のもの			
	(a)オレンヂ、レモン其他柑橘類	同	〇・三二	〇・一六
	(b)梨、桃、梅、杏其他	同	〇・二四	〇・一二
二七三	其他の貯藏食品			
	(a)牛肉、羊肉及豚肉罐詰	同	〇・八〇	〇・四〇
	(b)ソーセージ罐詰	同	一・二〇	〇・六〇
	(c)ソース、ムスタード、エキス	同	〇・三二	〇・一六
	(d)禽類、茸其他類似品	同	〇・八〇	〇・四〇
	(e)他に揭記なき其他貯藏品	同	〇・四八	〇・二四
二八九	有糖ペースト、ゼリー、ゼラチンマーマレード、ジヤム、チユインガム等	同	〇・六〇	〇・三〇

丁抹

番號	品目	單位	税率 クローネ オーレ
三〇五	カヴイア罐詰	瓩	三・〇〇
三〇六	ロブスター、クレーフイツシユ、蟹、鰕、鮭、果實マーマレード、ジヤム、シヤンピニオン等罐詰	同	一・〇〇
三〇七	其他貯藏食料品	同	〇・四〇

獨逸

番號	品目	單位	一般税 マーク
一二三	蟹罐詰	百瓩	四五
一一九	牡蠣罐詰	同	六五
二一九	鮪罐詰	同	三〇
二一九	クラム罐詰	同	七五
二一九	鮭罐詰	同	七五
二一九	ピルチヤード罐詰、魚體十六センチ迄のもの	同	三〇
	同　十六センチ以上のもの	同	七五
五五	(a)鳳梨罐詰、無糖三瓩以下の容器	同	七五
二一六	(b)同　上、砂糖又はシラツプ入	同	一五〇
二一六	タンゼリン(オレンヂ)有糖	同	七〇
二一九	同　上、　無糖	同	七五
二一九	各種罐詰(飲料品を含まず)	同	七五

蘭領東印度

各種罐詰類　從價一割二分　附加税　本税の五割

(備考) 關税率引上を企圖しつゝある蘭領東印度關税定率改正法案は各品に對し最高從價三割より最低一割二分に引上げんと

するものなるが、罐詰(果實及蔬菜)及魚類は從價二割に引上ぐ可き部類に屬す。尙ほ從價の基礎たるべき輸入品評價價格の改訂は一年を四期に分ち其都度之を發表しつゝあり

エチオピア

各品に對し從價一割の外に附加税として學校税五分、銀行税一割五分を課す。尙ほ諸雜費共にて通關費用總額は、インヴオイス面價額の約五割を要す。

エクアドル

番號	品目	單位	税率 スクレ仙
六	動物性食料罐詰、壺詰、他に掲記無きものにてソース又は蔬菜を加へ調理せるもの又は然らざるもの	法定重量瓩	○・五○
七	ソーセージ	同	一・○○
八	ハム	同	○・七五
九	各種ミルク、煉乳、エヴアポレーテッド・ミルク、加糖又は無糖、粉乳其他	同	○・四○
一六	ミート・ペースト罐詰及其類似品	同	一・二○
二三	アンチヨビー、アンチヨビー・ペースト	同	一・五○
二六	鰕、蟹及ロブスター、各種調理及各種容器入	同	○・五○
二七	カヴイア	同	一・五○
二八	他に掲記なき魚貝類	同	○・四○
三一	サーデイン	同	○・五○
四八	其他の罎罐詰食料品(蔬菜及果實等)	同	○・五○
五五	果實及ベリーのシロップ、果汁漬果實他に掲記なきもの	同	○・五○
五七	マシュルーム	同	○・七五
一一七	トマト・ソース及ペースト	總重量瓩	○・三○

埃及

番號	品目	單位	税率 ピアスター
二○A	煉乳及粉乳		
	一、粉乳		
	(a)無糖	純量百瓩	一五○
	(b)加糖、又は類似のものを加へたるもの	同	一八○
	二、其他		
	(a)無糖	同	六○
	(b)加糖、又は類似のものを加へたるもの	同	九○
一一二	各種肝臟ペースト罐詰	同	七○○
一一四	獸肉罐詰		
	(a)牛肉及鹿肉	同	一二○
	(b)豚肉	同	三○○
	(c)鳥肉其他(牛舌を含む)	同	四○○
一一六	カヴイア其他の食用魚卵		
	(a)容器共五○○瓦を超過せざるもの	純量瓩	二○
	(b)容器共五○○瓦以上のもの		
	一、赤カヴイア	總量瓩	二・五
	二、其他	同	一○
一一七	魚貝類罐詰		
	(a)鮭及鱒	純量百瓩	九○
	(b)甲殼類	同	五○○
	(c)軟體類	同	二○○
	(d)サーデイン	同	一四○
	(e)鮪	同	二○○

一三三	(f)其他、ピルチヤード、鰊を含む	同	七五
一三七	果實罐詰、果汁漬又は糖液漬ジヤム、ゼリー、マーマレード、果實ペースト、果汁濃縮物	總量百瓩	八五
一四〇	トラツフル	純量百瓩	一二〇
一四三	トマト、トマト・ペースト	同	九〇〇
一四四	蔬菜罐詰	同	六〇
		同	八〇

英吉利

一般罐詰類は基礎關稅從價一割を課せらる。但しピルチヤード罐詰はハンドレツドウエート一〇志。果實罐鑵詰(シラツプ漬)はハンドレツドウエート一志六$\frac{1}{2}$片なるもシラツプの含糖濃度を増加するに從つてハンドレツドウエート二志七片乃至六志一〇$\frac{1}{2}$片を課せらるジヤムマーマレードゼリーは無税果實にて製造せられたる時はハンドレツドウエート八志五片、有税果實を原料とせる時はハンドレツドウエート一一志八片、加糖煉乳ハンドレツドウエート六志、無糖五志タンゼリン(オレンヂは從價一割五分に砂糖稅。

エストニア

番號	品目	單位	一般稅 クローン	最低稅 クローン
一四	(三)トラツフル及ベツド・ムシユルーム(各種容器入の酢漬、油漬各種、鮮、乾、鹽藏も同じ	總量瓩	六・〇〇	三・〇〇
二四	(一)ジヤム、果實ペースト、砂糖漬果實及ベリー	同	一二・〇〇	六・〇〇
	(二)ラム酒又はコニヤツク酒漬果實及ベリー	同	一二・〇〇	六・〇〇
	(四)果實罐詰(無糖果汁漬又は無糖シロツプ漬)	同	八・〇〇	四・〇〇
	(七)粉乳、有糖又は無糖	同	一・〇〇	〇・五〇
	(八)煉乳、有糖又は無糖	同	一・〇〇	〇・五〇
三七	(二)(a)鰮油漬罐詰	同	四・四〇	二・二〇
	(b)其他魚類罐詰(他に掲記せざるもの)		八・四〇	四・二〇
三八	(五)カヴイア各種、各種容器入	同	二四・〇〇	一二・〇〇
	牡蠣、クレーフイツシユ、ロブスター、スネール及類似のもの	同	二〇・〇〇	一〇・〇〇

フイージー諸島

特に類別せる若干品の外は英品に對しては從價二割、其他に對しては從價三割を課稅す。

フインランド

番號	品目	單位	基本稅 マルカ	增加稅 マルカ	協定稅 マルカ
一四一	獸肉罐詰	瓩	六・〇〇	二四・〇〇	一五・〇〇
一四二	アンチヨビー、サーデイン、及其他の魚類罐詰	同	八・〇〇	一八・〇〇	一〇・五〇
一四三	牡蠣及貽貝罐詰	同	三〇・〇〇	一三〇・〇〇	—
一四四	甲殼類罐詰	同	一五・〇〇	六〇・〇〇	—
一四五	カヴイア及其他の魚卵罐詰	同	六〇・〇〇	二〇〇・〇〇	—
一四六	肉エキス、スープ、其他ソース罐詰	同	二〇・〇〇	二五・〇〇	—
一四七	果實、ベリー、蔬菜及ムツシユルーム罐詰	同	一〇・〇〇	三〇・〇〇	一〇・〇〇
一四八	煉乳及クリーム罐詰	同	三・〇〇	四・〇〇	—
一四九	チーズ罐詰	同	二〇・〇〇	六〇・〇〇	三六・〇〇
一五一	其他の罐詰	同	三〇・〇〇	六〇・〇〇	三〇・〇〇

佛蘭西

番號	品目	單位	一般稅法	最低稅法
一九	貯藏獸肉			
	A、豚肉、各種容器入	半總重量百瓩	八〇〇・〇〇	四〇〇・〇〇
	B、其他獸肉、樽又は密封容器入	同	二六〇・〇〇	一七五・〇〇
	C、獸肉、茸入			
	一、豚肉	同	一、〇〇〇・〇〇	五〇〇・〇〇
	二、其他獸肉	同	三七五・〇〇	二五〇・〇〇
三五	全乳クリーム			
	一、自然の儘のもの	總重量百瓩	一五・〇〇	一〇・〇〇
	二、殺菌乳ペプトン化乳	同	三〇・〇〇	二〇・〇〇
三五ノ三	無糖煉乳			
	一、液狀又は捏りたるもの容器共一瓩以上のもの	正味重量百瓩	三七・五〇	二五・〇〇
	容器共一瓩又は以下のもの	同	四五・〇〇	三〇・〇〇
	二、固形狀のもの、塊狀のもの、粉乳等	同	九〇・〇〇	六〇・〇〇
三五ノ四	加糖煉乳			
	一、砂糖四二%以下のもの液狀又は捏りたるもの	同	一九六・〇〇	九八・〇〇
	固形狀のもの、塊狀のもの、粉乳等	同	二一六・〇〇	一〇八・〇〇
	二、砂糖四二%以上五〇%迄のもの			
	液狀又は捏りたるもの	同	二三〇・〇〇	一一五・〇〇
	固形狀のもの、塊狀のもの、粉乳等	同	二五〇・〇〇	一二五・〇〇
	三、砂糖五〇%以上のもの	同	三四〇・〇〇	一七〇・〇〇
四七	貯藏、罐詰魚類			
	自然の儘又は鹽水又は其他の方法にて調理せるもの			
	甲、アンチョビー	總重量百瓩	一七〇・〇〇	四二・〇〇
	乙、其他	同	三〇〇・〇〇	七五・〇〇
	(註)鮭罐詰	同		八四・〇〇
四八	牡蠣			
	二、調味、酢漬	同	三四・〇〇	二五・五〇
四九	オマール、蟹罐詰	同	一二〇・〇〇	八五・〇〇
八六	糖果及果實罐詰			
	a、酒漬果實、有糖又は無糖のもの	同	四七〇・〇〇	二三五・〇〇
	c、貯藏果實			
	甲、酒精を含まざる糖液に入れたるもの(シロップ及其類似のもの)			
	鳳梨	正味重量百瓩	四七〇・〇〇	二三五・〇〇
	其他	同	四七〇・〇〇	二三五・〇〇
	乙、砂糖を含まざるもの(シロップ酒精入にあらざるもの)			
	鳳梨	總重量百瓩	三〇〇・〇〇	一五〇・〇〇
	小胡瓜、胡瓜、オリーヴ、ピチヨリン、カープル	同	七〇・〇〇	三五・〇〇
	其他	同	一八〇・〇〇〇	九〇・〇〇
九五	ゼリー、マーマレード、果實プユレー等			
	一、糖分四〇%以下のもの 佛蘭西植民地屬領	正味重量百瓩	無稅	

	外國産	同	七四九・〇〇	三四九・〇〇
	二、糖分四〇%以上のもの			
	佛蘭西植民地及屬領	同	無税	
	外國産	同	一五八・〇〇	七九・〇〇
一五八c	貯藏蔬菜及蔬菜罐詰			
	一、トマト、調味せるもの又は然らざるもの			
	エキス八%迄のもの	總重量百瓩	一一三・〇〇	五六・〇〇
	〃　八%以上一五%迄のもの	同	一三三・〇〇	六六・五〇
	〃　一五%以上二〇%迄のもの	同	一五〇・〇〇	七五・〇〇
	〃　二〇%以上二五%迄のもの	同	一七〇・〇〇	八五・〇〇
	〃　二五%以上三五%迄のもの	同	二〇〇・〇〇	一〇〇・〇〇
	〃　三五%以上のもの	同	二三〇・〇〇	一一〇・〇〇
	二、ピース、グリーンピース、人參	正味重量百瓩	二一〇・〇〇	五三・〇〇
	三、アスパラガス	總重量百瓩	二〇〇・〇〇	一〇〇・〇〇
	四、其他蔬菜罐詰	同	一〇五・〇〇	五二・五〇
一五九	トラッフル、鮮なるもの、貯藏のもの、丸乾したるもの、鹽水漬のもの、其他各種のトラッフル類似のもの	正味重量百瓩	三、〇〇〇・〇〇	一、〇〇〇・〇〇

佛領印度支那

（本表は従前より本邦品に適用せる税率及協定に依り特に本邦品に適用する税率を示す）

番號	品目	單位	税率　法
一九	獸肉罐詰	百瓩	二〇〇・〇〇
三五乃至三五の四の內	煉乳		
	砂糖を含まざるもの　全乳製	正味重量百瓩	一六・〇〇
	脫脂乳製	同	一〇・〇〇
	砂糖を含むもの　五割未滿のもの　全乳製	同	六〇・〇〇
	脫脂乳製	同	三〇・〇〇
	五割以上のもの　全乳製	同	一〇〇・〇〇
	脫脂乳製	同	五〇・〇〇
四七	自然の儘又は鹽酢漬其他の方法にて貯藏せる魚類	百瓩	一七〇・〇〇
	鮭類	總重量百瓩	八五・〇〇
四八の內	汁漬の牡蠣	同	二五・〇〇
	（註）他の海產軟體類殊に乾燥又は貯藏の鮑にも適用せらる		
四九の內	自然の儘貯藏し又は加工せる鰕	百瓩	四二・〇〇
	（註）蟹罐詰も本税番を適用さる		
八六の內	砂糖又は自然の儘貯藏せる鳳梨		
	砂糖に漬けたるもの	正味重量百瓩	一〇〇・〇〇
	自然の儘貯藏したるもの	總重量百瓩	五〇・〇〇
一五八〇二及三	蔬菜、鹽漬のもの	同	二〇・〇〇
	蔬菜罐詰	百瓩	一三〇・〇〇

佛領赤道地帯阿弗利加

罐詰類各國輸入關税率表

品目	單位	税率	附加税
第一章 第三節、魚類製品	從價	四%	六%
第二章 第七節、ブランデー漬果實	同	一五%	一五%
酢漬果實	同	一〇%	一〇%
其他貯藏果實（罐詰）	同	四%	六%
第八節、ジャム、シロップ、砂糖漬果實	同	八%	一五%

ガムビア

番號	品目	單位	英特惠税 志	英特惠税 片	一般税 志	一般税 片
三四	魚類（一）罐、罎、壺詰	百封度	一〇	〇	一二	六
三五	果實（三）罐、罎、壺詰	同	八	〇	一〇	〇
四五	ジャム及ゼリー	同	八	〇	一〇	〇
五五	肉類（一）罐、罎、壺詰	同	一六	〇	一磅〇志	〇片
五八	煉乳、乾乳其他貯藏乳（一）加糖	同	一六	〇	一〇	〇
	（二）無糖	同	八	〇	一〇	〇

希臘

番號	品目	單位	最高税（金貨ドラクマ）	最低税
四	（d）ロブスター、クレーフイシユ、鮪、鰕及其他魚類罐詰（鮭及蟹も含む）	容器込重量百瓩	四〇	二五
	（e）貯藏鰛及類似品（貯藏の方法を問はず）	同	六〇	四〇
	（f）鱒魚	百瓩	六〇	四〇
	（k）カヴィア（一）黒	容器込重量百瓩	一〇〇〇	六〇〇
	（二）赤	同	三〇	二〇
一三	蔬菜（b）罐詰其他にせるもの	同	七〇	四〇
三五	果實ジャム及ゼリー	同	二五〇	一五〇
二九三	（二）のc、鳥獸肉罐詰（鹽漬のもの、燻製のもの）他に掲記なきもの	百瓩	六〇	四〇

（備考）希臘輸入税率は金「ドラクマ」を以て定め金ドラクマの通貨に對する價格引上に依り輸入税額を一般に引上げ得る仕組なり。即ち

（一）金「ドラクマ」の價格を通貨十五「ドラクマ」に計算すべき物品としては税番第四號（k）の中二及三、筋子（ブリック及タラマス）類

（四）金「ドラクマ」の價格を通貨二十五「ドラクマ」に計算すべき品としては税番第二號、動物性食料、第四號（a）乃至（f）鰕類、鰮の罐詰類（h）乃至（k）の四カヴイアの一部、第一二號乃至第一四號果實、野菜類。

ゴールド・コースト

番號	品目	單位	税率 志	税率 片
一八	（a）魚類罐詰、罎詰、壺詰	百封度	六	〇
二〇	（a）果實罐、罎詰、ジャム及ゼリー	同	八	〇
二五	（a）獸肉罐、罎詰	同	八	〇
二七	（a）煉乳	同	七	六
三〇	特記せざる食品	從價	一〇%	

グレナダ

税番第四一號（a）魚類罐詰、罎詰及壺詰は百封に付き英特惠税四志二片、一般税は八志四片なり。

グアテマラ

番號	品目	單位	税率 ペソ仙
二一一一一〇三一〇六	獸肉罐詰	總重量瓩	〇・三〇
二一一一一〇四一〇三	鳥獸肉罐詰（蔬菜入りを含む）	同	〇・三〇
二一一二一〇一一〇一	獸肉エキス、エセンス、ペースト等にて液狀、粉狀又は固形狀のもの、各種容器入	同	〇・三〇
二一一二一〇三一〇三	ゼリー罐詰、無糖のもの	同	〇・三〇
二一一三一〇二一〇六	煉乳	同	〇・一五
二一一四一〇一一〇一	カヴィア及其類似品	同	一・〇〇
二一一四一〇一一〇二	特に類別せざる魚卵	同	〇・三〇
二一一四一〇四一〇四	調理魚類（油、ソース其他に調味貯藏のもの）	同	〇・三〇
二一一四一〇四一〇二	鯡	同	〇・三〇
二一一四一〇四一〇三	サーディン罐詰（油又はソース漬）	同	〇・二〇
二一一四一〇四一〇四	貝類及軟體類罐詰（油ソース其他に調味貯藏のもの）	同	〇・三〇
二一一四一〇四一〇五	魚貝類及軟體類ペースト	同	〇・三〇
二一二一七一〇六一〇一	ジャム及ゼリー	同	〇・四〇
二一四一一一〇一〇一	果實罐詰（シロップ又は果汁入）	同	〇・三〇
二一四一一一〇二一〇一	蔬菜罐詰	同	〇・三〇

英領ギアナ

番號	品目	單位	英特惠税 弗仙	一般税 弗仙
二〇（a）	罐罎詰魚類	百封度	一・〇〇	三・〇〇
二一（d）	罐罎詰果實	同	一・五〇	三・〇〇
二五	ジャム及ゼリー	封度	〇・〇六	〇・一八
三〇	獸肉罐詰	百封度	一・五〇	三・〇〇
三三	煉乳及粉乳	四八封度	四・八〇	九・六〇
五一（a）	蔬菜罐詰	百封度	一・〇〇	二・〇〇

ハイティ

番號	品目	單位	税率 ギルダー
一二四〇四	果實及ベリー、果汁、シロップ又は水漬	純量瓩	〇・四〇
一二四〇五	マーマレード、ジャム、果實ソース及ゼリー	同	〇・六〇
一二四〇七	ブランデー其他酒漬果實	同	二・五〇（又は從價五〇%）
一二四二三	煉乳、粉乳、エヴポレーテッドミルク及其他貯藏乳	同	〇・三〇（又は從價二〇%）
一二四二八	獸肉罐詰、壺詰、蔬菜を加へたるもの	同	〇・五〇（又は從價二〇%）
一二四二九	タング、腸、肝臟、兎肉罐罎詰	同	一・〇〇（又は從價二〇%）
一二四三〇	鳥肉類罐罎詰	同	一・二五（又は從價三〇%）
一二四三二	スープ罐罎詰	同	〇・三五（又は從價二〇%）
一二四三三	鮭罐詰（簡單に調理せるもの）	同	〇・五〇

罐詰類各國輸入關稅率表

一二四三四	鱈、鰊、ハドック、鯖、鮪罐詰、ソース又は油漬、鮭ソース又は油漬	同	〇・六〇
一二四三五	サーデイン及其類似品罐詰、油漬又は然らざるもの	同	〇・七五 (又は從價二〇%)
一二四三六	アンチョビー及其のペースト	同	二・五〇 (又は從價二〇%)
一二四三七	カヴイア、魚卵及フイッシュペースト	同	二・五〇 (又は從價二〇%)
一二四三八	牡蠣及蛤罐詰	同	〇・六〇
一二四三九	其他魚類、貝類及海産食品	同	〇・八〇
一二四四〇	トラツフル及マシユルーム、ソース漬以外のもの	同	一・二五 (又は從價二〇%)
一二四四二	蔬菜罐罎詰	同	〇・四〇 (又は從價二〇%)

洪牙利

番號	品目	單位	税率 (金クローネン)	附加税(砂糖税) (金ペンゴ)
一六〇	煉乳、其他貯藏乳、加糖又は無糖	百瓩	八・〇〇	一五・〇〇
一六二	(b)蔬菜類	同	一二〇・〇〇	
一六三	(c)果實類			
	(一)容器共三瓩又は以上のもの(ジヤム等)	同	一二〇・〇〇	一七・五〇
	(二)容器共三瓩以下のもの	同	一五〇・〇〇	三二・五〇
一六五	(a)肉越幾斯プユレー、固形又は液狀	同	九〇・〇〇	
	(b)鵞鳥肝臓ペースト	同	三〇〇・〇〇	
	(c)肉ペースト	同	二〇〇・〇〇	
	(d)獸肉罐詰	同	一二〇・〇〇	
一六八	(b)魚貝類罐詰			
	(一)サーデイン	同	五〇・〇〇	
	(二)其他の魚貝類及ペースト	同	二〇〇・〇〇	
一六九	カヴイア及調理魚卵	同	一、二〇〇・〇〇	

和蘭

番號	品目	單位	税率 (ギルダー仙)
一三六	魚介及甲殻類 鮮又は貯藏及調合食料品(魚糧、パイ及スープ等を含む)		
	一、油、ゼラチン及酢等にて調理又は貯藏のもの		
	(a)包又はタブレットのもの	從價	二五%
	(b)其他のもの(二の物品を除く)	總重量百瓩	七・五〇
	二、カヴイア及カヴイアとして取扱ひたるもの	從價	二〇%
	三、罐詰、罎詰及其他包裝にて一、二〇〇瓦を超過せざるもの		
	(a)食用のもの	從價	二五%
	(b)其他	從價	一〇%
	鳳梨(砂糖入)	從價	一〇〇%
	同 (水煮)	從價	二五%

(備考) 一九三三年十二月三十一日迄第一三六號一のa及三のa中鮭及サーデンに對し輸入税三割の附加税を課す。

伊太利

番號	品目	單位	一般税	協定税
二〇	調理肉		リラ	リラ

	A、割烹肉	百瓩	六六・一〇	—
	B、鹽藏、燻製、其他調理肉			
	(一)燻肉(ハム)	同	九一・七〇	九一・七〇
	(二)其他のもの	同	五五・〇〇	五五・〇〇
二六	B、煉乳			
	(一)無糖			
	(a)粉乳	同	一四七・〇〇	—
	(b)其他のもの	同	七三・四〇	三六・七〇
	(二)加糖			
	(a)砂糖四〇%以下のもの 煉乳百瓩毎に四十瓩の割合を以て高級砂糖に對する製造附加税を課せらる	同	一三二・〇〇	一一〇・〇〇
	(b)砂糖四〇%以上のもの	同	二四二・〇〇	二〇二・〇〇
三四	調理魚類			
	B、マリネード、油漬又は其他の方法にて調理せるもの			
	(一)容器共½瓩迄の罐入			
	(a)鮪	同	二二〇・〇〇	一四七・〇〇
	(b)サーデン及アンチョビー	同	四四〇・〇〇	二九四・〇〇
	(c)鮭	同	一二八・〇〇	—
	(d)其他	同	一八三・五〇	一三二・〇〇
	(二)容器共½瓩以上二〇瓩迄の罐入			
	(a)鮪	同	一八三・五〇	七三・四〇
	(b)サーデン及アンチョビー	同	三五八・〇〇	二三九・〇〇
	(c)鮭(½瓩以上一瓩迄のもの)	同	一一〇・〇〇	—
	(d)其他	同	一八三・五〇	九一・七〇
	(三)其他の容器入			
	(a)鮪	同	一六六・〇〇	五五・〇〇
	(b)サーデン及アンチョビー	同	二二〇・〇〇	一四七・〇〇
	(c)其他	同	一八三・五〇	九一・七〇
三五	甲殼類、貝類、軟體類			
	B、煮又は其他の方法にて調理せるもの			
	(一)アラゴステ罐入	同	三六七・〇〇	—
	(二)其他	同	二九四・〇〇	—
三六	カヴイア及其他の調理せる魚卵	同	二九四・〇〇	—
四三	砂糖漬果實及果實皮 百瓩毎に六〇乃至八〇瓩の割合にて高級砂糖に對する製造附加税を課せらる	同	二九四・〇〇	—
四四	ジヤム、ゼリー及其他果實罐詰 ジヤム、ゼリー及加糖貯藏果實は百瓩毎に五〇瓩の割合を以て高級砂糖に對する製造附加税を課せらる	同	一四七・〇〇	—
七八	乾蔬菜、スープ又は調味の爲め調理せる蔬菜、碎きたるもの	同	九一・七〇	—
九八	果實及蔬菜			
	A 酢漬、鹹水漬、油漬			
	(一)オリーブ	同	一一〇・〇〇	—
	(二)其他	同	七三・四〇	—
	B 酒精漬	同	一、二八〇・〇〇	—
九九	トマト罐詰	同	九一・七〇	—

英領印度

罐詰類各國輸入關稅率表

番號	品目	單位	稅率
四	果實及蔬菜、鮮、乾、鹽藏又は貯藏せるもの(他に類別せざるもの)	從價	二五%
二六	他に類別せざる總ての食品及飲料品	同	二五%

ジャマイカ

番號	品目	單位	特惠稅	一般稅
一五(a)	魚類罐詰	從價	一〇%	二〇%
二一(b)	獸肉罐、罎、壺詰、其他類似容器入	從價	一〇%	二〇%
二三	煉乳、容器込重量	四八封度	志 一 片 六	志 三 片 〇
三五	特に掲記せざる商品	從價	一五%	二〇%

日本

番號	品名	單位	稅率 圓 錢
三一	蔬菜、果實及核子		
	一、砂糖、糖蜜、糖水又は蜂蜜を以て貯藏したるもの	每百斤容器共	一七・一四
	二、其の他		
	甲、蔬菜		
	甲の一　罐詰のもの	同	一〇・六六
	甲の二　罎詰のもの	同	一〇・二六
	甲の三　壺詰のもの	同	二・六三
	甲の四　其の他	從價	三〇%
	乙、其の他		
	乙の一　罐詰のもの	每百斤容器共	九・七八
	乙の二　罎詰のもの	同	一一・四七
	乙の三　壺詰のもの	同	四・三二
	乙の四　其他(一)其他	從價	三〇%
四六	ジャム、フルーツゼリー類	每百斤容器共	三五・五〇
四九	果汁及糖水		
	一、果汁(砂糖を加へたるもの)及糖水	同	二〇・六五
	甲、罎入又は罐入のもの	同	一四・八四
	乙、其の他	同	一四・八五
五〇	ソース		
	一、樽入のもの	每百斤	一五・九三
	二、其の他	每百斤容器共	一四・五八
五二	鳥獸肉類		
	二、罐詰、罎詰又は壺詰のもの	從價	二五%
	三、甲、ソーセージ	每百斤	二二・二七
	乙、ハム及ベーコン	同	二六・三二
五二—二	魚介類		
	二、罐詰、罎詰又は壺詰のもの		
	甲、鰮油漬	每百斤	三八・〇七
	乙、其の他	從價	二〇%
五五	コンデンスドミルク		
	一、乾きたるもの	每百斤容器共	二五・〇〇
	二、其の他	同	一五・七〇
五六	インファントフード	同	三二・八〇
五七	肉越幾斯	同	一七・一八

ラトヴィア

番號	品目	單位	最高稅 金法	最低稅 金法
二四	(四)(a)果實罐詰	總量瓩	六・〇〇	四・〇〇
	(八)(a)無糖煉乳	瓩	〇・六〇	〇・四〇
	(b)加糖煉乳	同	〇・七五	〇・五〇
三七	(一)魚類罐詰、油漬其他	同	四・五〇	四・〇〇
	(五)カヴィア(各種容器入)	總重量	二二・五〇	一五・〇〇

(備考) 一九三三年五月十日附を以て一般品に對する引上率を二割五分となし、贅澤品は五割乃至十五割方の引上げを爲せり

ケンヤ、ウガンダ及タンガニカ

番號	品目	單位	稅率
一〇	(a)魚類罐詰	從價	二〇%
一二	果實及蔬菜 (b)罐、罎詰其他の方法により貯藏のもの	同	二〇%
一七	(a)煉乳及貯藏乳	百封度	志 片 一〇・〇〇

リスアニア

番號	品目	單位	稅率 リタス
二四	(一)ジャム、果實シロップ、ゼリー、砂糖又は酒漬果實	瓩	六・〇〇
一三	(五)煉乳及粉乳	同	二・〇〇
	蔬菜、果實罐詰	同	六・〇〇
三七	(二)(a)魚類罐詰、油漬其他	總量瓩	二・〇〇
			四・〇〇 (增加稅)
	(三)(a)カヴイア、黑及灰色	同	二〇・〇〇
	(b)カヴイア、赤及黃色	同	一〇・〇〇
三八	牡蠣、鰕、ロブスター、其他の甲殼類	同	二〇・〇〇

馬來聯邦ジヨホール州

罐罎詰食料品	從價	二割
煉乳	百封度	五弗

(英國品は無稅)

(備考) 海峽植民地及馬來王領は無稅なるも馬來聯邦州のみは徵稅す。

マダガスカル

若干品を除き佛蘭西本國と同樣の課稅を爲す。但し煉乳は特別品の一にして無糖煉乳は百瓩五法、加糖煉乳は、百瓩三四・八〇法を課稅す。

マルタ

貯藏魚類は從價一割、貯藏果實は從價一割五分、ジャム及加糖貯藏果實は從價一割五分、貯藏蔬菜は從價五分を課稅す。

黑西哥

番號	品目	單位	稅率 ペソ仙
二二、〇四	肉越幾斯	法定重量瓩	〇・六〇
二二、〇五	獸肉罐詰、他に掲記なきもの	同	〇・五〇
二二、一三	鰕罐詰	同	〇・八〇
二二、一四	カヴイア	同	〇・五〇
二二、一七	動物性貯藏食品、他に掲記なきもの	同	〇・三五
二二、一九	魚類罐詰、特に掲記せざるもの	同	〇・五五
二二、二四	煉乳、エヴポレーテッド・ミルク	同	〇・一五
二二、二五	粉乳	同	〇・一五
二三、一〇、二〇	蔬菜罐詰、特に掲記せざるもの	同	〇・三五
二三、一〇、二一	アスパラガス罐詰	同	〇・三五
二三、一〇、二二	マシユルーム罐詰	同	〇・三五
二三、一〇、二四	トマト・ソース	同	〇・三五
二三、一〇、二五	トマト罐詰	同	〇・三五
二三、一三、二四	果實罐詰、シロップ又は果汁漬	同	一・〇〇

(備考) 墨國下加洲に於けるチワナ及エンセナダ兩市を中心とする十粁以內の地域を自由關稅區域と定め凡ての輸入に對し無

税とする旨一九三三年八月三十日附大統領令を以て公布されたり。

モロッコ

海港よりの輸入品に對しては若干品を除く外は凡て、從價一割の輸入税並に從價二分五厘の附加税を徴收す。

滿洲國

番號	品目	課税單位	正税（國幣圓）	附加税
二四九	鮑、（ロ）罐入	擔（直接容器共）	一三・〇七	—
二七二	別號に掲げざる魚介及海産物			
	（ロ）罐入又は他の包裝のもの	從價	一五％	
二七三	「ベーコン」及「ハム」			
	（ロ）罐詰又は其他の包裝のもの	從價	二五％	
二七五	鹹牛肉（コーンビーフ）			
	（ロ）罐詰又は其他及もの	從價	二五％	
二八七	罐詰又は瓶詰の食料品			
	（イ）アスパラガス	擔（直接容器共）	一七・九四	五％
	（ロ）蒸發又は殺菌したる「クリーム」の牛乳	擔（直接容器共）	九・九五	五％
	（ハ）食卓用又は料理用の果實	擔（直接容器共）	一五・〇二	五％
	（ニ）肉汁	從價	一五％	五％
	（ホ）「コンデンスミルク」	擔（直接容器共）	一四・二四	五％
	（ヘ）「サラダ」油又は「オリーヴ油」	從價	一五％	五％
	（ト）「ミルクフード」（乾ミルク）ラクトーゲン等	從價	一五％	五％
	（チ）其他	從價	二〇％	五％
二九〇	豚脂			
	（ロ）罐詰又は其他の包裝のもの	從價	二〇％	五％
二九一	「マカロニー」及麵類			
	（ロ）罐詰又は其他の包裝のもの	從價	二五％	五％

ニユウファウンドランド

番號	品目	單位	税率 弗 仙
五四	アンチヨビー、サーデイン、牡蠣、蛤、ロブスター、其他各種調理魚、油漬又は其他のもの、其他特に類別せざる水産物	從價	五〇％
三四	牛肉罐詰各種	オンス	〇・〇¾
三五	其他類別せざる獸肉罐詰	從價	五〇％
五五	果實罐詰、各種容器入	同	五〇％
	果汁及果實シロップ	同	五〇％
六三	貯藏乳、煉乳、殺菌乳	封度	〇・〇二
七三	ジャム、ゼリー及糖果	從價	三五％
七五	蔬菜罐詰	同	五〇％

新西蘭

番號	品目	單位	英特惠税	一般税
一	（一）蔬菜罐詰（從價又は從量何れか高き方）	從價	二〇％	四五％
			志　片	志　片
		封度	〇　一	〇　二
三五	（三）魚類罐詰、鮭罐詰	同	〇　一¾	〇　三
	（四）オイル、ソース漬魚類罐詰	同	〇　二	〇　二
三九	果實罐詰、果汁又はシロップ漬	從價	二五％	五〇％
四五	ジャム、ゼリー、マーマレード	封度	〇　二	〇　五
四六	濃縮ゼリー	同	〇　四	〇　六
四九	獸肉罐詰	從價	二〇％	四五％
五〇	貯藏乳、エヴアポレーテッドミルク、			

乾乳	同	二五％	四五％

ニユウカレドニア

一般品に對しては從價五分、煉乳は有糖無糖共從價三分、酒漬果實從價一割、シロップ從價一割、甘露煮果實從價一割を課税す。

諸威

番號	品目	單位	税率（クローネ オーレ）
一一〇（a）	密封容器入食料品、直接容器込重量		
一一一	（一）甲殻類、貽貝及カヴイア	瓩	〇 七五
一一二	（二）魚類及水産動物	同	〇 三〇
一一六	（三）コンビーフ及鮮肉エキス	同	〇 五〇
一一七	（三）調理肉罐詰	同	〇 七〇
	（四）ソーセージ、タング	同	〇 七五
一二五（b）	（一）加糖煉乳	同	〇 二〇
	（二）無糖煉乳、殺菌乳、クリーム	同	〇 一二
一九二	（四）加糖果實及果實皮、酒漬果實、特に類別せざる果實罐詰	同	一 〇〇
一九二b	（五）前記以外の方法にて貯藏せる果實、罐詰にせる鳳梨、杏、桃、梅、梨、加糖又ば然らざるもの	同	〇 六〇
一二三九	（二）蔬菜罐、罎詰		
二四〇	（a）アスパラガス、トマト及アルテチヨツク	同	〇 五〇
	（b）其他	同	〇 三五

ニアサランド

税率表第四類は從價一割を課税する種目にて魚類罐詰、煉乳、其他食料品は此部類に屬す。果汁、菓子類、透晶果は第三類從價二割五分。

ニゲリア

税番第一四にて鮮魚以外の魚類は從價一割五分を課税し、税番第二九にて鮮食料品及特に掲記せざる總ての食料品に對し、從價一割五分を課税す。

巴奈馬

品目	税率（ペソ 仙）
△各種魚類（乾、燻其他調理の方法を問はず）總重量	〇・一〇
△ロブスター、鰕、蟹、魚卵、各種貝類、總重量瓩	〇・一五
△エヴアポレーテッド・ミルク、總重量瓩	〇・〇五
△煉乳、總重量瓩	〇・〇八
△蔬粉乳、總重量瓩	〇・二五
△トマト罐詰、トマト・ペースト、總重量瓩	〇・一五
△蔬菜、鹽水漬又は酢漬、調理せるもの、總重量瓩	〇・〇八
△果實罐詰（果汁、シロップ、糖液入）、總重量瓩	〇・二〇
△ジヤム、ゼリー等、總重量瓩	〇・二〇
△各種調理獸肉、總重量瓩	〇・二〇

（備考）一九三二年四月一日以降は本税の外に更に從價一割五分を增徵す。

パレスチナ

番號	品目	單位	税率（ミリエンス）
二六	魚類罐詰 容器共）	瓩	一〇・〇〇
三八	煉乳及殺菌乳（容器共）	同	三・〇〇

六一	ジャム、ゼリー（容器共）	同	一・〇〇
五九	果實罐詰（容器共）	同	二・〇〇

波斯

番號	品目	單位	最低稅 クランス	最高稅
一五	H、二、果實及ベリー罐詰（罎詰其他容器入の各種ジャム、ゼリー果汁、キャンデイード、シロップ類を含む）	從價	二〇％	三〇％
	L、罐詰乳、罎入殺菌乳、（有糖又は無糖）	總量バトマン	二・〇〇	三・〇〇
	P、魚類罐詰、壺、罎詰	同	五・〇〇	八・〇〇
	T、鳥獸肉罐、壺、罎詰	同	五・〇〇	八・〇〇
	M、三、蔬菜罐、罎、壺詰	同	三・〇〇	四・〇〇

秘露

番號	品目	單位	稅率 ソル 仙	特別追加稅
一九二一	魚類罐詰	總重量瓩	〇・二五	一〇〇％
一九二二	蔬菜罐詰	同	〇・一五	五〇％
一九二三	獸肉罐詰	同	〇・二〇	二五％
一九二九	糖果類（罐、木、罎、紙函入）	同	〇・三〇	一〇〇％
一九三〇	同 上（美裝容器入）	同	〇・三五	一〇〇％
一九三三	肉越幾斯	同	〇・四〇	
一九三七	果實酒類漬	同	〇・二五	一〇〇％
一九五〇	茸罐詰	同	〇・二五	一〇〇％
一九五九	マーマレード、ゼリー	同	〇・二五	一〇〇％
一九六〇	貯藏全乳、エヴアポレーテツド・ミルク、煉乳、乾乳、有糖又は無糖		無税	
一九八九	トマトソース	同	〇・一五	
一九九四	トラッフル罐詰	同	一・〇〇	

（備考）一九三三年五月一日以降凡ての輸入品に對し從價五分の一の附加稅を徵す。

比律賓

番號	品目	單位（弗、仙）	稅率
二〇六	罐詰又は壺入獸肉、牛肉、鹿肉、羊肉小羊肉、豚肉、ハム、ベーコン、特に類別せられざる簡單なる調理貯藏、肉蔬菜又は簡單なる他の成分と共に調理せられたるもの、又は然らざるもの、アイリツシシチウ、コーンビーフ、刻み肉、唐芥子肉其他類似のもの	從價	一五％
二〇七	罐詰又は壺入の動物內臟、タング、肝臟、腸、兎、家禽、普通に調理せられたるもの、他に類別せられざるもの	從價	二〇％
二一二	魚類罐詰、硝子容器又は甕入		
	（a）鱈、鰊、鰯、ハドック、鮭、鯖、簡單に調理貯藏せるもの、油又はトマト・ソース漬の鰮	從價	一五％
	（b）其他の普通に貯藏せる魚貝類及海產食品、他に類別せられざるもの	從價	二〇％
	（c）魚貝類海產食品及其調理せるものアンチヨビー、メルルーザ、アングラ、鮑、サーデン、八目鰻、ホワイテング、鱈、魚卵、ゼリーに入れたる鰻、鱒、鰭、鰕燻製及魚ペースト及バター、其類似品	從價	二五％

二二九	蔬菜、貯藏せるもの (b)小包裝又は小賣包裝のもの、直接容器込重量	正味重量百瓩	一・五〇
二三〇	蔬菜、ピクルにせるもの (b)小包裝又は小賣包裝のもの、直接容器込重量	正味重量百瓩	〇・〇三
二三三	果實、貯藏せるもの (b)小包裝又は小賣包裝のもの、直接容器込重量	同	二・〇〇
二三四	果實ジャム、ゼリー、バター及類似品フルーツパルプ	從價	二〇%
二三五	ブランデイ漬果實又は類似貯藏果實、貯藏及透晶果實	從價	五〇%
二六六	果汁、純又は貯藏に必要なる砂糖を加へたるもの、酒精を含まざるもの又は酒精四%を超えざるもの	リットル	〇・〇五
二六七	ミルク及クリーム、純又は貯藏に必要なる砂糖を加へたるもの	從價	一〇%
二六八	ミルク及クリーム、他の物質と合成したるもの、粉乳及乳錠、他に類別せざるもの	從價	二〇%

波蘭

番號	品目	單位	稅率（ズローテイ グローツ）
二四	菓子、貯藏果實及ベリー (四)ジャム、マーマレード、加糖、容器込重量	百瓩	五一六・〇〇
	(五)果實、砂糖漬果實、ベリー汁(無糖) (a)罐詰にせるもの、容器込重量	同	一、二〇四・〇〇
	(六)ジャム、マーマレード(無糖)果實パルプ、容器込重量	同	四一二・八〇
	(七)煉乳、ミルクフード (a)加糖、容器込重量	同	一三〇・〇〇
	(b)無糖、同	同	七八・〇〇
三四(二)	(a)獸肉罐詰	同	七五・〇〇
三七(二)	(a)魚類罐詰、他に掲記せざるもの容器込重量	同	八六〇・〇〇
	(四)(d)鰊罐詰、容器込重量	同	一九五・〇〇
	(五)(a)カヴィア、黑又は灰色	同	一〇、三二〇・〇〇
	(b)カヴィア、赤又は黄色	同	五、一六〇・〇〇
三八	牡蠣、蟹、ロブスター、鰕、螺及其他類似品の罐詰	總量百瓩	三、四四〇・〇〇

葡萄牙

番號	品目	單位	最高稅（エスクード）	最低稅（エスクード）
六一一	獸肉、鮮、乾、其他總ての貯藏	瓩	〇・一四	〇・〇七
六一五	魚類罐詰	同	〇・二五	〇・一二
六一六	各種貯藏食品、他に類別せざるもの	同	〇・七〇	〇・三五
六二五	粉乳、殺菌乳、濃縮乳、煉乳	同	〇・七〇	〇・三五
六四三	果汁、有糖	同	〇・四〇	〇・二〇

羅馬尼

番號	品目	單位	一般稅（レイ）	最低稅
二五	煉乳	正味百瓩	三、〇〇〇	―
二六	粉乳 (註、糖分其他物質を含む煉乳又は粉乳は稅率の三割増)	同	四、八〇〇	―

四〇	ハム、ソーセージ、鳥獸肉罐詰	百瓩	六、〇〇〇	―
四一	鳥獸肝臟パイ	同	二〇、〇〇〇	―
四二	肉汁、エキス（形狀の如何を問はず）	同	四、五〇〇	―
	（註、肉エキス、トマト、肉汁其他物質並に食用ゼラチンにて調理せる蔬菜を含む）			
七二	(b)魚貝類罐詰、各種容器入	公定正味百瓩	五、二五〇	三、五〇〇
七三	魚類及軟體類罐詰、オリーヴ其他の油漬のもの			
	(a)各種容器入	正味百瓩	七、五〇〇	五、〇〇〇
	(b)鰮、パイ、ハムシー	同	七、五〇〇	五、〇〇〇
	(c)密封函入鰮	同	四、〇〇〇	―
三五一	トマト・ペースト	同	三、六〇〇	二、四〇〇
三五二	各種乾燥蔬菜罐詰、各種容器入にて小賣用包裝のもの	同	六、〇〇〇	四、〇〇〇
二五三	蔬菜罐詰			
	(a)密封金屬製容器入	同	二、二五〇	一、五〇〇
	(b)硝子製容器入	同	二、七〇〇	一、八〇〇
三五四	トラツフル罐詰	同	二〇、〇〇〇	―
四五四	ジヤム及ゼリー	同	九、〇〇〇	六、〇〇〇

暹羅

第五表	罐詰乳（殺菌及煉乳）	從價	一割
第七表	各種罐詰類	從價	二割六分

シエラ・レオン

稅番第四二を以て他に掲記せられざる一般食料品に對し、英品は從價一割外國品は從價二割を課稅す。煉乳は百封度七志六片。

シリア及レバノン

番號	品目	單位	最高稅	一般稅
一四	兎肉及鳥肉罐詰	從價%	二五	一一
一八	獸肉罐詰	同	二五	一一
二一	(b)煉乳及粉乳、加糖又は無糖	同	二五	一一
二五	(三)魚類罐詰（ロブスター、鰕其他甲殼類罐詰）	同	二五	一一
六三	果實罐詰、砂糖を加へざるもの	同	五〇	二五
六四―六六	蔬菜罐詰	同	五〇	二五

セントヴインセント

番號	品目	單位	英特惠稅	一般稅
四〇	(a)魚類罐、壜、壺詰	從價	一〇%	一五%
五六	(a)ジヤム、ゼリー、マーマレード	同	一〇%	一五%
	(b)果實罐詰、壺詰	同	一〇%	一五%
六六	獸肉罐詰	同	一〇%	一五%
六九	(a)煉乳又は其他貯藏乳	同	一〇%	一五%
九八	(a)蔬菜罐詰	同	一〇%	一五%

セシリー諸島

若干品目を除き各品に對し從價一割五分を課稅す。

英領ソロモン群島

若干品目（煙草、酒、石油）等の外は總ての輸入品に對し一率に從價一二½%を課稅す。

ソマリーランド英保護領

各種食料罐壜詰類はB表（一）により英國品に對しては從價一割、其他の諸國品に對しては從價二割を課稅す。

ソヴエート聯邦

税番第九號を以て煉乳及乳製品罐詰、密封容器入各種罐罎詰食料品調味用芥子、ソース其他の藥味等（包裝の儘消費者の手に渡るものは其包裝重量を加算して）は瓩一〇留を課税す。

南阿聯邦

番號	品目	單位	最低稅	最高稅
一九	魚類			
	(c)カヴイア、ロブスター、アンチヨビー	從價	二〇％	二五％
			志 片	志 片
	(d)魚類ペースト、壺入及罐詰	封度	〇 一	〇 一
	(e)魚類罐詰	封度	〇 一	〇 一¼
二七	ジヤム、ゼリー、從價稅及從量稅の何れか高き方	同	〇 二½	〇 二½
三一	肉ペースト、壺入及罐詰、何れか高き方	從價	三〇％	三〇％
		封度	〇 三	〇 三
三三	ミルク又はクリーム、煉乳、貯藏乳	從價	二〇％	二〇％
	(a)ホールクリーム	百封度	一〇 五	一二 六
	(b)スキムドミルク及セパレーテツド・ミルク	封度	〇 六	〇 六
四六	(b)蔬菜罐詰	從價	二〇％	二〇％
二二	(b)果實罐詰	封度	〇 二½	〇 二½

瑞典

番號	品目	單位	稅率（クローネ	オーレ）
一六	カヴイア（鱘卵）	正味百瓩	五〇〇	―
一七	其他の魚卵	總量百瓩	一二五	―
二〇	煉乳	正味百瓩	一〇	―
二一	エヴアポレーテツド・ミルク	同	一五	―
一四〇	牛肉及羊肉罐詰	同	一二	―
一四二	鰮及鮪罐詰、スプラツト及類似魚類の罐詰を含む	同	二五	―
一四三	果實、蔬菜及其他魚類罐詰	同	五〇	―

瑞西

番號	品目	單位	稅率 法	附加稅％
四三	各種容器入貯藏蔬菜（重量五瓩以上のもの）			
	(一)トマト罐詰	總重量百瓩	一五・〇〇	一〇
	(二)其他	同	三〇・〇〇	一〇
四四	同上（重量五瓩又は以下のもの）			
	(一)トマト罐詰	同	三五・〇〇	一五
七八	調理牛肉罐詰、蔬菜を加へたるもの又は然らざるもの	同	五〇・〇〇	一五
八二	狩獵物貯藏、蔬菜を加へたるもの又は然らざるもの	同	三〇・〇〇	一五
八五	家禽貯藏、蔬菜を加へたるもの又は然らざるもの	同	三〇・〇〇	二五
八九	魚類罐詰	同	二〇・〇〇	一五
九二	煉乳及殺菌乳	同	一五・〇〇	二〇
一〇一	(b)各種果實貯藏、加糖又は無糖、酒精含有又は然らざるもの、鳳梨、ジヤム、マーマレード	同	五五・〇〇	二〇
一〇三	各種高價貯藏物、カヴイア牡蠣、ロブスター、ベリー汁並に果汁	同	一〇〇・〇〇	二〇

英領西印度、トリニダード、トバゴ

番號	品目	單位	特惠稅	一般稅

			志片	志片
四〇	(a)魚類罐、罎、壺詰	百封度	四二	八六
五五	(a)ジャム、ゼリー、マーマレード	同	三〇	六〇
	(b)果實罐詰、壺詰	同	四〇	八〇
六六	獸肉罐詰	同	四二	八四
六九	(a)煉乳及其他貯藏乳	八四封度	〇六	一六
九六	蔬菜罐詰	百封度	四二	八四

トリポリ及シレナイカ

番號	品目	單位	伊太利及伊太利植民地税率（金リラ）	一般税
八	(b)調理獸肉	百瓩	三五・〇〇	五〇・〇〇
九	殺菌乳	同	五・〇〇	一五・〇〇
一〇	煉乳	同	一五・〇〇	五〇・〇〇
一四	(c)油漬其他の調理魚類	從價	五%	二〇%
一八	(a)マーマレード、ゼリー	百瓩	三〇・〇〇	五〇・〇〇
二一	トマト罐詰、トマト・プュレー	同	一〇・〇〇	二五・〇〇
三四	(q)調理蔬菜	同	一五・〇〇	四〇・〇〇
三八	(a)貯藏果實、果汁漬、加糖又は無糖	同	二〇・〇〇	四〇・〇〇
	(c)酒漬果實	同	六〇・〇〇	一二〇・〇〇

チュニス

稅率は佛蘭西本國に準ず。從つて我國は佛蘭西と同樣、最惠國稅率の適用を受く。但しコンタンヂヤン制度無し。

土耳古

番號	品目	單位	稅率（土貨磅）
一八	(c)獸肉罐詰(舌、膽、臟物等を含む)（他の食料品を加味したるものを含む）	百瓩	一五〇・〇〇
二一	(b)鳥肉罐詰	同	一〇〇・〇〇
	肉汁、エキス（形狀の如何を問ず）(容器重量共)	同	一二〇・〇〇
二三	(a)煉乳、殺菌乳(無糖のもの)	同	三二〇・〇〇
	(b)同 上(加糖のもの)	同	四〇〇・〇〇
	(c)粉乳	同	二五〇・〇〇
三六	(c)魚類罐詰	同	九〇・〇〇
四〇	ロブスター、蟹、鰕、烏賊、蛸、牡蠣、貽貝、其他貝類、水陸產龜、蛙蝸牛等の罐詰(容器込重量)	同	五〇・〇〇
四二	カヴイア		
	(a)黑	同	四五〇・〇〇
	(b)赤、筋子(日本產)	同	一〇〇・〇〇
一九五	果實罐詰、ペースト、果汁、シロップ及其他各種糖果、ジャム、ゼリー等(容器込重量)		
	(a)無糖のもの	同	七〇・〇〇
	(b)加糖のもの	同	一一二・〇〇
二〇〇	蔬菜罐詰、トマト・ペースト(容器込重量)	同	一〇五・〇〇
二〇一	(b)シャンピニヨン、トラッフル、アスパラガス（容器込重量）	同	一二〇・〇〇

ウルグアイ

番號	品目	單位	從價稅%	從量稅（ペソ）
B一二〇	蔬菜罐詰、一般のもの	包裝込重量瓩	—	〇・三〇
B一二一	蔬菜罐詰、特種のもの	同	—	〇・三〇
B一四一	果實罐詰、果汁又はシロ			

	ップ漬	同	—	○・二五
B一四八	肉越幾斯、液狀又は固形狀のもの	總量瓩	五一	—
B一五四	果實酒漬又は水漬	包裝込重量瓩	—	○・一○
B一九一	煉乳	同	五一	—
B一九二	殺菌乳、エヴアポレーテッド・ミルク	同	三一	—
B一九三	乾乳及粉乳	同	三一	—
B二一五	牡蠣及ロブスター	同	—	○・三○
B二二五	鹽水漬魚類、罐罎壺詰	同	—	○・一○
B二二六	乾魚類、罐罎壺詰	同	—	○・○八
B二四八	鰛油漬	同	—	○・三○
B二五一	鰛鹽水漬、罐罎壺詰	同	—	○・一○
B 三八	アンチヨビー油漬	同	—	○・三○
B 三九	アンチヨビー鹽水漬、罐罎壺詰	同	—	○・一○

(備考) 本稅の外に各種附加稅合計一割四分內外を課す。

ヴエネスエラ

番號	品目	單位	稅率（ボリーヴアル）	附加稅
二七	トマト・ペースト、ソース、スープ罐詰、トマトソースと調理せる食品罐詰、トマト罐詰	—	禁止	
三〇	動物性調理、貯藏食品、特に類別せざるもの	總量瓩	○・二五	五○%
三四	煉乳、貯藏乳、殺菌乳(加糖又は無糖)	同	○・七五	
三八	貯藏魚貝類、特に類別せられざるもの	同	○・一○	五○%
四〇	貯藏サーデイン及鰊	同	○・一○	
一〇二	果實罐詰(果汁又はシロップ漬)	同	○・二五	五○%
九七	植物性食品、特に類別せざるもの、辛子酢漬、蔬菜罐詰、多少の動物質を含むを妨げず	同	○・二五	五○%

ユーゴースラヴイア

番號	品目	單位	最高稅（デイナル）	最低稅
一三五	煉乳、乾乳、粉乳(有糖又は無糖)	百瓩	四○○・○○	三○○・○○
一四一	果汁、ジャム、マーマレード(有糖のもの)(一)ストロベリー及ラスプベリー	同	二五○・○○	二○○・○○
	(二)レモン、オレンヂ、其他果實	同	二五○・○○	二○○・○○
一四二	果實調理物又は酒精と混ぜるもの酒精を含む果汁	同	五○○・○○	四○○・○○
一四三	貯藏食料、罐詰類(一)蔬菜及果實、他に掲記なきもの	同	一四○・○○	一○○・○○
	(二)魚類及獸肉類他に掲記なきもの	同	二五○・○○	二○○・○○

ザンヂバル

稅番第一二號(a)を以て煉乳及貯藏乳はハンドレッドウエート五留比を課稅し、其他類別せざる一般食品は稅番第一三號以て從價一割五分を課稅す。

本邦罐詰生産統計

単位{數量……函 金額……圓

品名	昭和五年 數量	昭和五年 金額	昭和六年 數量	昭和六年 金額	昭和七年 數量	昭和七年 金額
牛肉	90,000	1,620,000	80,000	1,280,000	85,000	1,360,000
牛肉野菜	20,000	220,000	15,000	150,000	20,000	200,000
豚肉	20,000	300,000	20,000	260,000	30,000	420,000
煉乳（加糖）	452,190	6,782,850	337,744	4,390,672	379,591	4,924,683
煉乳（同50斤入）	168,553	1,854,083	177,495	1,774,950	191,184	1,911,840
煉乳（無糖）	6,000	45,000	23,050	195,925	97,080	970,800
其他	20,000	310,000	20,000	300,000	15,000	225,000
小計	**776,743**	**11,161,933**	**673,289**	**8,351,547**	**817,855**	**10,012,323**
鮭	378,404	3,405,636	468,282	3,277,974	250,366	4,532,608
蟹（陸上）	105,411	3,267,741	120,897	3,385,116	81,606	2,448,180
蟹（工船）	402,073	12,461,263	254,216	7,118,048	173,529	5,205,870
其他ノ蟹	60,000	900,000	18,000	270,000	12,000	216,000
鮪油漬	11,500	126,500	28,500	313,500	264,941	3,557,703
鰹鯖	100,000	700,000	100,000	600,000	100,000	680,000
鰮トマト	30,000	150,000	35,900	179,500	257,287	1,543,722
鰮	80,000	320,000	80,000	280,000	75,000	337,500
鯨	80,000	480,000	40,000	200,000	30,000	189,000
鮑	25,000	375,000	15,000	195,000	15,000	195,000
帆立	12,000	198,000	12,000	136,000	10,000	125,000
北寄	18,000	216,000	15,000	165,000	14,000	161,000
蛤、蜊（水煮）	28,500	199,500	30,000	184,000	32,000	201,000
牡蠣	4,500	31,500	—	—	1,600	12,000
螺蠑	25,000	162,500	25,000	150,000	23,000	161,000
蜊赤貝	27,000	162,000	25,000	137,500	20,000	120,000
海苔	23,000	207,000	20,000	170,000	15,000	135,000
其他	90,000	630,000	85,000	510,000	70,000	434,000
小計	**1,500,3[illegible]8**	**23,9[illegible]5,640**	**1,372,795**	**17,271,638**	**1,445,329**	**20,175,183**
鳳梨	389,794	3,703,043	781,503	5,470,521	877,348	5,439,558
桃	20,000	140,000	25,000	162,500	30,000	204,000
ジヤム類	35,000	490,000	50,000	650,000	60,000	810,000

杏	7,500	45,000	7,000	35,000	7,500	45,000
栗	5,000	75,000	6,000	78,000	4,500	60,750
梨	3,000	27,000	4,000	32,000	3,000	32 000
カリン、マルメロ	3 500	21,000	3,400	18,000	2,500	15,000
櫻桃	8,000	68,000	5,000	30,000	4,500	29.250
蜜柑	30,000	2[illegible]0,000	35,000	245,000	65,000	412,500
其他	50,000	400,000	50,000	350,000	48,000	315,000
小計	**551,784**	**5,209,043**	**963,503**	**7,071,021**	**1.100,348**	**7,363,[illegible]58**
福神漬	120,000	1,200,000	100,000	900,000	90,000	720,000
グリンピース	115,400	980,900	71,098	391,039	60,321	452,408
同六斤(半打入)	10,642	63,852	11,400	45,600	9,139	45,695
同　五ガロン罐	1,308	6,278	493	1,578	1,577	6.308
松茸	10,000	160,000	30,000	360,000	36,005	522,000
筍	137,539	1,375,390	57,042	399,294	49,611	416,499
筍六斤(半打入)	267.065	1,014,847	107.513	379,266	201.929	787 523
同　五ガロン罐	92,686	259,521	52,368	133,557	122,428	342,798
フキ	8,000	40,000	8,000	40.000	8,000	48,000
ナメコ	4,000	80.000	3,000	57.000	4,500	81'000
お多福豆	8,000	56,000	8,000	52,000	5,000	34,000
キントン煮豆類	5,000	40,000	4,000	28,000	3,000	21,000
其他	50 000	315.000	40,000	220.000	30,000	180,000
小計	**829,640**	**5,591.788**	**491,914**	**3.204,364**	**621,505**	**3,687,231**
累計	**3,658,565**	**45,928,404**	**3,5[illegible]4,501**	**35,898,570**	**3.985,037**	**41,332,795**

露領生産高

品名		昭和五年 數量	昭和五年 金額	昭和六年 數量	昭和六年 金額	昭和七年 數量	昭和七年 金額
紅鮭	日魯	449 241	13,022,163	408.197	9,702,105	410,047	13,720,580
	其他	116 940		53.808		4,247	
銀鮭	日魯	82,479	1,599,444	40,[illegible]38	622,830	30,332	522,041
	其他	6,379		7,372		0	
チヤム	日魯	11.124	118,422	182	7,350	0	0
	其他	2,037		868		0	
ピンク	日魯	457,726	4,886,757	134,511	1,294,594	712,027	6,299,781
	其他	85,247		50,431		47	
キング	日魯	0	5.200	5,177	75,066	6,783	13[illegible],385
	其他	260		0		0	
蟹	日魯	56.383	2,091,074	53,396	1,795,696	50,062	1,510,860
	其他	11,065		10,736			
合計		**1,278 878**	**21,723,060**	**705 216**	**13,497,641**	**1,223,845**	**22,1[illegible]2,647**

備考　本表中昭和五年及六年度生産高に於て昨年七月發表の分と相違し居るは本年度調査の際再調訂正したるものなり。尚蟹罐詰は、日本蟹罐詰業水産組合聯合會、鮭罐詰は日本鮭鱒罐詰業水産組合、鰮トマト漬罐詰は日本輸出鰮罐詰業水産組合、鮪罐詰は日本鮪油漬罐詰業水産組合、蜊蛤牡蠣罐詰は日本輸出貝類罐詰業水産組合、鳳梨罐詰は臺灣鳳梨罐詰同業組合、筍グリンピース罐詰は全國蔬菜協會の年報或は月報に據る。

輸出統計表

（單位　函）

阿弗利加	濠州	南洋	印度	印度支那	中米	南米	北樺太	不明	計
—	36	38	8	58	—	20	57	316	10.775
—	—	1	2	5	—	—	1	66	1.29[illegible]
—	—	2	—	—	—	6	—	87	11.69[illegible]
—	—	2	1	4	—	—	—	28	19.488
—	—	1	—	12	—	—	—	1	1.599
—	25	595	64	1.453	—	—	—	284	9.842
—	—	56	6	50	—	1	—	—	4.50[illegible]
—	—	81	4	26	—	5	—	29	5.753
17.597	3.120	5.101	206	60	136	23	6.098	12.733	513.[illegible]97
—	—	—	—	—	—	—	—	—	2.400
—	20	71	—	—	50	22	—	1.12[illegible]	255.620
6.366	286	33.081	1.235	20.069	101	20	138	71.185	188.81[illegible]
2	8	2.295	18	264	—	68	1.64[illegible]	815	18.356
75	192	44	—	17	—	—	—	87	8.256
6	—	4	—	1	—	2	—	97	9[illegible]8
—	2	14	—	4	7	7	14	—	73[illegible]
3	24	244	16	63	—	114	1	121	4.615
—	26	158	30	60	11	52	7	12	2.962
—	18	396	57	263	—	285	29	8	37.439
—	2	310	41	142	—	100	—	40	4.22[illegible]
—	3	211	3	125	—	5[illegible]	8	7	3.24[illegible]
—	33	357	36	209	—	19	13	28	4.3[illegible]3
—	—	—	—	11	—	2	5	—	3[illegible]
—	—	33	2	18	—	—	3	1	1.416
—	—	—	—	—	—	—	—	39.798	39.798
6	3	97	2	17	2	24	3.069	43[illegible]	25.440
2	391	1.527	100	3[illegible]3	8	40[illegible]	1.064	34	16.212
—	—	11	—	—	—	—	—	—	1.39
—	—	—	—	—	—	—	—	—	627.337
610	6.015	114	—	—	675		—	—	311.057
24.673	10.240	44.844	1.831	23.294	2.219		12.176	127.409	2.138.757

所檢査報告を基礎とし、露領製品は日魯漁業株式會社統計に據り、蟹罐詰は日戸稅關の調査を附加せり。廣島縣商品檢査所より輸出高の回答に接せず從つて

昭和七年　本邦罐詰

罐詰出輸統計表

昭和7年1月ヨリ12月迄

仕向地／品名	關東州	支那	布哇	北米合衆國	加奈陀	英吉利	佛蘭西	其他歐州諸國
北寄水煮	52	36	3.752	6.348	54	—	—	—
帆立	31	206	728	247	3	—	—	—
蛤〃	85	56	620	10.836	—	—	—	—
蜊〃	1.185	105	212	17.947	—	—	—	—
牡蠣〃	—	29	32	1.524	—	—	—	—
鮑〃	3.620	2.905	657	223	12	3	—	1
蠑螺味付	1.701	813	978	586	318	—	—	—
其他貝類	1.572	852	1.683	1.464	7	—	—	—
鮭水煮	4.068	1.503	1.775	47.606	—	135.728	192.814	85.329
鯖〃	564	11	10	76	—	—	232	1.507
鮪油漬	—	—	1.720	247.683	4.067	123	257	537
トマトサーデン	2.241	6.746	209	—	—	8.560	36.479	2.097
其他魚類	4.981	2.742	3.181	2.057	303	—	4	7
毛ガニズワイ蟹	71	78	764	6.625	205	6	89	3
蝦ボイルド	87	9	632	40	—	—	40	10
海苔佃煮	38	184	57	60	3	—	341	—
福神煮	1.792	656	731	1.070	61	4	15	—
其他ノ漬物	249	25	884	1.297	104	26	21	—
筍製品	16.773	4.969	6.777	7.348	417	9	89	1
松茸〃	1.539	653	730	602	49	3	9	2
グリンピース	3.928	2.974	840	20	—	4	—	—
其他ノ野菜	1.426	1.216	558	370	34	3	13	8
鷄肉製品	1	—	20	—	—	—	—	—
牛肉〃	956	351	25	—	—	—	—	—
蜜柑類	—	—	—	—	—	—	—	—
果實類	6.567	6.949	47	2.799	147	4.371	2	899
雜	3.512	1.518	4.700	1.802	151	422	144	66
魚貝類	—	25	50	1.045	137	—	128	—
露領製品	—	—	—	—	—	627.337	—	—
タラバカニ		2.036	2.564	122.517	2.963	111.552	41.685	20.320
計	57.039	37.62[illegible]	34.940	432.172	9.036	888.151	272.362	110.787

備考

本表は東京、大阪、青森、函館、小樽、横濱、神戸、關門、長崎の各檢查
本罐詰業水產組合聯合會の年報に據る。蜜柑罐詰は各組合檢查報告の外神
本表中には同縣輸出の分を包含せざるを甚だ遺憾とす。

MEMO

MEMO

市販罐詰開罐研究會の實績

一、緒

日本罐詰協會の前身たる罐詰普及協會の主催、東京罐詰同業組合の後援に依り、大正十一年十月二十五日、その第一回を開催したるに始まり、昭和八年十一月二十二日を以て、回を重ねると實に九十八回の多きに達し今日も尚日本罐詰協會の主要なる一事業として嚴存し着實にそのモットーたる「消費者に味方するものは最後の勝利者なり」は遵奉せられ、不屈不撓の努力が續けられてゐる。顧るに、此研究會に依つて何れ程本邦產罐詰の水準線が引上げられたことか。又此研究會の產んだ諸統計が何れ程本邦罐詰事業の向上發展に貢献してゐることか。實に百回に垂んとする此研究會の開催は、本邦罐詰事業の上に一大革命を齎したと云つても過言ではあるまい。

以下簡單にその實績について記述する。

二、創始以來の成績

次に掲げるものは主として關東大震災の爲中絶したる第一年度と未完了の第九年度とを除く概ね七ヶ年度分についてのもので、蒐集點數總計一五、六五五點に達し、品種に於ては第二次一六四種、第三次一七四種、第四次一五六種、第五次一八五種、第六次一八五種、第七次一八六種、第八次一八八種を示してゐる。

(イ)推奬品の數及割合

年次	蒐集點數	推奬點數	推奬割合
第二次	二、一八四	三〇三	一・三九
第三次	二、三九三	四九〇	二・〇一
第四次	二、二二五	五一六	二・二九
第五次	二、一〇七	六三三	三・一五
第六次	二、一二〇	五五二	二・六五
第七次	二、一六三	五七一	二・六四
第八次	二、四四二	五八二	二・三九
通計	一五、六六五	三、六四七	二・三三

右表の示す如く、推奬點數は第三次は第二次より六分二厘第四次は第三次より二分八厘、最高の第五次は第四次より八分六厘を夫々增加してゐる。第六次以後は漸次減少の傾向を示せるも第八次に於ては第二次より約一割の增加となつてゐることは注意すべきであらう。

（ロ）容器の種類

年次	丸罐 數	丸罐 割合	雜罐 數	雜罐 割合	壜詰 數	壜詰 割合	合計
第二次	二、〇〇三	九・一九	九〇	〇・四一	八七	〇・四〇	二、一八〇
第三次	二、一四一	八・九三	一二二	〇・五一	一三六	〇・五六	二、三九九
第四次	一、九九五	八・九〇	一〇七	〇・四八	一四〇	〇・六二	二、二四二
第五次	一、八八五	八・九五	一〇二	〇・四七	一二〇	〇・五六	二、一〇七
第六次	一、九三三	九・一三	九〇	〇・四三	九二	〇・四四	二、一一五
第七次	二、〇一九	九・三三	七六	〇・三五	六八	〇・三一	二、一六三
第八次	二、二四〇	九・一七	一〇二	〇・四二	一〇〇	〇・四一	二、四四二
通計	一四、二二六	九・〇八	六八九	〇・四四	七四三	〇・四八	一五、六四八

容器は先づ罐と壜とに大別され、更に罐は丸罐と雜罐（角罐、楕圓罐、馬蹄罐等）とに分たれ、壜はハネックス、アンカーキヤップ、クラウンキヤップ等に分たれる。

蒐集品の大部分は丸罐であつて、毎年次總數の九割前後を占め、雜罐と壜の二種には多少の增減はあつたが、大體に於て兩者共總數の四分前後である。尤も壜は第六次より脫氣孔に依らざる捻子蓋及びクラウンキヤツプの如きものは除外したので一時減少したが、第八次に於ては四分一厘に達した。

（ハ）罐の種類及割合

○サニタリー及卷締罐と半田付罐

年次	サニタリー及卷締罐 數	サニタリー及卷締罐 割合（割）	半田付罐 數	半田付罐 割合（割）	合計
第二次	一、一八二	五・八〇	八七七	四・二〇	二、〇五九
第三次	一、四四六	六・五三	七七二	三・四八	二、二一八
第四次	一、五七四	七・四九	五二八	二・五一	二、一〇二
第五次	一、五九一	八・〇〇	三九六	二・〇〇	一、九八七
第六次	一、七〇八	八・四四	三一六	一・五六	二、〇二四
第七次	一、八八二	八・九八	二一三	一・〇二	二、〇九五
第八次	二、一六五	九・二四	一七七	〇・七六	二、三四二
通計	一一、五四八	七・七九	三、二七九	二・二一	一四、八二七

第二次以降第八次迄の丸罐總數は一四、八二七點であつて其內サニタリー及卷締罐は一一、五四八點で約七割八分を占め、半田付罐は三、二七九點で約二割二分に相當する、半田付罐の減少率は第四次迄は可なり急速であつたが、第五次よりは順次五分內外づゝ減少し、第八次に於ては漸く總數の七分六厘であつた。之は卷締機の普及を物語るものであつて、必らずや近き將來には半田付罐の姿は見ることを得なくなるであらう。

○罐型の種類

年次	高さ	直徑	罐型
第二次	五九種	三七種	三三三種
第三次	六三〃	三五〃	二五九〃

第四次	六四〃	三二〃	二二六〃
第五次	六二〃	三四〃	二三一〃
第六次	六〇〃	三二〃	二一〇〃
第七次	六三〃	三五〃	二一八〃
第八次	六五〃	三一〃	一九三〃

丸罐の夫々異つてゐる高さと直徑の數を、第二次と第八次とにつき比較すれば、第八次は高さに於て六種增加し、直徑に於ては之に反して六種減少してゐる。之は大量生產のものは別として、罐型を變へて如何に外觀を變へようとしても、直徑を變へる事はパンチを新調する必要が生ずるので、自由に變へ得る高さに變更を與へたといふ現象を示してゐるものであらう。罐型に於ては第二次に三三三種あつたものが第八次には一九三種に減少してゐる。

併しながら全國協定の新規格に依る時は、丸罐は軍需品をも合して直徑が七種、高さが二一種、罐型が二七種に單準化されることになる。

○標準罐型　次の統計は、第七次迄は東京罐詰同業組合案の八種標準罐に據り、第八次は竪七號罐及竪八號罐新設せられたるを以て之をも加へたる合計十種標準罐に據つて調査したものである。

年次	竪一號 數	竪一號 割合	竪二號 數	竪二號 割合	竪三號 數	竪三號 割合	竪四號 數	竪四號 割合
第二次	〇	〇割	八三	一・一三割	三八	〇・五六割	四二	六・一三割
第三次	〇	〇	一三五	一・五三	五五	〇・六二	四〇七	五・二五
第四次	〇	〇	一六九	一・六八	六四	〇・六四	四九五	四・九三
第五次	〇	〇	一七〇	一・七一	六二	〇・六二	四一二	四・一三
第六次	〇	〇	一九六	一・七八	九二	〇・八四	四六四	四・二一
第七次	一	〇・〇一	二一九	一・七九	一六三	一・三三	四四六	三・六四
第八次	〇	〇	二一八	一・五三	一八五	一・三〇	四九二	三・四六

年次	竪五號 數	竪五號 割合	竪六號 數	竪六號 割合	竪七號 數	竪七號 割合	竪八號 數	竪八號 割合
第二次	七一	一・〇六割	二三	〇・三四割	—	—割	—	—割
第三次	一四八	一・六六	三九	〇・四四	—	—	—	—
第四次	一六六	一・六六	五四	〇・五四	—	—	—	—
第五次	一七〇	一・七一	七八	〇・七九	—	—	—	—
第六次	一八五	一・六八	七三	〇・六六	—	—	—	—
第七次	一七七	一・四五	九九	〇・七八	—	—	—	—
第八次	二〇一	一・四一	一〇四	〇・七三	四八	〇・三四	一五	〇・一一

年度	平一號 數	平一號 割合	平二號 數	平二號 割合	標準罐合計	研究總數に對する割合
第二次	四三	〇・六四割	二	〇・〇二割	六七〇	三・二五割
第三次	四一	〇・四六	五	〇・〇五	八九〇	四・一六
第四次	四三	〇・四三	一三	〇・一二	一、〇〇四	五・〇三
第五次	六九	〇・六九	一五	〇・一五	九九五	五・二八
第六次	七〇	〇・六四	三	〇・一九	一、一〇一	五、七〇

第七次	九一	〇・七四	三三	〇・二六	一、二二四	六・〇六
第八次	一〇六	〇・七五	五二	〇・三七	一、四二	六・二四

標準罐は第二次には僅かに總數の三割二分五厘であつたものが、回を重ねるに從つて急速に增加して、第八次には六割三分四厘に達した。其中竪四號罐は第二次には六割あつたものが漸次減少して第八次には三割九分となつたが、尙標準罐中の最高位を占め、次は竪二號罐の一割九分、竪五號罐一割四分、竪三號罐一割三分、平一號罐七分五厘、竪六號罐七分三厘の順序である。

○標準罐以外の罐型

次表の示す如く第三次には總數の六割七分五厘であつたものが漸次減少して三割六分六厘となつて來た。

年次	標準罐以外の罐數	研究總數に對する割合 割
第二次	一、三八九	六・七五
第三次	一、二五一	五・八四
第四次	九九一	四・九七
第五次	八九〇	四・七二
第六次	八三二	四・三〇
第七次	七九五	三・九四
第八次	八一九	三・六六

右の標準罐以外の罐型を詳細に調査分類すれば次の如くである。但し第二次以前は未た標準罐型が設定されてゐなかつたので之を除く。

年次	一罐型一點のもの	一罐型二點のもの	一罐型三點のもの	一罐型四點のもの
第三次	一三〇	四三	一四	一一
第四次	一二二	三〇	二五	七
第五次	一三〇	三三	一四	九
第六次	一二五	二七	一六	八
第七次	一二四	三〇	一七	七
第八次	一一二	三二	七	六

年次	一罐型五點のもの	一罐型六點のもの	一罐型七點のもの	一罐型八點のもの
第三次	一〇	九	二	一
第四次	五	八	二	二
第五次	六	八	二	二
第六次	一	一	五	四
第七次	五	六	五	二
第八次	四	五	二	四

年次	一罐型九點のもの	一罐型十點のもの	一罐型一一—一五點のもの	一罐型一六—二〇點のもの	一罐型二一—三〇點のもの
第三次	二	二	六	五	四
第四次	一	一	六	三	一
第五次	四	〇	七	三	三
第六次	一	三	一	四	二
第七次	一	二	四	一	三

第八次	二	一	三	〇	三

年次	一罐型三一―四〇點のもの	一罐型四一―五〇點のもの	一罐型五一―九九點のもの	一罐型一〇〇點以上のもの	罐型數
第三次	一	三	三	一	二四七
第四次	四	二	一	一	二三一
第五次	一	〇	一	一	二三四
第六次	一	二	〇	一	二〇〇
第七次	一	〇	一	一	二二二
第八次	一	〇	二	一	一八五

標準罐以外の罐型數は、第三次には二四七であつたものが第八次には一八五となり、六二の減少を示してゐる。併しながら一方には未だ一罐型一點のものが一一二もあるのであるから、罐型規格の實行に依つて之を整理する事が出來るならば差當り約百種の罐型が減少することとなるわけである。罐型統一敢えて難事と云ふを得まい。

（二） 容器量に對する內容量の割合

年次 ％	第一次第二次計	第三次	第四次	第五次	第六次	第七次
10	—	—	1	—	—	—
15	—	—	—	—	—	—
20	1	3	2	2	1	—
25	1	3	7	3	1	3
30	8	7	1	4	6	5
35	8	8	9	[illegible]	8	8
40	18	19	18	19	15	19
45	30	21	25	22	19	33
50	51	57	58	39	36	27
55	93	78	70	43	51	57
60	141	136	103	87	81	83
65	128	126	101	96	90	89
70	164	120	94	121	94	98
75	157	136	110	111	110	93
80	228	188	180	131	124	154
85	400	273	235	212	181	203
90	512	386	372	334	285	320
95	396	348	430	426	447	433
100	252	160	141	154	184	285
105	117	39	37	29	36	39
110	62	35	27	24	28	21
115	31	40	37	46	54	71
120	17	23	9	21	18	13
125	10	4	7	4	1	6
130	—	—	—	3	—	2
135	—	—	—	1	—	2
140	—	—	—	1	—	—
145	—	—	—	—	—	—
150	—	—	—	—	—	2
155	—	—	—	—	—	—
160	—	—	—	—	—	—
165	—	—	—	1	1	—
170	—	—	—	—	—	—
不明	9	8	28	41	153	29
合計	2.832	2.218	2.102	1.987	2.024	2.095

第八次	通計
—	1
—	—
—	9
[illegible]	21
6	37
5	58
21	129
20	170
27	295
54	446
84	715
97	727
110	807
109	826
17	1.175
225	1.729
397	2.606
522	3.0[illegible]2
287	1.463
39	336
29	226
40	325
33	134
6	38
—	5
2	5
1	2
1	1
—	2
—	—
—	1
—	1
—	—
42	310
2.342	15.600

右表の如く容器量に對する内容量の割合を秤量に據つて計算すれば非常に少量しか詰められてないかの如く見えるものも出て來るが、内容物の性質上一杯詰まつてゐながら割合の低く現はれてゐるものがあり、又此反對の現象を示すものもある譯である。併し大體に於て九五%詰まつてゐるものが最多數で、八五%から一〇〇%の間が最も妥當の内容量目である事が判る。

（ホ） 内容量中固形量の割合

年次 / %	第一二次合計	第三次	第四次	第五次	第六次	第七次
15	—	—	—	—	—	—
20	0	2	2	1	—	—
25	4	4	7	7	4	2
30	3	8	5	2	8	5
35	8	12	8	6	8	10
40	22	20	22	18	10	25
45	59	49	33	36	35	3
50	166	138	113	104	104	100
55	238	157	148	146	139	151
60	336	261	251	217	251	257
65	198	177	174	148	182	240
70	171	143	125	115	126	167
75	235	131	132	127	136	165
80	266	167	176	163	144	155
85	232	162	123	153	161	141
90	188	142	140	134	140	111
95	84	90	114	98	98	60
100	617	535	528	473	455	450
不明	0	25	1	39	17	25
合計	2.832	2·218	2.102	1.987	2.024	2.095

第八次	通計
3	3
—	5
2	3
6	37
18	70
24	147
42	285
117	842
15[illegible]	1.129
355	1.928
250	1.369
194	1.041
174	1.10[illegible]
180	1.251
175	1.147
91	946
42	58[illegible]
508	3.56[illegible]
11	118
2.342	15.600

内容量中固形量の割合も亦品種に依つて液汁量の多少があるる爲に、一〇〇%のもの第一位を占むるも、第二位は六〇%第三位は六五%のものに依つて占められ、第四位が八〇%、第五位が八五%のものとなつてゐる。而して五〇%以下のものが尚全體の約九分を占めてゐるのは甚だ遺憾とするところである。

（ヘ）内容量表記の調査

年次	無表記 數	無表記 割合	表記量以上 數	表記量以上 割合	表記量に對し固形量不足 數	表記量に對し固形量不足 割合	表記量に對し内容量不足 數	表記量に對し内容量不足 割合	不明 數	不明 割合
第二次	五四五	二・六五	一、〇一一	四・九一	四六〇	二・二三	四三	〇・二一	〇	〇・〇〇
第三次	四三七	一・九七	一、二四九	五・六三	四三八	一・九八	八四	〇・三八	一〇	〇・〇四
第四次	二八六	一・三六	一、二一四	五・七八	四一九	一・九九	一七〇	〇・八一	一三	〇・〇六
第五次	二三四	一・一八	一、二六七	六・三八	三六九	一・八六	一〇八	〇・五四	九	〇・〇四
第六次	二〇二	一・〇〇	一、三〇八	六・四八	四三九	二・一七	七三	〇・三六	二	〇・〇一
第七次	一八一	〇・八六	一、二九四	六・一八	五一五	二・四六	一〇四	〇・五〇	一	〇・〇〇
第八次	二〇〇	〇・八六	一、二七八	五・四六	七五六	三・二三	九七	〇・四一	九	〇・〇四

第二次には内容量を表記してゐないものが二割六分五厘であつたものが、毎年減少して第八次には八分六厘となつた。表記量に對し内容量の不足してゐるものは一高一低で毎次不同であるが、第八次には尚四分一厘に達してゐる。斯かるものは度量衡法にも違反し公德にも反するのであるから是非共絶無とならんことを望むものである。

尚、第八次以後は、全國的に決定された罐詰規格中に定められた表記方法を基準として調査してゐることを附記して置く。

三、結

右に掲げた諸統計は過去七ケ年分を綜合したもので、毎年詳細に調査を行つてゐるが、本研究會諸統計の齎した功績は實に偉大なものがある。其一に過去十數年來罐詰業界の懸案であつた罐詰規格統一問題の解決がある。

尙、回を重ねる毎に劣惡品を市場より驅逐し、製造技術向上の爲に基礎を與へ、商業道德宣揚を慫慂する等數々の功績を殘して來た。將來も亦一層の精進が續けられるであらう。

罐詰が眞に消費者の味方となつて製造され、市場に出ることになれば消費者は相當高い代價を支拂つても眞價のある誠心の罩つた此種製品を喜んで求めることになるであらう。斯くなれば優秀な技術を有する製造家は、金融其他の煩はしい問題より解放され、一意眞技術の發揮に向つて安んじて努力する事が出來、延いては取扱業者乃至全業界の向上發展を招來することゝなる。

水素イオン濃度(PH)測定法

水素イオン濃度即ちPHを測定する方法を大別すれば

(一)指示藥法　Indikatoren Methode

(二)電　極　法　Electroden Methode

の二種ある。更に指示藥法は、試驗紙に依る法と指示藥溶液に依る法。滴定法等がある。又電極法には「キンヒドロン」Quinhydrone 電極法と「カロメル」Kalomel 電極法及上記二法を並用せる「キンヒドロンカロメル」電極法等々種々なる方法がある。

然し後者即ち電極法は測定方法複雑にして又技術的であるに反し、前者即ち指示藥法は容易にして比較的技術的の處もない。又、普通罐詰の檢査には電極法の如き緻密なる結果を要する事尠く指示藥法にて充分目的を達する事が出來る。

故に玆には指示藥法中罐詰檢査用に適する方法として次の二、三を説明するに止める。

I　試驗紙に依る測定法

試驗紙は通常の濾紙或は硬化濾紙を第一表の如き濃度の指示藥の溶液中に浸漬し乾燥せしめて製する。其鋭敏度は指示藥の種類濃度及製作上の技術によつて夫々差異があるが、之を以てPH〇・二―〇・四以上の差を判別する事は頗る困難である。

第　一　表（Kolthoff氏）

試驗紙の名稱		指示藥の濃度(%)	使用し得る範圍(PH)	變色を認め得る時間
「コンゴーロート」紙	(Kongorot)	〇・一	二・五――四・〇	五分以内
「メチールオレンヂ」紙	(Methylorange)	〇・二	二・六――四・〇	二分後
「アリザリン」紙	(Alizalin)	〇・一	四・六――五・八	五分後
赤色「ラクムス」紙	(Lackmus rot)		六・六――八・〇	五――六〇分後
青色「ラクムス」紙	(Lackmus blau)		六・〇――八・〇	五――六〇分後

「アゾリトミン」紙	(Azolithmin)	一・〇	五・五――八・〇	五――六〇分後
「フエノールロート」紙	(Phenolrot)	〇・一	七・〇――八・二	二――三〇分後
「クルクマ」紙	(Curcuma)	〇・一	七・五――九・五	一〇分後
「チモールフタレーン」紙	(Thymol phthalein)	〇・一	一〇・〇――一一・〇	二分後

上表に示す「使用し得るPHの範圍」とは、所謂其試驗紙の變色域なるを以て、之以外のPHに於ては試驗紙は元より極度の色調を表す。

之等の試驗を以て水素「イオン」濃度を測定するには被検液に之等試驗紙を浸して其極度の色調を表はさしめて被検液が其使用範圍のPHよりも大なるか或は小なるPHを有するかを鑑別して被検液のPHを測定する。

以上と同様の方法にて色調の濃淡を一つの表に示し其精密度を〇・二の差を判別し得る様にしてあるものに東洋濾紙株式會社製水素イオン濃度試驗紙がある、其指示藥及各試驗紙の使用し得るPHの範圍は第二表の如きものである。

第　二　表

試驗紙の名稱		使用し得る範圍(PH)	變色を認め得る時間
チモールブリユー	Thymol blue	一・二――二・八	一分間
ブロームフエノールブリユー	Bromphenol blue	三・〇――四・六	同右
ブロームクレゾールグリーン	Bromcresol green	四・〇――五・六	同右
クロールフエノールレツド	Chlorphenol red	五・〇――五・六	同右
ブロームチモールブリユー	Bromthymol blue	六・二――七・八	同右
フエノールレツド	Phenol red	六・八――八・四	同上
クレゾールレツド	Cresol red	七・二――八・八	同右

II　指示藥溶液に依る測定法

指示藥溶液に依る測定法は試驗紙法より更に精密に其結果を測定する事が出來る。即ち第二表に示す如き指示藥溶液を用ひ、之れを一定量の被検液に添加し、其色調の變化を別に定めた既知の標準液の色調と比較して、PHを測定するのである。

此の方法を應用したるワルポール氏 Walpole「プリズム」式ヘリゲ社製「コンパラトール「Komparatoren」につき説明する。

本装置の測定範圍はPH二・二――一一・八にして精密度は小數點下一位である。

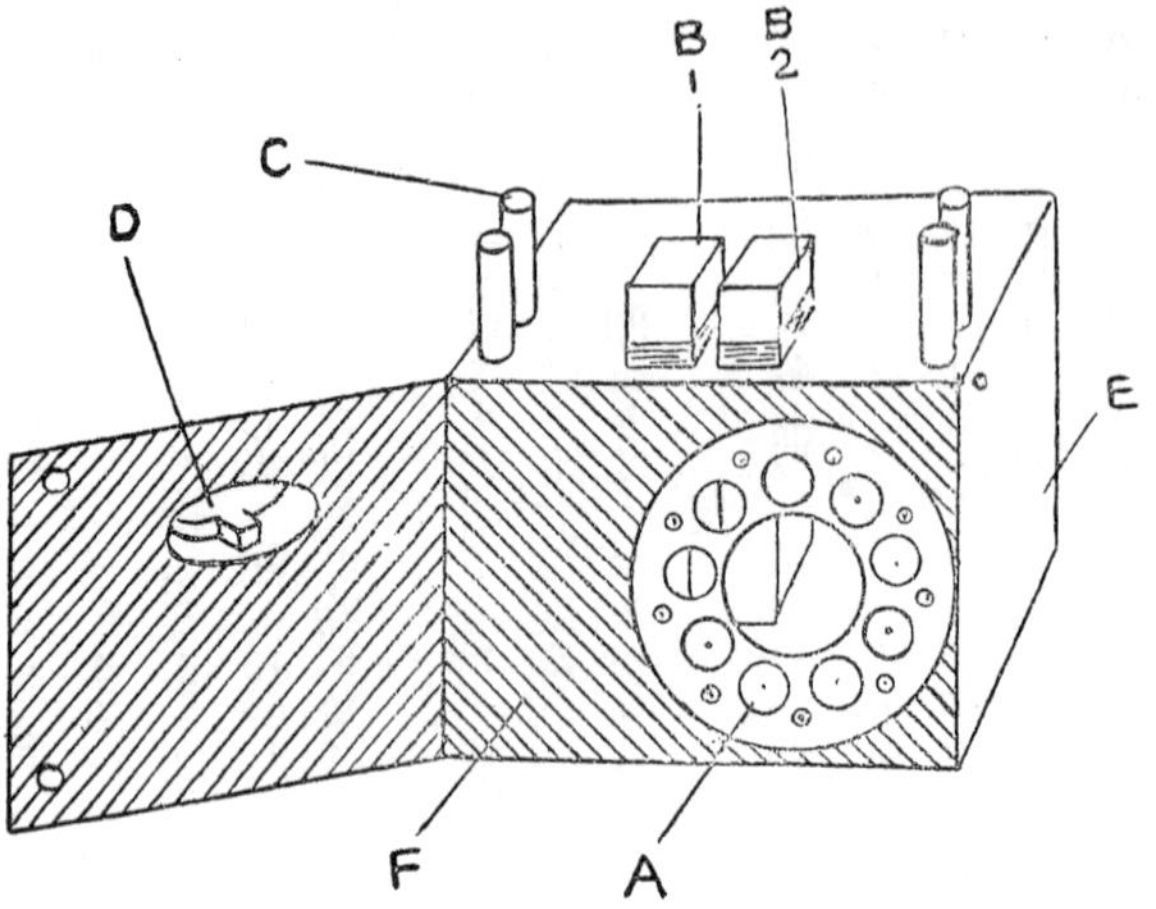

コンパラトールの構造

第一圖の如き構造であつて即ち

a、標準色硝子板嵌込の回轉圓板(Farbscheibe)（各指示藥溶液列に對して夫々特別のFarbscheibe を使用する）

b、並行平面壁を有する二個の耐酸性角筒(Cubit)

（b_1 は被検液のみを注入する

b_2 は被検液に指示液を添加する）

c、被検液を指示液と混合する爲の四個の度盛付試験管

d、比較の際障害となる中間々隙を除き左右の半圓形色野を密接せしむる「プリズム」

e、白色及び藍色の二枚の濾色用硝子板

f、以上を收める金屬鈑筐。

「コンパラトール」の使用法

「コンパラトール」を使用するに際し先づ供試液を「ラクムス」被検紙を以て検しPH7以下なるか、PH7以上なるかを検するか或は前記の試験紙法によつて大體のPH價を定めても可い。

次に被検液を度盛試験管(c)に採り(其容量は第三表參照)之に適當の指示藥を添加し振盪攪拌して之を角筒 (Cubit) の右側(b_2)に全部注入する。角筒の左側(b_1)は被検液のみを右側角筒と同容量注入し、前記指示藥に相當する標準色硝子板 (Farbscheibe) を嵌込み扉を閉ぢてプリズム(d)より覗き被検液と等色の硝子板を定め右方の數字孔より數値を見る。數字孔は〇・二の段階で、若し等色を見出さずして中間色調の場合には〇・一の差異を知る事が出來る、又全然等色のない時は其標示藥の次のPH價測定用の標示藥を使用する又第三表所用「フイルター」欄中「F」印のある標示藥は藍色フイルター(e)を挿入する。其他は白色「マット」硝子で見るのである。

茲に注意すべきは固有色の強い被検液或は溷濁してゐるものは稀釋して後測定する、稀釋液としては蒸溜水或は供試液と略似た濃度の化學用鹽化「ナトリウム」(Nacl) 溶液を使用する。

稀釋液の少しの過不足は結果に影響なく、唯餘り稀釋し過ぎる時はPH價に影響する、此影響の有無は稀釋度を種々異にした比較液を作つて檢査する、影響が無ければ試驗液は特に稀釋度弱く、固有色の稍や濃いものの外は何れも同量の標示液で同一色を示す様になつて居る。

第三表

色板(Farbscheibe)	P.Hの測定範圍	色の變化	P.Hの段階	被検液の使用量(竓)	指示液の使用量(竓)	指示液一〇〇竓中の表示色素量(瓦)	指示色素溶解液	所用フイルター
ベタ・ヂニトロフエノール	二・二―四・〇	淡綠―綠	〇・二	六・	〇・一	〇・〇三三	蒸溜水	―
アルフア・ヂニトロフエノール	二・八―四・四	淡綠―綠	〇・二	六・	一・〇	〇・五	仝右	―
ガンマ・ヂニトロフエノール	四・〇―五・四	淡褐綠―褐綠	〇・二	六・	一・〇	〇・〇二五	仝右	―
パラ・ニトロフエノール	五・四―七・〇	淡綠―綠	〇・二	六・	一・〇	〇・一	仝右	―
メタ・ニトロフエノール	六・八―八・四	淡黃綠―黃綠	〇・二	六・	一・〇	〇・三	仝右	―
フエノールフタレーン	八・四―一〇・二	淡紅―カーミン	〇・二	一〇・	〇・二五	〇・〇五	五%アルコホル	F
チモールフタレーン	九・四―一〇・六	淡靑―靑	〇・二	一〇・	〇・五	〇・〇四	五%仝右	―
アリザリンゲルブR	一〇・四―一二・〇	褐―暗褐	〇・二	一〇・	〇・二	〇・一	五%仝右	F
アリザリンゲルブGG	一〇・二―一一・八	褐―暗褐	〇・二	一〇・	一・〇	〇・〇五	五%仝右	F

罐詰參考用諸表

一、加熱殺菌釜の壓力計の示度と溫度との對照表

壓力計ノ示度	溫度	
	華氏	攝氏
一ポンド	二一五・〇	一〇一・八
二	二一八・五	一〇三・六
三	二二一・五	一〇五・三
四	二二四・四	一〇六・九
五	二二七・二	一〇八・四
六	二二九・八	一〇九・九
七	二三二・四	一一一・三
八ポンド	二三四・八	一一二・七
九	二三七・一	一一三・九
一〇	二三九・四	一一五・二
一一	二四一・六	一一六・四
一二	二四三・七	一一七・六
一三	二四五・八	一一八・八
一四	二四七・八	一一九・九
一五ポンド	二四九・七	一二〇・九
一六	二五一・六	一二二・〇
一七	二五三・五	一二三・一
一八	二五五・三	一二四・一
一九	二五七・一	一二五・一
二〇	二五八・八	一二六・〇

二、攝氏華氏溫度比較表

攝氏 C	華氏 F	攝氏 C	華氏 F	攝氏 C	華氏 F	攝氏 C	華氏 F
45	113.0	67	152.6	89	192.2	111	231.8
46	114.8	68	154.4	90	194.0	112	233.6
47	116.6	69	156.2	91	195.8	113	235.4
48	118.4	70	158.0	92	197.6	114	237.2
49	120.2	71	159.8	93	199.4	115	240.0
50	122.0	72	161.6	94	201.2	116	241.8
51	123.8	73	163.4	95	203.0	117	243.6
52	125.6	74	165.2	96	204.8	118	245.4
53	127.4	75	167.0	97	206.6	119	247.2
54	129.2	76	168.8	98	208.4	120	249.0
55	131.0	77	170.6	99	210.2	121	250.8
56	132.8	78	172.4	100	212.0	122	252.6
57	134.6	79	174.2	101	213.8	123	254.4
58	136.4	80	176.0	102	215.6	124	256.2
59	138.2	81	177.8	103	217.4	125	258.0
60	140.0	82	179.6	104	219.2	126	259.8
61	141.8	83	181.4	105	221.0	127	261.6
62	143.6	84	183.2	106	222.8	128	263.4
63	145.4	85	185.0	107	224.6	129	265.2
64	147.2	86	186.8	108	226.4	130	267.0
65	149.0	87	188.6	109	228.2		
66	150.8	88	190.4	110	230.0		

備考　1. 華氏(F)を攝氏(C)に直すには$(F-32)\times\frac{5}{9}$即ち$C^\circ=\frac{5}{9}(F^\circ-32)$

2. 攝氏を華氏に直すには$(C\times\frac{9}{5})+32$即ち$F^\circ=\frac{9}{5}(^\circ C)+32$

三、水及び溶液の比重

(1) 水の目方 (華氏62)

清水 1立の目方は {1キログラム, 267匁, 2ポンド2046}

清水 1升の目方は {481 匁, 1.8キログラム, 3ポンド975}

清水 1ガロンの目方は {10ポンド, 1貫210匁, 4キロ531}

1キロの水の容積は {1立, 5合5勺4, 0.22ガロン}

1貫目の水の容積は {2升7勺9才, 0.8264ガロン, 3ポンド745}

1ポンドの水の容積は {0.1ガロン, 2合5勺2, 0.4536リツトル}

海水1升の目方は 494匁

海水と清水との比重は清水を 1とし海水 1.027である。

(2) 水及び溶液の比重

1. **溶解度** 或る溫度に於ける溶解度とは其溫度に於て 100瓦の溶媒(水)に溶けて飽和溶液を作る溶質の瓦數である。

例へば0C°に於て食鹽は100瓩の水を飽和するに35.6瓦を要し15C°に於ては35.8瓦を要し、100C°に於ては39.8瓦を要する。

溶解度は溫度によりて變ず。

2. **百分率(%)** 溶液100瓦中に溶解せる溶質の瓦數で表はす、例へば糖液100瓦中に12瓦の砂糖が溶解せる濃度は12%の濃度である。

3. **比重** 溶液の比重は多くは濃度に比例す、而して濃度を測定するよりも比重を測定する方が、容易であるから通常溶液の比重を測定し之れより濃度を知るが便利である。

比重と濃度との關係は別表による比重には攝氏4度の水の密度を標準とせるもの(普通の比重)の外にボーメ、或はトワドル、ボーリング(ブリツクス)等がある。

$$比重(4C^{o}に於ける) = \frac{液の重量}{水の重量}$$

$$液の重量 = 水の重量 \times 比重$$

$$水の重量 = \frac{液の重量}{比重}$$

(3) 液體の比重とボーメ度

水より重き液 (60F°又は15 5C°)

$$ボーメ度 = 145 - \frac{145}{比重}$$

$$(比重) = \frac{145}{145-(ボーメ度)}$$

水より輕き液(溫度同上)

$$ボーメ度 = \frac{140-130\times(比重)}{比重} = \frac{140}{(比重)} - 130$$

$$比重 = \frac{140}{130+(ボーメ度)}$$

(4) 液體の比重とトワドル

$$比重 = \frac{\frac{トワドル度}{2} + 100}{100} = \frac{トワドル度}{200} + 1$$

四、食塩の溶液に關する諸表

(1) 鹽汁の比重と食鹽の含有量

溶液百分中の食鹽量%	比重	ボーメ度數	比重
1	1.00725	1	1.0066
2	1.01450	2	1.0133
3	1.02774	3	1.0201
4	1.02899	4	1.0270
5	1.03624	5	1.0340
6	1.04366	6	1.0411
7	1.05108	7	1.0483
8	1.05851	8	1.0556
9	1.06593	9	1.0630
10	1.07335	10	1.0704
11	1.08097	11	1.0780
12	1.08859	12	1.0837
13	1.09622	13	1.0935
14	1.10384	14	1.1014
15	1.11146	15	1.1095
16	1.11938	16	1.1176
17	1.12730	17	1.1259
18	1.13523	18	1.1342
19	1.14315	19	1.1428
20	1.15107	20	1.1515
21	1.15931	21	1.1603
22	1.16755	22	1.1692
23	1.17580	23	1.1783
24	1.18404	24	1.1875
25	1.19228	25	1.1968
26	1.20098	26	1.2063
26.395	1.20433		

(2) ボーメ度を得る爲めに水百分中に加ふべき食鹽量及び其增量

ボーメ度數	水百分中に加ふべき食鹽量	增液量	ボーメ度數	水百分中に加ふべき食鹽量	增液量
1	1.0	0.3	13	14.9	4.8
2	2.0	0.4	14	16.4	5.4
3	3.1	0.9	15	17.7	5.9
4	4.2	1.2	16	20.5	6.9
5	5.3	1.6	17	22.0	7.4
6	6.4	1.9	18	23.5	8.0
7	7.5	2.3	19	25.0	8.6
8	8.7	2.7	20	26.6	9.2
9	9.9	3.1	21	28.2	9.8
10	11.1	3.5	22	29.9	10.6
11	12.4	3.9	23	33.3	11.9
12	13.6	4.4	24	34.9	12.3

上表は純食鹽を用ひたる時の計算である

(3) 水1斗に加ふべき食鹽量(容量にて示す)

ボーメ度	鹽1升270匁のもの	同1升300匁のもの	同1升350匁のもの	同1升400匁のもの	同1升450匁のもの	同1升500匁のもの	同1升550匁のもの	同1升600匁のもの
5	9合3勺	8合4勺	7合2勺	6合3勺	5合5勺	5合	4合6勺	4合2勺
10	1升9合4勺	1升7合7勺	1升5合2勺	1升3合3勺	1升1合3勺	1升7勺	9合7勺	8合9勺
15	3升4勺	2升8合	2升4合	2升1合	1升9合	1升7合	1升5合	1升4合
20	4升7合	4升3合	3升4合	3升2合	2升8合	2升6合	2升3合	2升1合
24	6升2合	5升6合	4升8合	4升2合	3升7合	3升4合	3升1合	2升8合

五、砂糖液の比重示度と砂糖量對照表

ボーリング、ブリックス 示度（度）	比重	ボーメー（度）	水一升に加ふべき砂糖量（匁）	水一立に加ふべき砂糖量（瓦）
1	1.0038	0.55	4.8	10.1
2	0077	1.10	9.7	20.2
3	0117	1.70	14.5	30.3
4	0157	2.20	19.4	40.4
5	0197	2.80	24.2	50.5
6	1.0237	3.30	29.1	60.6
7	0277	3.70	33.9	70.7
8	0318	4.40	38.8	80.8
9	0359	5.00	43.6	90.9
10	0401	5.55	48.5	101.1
11	1.0443	6.10	53.3	111.1
12	0485	6.70	58.2	121.2
13	0527	7.20	63.0	131.3
14	0570	7.80	67.9	141.4
15	0613	8.30	72.7	151.5
16	1.0656	8.90	77.6	161.6
17	0700	9.40	82.4	171.7
18	0744	10.00	87.3	181.8
19	0788	10.50	92.1	191.9
20	0832	11.10	97.0	202.0
21	1.0877	11.60	101.8	212.1
22	0923	12.20	106.7	222.2
23	0968	12.70	111.5	232.3

ボーリング、ブリックス 示度（度）	比　重	ボーメー（度）	水一升に加ふべき砂糖量（匁）	水一立に加ふべき砂糖量（瓦）
24	1014	13.30	116.4	242.4
25	1060	13.80	121.2	252.5
26	1.1107	14.35	126.0	262.6
27	1154	14.90	130.9	272.7
28	1201	15.40	135.7	282.8
29	1248	16.00	140.6	292.9
30	1296	16 50	145.4	303.0
31	1.1344	17.10	150.3	313.1
32	1393	17.60	155.1	323.2
33	1442	18.50	160.0	333.3
34	1491	18.70	164.8	343.4
35	1541	19.20	169,7	353.5
36	1.1591	19.80	174.5	363.6
37	1641	20.30	179.4	373.7
38	1692	20.80	184.2	383.8
39	1743	21.40	189.1	393.9
40	1794	21.90	193.9	404.0
41	1.1846	22.40	198.8	414.1
42	1898	23.00	203.6	424.2
43	1950	23.50	208.5	434.3
44	2003	24.00	213.3	444.4
45	2056	24.60	218.2	454.5
46	1.2110	25.00	223.0	464.6
47	2163	25.60	227.9	474.7

ボーリング、ブリツクス 示度（度）	比重	ボーメ度（度）	水一升に加ふべき砂糖量（匁）	水一升に加ふべき砂糖量（瓦）
48	2218	26.10	232.7	484,8
49	2272	26.70	237.6	494.9
50	2327	27.20	242.4	505.1
51	1.2383	27.70	247.2	515.2
52	2439	28.20	252.1	525.3
53	2495	28.75	256.9	535.4
54	2551	29.30	261.8	545.5
55	2608	29.80	266.6	555.6
56	1.2665	30.30	271.5	565.7
57	2723	30.80	276.3	575.8
58	2781	31.30	281.1	585.9
59	2840	31.85	286.0	576.0
60	2898	32.40	290.9	606.1
61	1.2958	32.90	295.7	616.2
62	3017	33.40	300.6	626.3
63	3077	33.90	305.4	636.4
64	3138	34.40	310.3	646.5
65	3198	34.70	315.1	656.5
66	3260	35.40	320.0	666.7
67	3322	35.90	324.8	676.8
68	3384	36.40	329.7	686.9
69	3446	36.90	334.5	697.0
70	3509	37.40	339.4	707.1

備考　(一)「ボーリング」Balling 及び「ブリックス」Brix の度數は砂糖液中の糖分の百分率を示すものである

(二)「ボーリング」示度は攝氏十五度半、「ブリックス」及び「ボーメー」Baume は十七度半に於ける比重を示すものである。

六、砂糖液比重(「ボーリング」示度)溫度更正表

攝氏	華氏	一〇度	二〇度	三〇度	四〇度	六〇度	七五度
		「ボーリング」示度より減ずべき更正數					
〇	三二	.四一	.六二	.八二	.九八	一.一三	一.二九
五	四一	.三七	.五三	.六五	.七五	.八八	.九四
一〇	五〇	.二九	.三六	.四二	.四九	.五四	.六一
一二.二	五四	.二三	.二六	.三一	.三四	.五〇	.四六
一三.九	五七	.一六	.一八	.二三	.二三	.二六	.三二
一六.一	六一	.〇八	.一〇	.一一	.一二	.一四	.一八
一六.七	六二	.〇三	.〇三	.〇四	.〇四	.〇五	.〇六
		「ボーリング」示度に加ふべき更正數					
一七.八	六四	.〇三	.〇三	.〇三	.〇三	.〇三	.〇三
攝氏	華氏	一〇度	二〇度	三〇度	四〇度	六〇度	七五度
三二.二	九〇	.九八	一.〇三	一.〇八	一.一〇	一.一〇	.九八
三三.九	九三	一.一四	一.二二	一.二四	一.二八	一.二六	一.一七
三六.一	九七	一.三三	一.三八	一.四一	一.四六	一.四三	一.三三
三七.八	一〇〇	一.四九	一.五五	一.五九	一.六四	一.六〇	一.四九
四〇.〇	一〇四	一.六七	一.七三	一.七九	一.八三	一.七八	一.六五
四二.二	一〇八	一.八六	一.九三	一.九九	二.〇〇	一.九六	一.八二
四三.三	一一〇	一.九六	二.〇三	二.〇九	二.一〇	二.〇五	一.八九
四四.五	一一三	二.〇六	二.一三	二.一九	二.二〇	二.一四	一.九七
四六.一	一一五	二.二七	二.三四	二.三九	二.四〇	二.三三	二.三五
四七.二	一一七	二.三八	二.四五	二.四九	二.五〇	二.四一	二.二四

二〇・〇	六八	・〇八	・〇九	・一〇	・一〇	・一〇	・〇六	四八・三	一一九	二・四九	二・五六	二・五九	二・六〇	二・五〇	二・二三
二二・三	七二	・二九	・三一	・三三	・三三	・三三	・二五	四九・五	一二一	二・六〇	二・六七	二・六九	二・七〇	二・六〇	二・四三
二三・九	七五	・四一	・四四	・四六	・四七	・四六	・四〇	五〇・〇	一二二	二・七一	二・七八	二・八〇	二・八〇	二・七〇	二・五二
二六・一	七九	・五四	・五八	・六一	・六二	・六二	・五五	五一・一	一二四	二・八一	二・八九	二・九〇	二・九一	二・八〇	二・六〇
二七・八	八二	・六八	・七二	・七六	・七八	・七八	・七〇	五二・二	一二六	二・九二	三・〇一	三・〇一	三・〇二	二・九〇	二・六九
三〇・〇	八六	・八二	・九二	・九四	・九八	・八八	・八六	五三・三	一二八	三・〇三	三・一二	三・一二	三・一三	三・〇〇	二・七八
五四・五	一二〇	三・一四	三・二二	三・二三	三・二四	三・一〇	二・八七	七〇・〇	一五八	五・一八	五・一四	五・一四	五・〇六	四・三三	四・三五
五五・〇	一二一	三・二六	三・三三	三・三三	三・二九	三・二〇	二・九三	七五・〇	一六七	六・〇〇	五・八四	五・七四	五・六六	五・二七	四・八四
五六・一	一二三	三・三九	三・四四	三・四四	三・四六	三・三〇	三・〇五	八〇・〇	一七六	六・六二	六・五四	六・三〇	六・二六	五・八二	五・三三
五七・二	一二五	三・五三	三・五五	三・五五	三・五七	三・四〇	三・一四	八五・〇	一八五	七・四四	七・三〇	七・一〇	六・九二	六・三九	五・八五
五八・三	一二七	三・六四	三・六六	三・六六	三・六八	三・五〇	三・二三	九〇・〇	一九四	八・二六	八・〇六	七・八五	七・六八	六・五八	六・三七
五九・五	一三九	三・七六	三・七七	三・七七	三・七九	三・六〇	三・三三	九五・〇	二〇三	九・一四	八・八九	八・六一	八・三五	七・五九	六・九〇
六〇・〇	一四〇	三・八二	三・八八	三・八八	三・九〇	三・七〇	三・四二	一〇〇・〇	二一二	一〇・一〇	九・七二	九・三九	九・〇三	八・三三	七・四二
六五・〇	一四九	四・五三	四・五一	三・四九	四・四八	四・二二	三・八八								

備考　右「ボーリング」示度は攝氏十七度半を標準とせるものである。

七、各國度量衡比較表（日、英、佛）

佛　　國

佛　蘭　西	日　本	英　國
ミリメートル、mm. 粍（千分の一メートル）	3厘3毛	0.0394 インチ(吋)
センチメートル、cm. 糎（百分の一メートル）	3寸3分	0.3937 インチ(吋)
メートル m. 米	3尺3寸	3.37 フヒート(呎)
キロメートル、km. 粁	10町10間	0.6214 マイル 哩
デシリツトル、dl. 竕（十分の一リツトル）	5勺5	0.022 ガロン
リ ツ ト ル 立	5合5勺4	0.22 ガロン
グ ラ ム g. 瓦	2分67	15.43 グレイン
キログラム kg. 瓩（千 瓦）	267匁	2.205 ポンド
ト ン	266貫667匁	2204.6 ポンド

日　　本

日　本	英　國	佛　蘭　西
1 寸	1.193 インチ	3.03 センチメートル
1 尺 (10寸)	0.994 フヒート	0.303 メートル
1 間 (6 尺)	1.99 ヤード	1.82 メートル
1 町 (60間)	119.31 ヤード	109.09 メートル
1 里 (36町)	2.44 マイル	3.93 キロメートル
1 勺	1立方インチ101	1.80 センチメートル
1 合 (10勺)	0.315 パイント	0.18 リツトル
1 升 (10合)	0.397 ガロン	1.8 リツトル
1 斗 (10升)	3.97 ガロン	18.04 リツトル
1 石 (10斗)	39.7 ガロン	1.8 ヘクトリツトル

日本	英國	佛蘭西
1 分	5.787 グレイン	0.375 グラム
1 匁 (10分)	57.87 グレイン	3.75 グラム
100 匁	0.827 ポンド	0.375 キログラム
1 斤 (160匁)	1.323 ポンド	0.6 キログラム
1 貫匁 (1000匁)	8.267 ポンド	3.75 キログラム

英國

英國	日本	佛蘭西
1 インチ	8.38 分	25.34 ミリメートル
1 フート (12インチ)	1.005 尺	0.305 メートル
1 ヤード (3フード)	3.015 尺	0.614 メートル
1 チエン (66フート)	11.06 間	20.116 メートル
1 マイル(80チエン)	0.41 里	1.61 キロメートル
1 パイント	3合1勺47	0.568 リツトル
1 ガロン(8パイント)	2升5合1勺7	4.54 リツトル
1 ブシエル(8ガロン)	2斗0升1合4勺	36.328 リツトル
1 ドラム	4分7厘2毛5	1.77 グラム
1 オンス	7匁5分6厘	28.35 グラム
1 ポンド(16オンス)	120匁9分6厘	0.454 キログラム
1 ポンドウエイト (112ポンド)	13貫547匁	50.8 キログラム
1 トン(2240ポンド)	270貫946匁	1016.05 キログラム

匁→グラム換算表

匁		10	20	30	40	50	60	70
0		37.50	75.00	112 50	150.0	187.5	225.0	262.5
1	3.75	41.3	78.8	116.3	153.8	191.3	228.8	266.3
2	7.50	45.0	82.5	120.0	157.5	195.0	232.5	272.0
3	11.25	48.8	86.3	123.8	161.3	198.8	236.3	273.8
4	15.00	52.5	90.0	127.5	165.0	202 5	240.0	277.5
5	18.75	56.3	93.8	131.3	168.8	206 3	243.8	281.3
6	22.50	60.0	97.5	135.0	172.5	210.0	247.5	285.0
7	26.25	63.8	101 3	138.8	176.3	213.8	251.3	288.8
8	30.00	67.5	105.0	142.5	180.8	217.5	255.0	292.5
9	33.75	71.3	108.8	146.3	183.8	221.3	258.8	296.3

	80	90	100	110	120	130	140	150
1	300.0	337.5	375.0	412.5	450.0	487.5	525.0	562.5
2	303.8	341.3	378.8	416.3	453.8	491.3	528.8	566.3
3	307.5	345.0	382.5	420.0	457.5	495.0	532.5	570.0
4	311.3	348.8	386.3	423.8	461.3	498.8	536.3	573.8
5	315.0	352.5	390.0	427.5	465.0	502 5	540.0	577.5
6	318.8	356.3	393.8	431.3	468.8	506.3	543.8	581.3
7	326.3	363.8	401.3	438.8	476 3	513.8	551.3	588.8
8	330.0	367.5	405.0	442.5	480.0	518.5	555.0	592.5
9	333.8	371.3	408.8	446.3	483.8	521.3	558.8	596.3

	160	170	180	190	200	210	220	230
0	600.0	637.5	675.0	712.5	750.0	787.5	825.0	862.5
1	603.8	641.3	678.8	716.3	753.8	791.3	828 8	866 3
2	607.5	645.0	682.5	720.0	757.5	795.0	832.5	870.0
3	611.3	648.8	686.3	723.8	761.3	798.8	836.3	873.8
4	615.0	652.5	690.0	727.5	765.0	802.5	840,4	877.5
5	618.8	656.3	693.8	731.3	768.8	806.3	843.8	881.3
6	622.5	660.0	697.5	735.0	772.5	810.0	847.5	885.0
7	626.3	663.8	701.3	738.8	776.3	813.8	851.3	888.8
8	630.0	667.5	705:0	742.5	780.0	817.5	855.0	892.5
9	633.8	671.3	708.8	746.3	783.8	821.3	858.8	896.3

	240	250	260	270	280	290	300
0	900.9	937.5	975.0	1012.5	1050.0	1087.5	1125.0
1	903.8	941.3	878.8	1016.3	1053.8	1091.3	
2	907.5	945.0	982.5	1020.0	1057.5	1095.0	
3	911.3	948,8	986.3	1023 8	1061.3	1098 8	
4	915.0	952.5	990.0	1027.5	1065.0	1102.5	
5	918.8	956.3	993.8	1031.3	1068.8	1106.3	
6	622.5	960.0	997.5	1035.0	1072.5	1110.0	
7	926.3	963.8	1001.3	1038.8	1076.3	1113.8	
8	930.0	967.5	1005.0	1042.5	1080.0	1117.5	
9	933.8	971.3	1008.8	1046.3	1083.8	1121.3	

グラム→匁換算表

gr.	0	10g.	20g.	30g.	40g.	50g.	60g.	70g.	80g.
0	0	2.67	5.33	8.00	10.67	13.33	16.00	18.67	21.33
1	0.267	2.93	5.60	8.27	10.93	13.60	16.27	18,93	21.60
2	0.533	3.20	5.87	8.53	11.20	13.87	16.53	19.20	21.87
3	0.800	3.47	6.13	8.80	11.47	14.13	16.80	19.47	22.13
4	1.067	3.73	6.40	9.07	11.73	14.40	17.07	19.73	22.40
5	1.333	4.00	6.66	9.33	12.00	14.67	17.33	20.00	22.67
6	1.600	4.27	6.93	9.60	12.27	14.93	17.60	20.27	22.93
7	1.867	4.53	7.20	9.87	12.53	15.20	17.87	20.53	23.20
8	2.133	4.80	7.47	10.13	12.80	15.47	18.13	20.80	23.47
9	2.400	5.07	7.73	10.40	13.07	15.73	18.40	21.07	23.73

	90g	100g	110g	120g	130g	140g	150g	160g	170g
0	24.00	26.67	29.33	32.00	34.67	37.33	40.00	42.67	45.33
1	24.27	26.93	29.60	32.26	34.92	34.60	40.27	42.93	45.60
2	24.53	27.20	29.87	32.52	35.20	37.87	40.53	43.20	45.87
3	24.80	27.46	30.15	32.80	35.47	38.13	40.80	43.47	46.16
4	25.07	27.73	30.40	33.07	35.73	38.40	41.07	43.73	46.40
5	25.33	28.00	30.67	33.33	36.00	38.67	41.33	44.00	46.67
6	25.60	28.27	30.93	33.60	36.27	38.93	41.60	44.27	46.93
7	25.87	28.53	31.20	33.87	36.52	39.20	41.87	44.52	47.20
8	26.13	28.80	31.47	34.13	36.80	39.47	42.13	44.80	47.47
9	26.40	29.07	31.73	34.40	37.07	39.73	42.40	45.07	47.73

	180g	190g	200g	210g	220g	230g	240g	250g	260g
0	48.00	50.67	53.33	56.00	58.67	61.33	64.00	66.67	69.33
1	48.27	50.93	53.60	56.27	58.93	61.60	64.27	66.93	69.60
2	48.53	51.20	53.87	56.53	59.20	61.87	64.53	67.20	69.87
3	48.80	51.47	54.13	56.80	59.47	62.13	64.80	67.47	70.13
4	49.07	51.73	54.40	57.07	59.73	62.40	65.07	67.73	70.40
5	49.33	52.00	54.67	57.33	60.00	62.67	65.33	68.00	70.67
6	49.60	52.27	54.93	57.60	60.27	62.93	65.60	68.27	70.93
7	49.87	52.53	55.20	57.87	60.53	63.20	65.87	68.53	71.20
8	50.13	52.80	55.47	58.13	60.80	63.47	66.13	68.86	71.47
9	50.40	53.07	55.73	58.40	91.07	63.73	66.40	69.07	71.73

	270g	280g	290g	300g	310g	320g	330g	340g	350g
0	72.00	74.67	77.33	80.00	82.67	85.33	88.00	90.67	93.33
1	72.27	74.93	77.60	80.27	82.93	85.60	88.27	90.93	93.60
2	72.53	75.20	77.87	80.52	83.20	85.87	88.53	91.20	93.87
3	72.80	75.47	78.13	80.80	83.47	86.13	88.80	91.47	94.13
4	73.07	75.73	78.40	81.07	83.63	86.40	89.07	91.73	94.40
5	73.33	76.00	78.67	81.33	84.00	86.67	86.33	92.00	94.67
6	73.60	76.20	73.93	81.60	84.27	86.96	89.60	92.27	94.93
7	73.87	76.53	79.20	81.87	84.53	87.20	89.87	92.53	95.20
8	74.13	76.80	79.47	82.13	84.80	87.47	90.13	92.80	95.47
9	74.40	77.07	79,73	82.40	85.07	87.73	90.40	93.07	95.73

グラム→匁換算表

	360g	370g	380g	390g	400g	410g	420g	430g	440g
0	96.00	98.67	101.33	104.00	106.67	109.33	112.00	114.67	117.33
1	96.27	98.93	101.60	104.27	106.93	109.60	112.27	114.93	117.60
2	96.53	99.20	101.87	104.53	107.20	109.87	112.53	115.20	117.87
3	96.80	99.47	102.13	104.80	107.47	110.13	112.80	115.47	118.13
4	97.07	99.73	102.40	105.07	107.73	110.40	113.07	115.73	118.40
5	97.33	100.00	102.67	105.33	108.00	110.67	113.33	116.00	118.67
6	97.60	100.27	102.93	105.60	108.27	110.93	113.60	116.27	118.93
7	97.87	100.53	103.20	105.87	108.53	111.20	113.78	116.53	119.20
8	98.13	100.80	103.47	106.13	108.80	111.47	114.13	116.80	119.47
9	98.40	101.07	103.73	106.40	109.07	111.73	114.40	117.07	110.73

	450g	460g	470g	480g	490g	500g	510g	520g	530g
0	120.0	122.7	125.3	128.0	130.7	133.3	136.0	138.7	141.3
1	120.3	122.9	125.6	128.3	130.9	133.6	136.3	138.9	141.6
2	120.5	123.2	125.9	128.5	131.2	133.9	136.5	139.2	141.9
3	120.8	123.5	126.1	128.8	131.5	134.1	136.8	139.5	142.1
4	121.1	123.7	126.4	129.1	131.7	134.4	137.1	140.7	142.4
5	121.3	124.0	126.7	129.3	132.0	134.7	137.3	140.0	142.6
6	121.6	124.3	126.9	129.6	132.3	134.9	137.6	140.3	142.9
7	121.9	124.5	127.2	129.9	132.5	135.2	137.9	140.5	143.2
8	122.1	124.8	127.5	130.1	132.8	135.5	138.1	140.8	143.5
9	122.4	125.1	127.7	130.4	133,1	135.7	138.4	141.1	143.7

	540g	550g	560g	570g	580g	590g	600g	610g	620g
0	144.0	146.7	149.3	152.0	154.7	157.3	160.0	162.7	165.3
1	144.3	146.9	149.6	152.3	154.9	157.6	160.3	162.9	165.6
2	144.5	147.2	149.9	152.5	155.2	157.9	160.5	163.2	165.9
3	144.8	147.5	150.1	152.8	155.5	158.1	160.8	163.5	166.1
4	145.1	147,7	150.4	153.1	155.7	158.4	161.1	163.7	166.4
5	145.3	148.0	150.7	153.3	156.0	158.7	161.3	164.0	166.7
6	145.6	148.3	150.9	153.6	156.3	158.9	161.6	164.3	166.9
7	145.9	148.5	151.2	153.9	156.5	159,2	161.9	164.5	167.2
8	146.1	148.8	151.5	154.1	156.8	159.5	162.1	164.8	167.5
9	146.4	149.1	151.7	154.4	157.1	159.7	162.4	165.1	167.7

	630g	640g	650g	660g	670g	680g	690g	700g	710g
0	168.0	170.7	173.3	176.0	148.7	181.3	184.0	186.7	189.3
1	168.3	170.9	173.6	176.3	178.9	181.6	184.3	186.9	189.6
2	168.5	171.2	173.9	176.5	179.2	181.9	184.5	187.2	189.9
3	168.8	171.5	174.1	176.8	179.5	182.1	184.8	187.5	190.1
4	169.1	171.7	174.4	177.1	179.7	182.4	185.1	187.7	190.4
5	169.3	172.0	174.7	177.3	180.0	182.7	185.3	188.0	190.7
6	169.6	172.3	174.9	177.6	180.3	182.9	185.6	188.3	190.9
7	169.9	172.5	175.2	177.9	180.5	183.2	185.9	188.5	191.2
8	170.1	172.8	175.5	178.1	180.8	183.5	186.1	188.8	191.5
9	170.4	173.1	175.7	178.4	181.1	183.7	186.4	189.1	191.7

グラム→匁換算表

	720g	730g	740g	750g	760g	770g	780g	790g	800g
0	192.0	194.7	197 3	200.0	202.7	205.3	207.9	210.6	213.3
1	192.3	194.9	197.6	200.3	202.9	205.5	208.2	210.9	213.6
2	192.5	195.2	197.9	200.5	203.2	205.8	208.5	211.2	213.9
3	192.8	195.5	198.1	200.8	203.5	209.1	208.7	211.5	214.1
4	193.1	195.7	198.4	201.1	203.7	206.3	209.0	211.7	214.4
5	193 3	196.0	198.7	201.3	204.0	206.6	209.3	212.0	214.7
6	193.6	196.3	198.9	201.6	204.2	206.9	209.5	212.3	214.9
7	193.9	196.5	199.2	291.9	204.5	207.1	209.8	212.5	215.2
8	194.1	196.8	199.5	202.1	204.7	207.4	210.1	212.8	215.5
9	194.4	197.1	199.7	202.4	205.0	207.7	210.3	213.1	215.7

	810g	820g	830g	840g	850g	860g	870g	880g	890g
0	215.9	213.7	221.3	224.0	226.7	229.3	231.9	234.7	237.3
1	216.3	218.9	221.6	224.3	226.9	229.6	232 3	234.9	237.6
2	216.5	219.2	221.9	224.5	227.2	229.9	232.5	235.2	237.9
3	216.8	219.5	222.1	224.8	227.5	230.1	232.8	235.5	238.1
4	217.1	219.7	222.4	225.1	227.7	230.4	233.1	235.7	238.4
5	217.3	220.0	222.7	225.3	228.0	230,7	233.3	236.0	238.7
6	217.6	220.3	222.9	225.6	228.3	230.9	233.6	236.3	238.9
7	217.6	220.5	223.2	225.9	228 5	231.2	233.9	236.5	239.2
8	218.1	220.8	223.5	229.1	228 8	231.5	234.1	236.8	239.5
9	218.4	221.1	223.7	226.4	229.1	231.7	234.4	237.1	239.7

	900g	910g	920g	930g	940g	950g	960g	970g	980g
0	239.9	242.7	245.3	247.9	250.6	253.3	255.9	258.7	261.3
1	240.3	242.9	245.6	248.3	250.9	253.6	256.2	258.9	261.6
2	240.5	243 2	245.9	248.5	251.2	253.9	256.5	259.2	261.9
3	240.8	243 5	246.1	248.8	251.5	254.1	256.8	259.5	262.1
4	241.1	243.7	246.4	249.1	251.7	254.4	257.1	259.7	292.4
5	241.3	243 9	246.7	249.3	252.0	254.7	257.3	260.0	262.7
6	241.3	244.3	246.9	249.6	252.3	254.9	257.6	260.3	262.9
7	241.9	244.5	247.2	249.8	252.5	255.2	257.6	260.5	263 2
8	242.5	244.8	247.5	250.1	252.8	255.5	258.1	260.8	263 5
9	242.4	2 5.1	247.7	250.4	253.1	255.7	258.4	261.1	263.7

	990g	1000g
0	264.0	266.7
1	264.3	266.9
2	265.3	267.2
3	264.8	267.5
4	265.1	257.7
5	265.3	258.0
6	265.6	258.3
7	265.9	268.5
8	266.1	268.8
9	266.4	269.1

オンス→匁→グラム換算表

1匁 = 3.75g

oz	0匁 = 0g 匁	g	1/2 oz 匁	g	1/3 oz 匁	g	1/4 oz 匁	g	1/5 oz 匁	g	1/6 oz 匁	g
0			3.78	14.2	2.52	9.45	1.89	7.08	1.51	5.66	1.26	4.72
1	7.56	28.4	11.3	42.6	10.0	37.8	9.4	35.5	9.0	34.0	8.8	33.1
2	15.12	56.7	18.9	70.9	17.6	66.1	14,0	63.8	16.6	62.4	16.3	61.1
3	22.68	85.1	26.4	99.2	25.2	94.5	24.5	91.9	24.1	90.4	23.8	89.3
4	30.24	113.4	34.0	127.6	32.7	122.6	32.1	120.0	31.7	118.9	31.5	118.1
5	37.80	141.8	41.5	155.9	40.3	151.1	39.6	148.5	39.3	147.4	39.0	146.3
6	45.36	170.1	49.1	184.2	47.8	179.3	47.2	177.0	46.8	175.5	46.6	174.8
7	52.92	198.5	56.7	212.6	55.4	207.8	54.8	205.5	54.4	204.0	54.1	202.9
8	60.48	226.8	64.2	240.9	63.0	236.3	62.3	233.6	61.9	232.1	61.7	231.4
9	68.04	255.0	71.8	269.3	70.5	264.4	69.9	262.1	69.5	260.6	69.3	259.9
10	75.60	283.5	79.4	297.8	78.1	292.9	77.5	290.6	77.1	289.1	76.9	288.4
11	83.16	311.9	86.9	325.9	85.6	321.0	85.0	318.8	84.6	317.3	84.4	316.5
12	90.72	340.2	94.5	354.4	93.2	349.5	92.6	347.3	92.2	345.8	91.9	344.6
13	98.28	398.6	102.0	382.5	100.8	378.0	100.1	375.4	99.7	373.9	99.5	373.1
14	105.84	396.9	109.6	411.0	108.3	406.1	107.7	403.9	107.3	402.4	107.1	401.6
15	113.40	425.4	117.1	439.1	115.9	434.6	155.2	432.0	114.9	430.9	114.6	429.8
16	120.96	453.6	124.7	467.6	123.5	463.2	122.9	460.9	122.5	459.4	122.2	458.3

殺菌釜の加熱溫度及時間

本邦之部

種類	罐型		殺菌加熱	
	標準稱呼	舊稱呼	溫度	時間
水煮罐詰			(攝氏)C°	分
鮭	平一號	1LB平	115.2	90
〃	平二號	1/2LB平	〃	60
鯖	竪四號	1LB竪	109.9	60—90
鮪	〃	〃	〃	60
鰆	平一號	1LB平	〃	〃
惣田鰹	竪四號	1LB竪	〃	〃
鰮	鰮楕圓一斤	1LBダエン	112.7	〃
鯉	竪四號	1LB竪	109.9	〃
章魚	竪四號	1LB竪	112.7	60
蟹	蟹一斤		109.9	60
〃	蟹半斤		105.3	〃
蝦	平一號	1LB平	109.9	〃
鮑	竪四號	1LB竪	112.7	90
蛤	〃	〃	109.9	60
蜊	竪七號	11オンス	〃	〃
帆立貝	平一號	1LB平	〃	〃

種類	罐型		殺菌加熱	
	標準稱呼	舊稱呼	溫度	時間
			C°	分
北寄貝	〃	〃	109.9	60
カキ	竪四號	1LB竪	〃	〃
綠蠵龜	竪四號	1LB竪	112.7	〃
蒲鉾及ハンペン	竪四號	1LB竪	106.9	80
魚糕	竪二號	3LB竪	〃	90
牛肉	竪四號	1LB竪	112.9	60
胡蘿蔔		3合罐	112.9	90
蕪青		〃	〃	〃
蕃茄	竪四號	1LB竪	〃	10
松茸	竪四號	1LB竪	100	50
グリンピース	〃	〃	113.0	60
筍	竪二號	3LB竪	112.7	20
味付罐詰				
鰆大和煮	竪四號	1LB竪	109.9	60
鰺〃		1/4基	〃	〃
鰹〃	竪四號	1LB竪	〃	〃

種類	罐型		殺菌加熱	
	標準稱呼	舊稱呼	温度	時間
			C°	分
烏賊 大和煮	竪四號	1LB竪	109.9	60
飯章魚 〃	〃	〃	〃	〃
鮪照燒	竪四號	1LB竪	109.9	60
鰆 〃	〃	〃	〃	〃
秋刀魚 〃		1/2基	〃	〃
鰺 〃		1/2=1/4基	〃	〃
鱧 〃		1/2基	〃	〃
鮎甘露煮		角90匁	106.9	60
鰻蒲燒		1/2=1/4基	109.9	60
鰺ロースト		1/2=1/4基	106.9	60
公魚佃煮	竪四號	1LB竪	100	50
鯊 〃	〃	〃	〃	〃
蝦佃煮	竪四號	1LB竪	100	50
糖蝦 〃	〃	〃	〃	〃

種類	罐型		殺菌加熱	
	標準稱呼	舊稱呼	溫度	時間
			C°	分
蛤佃煮	竪四號	1LB竪	100	50
蜊 〃	〃	〃	〃	〃
蛤、蜊スープ	竪四號	1LB竪	109.9	50
綠蠵龜スープ	〃	〃	〃	〃
海苔佃煮		40—60匁罐	100	50
牛肉大和煮	竪四號	1LB竪	109.9	60
牛の舌ロースト	〃	〃	112.7	70
豚大和煮野菜入	〃	〃	109.9	60
鯨大和煮	竪四號	1LB竪	109.9	60
油漬其他味付				
鰮油漬		1/2—1/4基	109.9	90
鮪 〃	ツナ罐		〃	〃
秋刀魚燻製油漬		1/2—1/4基	109.9	60
鰮 〃 〃		1/2—1/4基	〃	〃
鰐酢漬	竪四號	1LB竪	106.9	60
鰊 〃		1/2基	〃	〃
小鯖 〃	竪四號	1LB竪	〃	〃

種類	罐型		殺菌加熱	
	標準稱呼	舊稱呼	溫度	時間
			C°	分
鰮トマトソース漬	鰮楕圓一斤	1LBダエン	112.7	60
鰊 〃		1/2〃	106.9	〃
鰻バターソース漬		1/2—1/4基	109.9	60
果實砂糖漬其他				
巴丹杏砂糖漬	堅四號	1LB堅	100	5—10
水蜜桃 〃	〃	〃	〃	8
梨 〃	〃	〃	〃	5—15
栗 〃	〃	〃	〃	25
鳳梨 〃	〃	〃	〃	10
〃 〃	堅三號	2LB堅	〃	15
鳳梨砂糖漬	堅二號	3LB罐	100	25
林檎 〃	堅四號	1LB堅	〃	10
〃 〃	堅三號	2LB罐	〃	18
蜜柑 〃	堅五號	ミルク罐	〃	20
葡萄ジヤム	堅五號	ミルク罐	100	15
無花果 〃	〃	〃	〃	15
苺 〃	〃	〃	〃	〃
マーマレード	〃	〃	〃	〃

米 國 之 部

種　　類	殺菌溫度 C°	殺菌時間（分） No.1Can	No.2Can	No.2 1/2Can	No.10 Can
果實罐詰		11オンス罐	二斤罐	三斤罐	六斤罐
林檎 Apple, solid pack	100		4	5	10
〃 〃 cut	〃		6	8	20
〃 〃 whole	〃			10	20
〃 バター 〃 butter	〃	4	4	5	
〃 ソース 〃 sauce	〃	4	5	6	12
〃 サイダー 〃 cider	71.1		30	30	30
杏 Apricots, firm	100	6	8	8—12	12—16
〃 〃 ripe	〃			12	18
〃 〃 pie	〃				30
黑莓 Black berries	〃	6	6	10	16
櫻桃 Cherries, not pitted	〃	8	8	10	16
青莓 Blue berries	〃		5	7	12
ツルコケモモ Cran berries	〃			7	15
〃 ソース 〃 sauce	〃		5	7	15
無花果 Fig, southern	〃	10	12	15	35
〃 〃 calmyra	〃	60	70	85	120
〃 〃 salad	〃		10	12	20
スグリ Gooseberries	〃			10	20
葡萄 Grapefruits	82.2		10		

種　　類		殺菌溫度 C°	殺　菌　時　間(分)			
			No.1Can	No.2Can	No.2 1/2Can	No.10 Can
			11オンス罐	二斤罐	三斤罐	六斤罐
〃　〃	Eastern	100		10	12	
〃　〃	Mascot	〃		12	14	
〃	〃	〃		10	10—14	
ローガンベリー	Loganberries	〃	6	6	8	18
オリーブ	Olives	99.0		40	40	40
桃	Peach, firm	100	8	12	12—20	15—30
〃	〃 ripe	〃	6	8	10	15—20
〃 パイ	〃 pie	〃				30—40
梨	Pears	〃		8	10—20	15—25
パイン	Pineapple, sliced	〃		15	15	20
〃	〃 Crushed	〃		18	20	30
梅	Plums	〃			8—15	20
乾　梅	Prumes in syrop	〃	20	30	45	60
キイチゴ	Raspberries	〃	6	6	5—8	6—12
草　苺	Strawberries	〃		8	10	18
野　菜　罐　詰						
キクイモ	Artichokes	115.5			25	35
アスパラガス	Asparagus	〃		12—20	12—25	
莢　豆	Beans, green	〃		25	30	40
〃	〃 wax	〃		20	25	30
〃	〃 lima	〃		30	40	
〃	〃 navy	〃		120	150	

種類	殺菌温度 C°	殺菌時間(分) No.1Can	No.2Can	No.2 1/2Can	No.10 Can
〃 〃 Red kindy	〃		75	90	
甜菜 Beets	〃		40	40	60
セロリー Celery	〃		20	25	
コーン Maryland style	118.3			50	90
〃 Cream 〃	〃	75			
タンポポ Dandelion green	〃		50		
松茸 Mushrooms	110.0	25	35		
ピース Peas	115.5			40	
南京 Pumpkin	118.3			95	180
大黄 Rhubarb	100.0			10	15
サウエルクラフト Sauerkraut	〃			40	
ホーレンサウ Spinach	118.3			50	90
スカツシ Squash	115.5			80	95
トマトウ Tomatoes	100.0		30	50	70
〃 パルプ 〃 Pulp	〃	12	15	20	30
蕪菁 Turnip	115.5		70		
魚介類罐詰					
鮭 Salmon	115.5—120.0	90			
鮪 Tuna	115.5	70			
鰮 Sardines 1/4	100.0	60			
〃 〃 1/2	〃	90			

種類	殺菌溫度 C°	殺菌時間(分)			
		No.1Can	No.2C n	No.2 1/2Can	No.10 Can
〃 〃 3/4	〃	120			
〃 ダエン 〃 Oval	104.4	150			
鰊 卵 Herring roe	115.5		60		
蟹 Crab	115.5	60	70		
ロブスター Lobster	〃	120			
蝦 Shrimp wet	〃	11	16		
〃 〃 dry	〃	60	75		
蛤 Clams	115.5	5	20		
〃 〃 razor	〃	90			
牡 蠣 Oysters	〃	12	15		

獨乙之部

種　類		罐ノ種類	殺菌加熱 溫度	殺菌加熱 時間
海産動物罐詰		Kg	C°	分
鰮	Sardinen	3/1	108	35
鰊	Herringe	1	115	30
〃	〃	1/2	〃	20
鰊酢漬	Herringe mariniert	—	—	—
鰊フライ	Bratherringe	1	105	20
鰊燻製	Bücklinge	4	115	45
〃	〃	2	〃	35
〃	〃	1	〃	30
〃	〃	1/2	〃	25
〃	〃	1/4	〃	20
〃 油入	Bücklinge in Ol	2	〃	40
〃	〃	1	〃	35
〃	〃	1/2	〃	30
アンチヨビーペースト	Anchovipaste	1/4	105	30
鯖燻製	Makrelen geräuchert	1	117	35
〃	〃	1/2	〃	30
〃	〃	1/4	〃	25
〃 ロースト 〃	〃 gerostete	1	〃	30
〃	〃	1/2	〃	25

種　　　類		罐ノ種類	殺菌加熱	
			溫　度	時　間
		Kg	C	分
〃	〃	1/4	115	25
鰈バター馬鈴薯入	Heilbutt" in Butter mit Kartoffeln	1/2	115	75
〃	〃	1/4	〃	50
鰈フライ	Heilbutt in Ol gebraten	1/2	105	60
〃	〃	1/4	〃	40
比目魚フライソース入	Schollen gebraten in Essigsauce	2	115	35
〃	〃	1	〃	25
〃	〃	1/2	〃	20
比目魚燻製油漬	Schollen gersucherte in Ol	2	117	40
〃	〃	1	〃	30
〃	〃	1/2	〃	25
スプロツト油漬燻製	Sprotten in Ol geräuchert	1/2	115	35
〃	〃	1/4	〃	30
スプロツト燻乾	Sprotten geräuchert(trocken)	1/2	115	20
〃	〃	1/4	〃	15
スプロツト酢漬	Sprotten mariniert	1/2	〃	30
〃	〃	1/4	〃	25
ウミザリガニマイヨネーズ入	Hummer mayonnaise	1/4	100	10
〃	〃	1/2	100	15
ウミザリガニ	Humnern	2	117	30

種　　　　類		罐ノ種類	殺菌加熱	
			溫　度	時　間
		Kg	C°	分
〃	〃	1	117	25
〃	〃	1/2	115	〃
〃	〃	1/4	〃	20
蟹	Krabben	1	〃	
〃	〃	—	〃	30
〃	〃	1/2	114	
蟹ノ袴	Krebsschwänze in Gläsern	壜1/4	100	40
〃	〃	〃1/2	〃	60
獸鳥肉罐詰				
炙肉	Rost braten	1	117	90
〃	〃	1/2	〃	60
ビーフテーキ	Beefsteak	1	116	85
〃	〃	1/2	〃	55
〃	Filet Beefsteak	1	112	85
コンビーフ	Corned beef	3	119—120	150
〃	〃	1	〃	75
〃	〃	1/2	〃	60
牛肉水煮	Boiled beef	1/5	116	45
牛肉のシチュー	Gulasch von Rind fleisch	1	115	90
〃	〃	1/2	〃	60
牛舌のシチュー	Zungenragout	1/2	〃	60

種	類	罐ノ種類	殺菌加熱	
			温度	時間
		Kg	C°	分
〃	〃	1/4	〃	45
牛肉屑	Rinderfleck	1/2	118	60
〃	〃	1	〃	90
屑 肉	Wienerschnitzel	1/2	111—112	60
〃	〃	1/4	〃	45
牛舌ゼラチン入	Ochsenzunge in Gelee	1200—1400 g	117	100
犢のカツレツ	Kalbskoteletten	1/2	111—112	60
〃	〃	1/4	〃	45
犢のシチユー	Gulasch von Kolbfleisch	1/2	113	60
〃	〃	1/4	〃	45
コーンポーク	Corned pork	3	116	120
〃	〃	1	〃	60
豚炙肉	Schweinsbraten	1/2	113—114	55
〃	〃	1/4	〃	40
豚のカツレツ	Schweins-koteletten	1/2	〃	55
〃	〃	1/4	〃	40
鹽 豚	Schinken	2 1/2	90—100	140
〃	〃	3	〃	150
〃	〃	4	〃	165
〃	〃	5	〃	180

種　類		罐ノ種類	殺菌加熱	
			溫　度	時　間
		Kg	C°	分
豚脚ジエリー入	Eisbein in Aspik	1	115	90
〃	〃	1/2	〃	60
羊肉水煮	Boiled mutton	3	119—120	150
〃	〃	1	〃	75
閹羊炙肉	Hammel braten	1/2	117	60
〃	〃	1/4	〃	45
閹羊のカツレツ	Hammel koteletten	1/2	〃	60
〃	〃	1/4	〃	45
羚羊炙肉	Hirschbraten	1	118	75
兎炙肉	Hasenbraten	1	118	70
〃	〃	1/2	〃	55
鹿肉炙肉	Rehbraten	1	115	70
〃	〃	1/2	〃	55
猪炙肉	Wildschweinbraten	1	119—120	75
獸肉ゼリー	Ragouts von Wildfleisch	1	117	75
〃	〃	1/2	〃	60
〃	〃	1/4	〃	45
肝臓ペースト	Leberpastete	1/4	110	60

種	類	罐ノ種類	殺菌加熱	
			温度	時間
		Kg	C°	分
〃	〃	1/8	〃	45
肉汁	Boullon u. Suppen	1	111—112	70
〃	〃	1/2	〃	55
スープ	Boullon mit Gemüse u. Fleisch	3	113—114	110
〃	〃	2	〃	90
〃	〃	1	〃	75
〃	〃	1/2	〃	60
鶏の切肉	Huhn zerlegt	1	114	75
〃	〃	1/2	〃	60
鶏ゼリー入	Huhn in Aspik	1/2	111—112	60
鶏肉ライス	Huhn mit Reis	1	114	75
〃	〃	1/2	〃	60
鶏雛(全形)	Küken ganz	1	113	55
去勢鶏切肉	Kapaune zerlegt	1	114	75
〃	〃	1/2	〃	60
鳩(全形)	Taube ganz	1/2	113	55
鵞 切肉)	Gans zerlegt	1	115	75
〃	〃	1/2	〃	60
〃ゼリー入	〃 in Aspik	1/2	111—112	60
〃 大腿肉	Cansekeule	1	115—116	80

種　　類		罐ノ種類	殺菌加熱	
			溫　度	時　間
		Kg	C°	分
鵞	Gänseklein	1	114—115	75
〃	〃	1/2	〃	60
鴨切肉	Ente zerlegt	1	115—	75
〃	〃	1/2	〃	60
〃 ゼリー入	〃 in Aspik	1/2	111—112	60
鹿鵠切肉	Rebhuhn ganz	1/2	115	55
雉	Fasan, zerlegt	1	〃	70
〃	〃	1/2	〃	55
七面鳥切肉	Truthühner zerlegt	1	114	75
〃	〃	1/2	〃	60
松　鶏(全形)	Schneehuhn ganz	1	115	60
野　鴨(全形)	Wildente ganz	1 1/2—2	116	80
鳥のシチュー	Geflügelragout	1/2	114	55
野　菜　罐　詰				
蕪　菁	Mohrrüben	1/2	118	10
〃	〃	1	〃	15
〃	〃	2	〃	20
赤蕃菜	Rotekohl	1/2	〃	10
〃	〃	1	〃	15
〃	〃	2	〃	20
赤蕪菜	Rotkohl	1/2	〃	10

種	類	罐ノ種類	殺菌加熱 溫度	殺菌加熱 時間
		Kg	C°	分
〃	〃	1	〃	15
〃	〃	2	〃	20
ローゼンコール	Rosenkohl	1/2	〃	10
〃	〃	1	〃	15
〃	〃	2	〃	20
オランダミツバ	Sellerie	1/2	〃	10
〃	〃	1	〃	15
〃	〃	2	〃	20
ホーレンソウ	Spinat	1/2	121	20
〃	〃	1	〃	30
〃	〃	2	〃	40
青　菜	Grunkohl	1/2	〃	20
〃	〃	1	〃	30
〃	〃	2	〃	40
胡蘿蔔	Korotten	1/2	118	10
〃	〃	1	〃	15
〃	〃	2	〃	20
キヤベツ	Kohlrabi	1/2	〃	10
〃	〃	1	〃	15
〃	〃	2	〃	20
ザウエルクラウト	Sauerkraut	1/2	121	20

種	類	罐ノ種類	殺菌加熱 溫度	殺菌加熱 時間
		Kg	C°	分
〃	〃	1	〃	30
〃	〃	2	〃	40
アスパラガス	Spargel	1/2	115	7.5
〃	〃	1	〃	10
〃	〃	2	〃	12.5
花甘藍	Blumenkohl	1/2	115	7.5
〃	〃	1	〃	10.0
〃	〃	2	〃	12.5
薢ノ根	Art scho kenboden	1/2	〃	7.5
〃	〃	1	〃	10.0
〃	〃	2	〃	12.5
混合野菜	Gemischtes Gemüse	1/2	〃	10
〃	〃	1	〃	15
〃	〃	2	〃	20
白甘藍	Weisskohl	1/2	118	10
〃	〃	1	〃	15
〃	〃	2	〃	20
縮緬甘藍	Wirsingshohl	1/2	〃	10
〃	〃	1	〃	15
〃	〃	2	〃	20

種　　　類		罐ノ種類	殺菌加熱	
			溫度	時間
		Kg	C°	分
豌豆	Erbsen sein 6-7mm Siebung	1/2	115	7 5
〃	〃	1	〃	10.0
〃	〃	2	〃	12.5
〃	Erbsen grob 7.5mm. u daruber Siebung.	1/2	118	10
〃	〃	1	〃	15
〃	〃	2	〃	20
豆	Bohnen, grüne Wachs-Flageolets	1/2	〃	10
〃	〃	1	〃	15
〃	〃	2	〃	20
〃	Bohnen Prinzess	1/2	115	7.5
〃	〃	1	〃	10.0
〃	〃	2	〃	12 5
トマトウ	Tomaten	1/2	118	10
〃	〃	1	〃	15
〃	〃	2	〃	20
トマトパルプ(稀)	Tomaten Mark dünn	1/2	118	10
〃	〃	1	〃	15
〃	〃	2	〃	20
〃　濃	〃　〃　dick	1/2	121	20
〃　〃	〃	1	〃	30

種類		罐ノ種類	殺菌加熱	
			温度	時間
		Kg	C°	分
〃	〃　〃	2	〃	40
茸類罐詰				
ハラタケ	Champignons	1/2	118	10
〃	〃	1	〃	15
〃	〃	2	〃	20
アミガサクケ	Morcheln	1/2	〃	10
〃	〃	1	〃	15
〃	〃	2	〃	20
シヒクケ	Pf fferling	1/2	〃	10
〃	〃	1	〃	15
〃	〃	2	〃	20
アソクケ	Steinpilze	1/2	〃	10
〃	〃	1	〃	15
〃	〃	2	〃	20

罐詰の製造期並に主要製造地

本邦に於ける主要罐詰製造期間並に主産地

水産物罐詰

種類	製造時期 産地	初期	終期	盛期	主産地
紅鮭	カムサッカ	六月中旬	八月中旬	七月上旬	カムサッカ、沿海州
銀鮭	〃	八月上旬	九月中旬	八月下旬	カムサッカ、沿海州
鮭	〃	七月上旬	八月下旬	七月下旬	カムサッカ、沿海州
鱒	〃	七月上旬	八月下旬	七月下旬	カムサッカ、沿海州 樺太、北海道、青森
蟹	カムサッカ陸上	四月末日	八月下旬	六七月中	カムサッカ、北千島
	〃工船	四月下旬	八月中旬		
	根室	三月一日	六月中旬		根室、千島、樺太
	樺太	二月末日	六月下旬		
鮪油漬	太平洋岸	十二月	九月	六七八月	静岡、宮城、神奈川、千葉

蝦	根室	七月一日 十月上旬	八月下旬 十二月末	七月下旬	根室
蛤水煮	千葉	三月下旬 九月下旬	七月上旬 十月下旬		千葉
蜊水煮	千葉 有明灣	三月上旬 九月下旬 二月上旬 八月下旬	六月中旬 十月下旬 四月下旬 九月下旬		千葉、福岡、佐賀
北寄貝水煮	根室	四月一日 九月初旬	六月十五日 十一月下旬	五月中	根室、青森、千葉、朝鮮
帆立貝柱水煮	根室	七月一日	十一月下旬	七月末	根室
鮑水煮	茨城 宮城 朝鮮	五月一日 十一月 五月上旬	十一月卅日 一月 九月下旬	五六七月 七八月	宮城、青森、千葉、朝鮮

鰮罐詰	長崎	十二月初旬	二月下旬		長崎、島根、京都、山口 千葉、朝鮮
蠑螺味付		六月下旬	九月上旬	七八月	三重、静岡、岡山、島根 愛媛、徳島、長崎、大分 朝鮮

畜産物罐詰

種類	製造時期				主産地
	産地	初期	終期	盛期	
牛肉製品		週	年		廣島、愛媛
豚肉製品		主として	冬期		神奈川、長崎、香川、大阪
煉乳		週	年		北海道、静岡、兵庫

農産物罐詰

種類	製造時期 産地	製造時期 初期	製造時期 終期	製造時期 盛期	主産地
松茸	京阪地方	十月初旬	十一月初旬	十月中旬	大阪、廣島、岡山、京都、兵庫、香川、島根
占地	京阪地方	十月中旬	十一月中旬	十月下旬	京阪地方
なめこ	山形	十月下旬	十一月下旬	十一月中旬	山形、福島
筍	京阪地方	四月初旬	五月下旬	四月末	大阪、京都、德島、香川、島根、滋賀、兵庫、奈良、岡山、熊本、愛媛、廣島、和歌山、福岡
グリンピース	京阪地方	五月初旬	七月初旬	六月初旬	大阪、京都、滋賀、岡山、奈良
アスパラガス	北海道	四月中旬	六月下旬		北海道

鳳梨	臺灣	四月上旬 六月初旬 十一月初旬	四月下旬 八月下旬 一月中旬	七月中旬	臺灣中部、南部
枇杷	千葉	六月中旬	七月中旬	六月下旬	千葉、廣島、兵庫、長崎
桃	東京 廣島	八月上旬 七月下旬	九月上旬 八月中旬	八月中旬 八月上旬	新潟、長野、山形、廣島 千葉、東京
櫻桃	福島	六月上旬	七月上旬	六月二十日	山形、福島
梨	山形	九月中旬	十一月初旬		山形、岡山、廣島、東京
栗	京阪地方	九月初旬	十月下旬	十月中旬	大阪、廣島、京都
無花果	新潟	八月中旬	十一月初旬	九月中	新潟、三重
杏	長野	六月中旬	七月下旬		長野、山形

密柑	廣島	十二月中旬	三月下旬		廣島、大阪、岡山
かりん まるめろ	山形	十月中旬	十一月下旬	十一月中旬	青森、秋田、山形、長野
苺	東京	五月初旬	六月中旬	六月上旬	兵庫、長野、大阪、東京
トマト	愛知 埼玉	七月中旬 八月上旬	九月上旬 十月上旬	八月上中旬 八月下旬より九月上旬	愛知、埼玉
福神漬		週	年		東京、廣島、愛知

海外に於ける重なる罐詰の產地

魚貝類罐詰

種類	主產地	備考
鮭鱒	アラスカ○ブリチッシユ○コロンビヤ○コロンビヤ川○ピウジエットサウンド○ノーサンワシントンコースト○ウルラバハーバー○オレゴン○北カリホルニヤ○	コロンビヤ川の漁期五月初旬より八月下旬
鰮　油漬 トマト漬	米國カリホルニヤ州○メイン州○マサチユウセッツ州○諾威○佛蘭西○西班牙○葡萄牙	
鮪　油漬	米國カリホルニヤ	
蝦	米國ルイヂアナ州より北カロライナ州に至る東南部海岸地方	ニユーオルレアンス盛期十一月禁漁十二月一日より二月十五日迄

ロブスター	加奈陀。ニユーフアウンドランド州	加奈陀の禁漁期六月三十日より一月十四日迄
貝類 レザークラム	ワシントン州。オレゴン州。アラスカ。	
ハードクラム	フロリダ州。ワシントン州。	
ソフトクラム	マサチユウセッツ州。	

果實、蔬菜罐詰

種類	主産地	備考
鳳梨	布哇。海峽殖民地。	布哇盛期六七月 新嘉坡三月より七月迄
梨	米國カリホルニヤ州。ワシントン州。加奈陀。濠洲。	カリホルニヤの盛期八月初旬より九月初旬
桃	米國カリホルニヤ州。濠州 南阿弗利加	カリホルニヤの盛期八月初旬より九月中旬

杏	カリホルニヤ州○加奈陀○濠洲○南亜弗利加	
ラズベリー	米國○加奈陀	
トマト	米國○伊太利	
コーン	米國ミシガン湖附近の諸州○ウタア○カリホルニヤ州○	

肉製品（主として牛肉罐詰）

肉製品	米國○アルゼンチン○加奈陀○ニユージーランド○ブラジル○ウルガイ	

鮪鰮罐詰製造時期（加州）

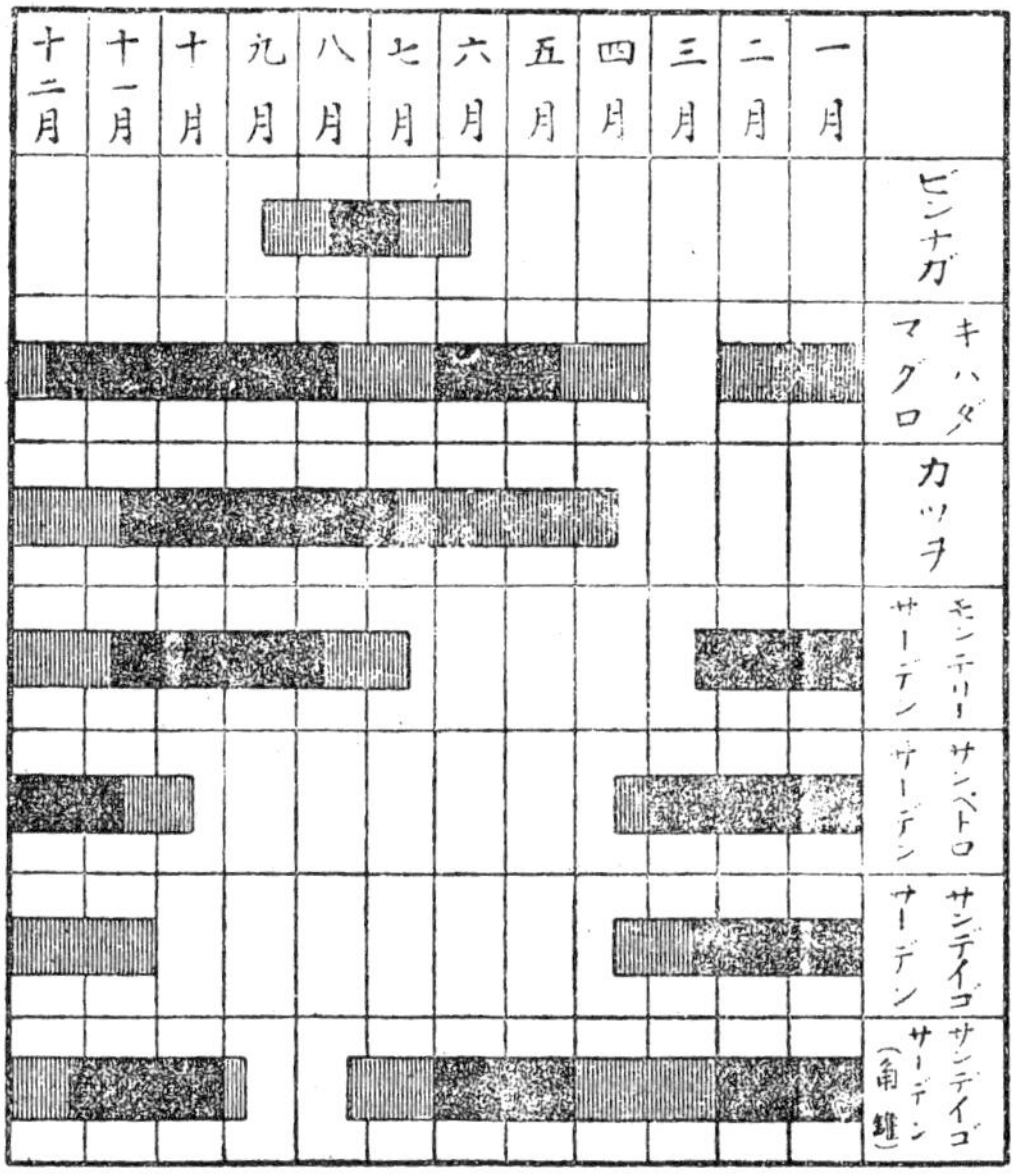

▓は盛期

オレゴン及ワシントン州に於ける果實野菜罐詰製造時期

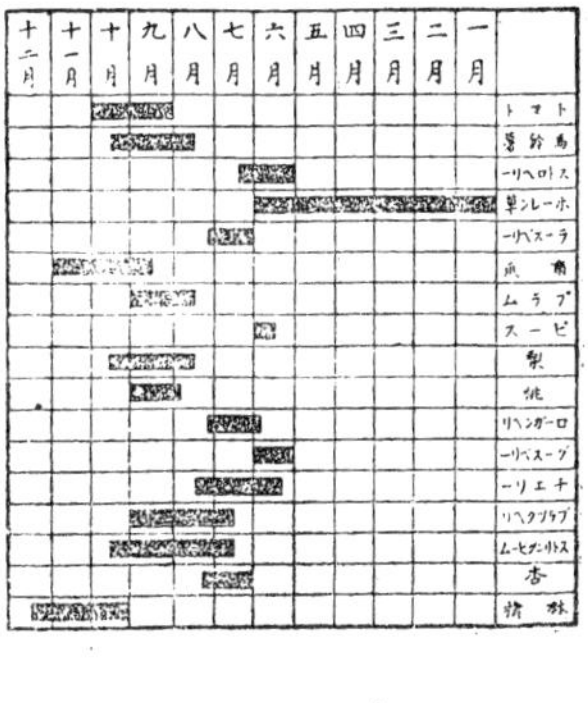

米國加州に於ける果實野菜罐詰製造時期

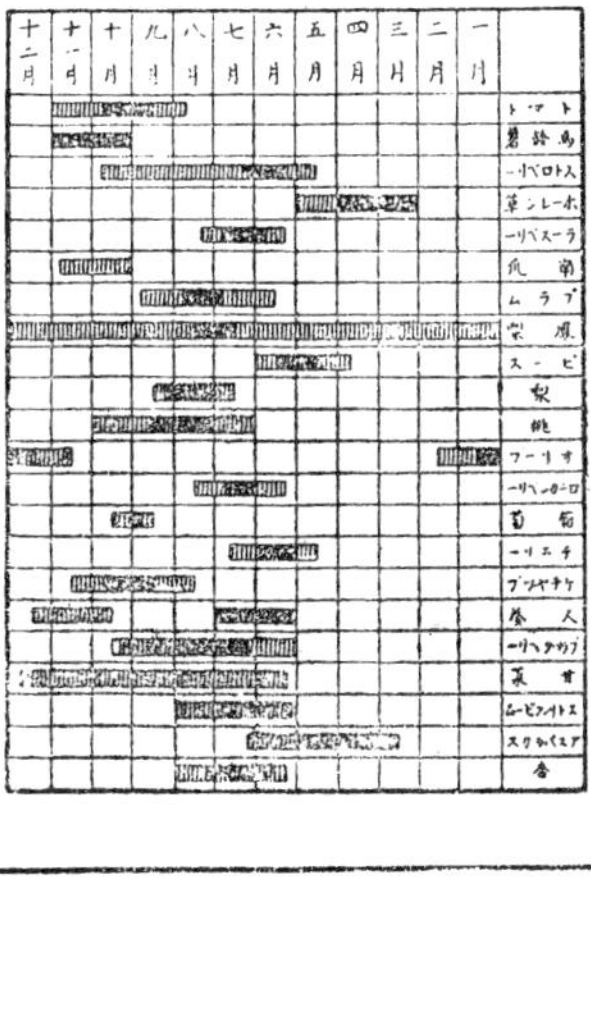

▓は最も盛なる時期

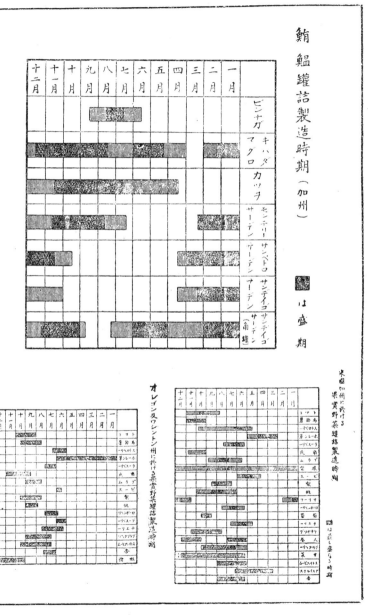

鉽力板の種類

（1）鍍錫量に依る種類

種類	英國品	米國品
1. コークス	（1）コークス……ベースボックス一函に對し 1.5——2封度鍍錫 （2）ベストコークス ↓順次錫量を増す↓	（鉽力板百封度に對する錫量） （1）アメリカンコークス……………… 1.5——2.0封度 （2）アメリカンベストコークス…………… 2.3——2.5〃 （3）アメリカンキヤンナース スペシアルコークス………… 2.5——2.75〃
2. チヤコール	（3）コンモンチヤコール （4）チヤーコール	（4）アメリカンAチヤコール……………………3.0〃 （5）〃 AA 〃 ……………………3.5〃 （6）〃 AAA 〃 ……………………4.0〃 （7）〃 AAAA 〃 ……………………5.0〃 （8）〃 AAAAA 〃 ……………………6.0〃 （9）〃 プレミアチヤコール……………………7.0〃

（2）選別に依る種類

種類	英國品	米國品
一等品	プライムス	プライムス
汚點又は傷あるもの	ウエスター	セコンド（ウエスタース）
大なる傷あるもの	ウエストウエスト	メンダース（ウエストウエスト）
不選別	アンアソーテッド	アンアソーテッド

（3） 製造法に依る種類

性質用途	英國名	米國品
柔軟 蓋底	スタンピングステイール	オープンハウスステイール
柔軟 同		スペシアルニールド ベツセマーステイール
堅剛 胴	シーメンスマルチンステイール	ベツセマーステイール

（4） 厚さ又は重量に依る種類

ベースボツクス一函の重量	英國商號		厚さ	米國商號	厚さ
封度	B.G.		吋	U.S.S	吋
55	35.7	C10L	——	38.0	0.00625
60	35.0	C9L	0.005	——	——
65	34.2	C8L	——	36.0	0.00703
70	33.7	C7L	——	35.0	0.00781
75	33.0	C6L	0.008	34.0	0.00859
80	32.5	C5L	——	33.0	0.00937
85	32.0	C4L	0.009	32.0	0.01015
90	31.5	CLLL	——	31.5	0.01054
95	31.0	CLL	0.010	31.0	0.01093

100	30.6	CL	—	30.5		0.01171
107	—		—	30.0	I.C.	0.01250
108	30.0	I.C.	0.012	—		—
135	—		—	28.0	I.X.	0.01562
136	28	I.X.	0.014	—		—
155	—		—	27.0	I.X.X.	0.01718
156	26.8	I.X.X	—	—		—
175	25.8	I.X.X.X	—	25.5	IXXX	0.02026
195	—		—	25.0	IXXX	0.02187
196	24.8	IXXXX	—	—		—

半田鑞及媒溶劑

（1）罐詰用半田鑞配合割合

錫 1 ： 鉛 1

（飲食物用器具取締規則第三條に依り罐詰用空罐に在りては百分中鉛五十分以上を含む合金を使用することを得ず）

（2）半田鑞溶融溫度

割合	鉛	1	1	1	1	1	0	2	3
	錫	0	3	2	1.5	1	1	1	1
溶融點	F	588.6	356	340	334	370	449.6	441	482
	C	327	180	171	168	188	232	227	250

眞空度と罐詰との關係

（1）上部空隙と眞空度

一封度竪罐の52°Fに於て 8吋の眞空度を有せる罐の上部空隙と眞空度の零となる溫度（但し罐は剛體と假定す）

上部空隙	$\frac{1}{16}$″	$\frac{2}{16}$″	$\frac{3}{16}$″	$\frac{4}{16}$″	$\frac{5}{16}$″	$\frac{6}{16}$″
眞空度零となる溫度	80°F	93°F	101°F	107°F	111°F	114°F

（2）溫度と眞空度

（438瓦の蒸餾水が72°Fに於て一封度竪罐が¼吋の上部空隙を有する場合の理論數）

溫度（F）	各溫度に於ける密封罐內の眞空度（吋）又は壓力（封度）						
42	1.9	3.0	4.3	5.8	7.3	9.0	10.8
52	1.0	2.2	3.6	5.0	9.7	8.4	10.2
62	0	1.2	2.6	4.1	5.7	7.6	9.5
72	0.6	0	1.4	3.0	4.7	6.6	8.5
82	1.4	0.75	0	1.6	3.3	5.3	7.4
92	2.3	1.6	0.9	0	1.8	3.9	6.0
102	3.4	2.7	1.9	1.0	0	2.1	4.3
112	4.8	4.0	3.1	2.1	1.1	0	2.4
122	6.3	5.5	4.5	3.5	2.4	1.3	0

例……罐內の溫度42°Fの時眞空度1.9吋ありし罐詰は、溫度が62°Fに昇れば眞空度零となり、92°Fに昇れば2.3封度の壓力を有するに至る。

（3）土地の高さと真空度との關係

高さ	氣壓	眞空度の減少	高さ	氣壓	眞空度の減少
0 呎	29.90 吋	0.00 吋	5.503 呎	24.42 吋	5.48 吋
100	29.79	0.11	5.997	23.98	5.92
302	29.57	0.33	6.500	23.54	6.36
505	29.35	0.55	7.001	23.11	6.79
803	29.03	0.87	7.500	22.69	7.21
1.000	28.82	1.08	7.995	22.28	7.62
1.504	28.29	1.61	8.500	21.87	8.03
1.999	27.78	2.12	9.002	21.47	8.43
2.502	27.27	2.63	9.500	21.08	8.82
3.005	26.77	3.13	10.008	20.69	9.21
3.497	26.29	3.61	10.998	19.95	9.95
3.998	25.81	4.09	11.997	19.23	10.67
4.498	25.34	4.56	15.00	17.22	12.68
4.995	24.88	5.02			

罐詰並壜詰の成分及榮養價

品名	水分 %	蛋白質 %	脂肪 %	含水炭素 %	無機質 %	カロリー 瓦	匁
牛肉(陸軍)	60.76	22.29	4.86	8.45	3.62	1.71	6.41
牛肉大和煮	62.77	18.52	9.57	——	4.56	1.65	6.19
コンドビーフ	62.55	31.49	3.89	——	2.90	1.65	6.19
ボイルドビーフ	66.21	28.12	3.15	——	2.53	1.45	5.44
羊舌	47.60	23.70	22.80	——	3.60	3.17	11.89
兎肉	58.26	34.44	0.53	——	1.86	1.47	5.51
鯨肉大和煮	56.01	34.06	5.78	——	4.50	1.93	7.24
鮭	66.80	24.52	3.70	——	2.45	1.35	5.06
鱒	67.15	28.63	2.25	——	1.57	1.38	5.18
鰤	67.38	25.03	6.13	——	1.70	1.59	5.96
鰮	52.30	22.30	18.70	——	4.20	2.65	9.94
鯖	69.94	24.47	4.28	——	1.50	1.40	5.25
鮃田麩	59.55	25.11	2.22	——	4.90	1.05	3.94
鮪	22.70	21.50	4.10	——	1.70	1.24	4.65
鮒	41.59	23.12	13.29	——	8.73	2.18	8.18
鮎	49.27	38,13	8.63	——	3.95	2.37	8.89
鮑	87.33	10.24	0.48	——	1.16	0.46	1.73
牡蠣	83.40	8.50	2.30	3.90	1.10	0.72	2.70
蠑螺	69.35	22.70	1.36	——	5.22	1.06	3.98
帆立貝	76.19	20.75	0.72	——	7.99	0.92	3.45
雲丹	41.95	29.21	8.70	——	20.14	2.01	7.54
キャビヤ	47.96	29.34	13.98	——	7.42	2.60	9.75
いくら	70.91	21.86	4.06	——	2.94	1.27	4.76
蒲鉾	63.57	18.85	0.08	9.67	2.83	1.18	4.43
蟹	79.00	19.44	0.30	——	2.21	0.82	3.08
蜂の子	42.67	20.25	7.86	19.53	9.50	2.36	8.85
スープ(牛)	96.30	2.25	0.07	——	0.77	0.10	0.38
同(鷄)	97.15	1.62	0.11	——	0.50	0.08	0.30
同(鼈)	97.60	0.76	0.21	——	0.13	0.05	0,19
龜肉	37.66	28.48	4.27	——	4.28	1.57	5.89
鼈肉	72.37	26.65	0.29	——	0.71	1.12	4.20
鯛ボール	75.98	9.98	1.72	——	1.43	0.57	2.13
杏	71.60	0.66	——	糖分 21.93 其他 3.52	0.92	1.07	4.01
まるめろ	72.90	——	——	〃 19.07 〃 5.14	2.31	0.99	3.71
青豌豆	80.98	5.43	0.48	9.99	3.24	0.68	2.55
筍	93.33	1.92	0.34	2.99	1.42	0.23	0.86
松茸	92.20	1.30	0.02	3.80	2.38	0,21	0.79
なめこ	95.23	1.50	0.09	1.93	0.72	0.16	0,60

ブリキ戻稅請求手續

手續……罐詰の輸出手續を爲すに際し、罐詰の輸出免狀にブリキ輸入免狀及製罐會社の製罐證明書を添附して提出すれば、稅關は輸出檢査の際一、二罐開罐してブリキの目方を秤量し、ブリキ輸入免狀及製罐證明書面記載のブリキの目方と一致する時は檢査濟の證をなして輸出免狀と共にブリキ輸入免狀及製罐證明書を戻して來る。

次に左記稅關規定の戻稅請求書に所要の事項及金高を計算(使用ブリキ百斤に付七拾錢の割合)記入し前記罐詰輸出免狀、ブリキ輸入免狀及製罐證明書を添附して稅關に提出すれば稅關より一定期間内に支拂通知が發せられる

輸出原料關稅拂戻金請求書

年　月　日

請求者　住所

稅關長　　殿

下記輸入原料ニ對シ拂戻金請求候也

輸出免狀番號

仕向地

輸出年月日	製造品 數量	製造品 名	原料品 名稱	原料品 數量又ハ價格	拂戻金 定率	拂戻金額
					計	

一 拂戻金定率ヲ異ニスルモノヲ一欄内ニ併記スヘカラス 欄每ニ其ノ區別ヲ明記スルヲ要ス

八寸

橫濱稅關許可

(指定販賣人)

輸出免狀番號	
品名	
請求金額	円

住所

年　月　日請求

八寸

罐詰値段早見表

錢位 ＼ 円位	5	6	7	8	9	10	11	12	13	14	15	16	17	18	19
	104.2	125.0	145.8	166.7	187.5	208.3	229.2	250.0	270.8	291.7	312.5	333.3	354.2	375.0	395.8
10	106.3	127.1	147.9	163.8	189.6	210.4	231.3	252.1	272.9	293.8	314.6	335.4	356.3	377.1	397.9
20	108.3	129.2	150.0	170.3	191.7	212.5	233.3	254.2	275.0	295.8	3[illegible]6.7	337.5	358.3	379.2	400.0
30	110.4	131.3	152.1	172.9	193.8	214.6	235.4	256.3	377.1	297.9	318.8	339.6	360.4	381.3	402.1
40	112.5	133.3	154.2	175.0	195.8	216.7	237.5	253.3	279.2	300.0	320.8	341.7	362.5	383.3	404.2
50	114.6	135.4	156.3	177.1	197.9	218.8	239.9	260.4	281.2	302.1	322.9	343.8	364.6	385.4	406.3
60	116.7	137.5	158.3	179.2	200.0	220.8	241.7	262.5	283.3	304.2	325.0	345.8	366.7	387.5	408.3
70	118.8	239.6	160.4	181.3	202.1	222.9	243.7	264.6	285.4	306.3	327.1	347.9	363.8	389.6	410.4
80	120.8	141.7	162.5	183.3	204.2	225.0	245.8	266.7	287.5	308.3	329.2	350.0	370.8	391.7	412.5
90	122.9	143.8	164.6	185.4	206.3	227.1	247.9	268.8	289.6	310.4	331.2	352.1	372.9	393.8	414.6

錢位 ＼ 円位	20	21	22	23	24	25	26	27	28	29	30	31	32	33	34
	416.7	437.5	458.3	479.2	500.0	520.8	541.7	562.5	583.3	604.2	625.0	645.8	666.7	687.5	708.3
10	418.8	439.6	460.4	481.3	502.1	522.9	543.8	564.6	585.4	606.3	627.1	647.9	668.8	68[illegible].6	710.4
20	420.8	441.7	462.5	483.3	504.2	525.0	545.8	566.7	587.5	608.3	629.2	650.0	670.8	691.7	712.5
30	422.9	443.8	464.6	485.4	506.3	527.1	547.9	568.8	589.6	610.4	631.3	652.1	672.9	693.8	714.6
40	425.0	445.8	466.7	487.5	508.3	529.2	550.0	570.8	591.7	612.5	633.3	654.2	675.0	695.8	716.7
50	427.1	447.9	468.8	489.6	510.4	531.3	552.1	572.9	593.8	614.6	635.4	656.3	677.1	667.9	718.8
60	429.2	450.0	470.8	491.7	512.5	533.3	554.2	575.0	595.8	616.7	637.5	658.3	679.2	700.0	720.8
70	431.3	452.1	472.9	463.8	514.6	535.4	556.3	577.1	597.9	618.8	639.6	660.4	681.3	702.1	722.9
80	433.3	454.2	475.0	495.8	516.7	537.5	558.3	579.2	600.0	620.8	641.7	662.5	683.3	704.2	725.0
90	435.4	456.3	577.1	497.9	518.8	539.6	560.4	581.3	602.1	62[illegible].9	643.8	664.6	685.4	706.3	727.1

（三）卅五圓以上ノ時ハ卅圓ト五圓トノ各値段ヲ見出シ加ヘ合セバ可ナリ其他之レニ準ズ

（二）本表ノ毛位ハ四捨五入シテ算出セルモノトス

（一）本表ハ四打入一函ノ値段ヲ示ス八打入ナル時ハ本表値段ノ半額トス

罐詰其他貨物運賃等級表

品類	品目	等級 小口貨物	等級 貨車	減噸數 大形貨車	減噸數 小形貨車	備考
(五一)罐類	其他ノ罐詰食料品及煉乳用罐	三	八	一		
(五七)牛乳バタ類	煉乳、クリーム、	四	九			
	乳粉	四	九			
	バタ、チーズ	三	八			
	マルガリン	三	八			
(九八)鹽類	燒鹽、食卓鹽	五	九			
(一〇四)食品類 (三五)鰹節類 (四三)蒲鉾類 (五〇)乾物 (一四五)漬物類 ヲ除ク	ジャム類	三	八			
	ジャム類ノ原料(果物ノ煮タルモノ)	五	九			
	うるか、海鼠腸、雲丹	二	七			
	鰹鹽辛	四	八			
	其他ノ鹽辛	三	八			
	佃煮、福神漬昆布巻	四	八			
	味ノ素	三	八			
	味附魚介類及肉類	三	八			
	辛子類	三	八			
	罐詰食料品 本品類及魚介類果物類漬物類肉類野菜類ニ屬スルモノニシテ罐詰トナシタルモノニ限ル	四	八			
(一〇三)醬油類	醬油(溝ヲ含ム)	五	九			特別等級小口扱12貨切扱19
	醬油諸味(醪)	五	九			
	醬油エキス	四	八			
	ソース	四	八			
(九〇)砂糖	角砂糖、氷砂糖	三	八			
	其他ノ砂糖	五	九			

貨物 普通 特別 賃率表

鐵道 特別小口扱

種別															
普通品 粁程 (粁迄)	六〇	一〇〇	一四〇	一八〇	二二〇	二六〇	三〇〇	三五〇	四〇〇	五〇〇	六〇〇	七〇〇	八〇〇	一〇〇〇	以上二〇〇粁迄ヲ増ス毎ニ
生活必需品 粁程 (粁迄)	一四〇	一八〇	二二〇	二六〇	三〇〇	三五〇	四〇〇	五〇〇	六〇〇	七〇〇	八〇〇	一〇〇〇	一二〇〇	一四〇〇	以上二〇〇粁迄ヲ増ス毎ニ
三〇粁迄 (錢)	四〇	四五	五〇	五五	六〇	六五	七〇	七五	八〇	八五	九五	一・〇五	一・一五	一・三〇	一五
五〇粁迄 (錢)	五〇	五五	六〇	六五	七〇	七五	八〇	八五	九〇	一・〇〇	一・一〇	一・二〇	一・三〇	一・五〇	二〇
以上一〇粁ヲ増ス毎ニ粁迄	一〇	一一	一二	一三	一四	一五	一六	一七	一八	二〇	二二	二四	二六	三〇	四

航路

種別	瓩數	下關小森江間	下關釜山間	宇野高松間	青森函館間	稚内大泊港間
鐵道ト連絡スル場合	三〇瓩迄	五錢	四〇	一〇	三〇	三五
	五〇瓩迄	一〇錢	五〇	一五	四〇	四五
	以上一〇瓩迄ヲ増ス毎ニ	二錢	一〇	三	八	九
航路ノミ運送ノ場合	三〇瓩迄	｜錢	七五	四〇	六五	七〇
	五〇瓩迄	｜錢	八五	五〇	七五	八〇
	以上一〇瓩迄ヲ増ス毎ニ	｜錢	一七	一〇	一五	六

註一 生活必需品トハ貨物運送規則第七七條第二項ニ掲クル品目ナリ

註二 下關ト朝鮮總督府鐵道局線、朝鮮鐵道會社線又ハ南滿洲鐵道會社線ト連絡セル場合ハ「航路ノミ運送ノ場合」ノ賃率ニ依ル

鐵道（百瓩ニ付）

小口扱、車扱、貸切扱

種別 等級 粁程	普通賃率						
	2	3	4	5	7	8	9
粁迄	厘	厘	厘	厘	厘	厘	厘
5	95	83	72	62	42	34	29
8	115	99	87	75	52	43	37
11	134	116	101	88	62	51	44
14	154	123	116	102	73	60	52
17	173	149	131	115	83	69	59
20	193	165	146	128	93	78	67
23	212	182	160	141	103	86	74
26	232	198	175	154	113	95	82
29	251	215	190	168	124	104	89
32	271	231	204	181	134	112	97
35	290	248	219	194	144	121	104
38	310	264	234	207	154	130	112
41	329	281	248	220	164	138	119
44	349	297	263	234	175	147	127
47	368	314	278	247	185	156	134
50	388	330	293	260	195	165	142
55	415	352	313	278	209	177	152
60	442	374	333	296	223	189	162
65	469	396	353	314	237	201	172
70	496	418	373	332	251	213	182
75	523	440	393	350	265	225	192
80	549	459	410	365	276	234	201
85	574	478	427	379	287	243	209
90	600	497	444	394	298	252	218
95	625	516	461	408	309	261	226
100	651	535	478	423	320	270	235
110	693	566	506	448	338	286	248
120	735	597	534	473	356	302	261
130	777	628	562	498	374	318	274
140	819	659	590	523	392	334	287
150	861	690	618	548	410	350	300
160	894	716	640	566	424	363	312
170	927	742	662	584	438	376	324
180	960	768	684	602	452	389	336
190	993	794	706	620	466	402	348
200	1.026	820	728	638	480	415	360
215	1.073	853	758	664	498	432	375
230	1.119	886	788	690	516	448	390
245	1.166	919	817	715	534	465	405
260	1.212	952	846	740	552	481	420
275	1.259	985	875	765	570	498	435
290	1.305	1.018	904	790	588	514	450
305	1.352	1.051	933	815	606	531	465
320	1.398	1.084	992	840	624	547	480
335	1.445	1.117	991	865	642	564	495
350	1.491	1.150	1.020	890	660	580	510

種別 等級 粁程	普通賃率						
	2	3	4	5	7	8	9
粁迄	厘	厘	厘	厘	厘	厘	厘
365	1.530	1.179	1.046	913	678	596	524
380	1.569	1.208	1.072	635	696	612	537
395	1.608	1.237	1.097	958	714	276	551
410	1.647	1.266	1.123	981	732	643	564
425	1.686	1.295	1.149	1.004	750	659	578
440	1.725	1.324	1.175	1.026	768	675	591
455	1.764	1.353	1.201	1.049	786	691	605
470	1.803	1.382	1.226	1.072	804	706	618
485	1.842	1.411	1.252	1.094	822	722	632
500	1.881	1.440	1.278	1.117	840	738	645
525	1.941	1.488	1.320	1.153	868	763	666
550	2.001	1.536	1.362	1.189	895	788	688
575	2.061	1.584	1.404	1.225	923	813	709
600	2.121	1.632	1.446	1.261	950	838	730
625	2.181	1.680	1.488	1.297	978	863	751
650	2.241	1.728	1.530	1.333	1.005	888	772
675	2.299	1.774	1.570	1.368	1.031	911	792
700	2.356	1.820	1.610	1.402	1.057	933	812
725	2.414	1.866	1.650	1.436	1.083	956	832
750	2.471	1.912	1.690	1.470	1.109	978	852
775	2.529	1.958	1.730	1.504	1.135	1.001	872
800	2.586	2.004	1.770	1.538	1.161	1.023	892
825	2.641	2.050	1.810	1.572	1.186	1.046	911
850	2.696	2.096	1.850	1.609	1.211	1.068	931
875	2.751	2.142	1.890	1.640	1.236	1.091	951
900	2.806	2.188	1.930	1.674	1.261	1.113	970
925	2.861	2.234	1.970	1.708	1.286	1.136	989
950	2.916	2.280	2.010	1.742	1.311	1.158	1.008
975	2.971	2.325	2.050	1.776	1.336	1.181	1.027
1.000	3.026	2.370	2.090	1.810	1.361	1.203	1.046
1.040	3.114	2.434	2.147	1.860	1.401	1.238	1.076
1.080	3.202	2.498	2.204	1.910	1.440	1.273	1.106
1.120	3.290	2.562	2.261	1.960	1.480	1.307	1.136
1.160	3.378	2.626	2.318	2.010	1.519	1.342	1.166
1.200	3.466	2.690	2.375	2.060	1.559	1.377	1.196
1.240	3.554	2.754	2.432	2.110	1.599	1.412	1.226
1.280	3.642	2.818	2.489	2.160	1.638	1.447	1.256
1.320	3.730	2.882	2.546	2.210	1·678	1.481	1.286
1.360	3.818	2.946	2.603	2.260	1.717	1.516	1.316
1.400	3.906	3.010	2.660	2.310	1.757	1.551	1.346
1.440	3.994	3.074	2.717	2.360	1.797	1.586	1.376
1.480	4.082	3.138	2.774	2.410	1.836	1.621	1.406
1.520	4.170	3.202	2.831	2.460	1.876	1.655	1.436
1.560	4.258	3.266	2.888	2.510	1.915	1.690	1.466
1.600	4.346	3.330	2.945	2.560	1.955	1.725	1.496

種別 / 等級 / 粁程	普通貨率						
	2	3	4	5	7	8	9
粁迄	厘	厘	厘	厘	厘	厘	厘
1.640	4.434	3.394	3.002	2.610	1.995	1.760	1.526
1.680	4.522	3.458	3.059	2.660	2.034	1.795	1.556
1.720	4.610	3.522	3.116	2.710	2.074	1.829	1.586
1.760	4.698	3.586	3.173	2.760	2.113	1.864	1.616
1.800	4.786	3.650	3.230	2.810	2.153	1.899	1.646
1.840	4.874	3.714	3.287	2.860	2.193	1.934	1.676
1.880	4.962	3.778	3.344	2.910	2.232	1.969	1.706
1.920	5.050	3.842	3.401	2.960	2.272	2.003	1.736
1.960	5.138	3.906	3.458	3.010	2.311	2.038	1.766
2.000	5.226	3.970	3.515	3.060	2.351	2.073	1.796
2.050	5.336	4.050	3.585	3.120	2.396	2.113	1.831
2.100	5.446	4.130	3.655	3.180	2.441	2.153	1.866
2.150	5.556	4.210	3.725	3.240	2.486	2.913	1.901
2.200	5.666	4.290	3.795	3.300	2.531	2.233	1.936
2.250	5.776	4.370	3.865	3.360	2.576	2.273	1.971
2.300	5.886	4.450	3.635	3.420	2.261	2.313	2.006
2.350	5.996	4.530	4.005	3.480	2.666	2.353	2.041
2.400	6.106	4.610	4.075	3.540	2.711	2.393	2.076
2.450	6.216	4.690	4.145	3.600	2.756	2.433	2.111
2.500	6.326	4.770	4.215	3.660	2.801	2.473	2.146
2.550	6.436	4.850	4.285	3.720	2.846	2.513	2.181
2.600	6.546	4.930	4.355	3.780	2.891	2.553	2.216
2.650	6.656	5.010	4.425	3.840	2.936	2.593	2.251
2.700	6.766	5.090	4.495	3.900	2.981	2.633	2.286
2.750	6.876	5.170	4.565	3.960	3.026	2.673	2.321
2.800	6.986	5.250	4.635	4.020	3.071	2.713	2.356
2.850	7.096	5.330	4.705	4.080	3.116	2.753	2.391
2.900	7.206	5.410	4.775	4.140	3.161	2.793	2.426
2.950	7.316	2.490	4.845	4.200	3.206	2.833	2.461
3.000	7.426	5.570	4.915	4.260	3.251	2.873	2.496
3.050	7.536	5.650	4.985	4.320	3.296	2.913	2.531
3.100	7.646	5.730	5.055	4.380	3.341	2.953	2.566
3.150	7.756	5.810	5.125	4.440	3.386	2.993	2.601
3.220	7.866	5.890	5.195	4.500	3.431	3.033	2.636
3.250	7.976	5.970	5.265	4.560	3.476	3.073	2.671
3.300	8.086	6.050	5.335	4.620	3.521	3.113	2.706
3.350	8.196	6.130	5.405	4.680	3.566	3.153	2.741
3.400	8.306	6.210	5.475	4.740	3.611	3.193	2.776
3.450	8.416	6.290	5.545	4.800	3.656	3.233	2.811
3.500	8.526	6.370	5.615	4.860	3.701	3.273	2.846
3.550	8.636	6.450	5.685	4.920	3.746	3.313	2.881
3.600	8.746	6.530	5.755	4.980	3.791	3.353	2.916
3.650	8.856	6.610	5.825	5.040	3.836	3.393	2.951
3.700	8.966	6.690	5.895	5.100	3.881	3.433	2.986
3.750	9.076	6.770	5.965	5.160	3.926	3.473	3.021

種別 / 等級 / 料程	普通賃率						
	2	3	4	5	7	8	9
料迄	厘	厘	厘	厘	厘	厘	厘
3.800	9.186	6.850	6.035	5.220	3.971	3.513	3.056
3.850	9.296	6.930	6.105	5.280	4.016	3.553	3.091
3.900	9.406	7.010	6.175	5.340	4.061	3.593	3.126
3.950	9.516	7.090	6.245	5.400	4.106	3.633	3.161
4.000	9.626	7.170	6.315	5.460	4.151	3.673	3.196
以上50料迄毎ニ増ヲス	110	80	70	60	45	40	35

輸出罐詰運賃表

(昭和八・十二現在)

米國向 (一噸ニ付)

品種	紐育行	桑港行(カナダ太平洋岸を含む)
かに	九弗二五	五弗七五
まぐろ	九・五〇	同右
みかん	一〇・〇〇	六・二五
クラム	九・五〇	五・七五
其他罐詰	一四・〇〇	八・〇〇

歐洲向 (一噸ニ付)鮭(ピンク レッド)四五志

かに みかん 鰮 鳳梨 } 六〇志

南洋向 (一噸ニ付)罐詰類一切九圓(ジャバーメーン・ポート迄)(但シ昭和九年三月ヨリ三割引上)

南阿向 (一噸ニ付)罐詰類一切 一二五圓

濠洲向 (一噸ニ付)特定品(船會社ノ運賃表所載ノモノ)

六〇志(シドニー)

〃 (〃)

六六志(ブリスベン)

輸出罐詰檢才表

品種		支那人扱(二函單位)	邦人扱(一函單位)	
かに	平一號	—	二、〇オ	八〇封度
	平二號	—	一、九	七二〃
	平三號	二、六オ	一、三 一、二	四五〃
さけ	平二號	三、一	一、一 一、一〇	七六〃
	四號	三、二	一、六 一、七	七〇〃
	平一號	三、五	一、八五	〃
さば	四號	三、五	一、八 一、七 一、八五	七一又ハ 七〇〃 〃 〃
トマト鰮	楕圓一號	—	一、六 一、六	七〇〃 〃
鳳梨	二號 倉庫	一、六	大阪商船 一、六三	一噸ー二五函
	三號	一、六	一、六三	〃

罐詰木函寸法・才數

種類	木函寸法 內法(寸) 幅	長さ	深さ	才數
一號罐6罐入	10.4	15.6	5.7	1.150
二號罐30罐入	10.3	17.2	8.5	1.913
同 2打入	10.3	13.7	8.2	1.479
三號罐4打入	11.6	17.9	7.7	2.094
同(棧付)同	〃	〃	〃	2.108
同 3打入	8.55	17.6	7.45	1.795
四號罐4打入	10.4	15.6	7.7	1.590
五號罐6打入	10.4	15.6	8.2	1.683
六號罐8打入	10.4	15.5	8.0	1.646
七號罐4打入	9.2	13.7	6.9	1.132
八號罐8打入	9.2	13.7	7.2	1.184
平一號罐4打入	10.3	13.7	9.2	1.686
平二號罐8打入	11.6	17.9	7.2	1.934
蟹 平一號4打入	10.3	13.7	9.75	1.810
蟹 平二號8打入	11.6	17.9	7.7	2.094
蟹 平三號8打入	10.4	15.5	5.5	1.174
ツナ七オンス4打入	8.9	11.8	6.3	0.888
同 3オンス½ 8打入	9.2	13.7	5.7	0.962
楕圓罐一號4打入	10.9	14.7	7.5	1.525
同 二號4打入	10.5	13.3	6.4	1.163
同 三號4打入	11.8	13.2	4.4	0.930

鉽力一函よりの空罐供給數

罐型	米國稱呼	十四吋×二十吋のもの百二十枚入一函より供給する空罐數
竪一號罐	No. 10	125
〃 二 〃	No. 2½	270
〃 三 〃	No. 2	350
〃 四 〃	Coast Tall	420
〃 五 〃	——	500
〃 六 〃	——	580
〃 七 〃	No. 1	515
〃 八 〃	——	720
平一號罐	1 lb Flat	360
〃 二 〃	½ lb Flat	610

品種別罐詰一函重量早見表

罐型及品名	類別	一函ニ對スル重量
一號罐		
筍水煮	六個入	22 Kg
青豆	六個入	22 〃
チエリー	六個入	22 〃
トマトケチヤツプ	六個入	22 〃
二號罐		
筍水煮	卅個入	35 〃
蕗ボイルド	卅個入	35 〃
獨活	卅個入	35 〃
ストリングビンズ	卅個入	35 〃
二號罐		
筍水煮	二打入	23 〃
ソリドトマト	二打入	28 〃
洋桃	二打入	28 〃
洋梨	二打入	28 〃
枇杷	二打入	28 〃
パインアツプル	二打入	28 〃
櫻實	二打入	28 〃
三號罐		
棧付パインアツプル	四打入	40 〃
棧ナシパインアツプル	四打入	40 〃
三號罐		
パインアツプル	三打入	30 〃
洋桃	三打入	30 〃
枇杷	三打入	30 〃
夏蜜柑	三打入	30 〃

罐型及品名	類別	一函ニ對スル重量
蜜柑	三打入	30 Kg
四號罐		
牛肉	四打入	34 〃
鯨肉	四打入	31 〃
鰹味付	四打入	29 〃
鯖味付	四打入	28 〃
白魚ボイルド	四打入	31 〃
洋桃	四打入	29 〃
洋梨	四打入	29 〃
栗甘ろ煮	四打入	32 〃
金柑	四打入	33 〃
丸杏	四打入	28 〃
枇杷	四打入	30 〃
櫻實	四打入	30 〃
筍水煮	四打入	31 〃
松茸	四打入	30 〃
なめこ	四打入	23 〃
青豆	四打入	30 〃
敷島漬	四打入	31 〃
福神漬	四打入	31 〃
海苔佃煮	四打入	33 〃
鯛味噌	四打入	26 〃
お多福豆	四打入	25 〃
かのこ豆	四打入	31 〃
しるこ	四打入	31 〃
五號罐		
苺ジヤム	六打入	38 〃

罐型及品名	類別	一函ニ對スル重量
杏ジヤム	六打入	38 Kg
五號罐		
鷄肉	四打入	25 〃
鷄菜煮	四打入	25 〃
蜜柑	四打入	23 〃
オレンヂマーマレード	四打入	26 〃
山海珍味煮	四打入	23 〃
六號罐		
牛肉	八打入	34 〃
青豆	八打入	32 〃
敷島漬	八打入	32 〃
福神漬	八打入	32 〃
なめこ	八打入	28 〃
海苔佃煮	八打入	33 〃
鯛味噌	八打入	33 〃
鯛田夫	八打入	20 〃
七號罐		
牛肉	四打入	24 〃
牛肉松茸	四打入	25 〃
赤貝	四打入	20 〃
蠑螺	四打入	18 〃
飯鮹	四打入	18 〃
アサリ貝	四打入	17 〃
栗甘ろ煮	四打入	23 〃
松茸	四打入	22 〃
八號罐		
牛肉	八打入	25 〃
牛肉松茸	八打入	26 Kg
山海珍味煮	八打入	20 〃
アサリ貝	八打入	18 〃
貝野菜煮	八打入	20 〃
苺ジヤム	八打入	26 〃
平一號罐		
鮭ボイルド	四打入	31 〃
帆立貝	四打入	30 〃
北寄貝	四打入	31 〃
蟹ボイルド	四打入	29 〃
平二號罐		
海老	八打入	25 〃
帆立貝	八打入	34 〃
蟹ボイルド	八打入	36 〃
北寄貝	八打入	34 〃
三號七分罐		
牛肉	四打入	26 〃
三號ポケット罐		
牛肉	八打入	20 〃
牛肉野菜煮	六打入	14 〃
アスパラガス	角罐二打入	29 〃
〃	丸罐二打入	29 〃
〃	小丸罐四打入	21 〃
楕圓罐一號	四打入	31 〃
角二號罐	四打入	22 〃
角一號罐	四打入	25 〃
角三號罐	八打入	23 〃
十三オンス罐	四打入	26 〃
三號立罐	二打入	29 〃

罐詰屯扱及車積々込函數早見表

一函の重量	一屯ニ付積込函數	二屯ニ付積込函數	八屯車ニ付積込函數	十屯車ニ付積込函數
15 kg	66 c/s	133 c/s	533 c/s	690 c/s
16 〃	63 〃	126 〃	504 〃	650 〃
17 〃	60 〃	120 〃	485 〃	620 〃
18 〃	55 〃	111 〃	445 〃	570 〃
19 〃	52 〃	105 〃	421 〃	540 〃
20 〃	50 〃	100 〃	400 〃	520 〃
21 〃	48 〃	96 〃	385 〃	490 〃
22 〃	45 〃	90 〃	363 〃	460 〃
23 〃	43 〃	87 〃	347 〃	450 〃
24 〃	42 〃	84 〃	336 〃	430 〃
25 〃	40 〃	80 〃	320 〃	415 〃
26 〃	38 〃	77 〃	305 〃	390 〃
27 〃	37 〃	74 〃	296 〃	380 〃
28 〃	35 〃	71 〃	286 〃	370 〃
29 〃	34 〃	69 〃	275 〃	345 〃
30 〃	33 〃	66 〃	267 〃	350 〃
31 〃	32 〃	64 〃	260 〃	325 〃
32 〃	31 〃	62 〃	250 〃	320 〃
33 〃	30 〃	60 〃	245 〃	310 〃
34 〃	29 〃	59 〃	235 〃	300 〃
35 〃	28 〃	57 〃	228 〃	290 〃
36 〃	27 〃	55 〃	222 〃	285 〃
37 〃	27 〃	54 〃	220 〃	280 〃
38 〃	26 〃	52 〃	210 〃	265 〃
39 〃	25 〃	51 〃	210 〃	257 〃
40 〃	25 〃	50 〃	205 〃	255 〃

以上ハ概算ニ付多少ノ相違有ルベシ

罐詰機械類一覧

（1）巻締機械

機械名	重量（封度）	所要面積	床面積	總高	床上ニリ作業面迄ノ高サ	所要馬力	調車寸法	調帯幅	一罐巻締所用調車迴轉數	毎分巻締能力	巻締可能罐經	巻締可能高サ
3—Cクリンチヤー	1600	45″×70″	44″×33″	51″	30″	1	16″×$3\frac{1}{4}$″	Single3″	1	100	2″–$4\frac{1}{4}$″	2″–$5\frac{1}{4}$″
6型サニタリー●シーマー	2200	$51\frac{1}{2}$″×55″	—	71″	—	3	10″×$3\frac{1}{4}$″	—	15	60	$2\frac{1}{8}$″–$4\frac{1}{4}$″	$2\frac{1}{8}$″–$5\frac{1}{4}$″
4—Dsダブル●シーマー	1700	40″×51″	$32\frac{1}{2}$×20″	66″	30″	$1\frac{1}{2}$	12″×$3\frac{3}{4}$″	Single3″	1	75–110	2″–$4\frac{1}{4}$″	2″–$7\frac{1}{2}$″
セミトロ●シーマー	850	36″×30″	29″×22″	同上	—	$\frac{3}{4}$	同上	同上	16	20–30	2″–$12\frac{1}{4}$″	2″–11″
キヤンコ●400●シーマー	4910	47″×69″	—	$80\frac{1}{2}$″	—	3	10″×$5\frac{1}{4}$″	—	5	120	2″–$4\frac{1}{4}$″	$2\frac{1}{4}$″–$5\frac{1}{4}$″
ジヨンソン●シーマー	1360	42×″60″	—	65″	—	2	12″×$3\frac{1}{4}$″	—	20	30-40	$2\frac{1}{2}$″–$4\frac{1}{4}$″	2″–$5\frac{1}{2}$″
6—DSダブル●シーマー	3200	同上	—	75″	—	2	14″×4″	—	15	45	4″–$6\frac{5}{4}$″	$3\frac{5}{16}$″–$9\frac{1}{2}$″
TSKハンド●シーマー	300	24″×25″	15″×18″	54″	—	$\frac{1}{2}$	10″×$2\frac{3}{4}$″	Single2″	20	15–35	2″–6″	2″–7″
O型サニタリー●ヴアキウム●シーマー	ポンプ共20貫	75寸×30寸	—	73寸	—	ポンプ共3	—	—	—	10	—	—
1型　同　上	同上300貫	65寸×45寸	—	55寸	—	同上5	—	—	—	25	—	—
6型　同　上	ポンプクリンチヤー共600貫	150寸×80寸	—	60寸	—	ポンプクリンチヤー共7	—	—	—	50–60	—	—
インバーテツド角罐シーマー（5ガロン型）	1400	56″×31″	28″×38″	78″	—	$1\frac{1}{2}$	16″×$3\frac{3}{4}$″	Single3″	20	6	6″–16″	2″–14″
アドリアンス●シーマー（角楕圓罐用）5ガロン型	1400	56″×31″	41″×28″	65″	—	$1\frac{1}{2}$	同上	—	30	6	同上	同上
127型	950	48″×28″	33″×23″	60″	—	1	12″×$3\frac{3}{4}$″	—	20	20	3″–8″	2″–10″
126型	750	36″×24″	29″×24″	55″	—	1	同上	—	20	20	1″–5″	2″–8″

（2）脱　氣　機

型	大サ	調車寸法	廻轉數	チエインノ速度	一分間ノ罐數	スプロケット	チエイン
ラスト●スミス式	36呎×5.3呎 9列	$12'' \times 3\frac{1}{2}''$	220	毎分 378″	84	#51 27歯 徑9″	51S

型		大サ	能力				
			徑$2\frac{11}{16}''$罐	徑$3\frac{1}{16}''$罐	徑$3\frac{7}{16}''$罐	徑4″罐	徑$4\frac{1}{4}''$罐
ダイヤモンドチエイン式	スタンダード	21呎〜4吋×68吋$\frac{3}{8}$ 39列	706罐	630罐	554罐	486罐	457罐
		25　〜　4　×　$68\frac{3}{8}''$	863″	772″	678″	594″	559″
		21　〜　4　×　81　11″	863″	772″	678″	594″	559″
		25　〜　4　×　81″	1056″	942″	828″	726″	682″
		35　〜　4　×　81″	1533″	1370″	1204″	1056″	991″

標準デスクタイプ　脱氣機能力表

長サ	八列式					六列式					四列式				
	番號	罐種別收容能力				番號	罐種別收容能力				番號	罐種別收容能力			
		$\#2\frac{1}{2}$	#2	#1C	#1		$\#2\frac{1}{2}$	#2	#1C	#1		$\#2\frac{1}{2}$	#2	#1C	#1
6′-6″	803	163	196	225	261	603	217	261	297	342	403	110	132	154	179
8′-9″	804	220	267	307	356	604	296	353	405	456	404	150	180	210	244

10′-11″	805	281	338	399	451	605	375	451	513	590	405	190	228	260	309
13′-2″	806	340	409	471	546	606	454	546	621	714	406	230	276	322	374
15′-3″	807	399	480	553	641	607	533	641	729	888	407	270	324	378	439
17′-5″	808	458	551	635	736	608	612	736	837	962	408	310	362	434	504
19′-7″	809	517	622	717	831	609	696	831	945	1086	409	350	420	490	569
21′-9″	810	576	693	799	826	610	770	926	1053	1210	410	390	468	546	634
24′-0″	811	635	764	881	1021	611	849	1021	1161	1334	411	430	516	602	699
26′-2″	812	694	826	963	1116	612	923	1116	1269	1458	412	470	564	658	764
28′-4″	813	753	906	1045	1211	613	1007	1211	1377	1582	413	570	612	714	829
30′-6″	814	812	977	1127	1306	614	1086	1306	1485	1700	414	550	660	770	894
32′-8″	815	871	1048	1209	1401	615	1165	1401	1593	1830	415	560	708	826	959
34′-10″	816	930	1119	1291	1499	616	1244	1499	1701	1954	416	630	756	882	1024
37′-0″	817	939	1190	1373	1591	617	1323	1591	1809	2098	417	670	804	938	1089
39′-2″	818	1448	1261	1455	1686	618	1402	1686	1917	2202	418	710	852	994	1154
41′-5″	819	1107	1332	1537	1781	619	1481	1781	2025	2326	419	750	900	1050	1219
43′-10″	820	1166	1403	1619	1873	620	1560	1876	2133	2450	420	790	648	1106	1284
45′-9″	821	1225	1474	1707	1971	621	1635	1971	2241	2574	421	830	996	1160	1349
47′-11″	822	1284	1545	1789	2066	622	1718	2066	1349	2698	422	370	1044	1218	1414

（3）殺菌釜

名稱	型式	直徑	長サ（又ハ深サ）	摘要
橫型壓力殺菌釜	510	38″	66″	スプリング安全辨プレツシヤーゲージウエイト
	612	45⅝″	78″	安全辨ピーコツクインデツクスサーモメーターヲ附屬ス
竪型 〃	大サ 4×8	30″	54″	收容能力 1號罐 78　4號罐 460　平1號罐 420　平2號罐 800
	5×10	37″	66″	〃 140　〃 900　〃 820　〃 1.480
廻轉式二重釜	容量 240升	42″	19¼″	內釜ハ使用ノ目的ニヨリ鑄鐵製、銅製、鐵製、琺瑯引等ノ別アリ。サイズハ直徑2尺ヨリ4尺迄各種アリ。附屬品一式附。
	200	40″	18″	
	160	38″	17″	
	120	36⅙″	15″	
	100	33″	15″	
	80	30¼″	14″	
	65	27½″	13″	
	45	24⅛″	10¾″	

（4）コンティニュアス・クツカー・アンド・クーラー

イ、標準角型加熱機明細

罐型	全收容罐數	リールー廻轉ニ對スル罐數	タンクノ長サ	全長	タンクノ幅	全幅	タンクノ高サ	ドライブプーレーノ大サ	ドライブシヤフト一分間廻轉數	一分間最大能率	所要馬力	所要蒸氣量	重量(封度)
6オンス	1.000	50	8′-3-1/8″	13′-6″	4′-0″	6′-3″	4-0″	15′×3″	1.60	[illegible]	1	7	4.800
8″	1.000	40	9′-4-5/8″	14′-8″	〃	〃	〃	16′×3″	2.00	〃	1	7	8.200
6-8″	1.000	40	10-1-5/8″	15′-6″	〃	〃	〃	〃	〃	〃	1	9	5.600
#1イースタン	600	40	7-3-1/8″	12′-6″	〃	〃	〃	〃	〃	〃	1	5	5.200
#1堅	720	36	10′-8	15′-11″	〃	〃	〃	〃	2.22	100	2	5	5.800
#2	750	30	12′-10-7/8″	14′-9″	〃	〃	〃	15′×3″	2.67	90	2	6	7.000
#2-2½	598	26	12′-0-1/8″	17′-3″	〃	〃	〃	13′×3″	3.05	〃	2	5	6.500
#2½-3	600	25	12′-11-3/4″	18′-3″	〃	〃	〃	15′×3″	3.20	〃	2	5	6.800
#1平	754	26	8-7-1/4″	13′-10″	〃	〃	〃	13′×3″	3.05	〃	1	5	5.400
#10	300	26	11-7-1/8″	17′-2″	4′-8″	〃	4′-7″	16′×3″	4.00	40	2	8	7.107

ロ、標準角型加熱機各扉收容罐數

罐型	全收容罐數	第一扉	第二扉	第三扉	第四扉	第五扉	第六扉	第七扉
6オンス	1.000	250	400	600	800	1.000	—	—
8オンス	1.000	240	400	560	700	1.000	—	—
36-8オンス	1.000	240	400	560	700	1.000	—	—
#1イースタン	600	200	320	440	600	—	—	—

#1堅	720	108	180	288	396	540	720	—
#2	750	120	180	270	360	480	600	750
#2-2$\frac{1}{2}$	598	130	182	260	364	468	598	—
#2$\frac{1}{2}$-3	600	150	200	275	375	475	600	—
#1平	754	156	208	280	364	468	598	754
#10	300	80	120	160	220	300	—	—

ハ、標準角型冷却機明細

罐型	收容罐數	一廻轉ニ對スル罐數	タンクノ大サ	全長	タンクノ幅	タンクノ高サ	重量(封度)
6オンス	400	50	4′-3-$\frac{1}{8}$″	6′-5-$\frac{5}{8}$″	4′-0″	4′-0-$\frac{1}{4}$″	2.400
8オンス	400	40	4′-8-$\frac{3}{8}$″	6′-10-$\frac{7}{8}$″	〃	〃	2.650
6-8オンス	400	40	〃	〃	〃	〃	2.850
11オンス (#1イースタン)	200	40	3′-6-$\frac{1}{8}$″	5′-8-$\frac{5}{8}$″	〃	〃	2.000
#1堅	108	36	3′-0-$\frac{5}{8}$″	5′-2-$\frac{1}{8}$″	〃	〃	1.800
#2堅	90	30	〃	〃	〃	〃	1.950
#2-2$\frac{1}{2}$	78	26	〃	〃	〃	〃	1.900
#2$\frac{1}{2}$-3	75	25	3′-1-$\frac{5}{8}$″	5′-4-$\frac{1}{8}$″	〃	〃	1.950
#1平	104	26	2-5-$\frac{7}{8}$″	4′-8-$\frac{3}{8}$″	〃	〃	2.060
#10	60	20	3-10-$\frac{1}{8}$″	6′-6-$\frac{5}{8}$″	4′-6	4′-7-1/[illegible]″	2.400

ニ、連結式壓力加熱機明細

罐型	全收容罐數	リール一廻轉ニ對スル罐數	廻轉車廻轉數	タンクノ長サ	全長	全幅	全高	ドライシヤフト一分間廻轉數	一分間最大能率	所要馬力	重量(封度)
ポツテツドミート	3080	56	55	16′-6-$\frac{1}{4}$″	18′-4-$\frac{5}{8}$″	8′-4-$\frac{5}{8}$″	8′-8-$\frac{1}{4}$″	893	150	3	15.780
ベビーミルク	3136	56	56	17′-1″	18′-10-$\frac{5}{8}$″	〃	〃	893	〃	〃	16.241
#1イースタン	2184	56	39	17-5-$\frac{5}{16}$″	19-3″	〃	〃	918	〃	〃	16.114
#1竪	1504	47	32	17′-2-$\frac{1}{4}$″	18′-11-[illegible]″	〃	〃	1.153	〃	〃	15.188
#1ミルク	1645	47	35	17′-5-$\frac{1}{8}$″	19′-2-$\frac{1}{4}$″	〃	〃	1.153	〃	〃	15.338
#2	1428	42	34	17′-4-$\frac{1}{4}$″	21′-1-$\frac{7}{8}$″	〃	〃	1.190	〃	〃	14.910
#2-2$\frac{1}{2}$	1120	35	32	17′-2-$\frac{1}{4}$″	18″11-$\frac{7}{8}$″	8′-3-[illegible]″	〃	1.428	〃	〃	14.972
#10	480	24	20	16′-4-$\frac{7}{8}$″	18′-2-$\frac{1}{2}$″	〃	8′-9″	2.142	50	〃	15.500

ホ、連結式壓力冷却機明細

罐型	全收容罐數	リール一廻轉ニ對スル罐數	廻轉車廻轉數	タンクノ長サ	全長	全幅	全高	重量(封度)
ポツテツドミート	1064	56	19	7′-6″	11′-11-$\frac{1}{2}$″	6′-5″	6′-1-$\frac{3}{4}$″	9588
ベビーミルク	1008	56	18	7′-4-$\frac{1}{8}$″	11′-9-$\frac{5}{8}$″	〃	〃	9468
#1イースタン	560	56	10	6′-6-$\frac{1}{8}$″	10′-11-$\frac{1}{8}$″	〃	〃	9100
#1竪(鮭用)	470	47	10	7′-3-$\frac{1}{4}$″	11′-8-$\frac{3}{4}$″	〃	〃	9344
#1ミルク	517	47	11	7′-4-$\frac{3}{8}$″	11′-9-$\frac{7}{8}$″	〃	〃	9503

#2	462	42	11	7′-5-$\frac{5}{8}$″	11′-11-$\frac{1}{8}$″	〃	〃	9485
#2-2$\frac{1}{2}$	350	35	10	7′-3-$\frac{1}{4}$″	11′-8-$\frac{3}{4}$″	〃	〃	9320
#10	120	24	5	6′-5-$\frac{1}{4}$″	10′-10-$\frac{3}{4}$″	6′-9″	6′-1″	9564

(5) 其他附屬機械器具（一般用）

イ、刻印機

名稱	正味重量	所要面積	床面積	總高	所要馬力	調車寸法	調帶幅	每分調車迴轉數	每分能力	巻締可能罐徑
3Mマーカー	封度 460	41″×28″	20″×28″	50″	$\frac{1}{2}$	12″×3″	2″ Single Ply	150-200	150-200	2″-4$\frac{1}{4}$″

上記ノ外、ネコプレス、エキセンプレスノ二種アリ、複雜ナルマークハエキセンプレスヲ用フレバ明瞭ニ刻印シ得ラル。

ロ、眞空ポンプ

名稱	重量	ボアー直徑	ストローク	每分迴轉數	眞空度	所要馬力	調車寸法	吸引管ノ直徑	排氣管ノ直徑	總高	所要面積
水冷眞空ポンプ	貫 120	12″	6″	200	28$\frac{1}{2}$″	5	24″×5$\frac{1}{2}$″	4″	4″	52″	26″×43″
空冷眞空ポンプ	70	7$\frac{1}{4}$″	6″	200	28$\frac{1}{2}$″	3	ルーズアンドタイト 30″×6$\frac{1}{4}$″	1$\frac{1}{4}$″	1$\frac{1}{4}$″	43″	23″×30″

ハ、クーラー、クーラー・チヤーヂヤー其他

クーラー	大サ（標準寸法）37$\frac{1}{2}$″×37$\frac{1}{2}$″×3″	備考……深サハ2$\frac{3}{4}$″-5″トアリ

クーラー・チヤーヂヤー	同$37\frac{1}{2}''\times37\frac{1}{2}''\times3''$	備考……動力掛式ト手動式トアリ
トランスフアー・カー レトルト・カー	總鐵製ボールベアリング入鑄鐵車輪附、一車用ト二車用トアリ、 車輪ニハ溝附ト平面トアリ	

ニ、パツキング・テーブル

高サ	幅	テーブル迄ノ高サ	長サ	四段式パツキングテーブルハ現在ニ於テ最モ能率化サレタ
4尺5寸	3尺5寸	30〃	種々アリ	ルモノニシテ、罐詰工場ニ於テハ必需品トナツテキル

ホ、キヤン・ワツシヤー

サニタリー・オーヴアル・キヤン・ワツシヤー、サニタリー・キヤン・ワツシヤー、サニタリー・ステイーム・ジエツト・キヤン・ワツシヤー、サニタリー・スプレイ・キヤン・ワツシヤー（肉詰前用）等種々アリ。

ヘ、ラツカー塗布機

移動式モーター・インベース式、ベルト掛式等アリ、能率一日3.000函位迄大小各種アリ

ト、計器類

名稱	摘要
自記溫度計	本器ハ液體ノ張力ニヨリ記錄指計ヲ作動セシメ一方圓形記錄紙ヲ時計裝置ニヨリ廻轉セシメ溫度ト時間ヲ同時ニ記錄ス
蒸氣用寒暖計	レトルト用トボツクス用トアリ形ハ直角形、直線形、側面形等アリ長サハ7吋9吋12吋等アリ。
自働溫度調節器	本器ハ自働的ニ蒸氣ノ供給バルブヲ開閉シテ溫度ヲ適當ニ調節ヲナス。
蒸氣壓力計	度盛板ノ直徑ハ3吋、4吋、5吋、6吋等アリ。

罐詰機械類一覽表

自働壓力調節器	本器ハ自働的ニ壓力ノ調節ヲナシ常ニ一定ノ壓力ヲ保タシム。
調節辨	本器ハ溫度調節器ト共同動作ヲナシ、調節器ノ指命ニヨリ通過量ヲ適宜加減ス
罐內溫度測定器	他ノ罐ト共ニレトルト內ニ入レ加熱溫度ノ正否ヲ測定ス
壓力檢罐器	空罐ノ耐ヘル內壓力、或ハ空氣漏洩ノ個所ノ檢定ニ用フ
眞空計	罐內ノ眞空度ヲ測定スルニ用フ
計數器	コンベアーシステムノ機械ノ中間ニ取付ケテ自働的ニ計數スルニ用フ
減壓辨	氣體又ハ液體ノ壓力ヲ減ズル場合ニ用フ

（6）其他諸機械器具（特殊用）

名稱	摘要
ロータリー・フイツシユ・カツター	鮭、鱒、鯖、鰤、鰹等ノ切斷用ニシテ、適當ニ寸法ヲ異ニシ得、毎分60—90尾、
エレベーター 〃	正味重量1200封度、床面積48″×72″、總高7.5′、所要馬力1、調車寸法20″×4″ 調帶幅 3½″ SinglePly、毎分能力 60尾。
サニタリー・ツナ・カツター	電働機直結式、ベルト掛式アリ、1分間 100—120 切ヲ切斷ス、正味重量 100 貫、所要面積 3′×5′×′、調車寸法 16″×3¼″、調車廻轉數毎分 80—100
ハンド・コアー・エンド・サイザー	パインアツプルノ皮剝芯拔機械ニシテ主要部分ハ耐酸性材料ヲ以テ造ラル所要馬力1、所要面積1.5′×4′、毎分能力 5個。
ローターリー・シラツパー	所要面積 8′×4′、總高 53″、所要馬力 2、調車寸法 16″×3¼″、毎分能力 60 罐。
ジナカ・マシン	正味重量 5850 封度、度所要面積 19′×4′、床面積 78″×28″、總高7½′、所要馬力 3、毎分能力 90 個
パインアツプル・スライサー	正味重量 2100 封度、所要面積 54″×41″、床面積 24″×27″、總高 66″、所要馬力 2、調車寸法 12″×3¾″、調帶幅 3″Single Ply、壹個處理所要調車廻轉數 9. 毎分能力 60 個。
トマト・スコールダー	トマトヲ金網ニテ運搬中ニ蒸氣ニ接觸セシメ剝皮ヲ容易ナラシム。
ローターリー・トマト・ワツシヤー	正味重量 1600 封度、所要面積 11′×5′、床面積 52″×40″、總高 60″、〃罐ノ直徑 30″、罐ノ長サ 8′—0″、

	所要馬力 2、調車寸法 $12''\times3\frac{3}{4}''$、調帶幅 3″ Single Ply、調車廻轉數 140 能力一時間 40 トン。
トマト•パルパー	正味重量 330封度、所要面積 4.5′×2′. 床面積 50″×21″、總高 38″、所要馬力 3、調車寸法 14″×3″、調帶幅 3″ Single Ply、調車毎分廻轉數 300、能力一時間 3 トン。
小型 〃	正味重量 40貫、床面積 38″×18″、据付面積 4′×2′、總高 46″、所要馬力 $1\frac{1}{2}$、調車寸法（ルーズ•アンド•タイプーリー）$12''\times2\frac{1}{2}''$、調車毎分廻轉數 250 能力一時間 1 トン。
トマト•クラツシヤー	正味量 700 封度、所要面積 45″×16″、床面積 14″×16″、總高 36″、所要馬力 2—4、調車寸法 $12''\times3\frac{3}{4}''$、調帶幅 3″ Single Ply、調車毎分廻轉數 400—500、能力一時間 4000、
トマト•フイニツシヤー	所要面積 4.5′—2′、所要馬力 3、調車寸法 14″×3″、調車毎分廻轉數 300
クツク•モアー•コイル	銅鐵高壓コイル製ニシテ、容量ニ應ジ種々ノサイズアリ
フイツシユ•フライヤー	床面積 5′×20′、所要馬力 1、調車寸法 $16''\times3\frac{1}{4}''$、毎分廻轉數 100、能力一時間 30 函
フライング•トレイ	收容力 80—120尾、サイズー 14″×3″
ブランチヤー	所要面積 25′×5′×4′、所要馬力 2、能力一日 300 函
フイツシユ•ドライヤー	型式　能力(一日)　所要面積、機械所要馬力、送風機所要馬力

型式	能力(一日)	所要面積	機械所要馬力	送風機所要馬力
3-S30	100函	45′×5′×6′	2	7.5
5S-36	300	56′×5′×8′	2	7.5
7S-52	600	82′×5′×10′	3	20

細菌胞子の攝氏百度に於ける死滅時間

	攝氏百度
バチルス、ズブリテス	一八〇分
バチルス、メセンテリクス、ルベル	〃 三三〇—三六〇〃
バチルス、ロブスタス	四五〇—四八〇〃
バチルス、カリズス	四五〇—四八〇〃
バチルス、ロスタス	一、一四〇—一、二〇〇〃
パチルス、シリンドリクス	一、一四〇—一、二〇〇〃
バチルス、クロストリヂオイデス	一二〇—一八〇〃
バチルス、ビユトリフイクス	三三〇分以上
土壤細菌	九六〇〃
フラツトサワーを起すテルモフイール	一、二六〇〃

罐詰機械類一覧

鮭罐詰製造工程圖

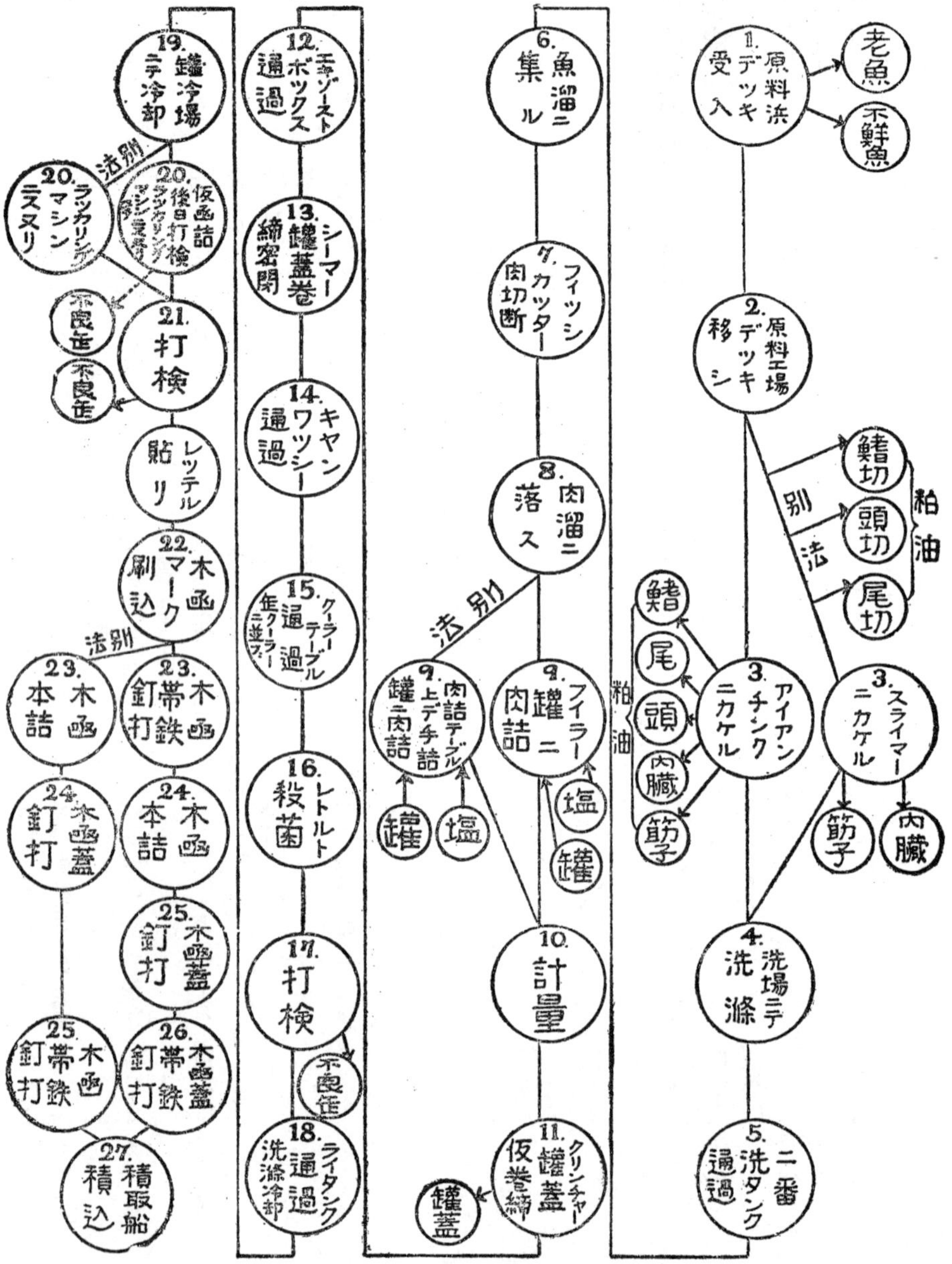

1. 原料浜デッキ受入
老魚
不鮮魚
2. 原料工場デッキ移シ
別法
鰭切
頭切
尾切
粕油
3. アイアンチンクニカケル
鰭
尾
頭
内臓
筋子
粕油
3. スライマーニカケル
筋子
内臓
4. 洗場ニテ洗滌
5. 二番洗タンク通過
6. 魚溜ニ集ル
7. フィッシカッター肉切断
8. 肉溜ニ落ス
別法
9. フィラー罐ニ肉詰
塩
罐
9. 肉詰テーブル上デ手詰罐ニ肉詰
罐
塩
10. 計量
11. クリンチャー罐蓋仮巻締
罐蓋
12. エキゾーストボックス通過
13. シーマー罐蓋巻締密閉
14. キャンワッシャー通過
15. クーラーテーブル通過
16. レトルト殺菌
17. 打検
不良缶
18. ライタンク通過洗滌冷却
19. 罐冷場ニテ冷却
別法
20. ラッカリングマシンニテヌリ
20. 仮函詰後日打検
21. 打検
不良缶
不良缶
レッテル貼リ
22. 木函マーク刷込
別法
23. 木函本詰
23. 木函帯鉄釘打
24. 木函蓋釘打
24. 木函本詰
25. 木函蓋釘打
25. 木函帯鉄釘打
26. 木函蓋帯鉄釘打
27. 積取船積込

蟹罐詰製造工程圖

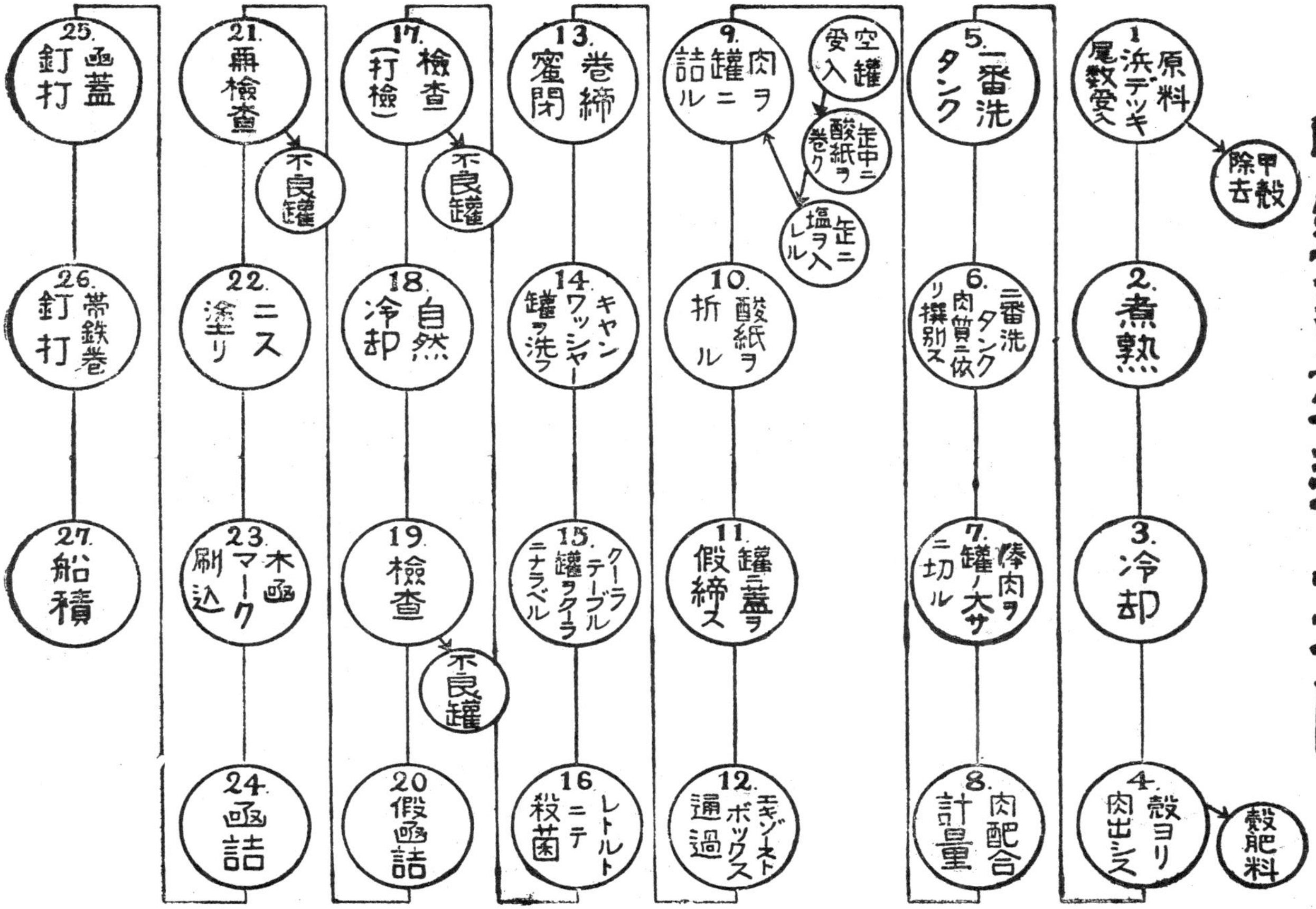
1. 原料浜デツキ尾数受入
甲殻除去
2. 煮熟
3. 冷却
4. 殻ヨリ肉出シ
殻肥料
5. 一番洗タンク
6. 二番洗タンク肉質ニ依リ撰別ス
7. 捧肉ヲ罐ノ大サニ切ル
8. 肉配合計量
空罐受入
缶中ニ酸紙ヲ巻ク
缶ニ塩ヲ入レル
9. 肉ヲ罐ニ詰ル
10. 酸紙ヲ折ル
11. 罐ニ蓋ヲ假締ス
12. エキゾーストボックス通過
13. 巻締蜜閉
14. キヤンワッシャー罐ヲ洗フ
15. クーラテーブル罐ヲクーラニナラベル
16. レトルトニテ殺菌
17. 検査(打検)
不良罐
18. 自然冷却
19. 検査
不良罐
20 假函詰
21. 再検査
不良罐
22. ニス塗リ
23. 木函マーク刷込
24. 函詰
25. 函蓋釘打
26. 帯鉄巻釘打
27. 船積

鳳梨罐詰製造工程圖

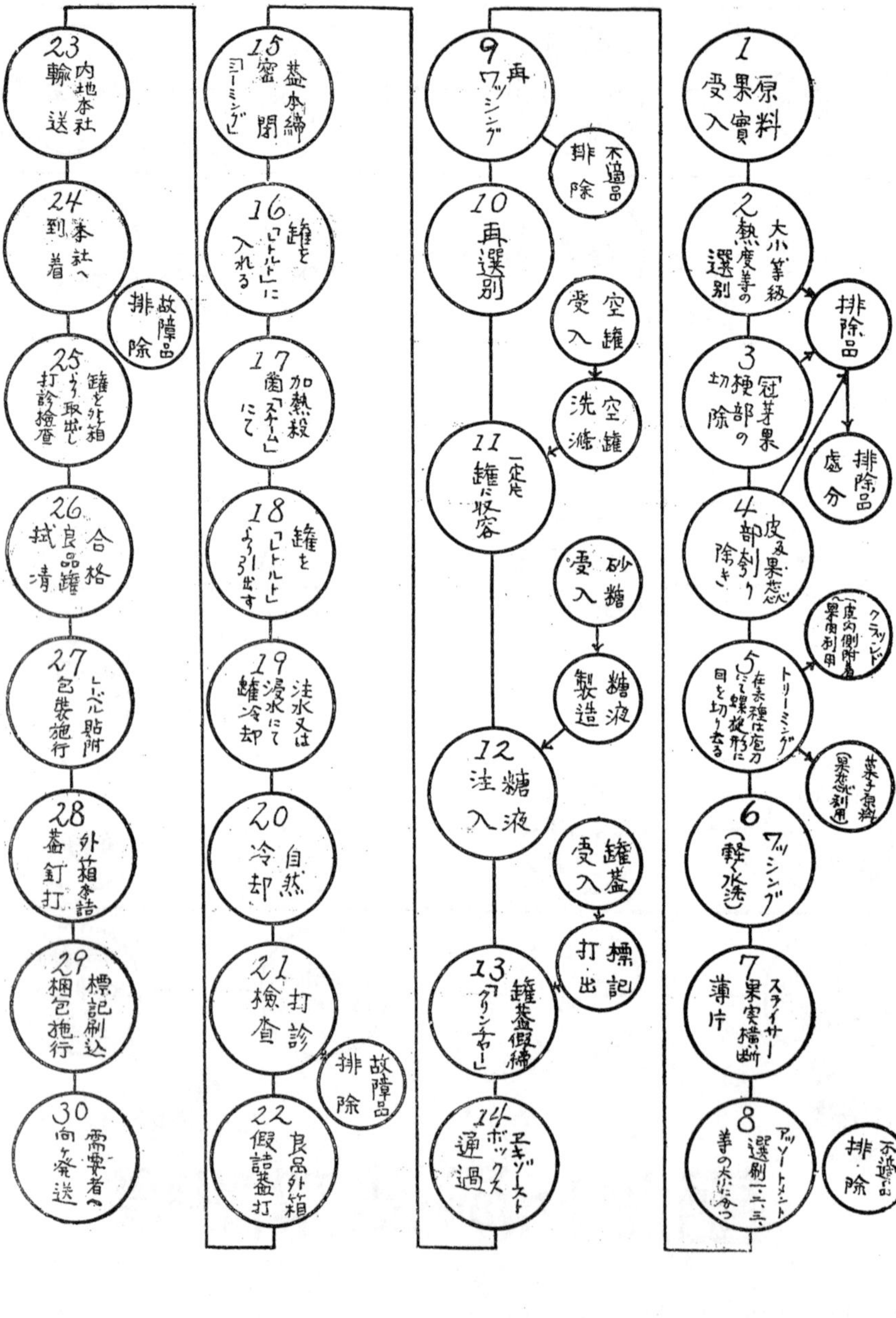

1 原料果實受入
2 大小等級熱度等の選別
排除品
3 冠芽果梗部の切除
排除品處分
4 皮及果芯部割り除き
5 トリーミング 在來種は庖刀にて螺旋形に目を切り去る
クラッシュド（皮内側附着果肉利用）
菓子原料（果芯利用）
6 ワッシング（軽く水洗）
7 スライサー 果實横斷薄片
8 アッソートメント選別（一、二、三、等の大小に分つ）
不適品排除
9 再ワッシング
不適品排除
10 再選別
空罐受入
空罐洗滌
11 一定量罐に收容
砂糖受入
糖液製造
12 糖液注入
罐蓋受入
標記打出
13 罐蓋假締「クリンチャー」
14 エキゾーストボックス通過
15 蓋本締密閉「シーミング」
16 罐を「レトルト」に入れる
17 加熱殺菌「スチーム」にて
18 罐を「レトルト」より引出す
19 注水又は浸水にて罐冷却
20 自然冷却
21 打診檢査
故障品排除
22 良品外箱假詰蓋打
23 内地本社輸送
24 本社へ到着
故障品排除
25 罐を外箱より取出し打診檢査
26 合格良品罐拭清
27 レッテル貼附包装施行
28 外箱本詰蓋釘打
29 標記刷込梱包施行
30 需要者へ向ケ發送

グリンピース罐詰製造工程圖

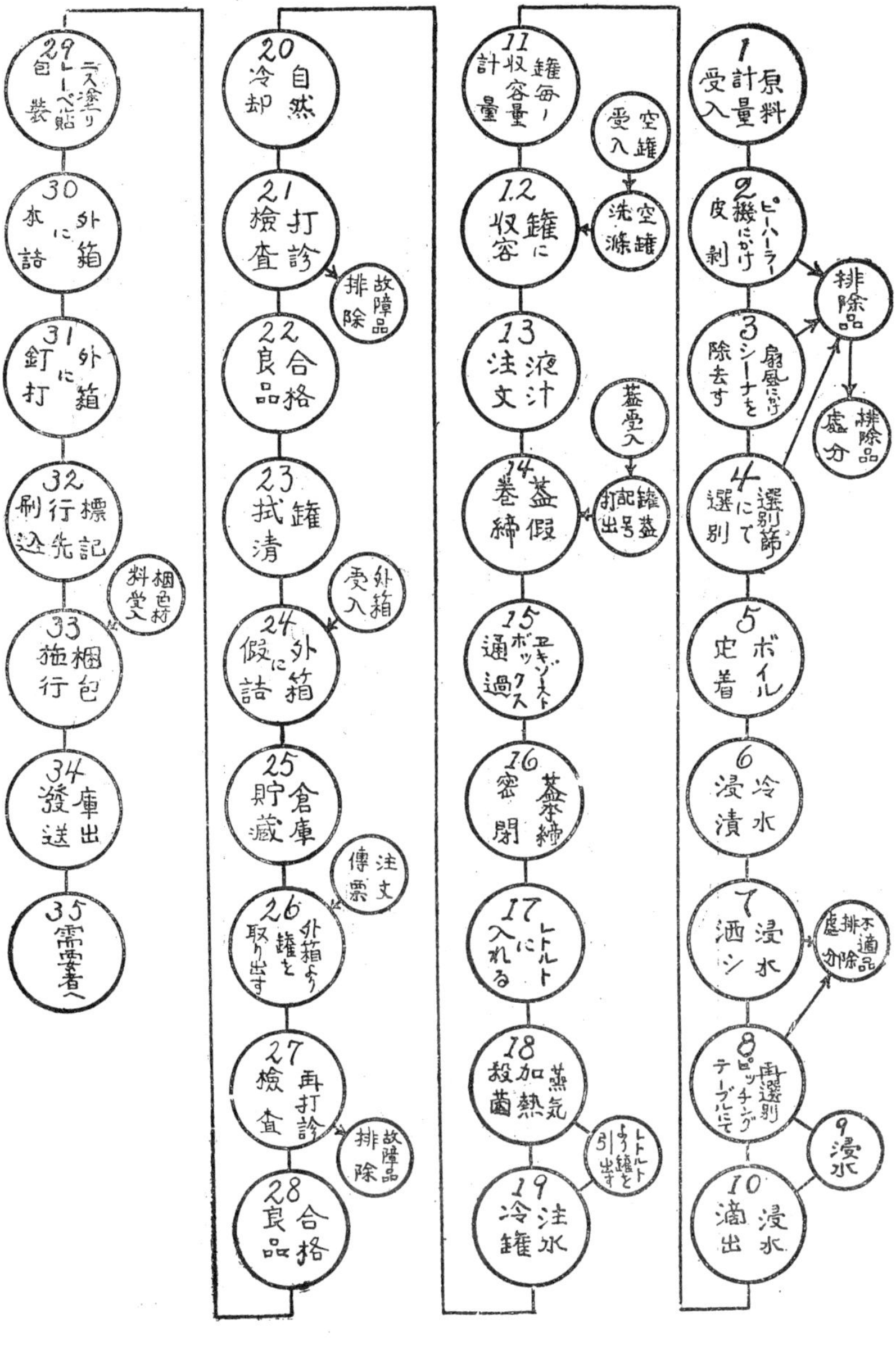

筍水煑罐詰製造工程圖

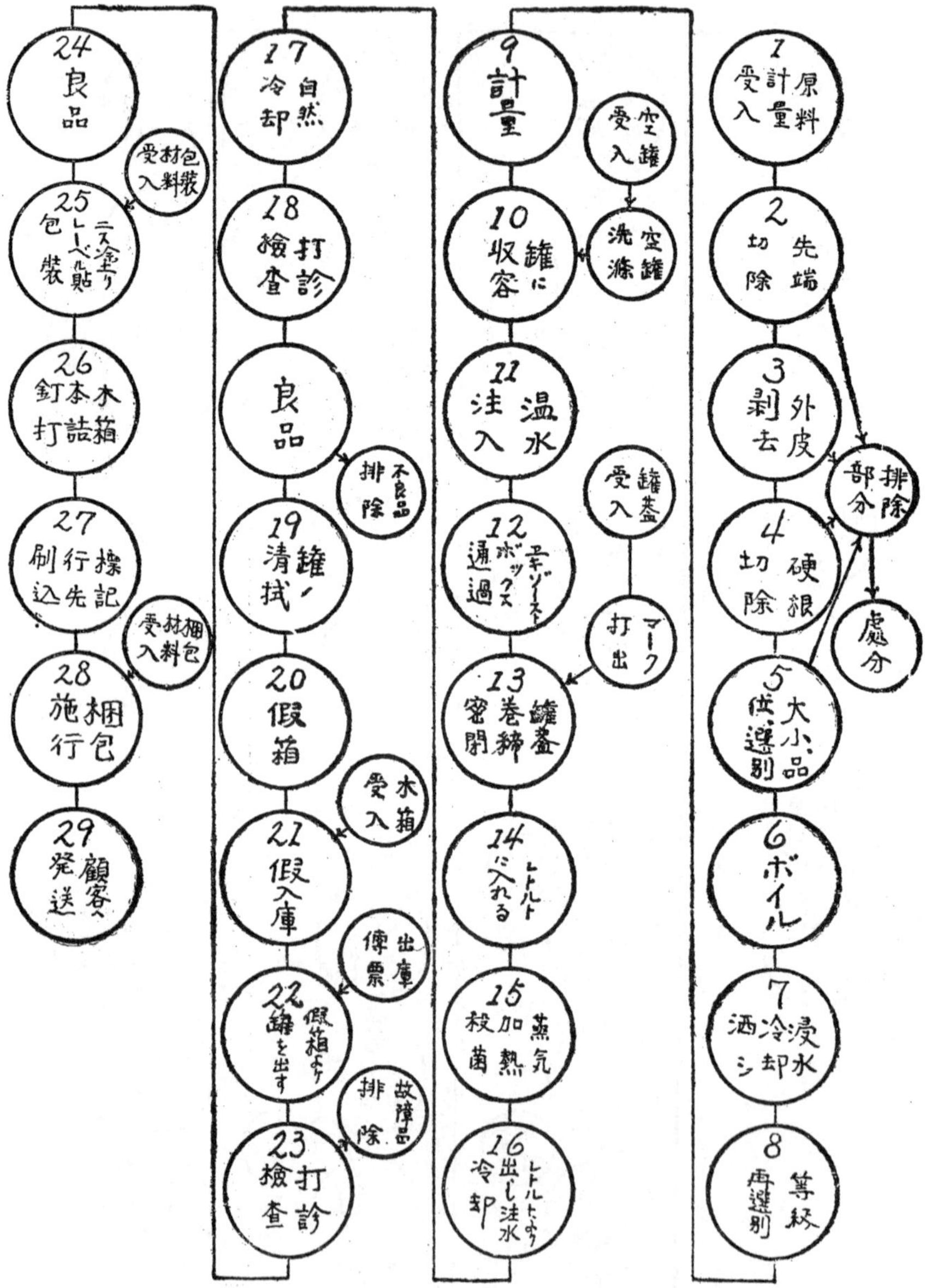

1 原料計量受入
2 先端切除
3 外皮剝去
排除部分
4 硬根切除
處分
5 大小品位選別
6 ボイル
7 浸水冷却洒シ
8 等級再選別
9 計量
空罐受入
空罐洗滌
10 罐に収容
11 温水注入
罐蓋受入
12 エキゾーストボックス通過
マーク打出
13 罐蓋巻締密閉
14 レトルトに入れる
15 蒸気加熱殺菌
16 レトルトより出し注水冷却
17 自然冷却
18 打診検査
良品
不良品排除
19 罐ノ清拭
20 假箱
木箱受入
21 假入庫
出庫傳票
22 假箱より罐を出す
故障品排除
23 打診検査
24 良品
包装材料受入
25 ニス塗りレーベル貼包装
26 木箱詰本釘打
27 捺記行先刷込
捆包材料受入
28 捆包施行
29 顧客へ発送

福神漬罐詰製造工程圖

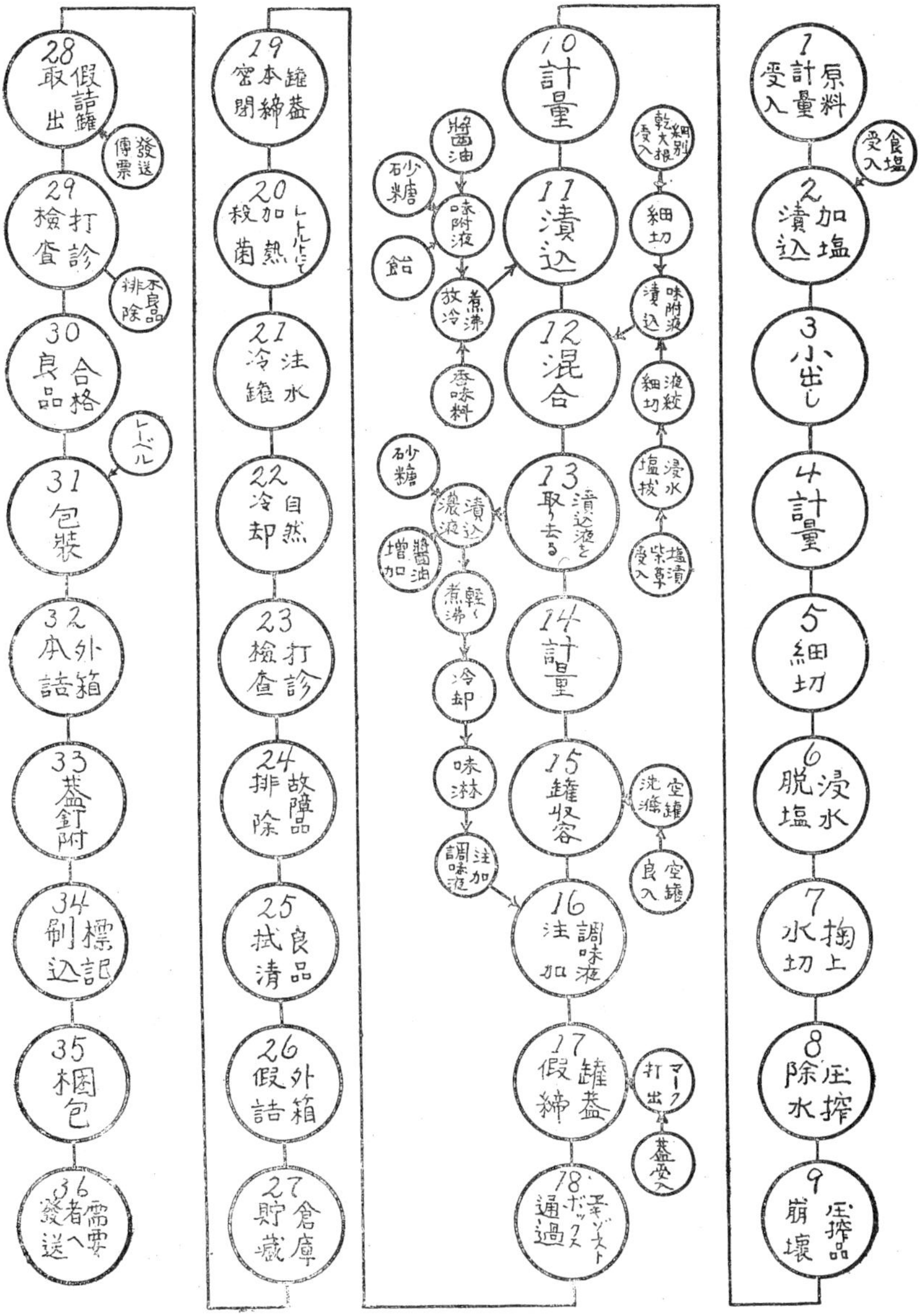

1 原料計量受入
食塩受入
2 加塩漬込
3 小出し
4 計量
5 細切
6 浸水脱塩
7 掬上水切
8 圧搾除水
9 圧搾品崩壊
10 計量
乾大根細別受入
細切
味附液漬込
浸水絞
細切
浸水塩抜
塩漬紫蘇受入
醤油
砂糖
味附液
飴
煮沸放冷
香味料
11 漬込
12 混合
13 漬込液を取り去る
砂糖
濃漬込液
醤油増加
軽く煮沸
冷却
味淋
調味液注加
14 計量
15 罐収容
空罐洗滌
空罐受入
16 調味液注加
17 罐蓋仮締
マーク打出
蓋受入
18 エキゾーストボックス通過
19 罐蓋本締密閉
20 レトルトにて加熱殺菌
21 注水冷罐
22 自然冷却
23 打診検査
24 故障品排除
25 良品拭清
26 外箱仮詰
27 倉庫貯蔵
28 仮詰罐取出
発送伝票
29 打診検査
不良品排除
30 合格良品
レーベル
31 包装
32 外箱本詰
33 蓋釘附
34 標記刷込
35 梱包
36 需要者へ発送

年利日歩換算表

年利（割分厘）	一〇	一五	二〇	二五	三〇	三五	四〇	四五
日歩（銭厘毛）	二七	四一	五五	六八	八二	九六	一、一〇	一、二三
年利（割分厘）	五〇	五五	六〇	六五	七〇	七五	八〇	八五
日歩（銭厘毛）	一、三七	一、五一	一、六四	一、七八	一、九二	二、〇五	二、一九	二、三三
年利（割分厘）	九〇	九五	一・〇〇	一・〇五	一・一〇	一・一五	一・二〇	一・二五
日歩（銭厘毛）	二、四七	二、六〇	二、七四	二、八八	三、〇一	三、一五	三、二九	三、四二
年利（割分厘）	一・三〇	一・三五	一・四〇	一・四五	一・五〇	一・五五	一・六〇	一・六五
日歩（銭厘毛）	三、五六	三、七〇	三、八四	三、九七	四、一一	四、二五	四、三八	四、五二
年利（割分厘）	一・七〇	一・七五	一・八〇	一・八五	一・九〇	一・九五	二・〇〇	二・〇五
日歩（銭厘毛）	四、六六	四、七九	四、九三	五、〇七	五、二一	五、三四	五、四八	五、六二

日歩年

日歩（銭厘毛）	一〇	一五	二〇	二五	三〇
年利（割分厘毛）	三七	五五	七三	九一	一一〇
日歩（銭厘毛）	一、一五	一、二〇	一、二五	一、三〇	一、三五
年利（割分厘毛）	四二〇	四三八	四五六	四七五	四九三
日歩（銭厘毛）	二、二〇	二、二五	二、三〇	二、三五	二、四〇
年利（割分厘毛）	八〇三	八二一	八四〇	八五八	八七六
日歩（銭厘毛）	三、二五	三、三〇	三、三五	三、四〇	三、四五
年利（割分厘毛）	一・一八六	一・二〇五	一・二二三	一・二四一	一・二五九
日歩（銭厘毛）	四、三〇	四、三五	四、四〇	四、四五	四、五〇
年利（割分厘毛）	一・五七〇	一・五八八	一・六〇六	一・六二四	一・六四三

利換算表

三五	四〇	四五	五〇	五五	六〇	六五	七〇	七五	八〇	八五	九〇	九五	一、〇〇	一、〇五	一、一〇
一二八	一四六	一六四	一八三	二〇一	二一九	二三七	二五六	二七四	二九二	三一〇	三二九	三四七	三六五	三八三	四〇二
一、四〇	一、四五	一、五〇	一、五五	一、六〇	一、六五	一、七〇	一、七五	一、八〇	一、八五	一、九〇	一、九五	二、〇〇	二、〇五	二、一〇	二、一五
五一一	五二九	五四八	五六六	五八四	六〇二	六二一	六三九	六五七	六七五	六九四	七一二	七三〇	七四八	七六七	七八五
二、四五	二、五〇	二、五五	二、六〇	二、六五	二、七〇	二、七五	二、八〇	二、八五	二、九〇	二、九五	三、〇〇	三、〇五	三、一〇	三、一五	三、二〇
八九四	九一三	九三一	九四九	九六七	九八六	一・〇〇四	一・〇二二	一・〇四〇	一・〇五九	一・〇七七	一・〇九五	一・一一三	一・一三二	一・一五〇	一・一六八
三、五〇	三、五五	三、六〇	三、六五	三、七〇	三、七五	三、八〇	三、八五	三、九〇	三、九五	四、〇〇	四、〇五	四、一〇	四、一五	四、二〇	四、二五
一・二七八	一・二九六	一・三一四	一・三三二	一・三五一	一・三六九	一・三七八	一・四〇五	一・四二四	一・四四二	一・四六〇	一・四七八	一・四九七	一・五一五	一・五三三	一・五五一
四、五五	四、六〇	四、六五	四、七〇	四、七五	四、八〇	四、八五	四、九〇	四、九五	五、〇〇	五、〇五	五、一〇	五、一五	五、二〇	五、二五	五、三〇
一・六六一	一・六七九	一・六九七	一・七一六	一・七三四	一・七五二	一・七七〇	一・七八九	一・八〇七	一・八二五	一・八四三	一・八六二	一・八八〇	一・八九八	一・九一六	一・九三五

現行諸法令一覽

改正メートル郵便法

内國通常郵便物料金

種類	種別	重量	料金
第一種	書状	十五瓦又ハ其端數毎ニ	三錢
	(一)全部印刷シタル無封書状(二)盲人用點字ノ無封書状(三)大部分印刷シタル無封書状ニシテ官公署、公共團體、社寺、學校又ハ營利ヲ目的トセサル法人若ハ團體ヨリ發スル無封書状(四)大部分印刷シタル無封書状ニシテ營業者ヨリ其ノ營業ニ關シ發スル報知書、送状、契約申込書契約ノ承諾又ハ拒絶書、請求書、督促状、計算書、見積書、明細書、領收書	卅五瓦又ハ其端數毎ニ	二錢
第二種	葉䈎	通常葉書	一錢五厘
		往復葉書・封緘葉書	三錢
第三種	發行人等ヨリ差出ス日刊新聞紙一部(一日分)前項以外ノ定期刊行物ニテ特ニ認可アルモノ	百十瓦迄又ハ以上七十五瓦迄毎ニ	五厘
		七十五瓦又ハ其ノ端數毎ニ	五厘
第四種	書籍、印刷物、業務用書類、寫眞、書、畫、圖、商品見本及雛形、博物學上ノ標本	百十瓦又ハ其端數毎ニ	二錢
	第三種郵便物ニアラサル定期刊行物ニシテ一ケ月ノ差出百通以上アルモノヲ約束郵便物トシテ承認ヲ受ケタルモノ	百十瓦又ハ其端數毎ニ	一錢
第五種	農産物種子	百十瓦又ハ其端數毎ニ	一錢

(通常郵便物ノ容積ハ長サ四十糎、幅廿五糎、厚サ十五糎ヲ限度トシ重量ハ第三種乃至第五種郵便物ハ千百瓦、商品見本及雛形ハ三百五十瓦迄トス)

市内特別取扱郵

種類	重量	料金
有封同文書状	十五瓦迄	一錢五厘
	十五瓦以上ハ十五瓦迄毎ニ	一錢
無封同文書状	三十五瓦迄	一錢五厘
	三十五瓦以上ハ三十五瓦迄毎ニ	一錢
第三種郵便物	七十五瓦迄	四厘
	七十五瓦以上ハ七十五瓦迄毎ニ	三厘
	三千一箇分ヨリハ七十五瓦迄毎ニ	三厘
第四種郵便物	百十瓦迄	六厘
	百十瓦以上ハ百十瓦迄毎ニ	五厘
	三千一箇分ヨリハ百十瓦迄毎ニ	五厘

便料
同一郵便區市内ニ發著スル全部又ハ大部分ヲ印刷シタル同文ノ有封及無封書狀又ハ同一内容ノ第三種及第四種郵便物ニシテ同時ニ百箇以上差出ストキハ前記ノ料金ニ依リ（市内郵便）トシテ一定ノ印章ヲ押捺シ市内特別取扱トナスコトヲ得本取扱ハ十二月二十五日ヨリ翌年一月七日迄休止ス

速達郵便取扱料

表面ニ（速達）ト朱記スベシ

摘要	料金
一、同一郵便區／イ 東京市内 ロ 大阪市内 …… 相互間	通常郵便料金ノ外ニ一箇ニ付 六錢
二、二個郵便區／イ 東京市内ト横濱市内 ロ 大阪市内ト京都市内 ハ 大阪市内ト神戸市内 相互間	通常郵便料金ノ外ニ一箇ニ付 十二錢

速達小包ノ重量ハ二瓩迄トス

同一ノ差出人ヨリ同一ノ受取人ニ宛テ同時ニ二箇以上差出ストキハ内一箇ヲ除キ他ハ前記料金ノ半額トス

郵便特殊取扱料

	摘要	料金
一	別配達料：陸上八粁以内 ……	三十錢
	八粁ヲ超過シタルキトハ四粁迄毎ニ	廿五錢
	艀船料ハ別ニ其實費額ヲ受取人ヨリ徴收ス受取人之ヲ納付セザル時ハ差出人ヨリ徴收ス	
二	留置通知料	三錢
三	引受時刻證明料	十五錢
四	配達證明料　差出ノ際	三錢
	差出ノ後	六錢
五	書留料	十錢
六	内容證明料：一箇ニ付一通ノ謄本一枚ノモノハ	十錢
	二枚以上ノモノハ一枚ヲ增ス毎ニ	四錢
	同時ニ二箇以上同文ノモヲ差出ストキハ内一箇ヲ除キ他ハ前記料金ノ半額	
七	價格表記料（限度千円）：書留郵便物ノ料金ヨリ普通郵便料ヲ差引タル金額ノ外ニ通貨ハ表記金額十圓迄毎ニ	十錢
	其他ノ物件ハ表記金額十圓迄毎ニ	五錢
八	代引金料　引換一口ニ付金五錢	
	外ニ取立金送達料	
	一圓迄	三錢
	五圓迄	五錢
	十圓迄	七錢
	十五圓迄	十錢
	二十五圓迄	十三錢
	五十圓迄	二十五錢
	百圓迄	三十五錢
	百五十圓迄	四十五錢
	二百圓迄	五十五錢
	二百五十圓迄	六十五錢
	三百圓迄	七十五錢
	以上千圓迄ハ百圓ヲ增ス毎ニ	十錢
	（金額限度千圓）	
九	集金郵便　取立濟ノ金額ニ對シ一口ニ付 取立料	
	五圓迄	五錢
	十圓迄	七錢
	十五圓迄	十錢
	二十圓迄	十三錢
	五十圓迄	廿五錢
	百圓迄	三十五錢
	百五十圓迄	四十五錢
	二百圓迄	五十五錢
	二百五十圓迄	六十四錢
	三百圓迄	七十五錢
	以上千圓迄ハ百圓ヲ增ス毎ニ	十錢
	（金額限度）證書 三圓以上五十圓	
	證券 三圓以上千圓	
	委託料（一口ニ付）證書六錢、證券十五錢	
	集金留置通知料（一口ニ付）三錢	

內國小包郵便及日滿小包料

重量＼區域	同一郵便區市內（普通・書留）	內一郵便區市外 普通	內一郵便區市外 書留	內地樺太臺灣及相互間 普通	內地樺太臺灣及相互間 書留	內地、朝鮮、關東州南滿州及南洋群島相互間（普通ハ不取扱）書留
五百瓦迄	一二 六錢	一〇	一五	二七	四二	四二
一瓩迄	一二 六錢	一四	二一	三四	四九	四九
二瓩迄	一二 六錢	二二	三三	四七	六二	六二
三瓩迄	一二 六錢	三〇	四五	六〇	七五	七五
四瓩迄	一二 六錢	三八	五七	七三	八八	八八
五瓩迄	一二 六錢	四六	六九	七九	九四	九四
六瓩迄	一二 六錢	五四	八一	八五	一〇〇	一〇〇

日華小包料（內地及中華民國相互間）

重量	料金
一瓩迄	四五錢
二瓩迄	六〇錢
四瓩迄	九〇錢
六瓩迄	一二〇錢
八瓩迄	一五〇錢
十瓩迄	一八〇錢

小包郵便物制限

小包郵便物（容積—長、幅、厚各六十糎、但シ幅及厚各十五糎以內ノモノハ長サ九十糎迄ヲ限リ差出ス事ヲ得
重量—六瓩、日華小包十瓩、速達小包二瓩迄）

航空郵便

種別	料金（通常料金ノ他ニ）
第一種　有封書狀……十五瓦又ハ其端數每ニ	十五錢
第一種　無封書狀……三十五瓦又ハ其端數每ニ	十五錢
第二種　通常ハガキ往復ハガキ、（往信、返信別ニ）	七錢
第二種　封緘ハガキ　同	十五錢
第三、四、五種　七十五瓦又ハ其端數每ニ　同	二十五錢
小包郵便物　一瓩マデ（內地相互間）　同	一圓
小包郵便物　一瓩以上ハ五百瓦又ハ其端數每ニ	五十錢

內地ト朝鮮又ハ關東廳管內
通常ハガキ……………十五錢
往復ハカキ
往信、返信別ニ…十五錢
他ノ種類ハ內地ノ倍額

速達取扱—東京市內及近郊地、横濱、大阪、京都、神戶、京城、大連各市內ヲ取扱フ……內地八錢增、鮮滿十錢增ノコト

差出方法—表面ニ「航空」ト朱記シ小包、書留、價格表記ノモノハ郵便局へ、他ハ投函スルコトヲ得

內國郵便

爲替金額＼爲替種別	通常爲替料	電信爲替料	※特定電信爲替料
二十圓迄		五十錢	七十錢
五十圓迄		七十錢	一圓
百圓迄		九十錢	一圓三十錢
百五十圓迄		一圓十錢	一圓六十錢
二百圓迄		一圓三十錢	一圓九十錢
二百五十圓迄		一圓五十錢	二圓二十錢
三百圓迄		一圓七十錢	二圓五十錢
三百五十圓迄		一圓九十錢	二圓八十錢
四百圓迄		二圓十錢	三圓十錢
四百五十圓迄		二圓三十錢	三圓四十錢
五百圓迄		二圓五十錢	三圓七十錢

通常爲替料：十五錢、二十五錢、三十五錢、四十五錢、五十五錢、六十五錢、七十五錢

小爲替金額	小爲替料
一圓迄	三錢
五圓迄	五錢
十圓迄	七錢
十五圓迄	十錢
二十圓迄	十三錢

※「註」特定電信爲替料金トハ內地、臺灣、朝鮮、樺太、滿洲及南洋諸島ト各其ノ以外ノ地間及南洋諸島各地相互間ニ取扱ム電信爲替ノ料金ヲ云フ　但シ朝鮮ト滿洲トノ間ハ一般料金ニ依ルモノトス

爲替料

爲替證書金額（證書一枚ニ付）

- 通常爲替—金三百圓迄
- 電信爲替—金五百圓迄
- 小爲替—金二十圓迄

（通常爲替及小爲替ノ金額ハ錢位未滿、電信爲替ノ金額ハ圓位未滿ノ端數ヲ付スル事ヲ得ス）（爲替證書有効期間 證書發行日ヨリ六十日）

爲替ニ關スル各種手數料

○爲替證書送達手數料 通常爲替（證書一枚ニ付）十錢

○爲替金拂渡濟通知料
○爲替振出後訂正通知料
○爲替金拂渡停止及解除手數料
（證書一枚ニ付）郵便通知……三錢 電報通知……電報料相當額

○爲替金拂渡濟否取調手數料（證書一枚ニ付）郵便照會 三錢 電信照會 電報料相當額

○再度證書請求手數料（爲替一口ニ付）
○失効證書爲替金拂戻手數料
○拂渡又ハ拂戻局所變更手數料
通常又ハ電信爲替……十錢 小爲替……五錢

○爲替電報至急取扱料 前記電信爲替ノ料金同額

○爲替電報又ハ電信爲替證書別配達料 陸上八粁以内 三十錢 八粁ヲ超過ジタルトキハ四粁迄毎ニ廿五錢 解船料ハ別ニ其ノ實費額ヲ受取人ヨリ徴收ス受取人之ヲ納付セサルトキハ差出人ヨリ徴收ス

振替貯金料金

受拂金額	拂込料金	拂出料金
一圓迄	二錢	五錢
五圓迄	四錢	五錢
十圓迄	六錢	十錢
五十圓迄	八錢	十五錢
百圓迄	十錢	二十錢
二百圓迄	十五錢	二十五錢

受拂金額	拂込金額	拂出料金
三百圓迄	十五錢	三十錢
四百圓迄	十五錢	三十五錢
五百圓迄	十五錢	四十錢
六百圓迄	二十錢	四十五錢
八百圓迄	二十錢	五十錢
千圓迄	二十錢	五十五錢

一、拂込高一口ニ付千圓ヲ超過スルトキハ其超過額千圓迄毎ニ五錢
二、拂出高一口ニ付千圓ヲ超過スルコトヲ得ス
三、自己ノ口座ニ對シ指定郵便局ニテ拂込ム場合無料
四、口座振替受入無料
五、口座振替拂出料一口ニ付四錢
六、市公金及國庫金拂込ノ爲メニスルモノハ無料（加入者ニ限ル）

◎拂出證書ノ有効期間ハ發行日ヨリ六十日間但シ南洋群島ニ設置シタル郵便局所ヲ拂渡局トセルモノハ百二十日間

外國郵便振替

振替金額	最高ノ制限ナシ、振替金額ニハ錢位未滿又ハ外國貨幣單位百分ノ一位未滿ノ端數ヲ附スルヲ得ズ
拂出料金	一口ニ付振替金額八十圓マデ……八錢 一口ニ付振替金額八十圓ヲ超ユルトキハ十圓マデ毎ニ一錢增（加入者ノ貯金ヨリ控除）
振替ノ取消	一口ニ付郵便ニヨルモノ三十錢 一口ニ付電信ニヨルモノ四十錢 （右取消ガ外國ヘ通知濟ナルトキハ 郵便ノ場合……二十六錢 電信ノ場合相當外國電報料ノ外ニ二十六錢）
取調請求	料金 三十二錢 請求シ得ル期間ハ振替請求ノ日ヨリ一年

料金ノ還付 左記料金ハ納付人ノ請求ニヨリ還付ス（イ、ノ場合ハ……九十日以內 ロ、ハ、ノ場合ハ……一年以內）

イ、業務上ノ過失ニ因リ徴收シタル料金
ロ、各種ノ請求ニ對シ業務上ノ過失ニヨリ其ノ取扱ヲ爲サザリシ場合ニ於ケル當該料金
ハ、業務上ノ過失ニヨリ取調請求ヲ爲スニ至リタル場合ニ於ケル取調請求ノ料金

◎特別ノ規定ノナキモノハ郵便振替貯金規定ニヨル

內國電報料早

通常料金	照校(ムニ)	至急(ウナ)	至急照校(ウナムニ)
圓 錢	圓 錢	圓 錢	圓 錢
.30	.37	.90	.97
.35	.43	1.05	1.13
.40	.50	1.20	1.30
.45	.56	1.35	1.46
.50	.62	1.50	1.62
.55	.68	1.65	1.78
.60	.75	1.80	1.95
.65	.81	1.95	2.11
.70	.87	2.10	2.27
.75	.93	2.25	2.43
.80	1.00	2.40	2.60
.85	1.06	2.55	2.76
.90	1.12	2.70	2.92
.95	1.18	2.85	3.03
1.00	1.25	3.00	3.25
1.05	1.31	3.15	3.41
1.10	1.37	3.30	3.57
1.15	1.43	3.45	3.73
1.20	1.50	3.60	3.90
1.25	1.56	3.75	4.06
1.30	1.62	3.90	4.22
1.35	1.68	4.05	4.38
1.40	1.75	4.20	4.55
1.45	1.81	4.35	4.71
1.50	1.87	4.50	4.87
1.55	1.93	4.65	5.03
1.60	2.00	4.80	5.20
1.65	2.06	4.95	5.36
1.70	2.12	5.10	5.52
1.75	2.18	5.25	5·68
1.80	2.25	5.40	5.85
1.85	2.31	5.55	6.01
1.90	2.37	5.70	6.17
1.95	2.43	5.85	6.33
2.00	2.50	6.00	6.50
2.05	2.56	6.15	6.66
2.10	2.62	6.30	6.82
2.15	2.68	6.45	6.98

內國電報料

區間	和文 基本(十五字以內)	和文 累加(五字以內ヲ増ス毎ニ)	歐文 基本(五語以內)	歐文 累加(一語ヲ増ス毎ニ)
同一市區町村內	十五錢	三錢	十五錢	三錢
內地(小笠原島ヲ除ク)各地間	三十錢	五錢	三十錢	五錢
內地、小笠原島、臺灣、樺太、朝鮮及南洋ヤップ島相互間	四十錢	五錢	四十五錢	五錢

外國郵便料
(中華民國宛ヲ除ク)

通常郵便物料金

種別	重量	料金
書狀	二十瓦迄	十錢
書狀	以上二十瓦毎又ハ其ノ端數毎ニ	六錢
葉書	通常葉書	六錢
葉書	往復葉書	十二錢
印刷物	五十瓦毎又ハ其ノ端數毎ニ	二錢
盲人用點字ノ印刷物	一瓩毎又ハ其ノ端數毎ニ	二錢
業務用書類	二百五十瓦迄	十錢
業務用書類	以上五十瓦毎又ハ其ノ端數毎ニ	二錢
商品見本	百瓦迄	四錢
商品見本	以上五十瓦毎又ハ其ノ端數毎ニ	二錢
小形包裝物	百五十瓦迄	二十錢
小形包裝物	以上二百瓦迄	廿四錢
小形包裝物	以上五十瓦毎又ハ其ノ端數毎ニ	六錢

特殊取扱料金

種別		料金
價格表記書狀	二十瓦迄	廿六錢
價格表記書狀	以上二十瓦毎又ハ其ノ端數毎ニ	六錢
價格表記箱物	二百五十瓦迄	五十六錢
價格表記箱物	以上五十瓦毎又ハ其ノ端數毎ニ	八錢
書留料	通常郵便物 中華民國宛ノモノ	十錢
書留料	通常郵便物 其他ノ外國宛ノモノ	十六錢
書留料	米國及比律賓宛小包郵便物	十錢
到達證料	中華民國宛ノモノ……… 差出ノ際	二錢
到達證料	中華民國宛ノモノ……… 差出ノ後	六錢
到達證料	聯合ノ條約及約定ニ依ル郵便物並海峽殖民地又ハ香港トノ約定ニ依ル小包郵便物 差出ノ際	十六錢
到達證料	聯合ノ條約及約定ニ依ル郵便物並海峽殖民地又ハ香港トノ約定ニ依ル小包郵便物 差出ノ後	卅二錢
到達證料	其他ノ條約及約定ニ依ル小包郵便物(米國及比律賓宛書留小包郵便物ヲ除ク)	五錢

見表

字數
15
20
25
30
35
40
45
50
55
60
65
70
75
80
85
90
95
100
105
110
115
120
125
130
135
140
145
150
155
160
165
170
175
180
185
190
195
200

特定區間電報料早見表

內地・小笠原・臺灣・樺太・朝鮮
及南洋ヤップ島相互間

字數	通常料金	照校（ムニ）	至急（ウナ）	至急照校（ウナムニ）
	圓 錢	圓 錢	圓 錢	圓 錢
15	.40	.50	1.20	1.30
20	.45	.56	1.35	1.46
25	.50	.62	1.50	1.62
30	.55	.63	1.65	1.78
35	.60	.75	1.80	1.95
40	.65	.81	1.95	2.11
45	.70	.87	2.10	2.27
50	.75	.93	2.25	2.43
55	.80	1.00	2.40	2.60
60	.85	1.06	2.55	2.76
65	.90	1.12	2.70	2.92
70	.95	1.18	2.85	3.08
75	.100	1.25	3.00	2.25
80	1.05	1.31	3.15	3.41
85	1.10	1.37	3.30	3.57
90	1.15	1.43	3.45	3.73
95	1.20	1.50	3.60	3.90
100	1.25	1.56	3.75	4.06
105	1.30	1.62	3.90	4.22
110	1.35	1.68	4.05	4.38
115	1.40	1.75	4.20	4.55
120	1.45	1.81	4.35	4.71
125	1.50	1.87	4.50	4.87
130	1.55	1.93	4.65	5.03
135	1.60	2.00	4.80	5.20
140	1.65	2.06	4.95	5.36
145	1.70	2.12	5.10	5.52
150	1.75	2.18	5.25	5.68
155	1.80	2.25	5.40	5.85
160	1.85	2.31	5.55	6.01
165	1.90	2.37	5.70	6.17
170	1.95	2.43	5.85	6.33
175	2.00	2.50	6.00	6.50
180	2.05	2.56	6.15	6.66
185	2.10	2.62	6.30	6.82
190	2.15	2.68	6.45	6.98
195	2.20	2.75	6.60	7.15
200	2.25	2.81	6.75	7.31

特殊電報略號及附加

注意｛指定略號文字ハ總テ字
料金ニ厘位アルトキハ

指定事項	和文略號	歐文略號	特殊電報料及附加料金
至急	ウナ	UR	官報電報料ノ二倍 私報電報料ノ三倍
返信料前納	ナツ	RP	返信相當ノ電報料
照校	ムニ	TC	電報料ノ四分ノ一
電報受信報知	ツニ	PC	和文 歐文｝最低電報料
郵便受信報知	ツツ	PP	三錢
追尾	チラ	FS	追尾一回毎ニ電報ヲ差出シタルモノトシテ計算シ之ヲ受信人ヨリ徴收ス

指定事項	和文略號	歐文略號	特殊電報料及附加料金
再送	ナチ	PF	再送一回毎ニ新ニ電報ヲ差出シタルモノトシテ計算シ之ヲ受信人ヨリ徴收ス
同文	ムヨ	TM	原信外一通ニ付　十五錢 （料金別納扱ヲナス）
外國郵送		PN	中華民國宛ノモノ　十三錢 其他ノ外國宛ノモノ　廿六錢 （但シ歐文電報ニ限ル）
時間外	ララ	SS	三十錢
夜間配達	タラ	NS	
翌朝配達	ヨナ	MR	

料金表

數ニ計算ス
切捨

名稱	略號	記號	料金
留置	ムナ	TR	
別使配達	マツ	XP	著信電信官署ヨリ八粁以内ハ三十錢、以上四粁迄毎ニ廿五錢ヲ加フ但シ島嶼ニ配達スルモノハ距離ニ拘ラス丰錢トシ配達實費之ヲ超ユルトキハ其ノ實費額ニ依ル
別使配達料受信人拂	マナ	XR	
艀船配達	ハホ	BD	三十錢 但シ其ノ配達實費之ヲ超ユルトキハ其ノ實費額ニ依ル
艀船配達料受信人拂	ハナ	BR	
局待	ヤム	WT	
親展	ニカ	CL	
配達日時指定	ヨイ	MA	內地同一市內又ハ同一電信官署ニ著スル五十通以上同文ノモノニテ指定セル日時ヨリ配達ス（料金別納扱ヲナス）
料金別納			同文ニシテ同時ニ十通以上差出ス場合ハ合計料金ヲ切手又ハ通貨ヲ以チ別納スルヲ得
無線電報（船舶局中繼）	ナヨ	RM	無線電報ノ料金ノ外ニ船舶局中繼ノ各取扱ニ付十五字迄毎ニ二十五錢
陸地間無線電報（固定局間傳送）	ナイ	RA	固定局間傳送上ノ料金ハ告示シタル特定料金ニヨル

外國及日華電報料

宛地名	料金一語
中華民國内地	圓.五〇錢
上海	.三〇
厦門	.九〇
福州	.五〇
香港	.六三
印度	一.四〇

宛地名	料金一語
暹羅×	一圓.〇八錢
新嘉坡×	一.〇五
馬尼刺×	.七六
新西蘭	一.八五
ホノルヽ×	一.一四
歐州諸國×	一.三八

宛地名	料金一語
華盛頓×	一圓.六八錢
桑港×	一.三八
市俄古×	一.六一
紐育×	一.六八
シヤトル×	一.四九
晩香坡×	一.五九

宛地名	料金一語
オツタワ×	一圓.七二錢
伯刺西爾×	二.五六
アルゼンチン×	二.五六

（注意）外國電報ハ經過線路ヲ異ニスルモ始ト同一料金ナリ

×印ハケーブル無線共

日華電報料

宛地名			本邦内地、臺灣、樺太又ハ南洋ヤツプ島ト滿洲又ハ中華民國芝罘トノ間	朝鮮、滿洲及中華民國芝罘相互間
和文	基本	（十五字以内）	四十錢	三十錢
	累加	（五字以内ヲ增ス毎ニ）	五錢	五錢
歐文	基本	（五語以内）	四十五錢	三十錢
	累加	（一語ヲ增ス毎ニ）	五錢	五錢

北滿宛

ハルピン、チチハル宛　和文─十四字迄四十八錢　七字迄毎ニ十六錢

東三省内各地（但シ奉天省内ニテハ取扱ハザル所一部アリ）　歐文─一語十六錢

營業收益税率摘要

本法施行地ニ本店・支店其ノ他ノ營業場ヲ有スル營利法人並ニ下ニ掲グル營業ヲ爲ス個人ニハ次ノ税率ニヨリ之ヲ賦課ス

(法人)百分ノ三・四　(個人)純益金額千圓以下百分ノ二・二

純益金額千圓ヲ超ユルトキハ

千圓以下ノ金額百分ノ二・二　千圓ヲ超ユル金額百分ノ二・六

個人營業名

一　物品販賣業（動植物其ノ他普通ニ物品ト稱セザルモノ、販賣ヲ含ム）
二　銀行業
三　無盡業
四　金錢貸付業
五　物品貸付業（動植物其ノ他普通ニ物品ト稱セザルモノ、貸付ヲ含ム）
六　製造業（瓦斯電氣ノ供給、物品ノ加工修理ヲ含ム）
七　運送業（運送取扱ヲ含ム）
八　倉庫業
九　請負業
一〇　印刷業
一一　出版業
一二　寫眞業
一三　席貸業
一四　旅人宿業（下宿ヲ含ミ木賃宿ヲ含マズ）
一五　料理店業
一六　周旋業
一七　代理業
一八　仲立業
一九　問屋業

一、營業收益税ハ各營業ノ純益ニ付之ヲ賦課ス
二、法人ノ純益ハ各事業年度ノ總益金ヨリ總損金ヲ控除シタル金額ニ依リ個人ノ純益ハ前年中ノ總收入金額ヨリ必要ノ經費ヲ控除シタル金額ニ依ル
三、資本利子税ヲ課セラルベキ資本利子ハ之ヲ純益ニ算入セス
四、左ニ掲クル營業ノ純益ニハ營業收益税ヲ課セス
　一　政府ノ發行スル印紙切手類ノ賣捌
　二　度量衡ノ製作修覆又ハ販賣
　三　自己ノ採掘シ又ハ採取シタル鑛物ノ販賣
　四　新聞紙法ニ依ル出版
　五　本法施行地外ニ在ル營業場ニ於テ爲ス營業
　六　法人ノ漁業又ハ演劇興業
　七　個人ノ自己ノ收穫シタル農産物、林産物、畜産物若ハ水産物ノ販賣又ハ之ヲ原料トスル製造但シ特ニ營業場ヲ設ケテ爲ス販賣又ハ製造ヲ除ク
五、勅令ヲ以テ指定スル重要物産ノ製造業ヲ營ム者ニハ命令ノ定ムル所ニ依リ開業ノ年及其ノ翌年ヨリ三年間其ノ營業ヨリ生スル純益ニ付營業收益税ヲ免除ス
六、個人ノ純益金額四百圓未滿免税
七、法人カ各事業年度ニ於テ納付シタル地租額又ハ資本利子税額ハ命令ノ定ムル所ニ依リ當該事業年度ノ營業收益税額ヨリ之ヲ免除ス
八、個人カ其ノ營業用ノ土地ニ付納付シタル地租額ハ命令ノ定ムル所ニ依リ其ノ營業收益税額ヨリ之ヲ控除ス
九、納税義務アル法人ハ命令ノ定ムル所ニ依リ純益金額ヲ政府ニ申告スヘシ
一〇、納税義務アル個人ハ命令ノ定ムル所ニ依リ毎年三月十五日迄ニ純益金額ヲ政府ニ申告スヘシ

資本利子税法摘要

税率	甲種	公債、社債、産業債券若ハ銀行預金ノ利子又ハ貸付信託ノ利益ニツキ其支拂ヲ受クベキ金額ニヨリ……………資本利子金額　百分ノ二
	乙種	第三種ノ所得ニ付納税義務ヲ有スル者ノ第三種ノ所得中營業ニ非サル貸金又ハ預金ノ利子ニツキ前年中ノ收入金額ニヨリ……資本利子金額　百分ノ二
納期	甲種	金額支拂ノ際支拂者其ノ資本利子税ヲ徴收シ翌月十日迄ニ政府ニ納入スベシ
	乙種	毎年三月十五日迄ニ其資本利子金額ヲ政府ニ申告シ八月、十一月ニ分納ス

◎甲種ノ資本利子ニツキ左ニ掲クルモノハ免税
　イ　所得税法其他ノ法律ニヨリ第二種所得税ヲ課セラレサル者ノ支拂ヲ受クル利子、貯蓄債券又ハ復興貯蓄債券ノ利子
　ロ　信託會社カ貸付信託ノ信託財産ニ付納付シタル資本利子税額ハ當該貸付信託ノ利益ニ對スル資本利子税額ヨリ控除ス
府縣市町村其他ノ公共團體ハ資本利子税ノ附加税ヲ課スルヲ得ズ

地租法摘要

稅率　土地臺帳ニ登錄シタル賃貸價格ノ百分ノ三・八

賃貸價格ハ貸主カ公課、修繕費其他ノ維持ニ必要ナル經費ヲ負擔スル條件ヲ以テ之ヲ賃貸スル場合ニ於テ貸主ノ收得スベキ一年分ノ金額ニヨリ之ヲ定ム

賃貸價格ハ十年毎ニ一般ニ之ヲ改訂ス

自作農免租　納稅義務者（法人ヲ除ク）ノ住所地市町村及隣接市町村內ニ於ケル田畑賃貸價格ノ合計金額カ其ノ同居家族ノ分ト合算シ二百圓未滿ナルトキハ納稅義務者ノ申請ニヨリ當該納期分ヲ免除ス

所得稅率摘要（一）

申告時期
- 第一種（決算確定ノ日若ハ合併ノ日ヨリ十四日內 又ハ淸算著手ノ日ヨリ二十日內）
- 第三種　每年三月十五日迄

種別			區分	稅率
第一種（法人ノ所得）	甲	法人ノ普通所得	イ 本法施行地ニ本店又ハ主タル事務所ヲ有スル法人	百分ノ五
			ロ 本法施行地ニ本店又ハ主タル事務所ヲ有セサル法人	百分ノ十五
	乙	法人ノ超過所得 普通所得金額中資本金額ニ對シ	イ 年百分ノ十ノ割合ヲ以テ算出シタル金額ヲ超ユル金額	百分ノ四
			ロ 年百分ノ二十ノ割合ヲ以テ算出シタル金額ヲ超ユル金額	百分ノ十
			ハ 年百分ノ三十ノ割合ヲ以テ算出シタル金額ヲ超ユル金額	百分ノ二十
	丙	法人ノ淸算所得	イ 積立金又ハ本法其ノ他ノ法律ニ依リ所得稅ヲ課セラレサル所得ヨリ成ル金額	百分ノ五
			ロ 其ノ他ノ金額	百分ノ十
	法人カ各事業年度ニ於テ納付シタル第二種ノ所得ニ對スル所得稅額ハ命令ノ定ムル所ニ依リ當該事業年度ノ第一種ノ所得ニ對スル所得稅額ヨリ之ヲ控除ス			
第二種	甲	本法施行地ニ於テ支拂ヲ受クル	イ 公債ノ利子	百分ノ四
			ロ 社債若ハ銀行預金ノ利子	百分ノ五
			ハ 貸付信託ノ利益	百分ノ五
	信託會社カ其ノ引受ケタル貸付信託ノ信託財產ニ付納付シタル第二種ノ所得ニ對スル所得稅額ハ命令ノ定ムル所ニ依リ當該貸付信託ノ利益ニ對スル所得稅額ヨリ之ヲ控除ス			
	乙	本法施行地ニ住所ヲ有セス又ハ一年以上居所ヲ有セサル者ノ本法施行地ニ本店又ハ主タル事務所ヲ有スル法人ヨリ受クル利益若ハ利息ノ配當、剩餘金ノ分配又ハ利益若ハ剩餘金ノ處分タル賞與若ハ賞與ノ性質ヲ有スル給與		百分ノ七・五

所得税率摘要(二)

第三種(第二種ニ屬セサル個人ノ所得)

所得階級	超過所得ニ對スル税率	所定税額
千二百圓以下	百分ノ〇・八	
千二百圓	百分ノ二	九・六〇
千五百圓	百分ノ三	一五・六〇
二千圓	百分ノ四	三〇・六〇
三千圓	百分ノ五	七〇・六〇
五千圓	百分ノ六・五	一七〇・六〇
七千圓	百分ノ八	三〇〇・六〇
一萬圓	百分ノ九・五	五四〇・六〇
一萬五千圓	百分ノ一一	一、〇一五・六〇
二萬圓	百分ノ一三	一、五六五・六〇
三萬圓	百形ノ一五	二、八六五・六〇
五萬圓	百分ノ一七	五、八六五・六〇
七萬圓	百分ノ一九	九、二六五・六〇
十萬圓	百分ノ二一	一四、九六五・六〇
二十萬圓	百分ノ二三	三五、九六五・六〇
五十萬圓	百分ノ二五	一〇四、九六五・六〇
百萬圓	百分ノ二七	二二九、九六五・六〇
二百萬圓	百分ノ三〇	四九九、九六五・六〇
三百萬圓	百分ノ三三	七九九、九六五・六〇
四百萬圓	百分ノ三六	一、一二九、九六五・六〇

(所定税額 圓・錢)

一、例之所得額千八百圓ナレハ千五百圓ニ對スル所定税額十五圓六十錢ニ超過所得三百圓ニ對スル百分ノ三即チ九圓ヲ加ヘ税額合計廿四圓六十錢トナル

二、山林ノ所得ハ山林以外ノ所得ト之ヲ區分シ其ノ所得ヲ五分シタル金額ニ對シ上記ノ税率ヲ適用シテ算出シタル金額ヲ五倍シタルモノヲ以テ其ノ税額トス

免税點

イ 第三種ノ所得千二百圓未滿免税(ロ、ハ、ニ)ノ控除ヲ爲シタル爲メ千二百圓ニ滿タサルニ至リタルトキ亦同シ

ロ 第三種ノ所得總額一萬二千圓以下ナルトキハ其ノ所得中勤勞所得(俸給、給料、歳費、年金、恩給、退隱料、賞與及此等ノ性質ヲ有スル給與)ニ付左ノ金額ヲ控除ス

一 所得總額六千圓以下ナルトキ勤勞所得ノ十分ノ二

二 所得總額中勤勞所得以外ノ所得六千圓以上ナルトキハ勤勞所得ノ十分ノ一

三 所得總額六千圓ヲ超エ勤勞所得以外ノ所得六千圓未滿ナルトキハ勤勞所得中勤勞所得以外ノ所得ト合算シテ六千圓ニ達スル迄ノ金額ノ十分ノ二、其ノ他ノ金額ノ十分ノ一

ハ 第三種ノ所得三千圓以下ナルトキ其ノ年三月一日現在ノ同居ノ戸主及家族中年齡十八歳未滿若ハ六十歳以上ノ者又ハ不具癈疾者一人ニ付百圓ヲ所得者ノ申請ニヨリ控除ス

ニ 自已若ハ家族又ハ其ノ相續人ヲ保險金受取人トスル生命保險料ハ年額二百圓ヲ限リ申請ニ依リ控除ス

國税納

月別	税目	區分	納期 始期	納期 終期
一月	田租	第一期(租額四分ノ一)	一月一日ヨリ	一月三十一日限
	宅地租	第二期(租額二分ノ一)	一月一日ヨリ	一月三十一日限
	第三種所得税	第三期(税額四分ノ一)	一月一日ヨリ	一月三十一日限
二月	田租	第二期(租額四分ノ一)	二月一日ヨリ	二月末日限
	酒造税	第三期	二月十六日ヨリ	二月二十八日限
三月	田租	第三期(租額四分ノ一)	三月一日ヨリ	三月三十一日限
	第三種所得税	第四期(税額四分ノ一)	三月一日ヨリ	三月三十一日限
	酒造税	第四期	三月十六日ヨリ	三月三十一日限
	鑛産税	前年分		三月中

法人營業收益税 事業年度每ニ納税ス

第一種所得税(事業年度每ニ納税ス但シ淸算所得ニ付テハ淸算又ハ合併ノ際納税ス)

期月別一覽表

月	税目	期	税額	自	納期限
五月	田租	第四期	（税額四分ノ一）	五月一日ヨリ	五月三十一日限
七月	宅地租	第一期	（税額二分ノ一）	七月一日ヨリ	七月三十一日限
七月	第三種所得税	第一期	（税額四分ノ一）	七月一日ヨリ	七月三十一日限
七月	酒造税	第一期		七月十六日ヨリ	七月三十一日限
八月	個人營業收益税	第一期	（税額二分ノ一）	八月一日ヨリ	八月三十一日限
八月	乙種資本利子税	第一期	（税額二分ノ一）	八月一日ヨリ	八月三十一日限
九月	畑租及雜地租	第一期	（租額二分ノ一）	九月一日ヨリ	九月三十日限
十月	第三種所得税	第二期	（税額四分ノ一）	十月一日ヨリ	十月三十一日限
十月	酒造税	第二期		十月十六日ヨリ	十月三十一日限
十一月	畑租及雜地租	第二期	（租額二分ノ一）	十一月一日ヨリ	十一月三十日限
十一月	個人營業收益税	第二期	（税額二分ノ一）	十一月一日ヨリ	十一月三十日限
十一月	乙種資本利子税	第二期	（税額二分ノ一）	十一月一日ヨリ	十一月三十日限
十二月	採掘・試掘鑛區税、砂鑛區税	翌年分			十二月中
毎月	第二種所得税	前月徵收分			十日限
毎月	甲種資本利子税	前月徵收分			十日限
毎月	取引所營業税・取引税	前月分			翌月中
毎月	麥酒税、酒精及酒精含有飲料税、清涼飲料税	前月分			翌月中

印紙税率摘要（一）

證書	記載金高	税額
一、不動産、鐵道財團、軌道財團、業財團、自動車交通事業財團又ハ船舶ノ所有權移轉ニ關スル證書	五十圓以下ノモノ	二錢
二、消費貸借ニ關スル證書	百圓以下ノモノ	三錢
三、請負ニ關スル證書	五百圓以下ノモノ	十錢
四、運送ニ關スル證書	千圓以下ノモノ	二十錢
五、傭船契約書	一萬圓以下ノモノ	五十錢
	一萬圓ヲ超ユルモノ	一圓
	記載金高ナキモノ	三錢

證書	税額
委任狀	二錢
約束手形	三錢
爲替手形	三錢
銀行預金證書	三錢
産業組合又ハ産業組合聯合會ノ發スル貯金證書	三錢
産業組合聯合會、工業組合、工業組合聯合會、産業組合、商業組合聯合會、輸出組合又ハ輸出組合聯合會ノ發スル出資證券	三錢
船荷證券	三錢
運送貨物引換證	三錢
倉庫證券	三錢
保險證券	三錢
株券	三錢
債券	三錢
相互保險會社ノ發スル基金證券	三錢
株式申込證	三錢
社債申込證	三錢
地上權、永小作權又ハ地役權ニ關スル證書	三錢
使用貸借、賃貸借、雇傭、寄託又ハ定期金ニ關スル證書	三錢
信託行爲ニ關スル證書	三錢
無盡ニ關スル證書	三錢
定款又ハ組合契約書	三錢
權利ノ變更ニ關スル證書	三錢

印紙税率摘要（二）

追認又ハ承認ニ關スル證書 物品切手 受取書 質權、抵當權ニ關スル證書	三錢 三錢 三錢 三錢	左ニ掲クル證書、帳簿ニ關シテハ印紙税ヲ納ムルコトヲ要セス 一 官廳又ハ公署ヨリ發スル證書、帳簿 一 官廳又ハ公署ニ職ヲ奉スル者ノ職務上發スル證書、帳簿 一 國庫金ノ取扱ニ關シ發スル證書 一 慈善又ハ公共事業ノ爲ニスル寄附ニ關シ官廳又ハ公署ニ提出スル證書 一 小切手 一 産業組合ノ發スル出資證券若ハ貯金通帳又ハ住宅組合ノ發スル出資證券 一 記載金高十圓未滿ノ約束手形及爲替手形 一 貯金通帳、積金通帳又ハ積金證書（貯蓄銀行法第一條ノ貯金又ハ積金ニ付發スルモノニ限ル） 一 産業組合又ハ産業組合聯合會ノ發スル貯金證書ニシテ其ノ記載金高十圓未滿ノモノ 一 記載金高一圓未滿ト物品切手 一 賣買仕切書 一 物品又ハ有價證券ノ賣買契約證書 一 送狀 一 記載金高十圓未滿若ハ金高記載ナキ又ハ營業ニ關セサル受取書 一 主タル債務ノ證書ニ併記シタル擔保契約書 一 手形及證券ノ裏書又ハ之ニ併記シタル受取書 一 株券又ハ債券ニ記載シタル讓渡ノ證
前各號以外ノ證書 預金通帳 前號以外ノ通帳 判取帳	三錢 三錢 五錢 五十錢	明書 一 手影ノ引受及保證 一 手形又ハ證券ノ拒絶證書 一 手形又ハ證券ノ複本及謄本 一 農業倉庫證券又ハ聯合農業倉庫證券 一 質札又ハ質物通帳（質屋營業者ノ發スルモノニ限ル） 一 勤務通帳 一 乘車券、乘船券又ハ各種入場券 一 第四條第一號乃至第五號及第三十一號ノ證書ニシテ記載金高十圓未滿ノモノ 證書ニ金高記載ナキモ證書面ニ標記シアル價格ノ單位其他ノ記載事項ニ依リ其ノ金高ヲ算出スルコトヲ得ルモノハ其ノ總金額ヲ以テ記載金高ト看做ス

MEMO

MEMO

MEMO

MEMO

MEMO

MEMO

MEMO

MEMO

MEMO

MEMO

MEMO

MEMO

MEMO

一、罐詰協會

○社團法人 日本罐詰協會

所在地　東京市日本橋區江戸橋一丁目一番地
　　　　三菱倉庫株式會社六階

電話　日本橋(24)三六一二番二七〇三番

創立　昭和二年三月十五日

業務　一、罐詰ニ關スル學理及技術ノ講究
　　　二、罐詰製造業ノ改良發達ニ關スル施設
　　　三、罐詰ノ販路擴張ニ關スル施設
　　　四、市販罐詰ノ開罐研究會開催
　　　五、優良罐詰ノ推奨及同功勞者ノ表彰
　　　六、罐詰技術者ノ養成
　　　七、罐詰ニ關スル雜誌及書籍ノ刊行
　　　八、講習會講演會其ノ他必要ナル集會
　　　九、前各號ノ外本會ノ目的遂行ニ必要ナル事項

役員

會長　牧朴眞（東京）
副會長　伊谷以知二郎（東京）
專務理事　星野佐紀（東京）
常務理事　阿部三虎（東京）
同　逸見斧吉（東京）
同　野澤弘幸（小樽）
同　大宮春之助（東京）
同　祭原邦太郎（大阪）

理事　濱口富三郎（京都）
同　松下高（東京）
同　鍋島態道（東京）
同　中山克己（福岡）
同　大洞正次郎（東京）
同　進藤義輔（大阪）
同　刀禰健二（大阪）
監事　藤野辰次郎（東京）
同　北村芳三郎（大阪）
同　高碕達之助（大阪）

代議員
愛知トマト製造株式會社（愛知）　淺枝罐詰製造所（廣島）　東原嘉次郎（朝鮮）
青木安吉（東京）　千葉罐詰工場（青森）　大東食品株式會社（青森）

罐詰協會

堂本商會（大阪）　藤田榮三郎（京都）　合同水産工業株式會社（大阪）
函館罐詰製造所（函館）　廣島罐詰株式會社（廣島）　廣島蓄産株式會社（廣島）
濱罐詰商會（佐賀）　糸谷恒次郎（京都）　木村幸次郎（大阪）
木村永進堂（廣島）　興産株式會社（福岡）　丸三組罐詰製造所（根室）
マルS水産合資會社（宮城）　森眞罐詰工場（宮城）　日本アスパラガス株式會社（岩内）
西出商事株式會社（函館）　根市兼次郎（青森）　西井梅一（島根）
野崎商店（神奈川）　太田罐詰株式會社（大分）　小野常三（長野）
坂上辰藏（青森）　栖原漁業株式會社（函館）　清水食品株式會社（靜岡）
信濃酒罐株式會社（長野）　西海罐詰殖産株式會社（福岡）　佐高商店（大阪）
臺灣鳳梨罐詰株式會社（臺灣）　戸津川善吉（島根）　竹中罐詰製造所（朝鮮）
大新鳳梨罐詰公司（臺灣）　帝國社（神奈川）　富岡商會（神奈川）
宇和島罐詰株式會社（愛媛）　碓氷合名會社（根室）　山下食品合名會社（山形）
若井罐詰工場（青森）　燒津水産株式會社（靜岡）　山田商店（愛知）
吉川商店（兵庫）

職員
南金作、小林輝、坂本兼次、來栖大助、菅原力三、戸津川長、玉置重雄、小野辰次郎、江原勇藏

支部
北海支部　小樽市北濱町三丁目六番地　北海製罐倉庫株式會社内
中央支部　名古屋市西區泥江町二丁目八番地　東洋製罐株式會社名古屋出張所内
大阪支部　大阪市北區菅原町一一四　大阪罐詰同業組合内

○社團法人大日本製乳協會

所在地　東京市麴町區丸の内二丁目十八番地昭和ビル
電話　丸の内(23)三〇三八番
創立　大正八年四月
主なる事業
一、農村酪農業の指導奬勵並其經濟的事項の調査
二、酪農業並に畜産に關する講習講話

三、内外に於ける市乳及乳製品の需給状況の調査、
海外輸出施行

役員

理事長　松崎半三郎
理事　岩波六郎　同　新田愛祐
同　藤井長次郎　同　有島健助
同　佐藤清

會員（イロハ順）

東京府八丈島大賀郷村　八丈煉乳株式會社
大阪市浪速區久保吉町一二八一　合資會社新田帶革製造所
石川縣石川郡崎浦村　北陸製乳株式會社
北海道札幌市苗穗町三九三　大日本乳製品株式會社
兵庫縣三原郡廣田村　藤井煉乳株式會社
東京市麴町區丸ノ内二ノ二ノ一　極東煉乳株式會社
東京市京橋區京橋二ノ八　明治製菓株式會社
靜岡縣志田郡青島町青木　志太煉乳株式會社
東京市芝區田町一ノ一二　森永煉乳株式會社

職員　小岩井建治

○全國蔬菜罐詰製造協會

所在地　京都市下京區東九條山王町九十番地
罐詰協會
丸安濱口合名會社内
電話（下）六三三、六三四、六三五番
創立　昭和六年二月二十一日

主なる事業
一、生産の統制
二、原料購入の合理化

役員

會長　濱口富三郎
副會長　藤田榮三郎　同上　濱部常三郎
常務理事　竹中清治郎　同上　糸谷恒次郎
同　廣瀬治郎　同　山口竹三郎
同　三輪儀三郎　同　岸本房吉
理事　三上一郎　同上　北尾又四郎
同　大枝村信用組合　同　株式會社德田商店
同　籠谷德次郎　同　谷口伊三郎
同　山田廣吉　同　愛知トマト製造株式會社
同　新屋久治　同　原德太郎
同　大久保佐十郎　同　安永辰之進
同　三間知賀　同　大西荒太郎
同　岡崎團吉　同　吉永一隆
同　中村宗太郎
監事　大橋安次郎　同上　長谷川勘兵衛

支部及支部長

京都支部	支部長 濱口富三郎	京都市下京區東九條山王町九〇 丸安濱口合名會社內
大阪支部	同 山口竹三郎	大阪市北區中野町三丁目 合資會社佐高商店內
中部支部	同 山田　廣吉	名古屋市西區泥江町二丁目 東洋製罐株式會社出張所內
北陸支部	同 新屋　久治	金澤市有松町
山陰支部	同 原　德太郎	島根縣安來町
岡山支部	同 大久保佐十郎	岡山市上伊福 大黑屋罐詰所內
廣島支部	同 安永辰之進	廣島市觀音町二三〇三 廣島罐詰株式會社內
德島支部	{支部長 三間　知賀} 支部長代理 佃　拔師	大阪市此花區大野町 德島縣農產物販賣斡旋所內
香川支部	同 大西荒太郎	香川縣琴平町
愛媛支部	同 岡崎　園吉	愛媛縣郡中町
九州支部	同 吉永　一隆	福岡縣八女郡白木村 農產加工組合內
職員	大塚　四郎	大阪市此花區草開町三〇 東洋製罐株式會社內

○三重縣罐詰協會

所在地　三重縣志摩郡濱島町三重縣水產試驗場內

創立　昭和六年十一月十日

主なる事業

一、販路擴張

二、開罐研究會

役員

理長事　河村兵三

理事　井上太市　同上　小林與四郎

同　水谷新之助　同　加藤鹿吉

監事　森田源松　同上　河村淺吉

組合員

志摩郡片田村　奥野伊作

同　猪野久治郎

同　大矢萬助

同　竹內虎次郎

同　越賀村　井上太市

同　磯和三郎

同　御座村　森田源松

同　山本彌五兵衛

度會郡濱鄉村一色　龍田善四郎

同　五ケ所村　幸田勝藏
北牟婁郡尾鷲町　小林與四郎
南牟婁郡阿田和村　三重罐詰商會
桑名町魚町　水谷新之助
同　東船町　水谷新九郎
同　本町　水谷又七
志摩郡志島村　東新助

二、水產組合聯合會

○日本蟹罐詰業水產組合聯合會

所在地　東京市麴町區丸の內二丁目二番地丸ビル七七四區
電話　丸の內(23)三七二〇番
創立　大正十三年五月八日
主なる事業
一、製品の檢查
二、製品の改善、販路擴張及輸出增進
三、蟹漁業に關する研究調查
四、最低價格の決定及其維持

四日市市濱町　行方庄助
三重郡富洲原町天須賀　川村淺吉
志摩郡安乘村　大野吉次
多氣郡佐奈村仁田　二ツ井戶商會
飯南郡松坂町新町　加藤鹿吉
宇治山田市吹上町　笠井安兵衞
宇治山田市裏內町　山本幸松

五、其他

役員
組長　加藤郁二
副組長　松下高　同上　西村有作
評議員　渡邊藤作　同上　日魯漁業株式會社
同　堂本賴次　同　吉永勝藏
同　日本合同工船株式會社　同　野崎末男
同　駒田富三郎

組合員
横濱市中區北仲通二ノ一七
電話　本局三三四二番
輸出蟹罐詰業水產組合

水産組合
東京市麹町區丸の内二丁目二番地電話丸の内三九二四番　工船蟹漁業水産組合
函館市眞砂町六番地日魯漁業株式會社内電話三四〇〇番　陸上蟹罐詰業水産組合

職員
古川武毅、横内博、池邊純一、
佐野公雄、柳田音松、島田英、
山田久二郎、櫻井義雄
淵崎顯三、清水淳三、清水俊雄、
齋藤一雄

檢査所及檢査員
聯合會檢査所　横濱市中區北仲通二ノ一七　電話本局二八〇五番三三四二番
大阪檢査出張所　大阪市北區菅原町一一四　大阪罐詰同業組合内　電話北五九〇一番
檢査員　谷口直太郎
神戸檢査出張所　神戸市海岸通五ノ二五　神戸海陸産物貿易同業組合内　電話元町二四八、六五六番
檢査員　小野彌一
函館檢査出張所　函館市船場町二二　函館海産商同業組合内
檢査員　八木元二郎

三、水産組合

○日本鮭鱒罐詰業水産組合

所在地　東京市日本橋區江戸橋一丁目一番地
三菱倉庫株式會社六階
電話　日本橋(24)二七〇三番
創立　昭和六年八月二十五日
主なる事業
一、製品の檢査に關する事項
二、販路擴張に關する事項
三、研究調査に關する事項
四、原産地證明手續の施行
五、生産並に販賣の統制
六、其他

役員
組長　藤野辰次郎
副組長　坂本作平　同上　千葉傳藏

評議員　日魯漁業株式會社　同上　林兼商店
同　碓氷合名會社　同　西野水産株式會社
同　若井罐詰工場　同　板上辰藏
同　八木漁業株式會社　同　栖原商店

組合員

東京市日本橋區元柳町二〇　浪花三、四一七番　株式會社伊佐奈商會　阿武孝作
北海道根室町大字桂木町　根室二五番　和泉勝平
下關市竹崎町六六　下關三、〇〇〇番　株式會社林兼商店　中部幾次郎
富山縣射水郡新湊町放生津一七五三　新湊三七番　袴信一郎
函館市辨天町一三　橋本熊作
同　相生町四二　函館三、二八七番　合資會社保坂商會　保坂慶藏
東京市麹町區丸ノ内二丁目丸ビル七一三　丸ノ内一、三六番　日魯漁業株式會社　窪田四郎
函館市東濱町一　函館八九九番　西野水産株式會社　藤野辰次郎
同　西濱町一九　函館二、四〇〇番　西出商事株式會社　西出悌二
同　仲濱町一七　函館二、四八三番　北海道漁業罐詰株式會社　渡邊藤作
同　西濱町一五　函館四、三五六番、一九五番、六四六番、四、〇一四番　東邦水産株式會社　坂本作平
函館市幸町九　函館四、五一二番　東和水産株式會社　小川彌吉
同　船場町二三　函館三、六二六番　東樺漁業株式會社　尾形六郎兵衛
青森市新安方町八三　青森一七〇番　一七一番　合資會社千葉罐詰工場　千葉傳藏
横濱市中區北仲通二ノ一五　千島漁業合資會社　加藤郁二
東京市麹町區丸ノ丸昭和ビル　丸ノ内三、〇六九番　リューリー株式會社　アールリューリー
青森市浪打一〇　青森一、一四七番　岡本龜四郎
東京市京橋區築地四丁目四　京橋四、四三八番　沖取合同漁業株式會社　中部謙吉
青森市新濱町一　青森七三四番　若井罐詰工場　若井由太郎
東京市品川區大崎町桐ヶ谷七七九　加隈良介
青森市大字造道字浪打七三二　青森九三〇番　大東食品株式會社　角野七藏
函館市谷地頭町八六　函館二、〇七七番　谷茂平
青森市安方町一五五　青森五〇四番　〃八五番　根市兼次郎
函館市元町七二　中津謙治
北海道根室町字清澄町（東京市芝區高輪北町四八）　高輪七、二三〇番　碓氷合名會社　碓氷勝三郎

函館市仲濱町二六　埜邑商店
函館　二五番　埜邑直次

同　西濱町二二　八木漁業株式會社
函館　三〇六一番四、四四二番　岡本康太郎

東京市麹町區丸ノ内丸ビル八階　八木本店
丸ノ内　〇、六一九番　八木龜三郎

函館市眞砂町六番地　太平洋漁業株式會社
函館三〇六一番、四四四二番　窪田四郎
（東京丸ノ内丸ビル八七七）
丸ノ内　〇、六一九番

北海道根室町本町一丁目一九　山崎商店
根室　一二三番　山崎熊太郎

同　北見國紋別町　松田罐詰所
紋別　二七番、一四番　松田鐵藏

同　根室町大字根室村字根　株式會社藤野罐詰所
室別　根室　三五四番　藤野辰次郎
東京市日本橋區龜島河岸二四
茅場町　一六一五番　〃　二〇三八番

函館市仲濱町一八　擇捉水産株式會社
函館　一、三〇九番　藤野辰次郎

樺太眞岡郡廣地村一九　綾部正吉

青森市外淺虫村栗坂　赤坂市三郎

同　大字造道字浪打六九八　坂上辰藏
青森　六七五番

同　濱町九一　齋藤商事株式會社
青森　八四八番　齋藤兵太郎

同　相馬町　佐々木榮一

函館市高盛町一七八　三共罐詰所
田代正治

東京市麹町區丸ノ内二丁目十　北見水産株式會社
四番地　丸ノ内二、八七五番　佐々木平次郎

青森市新濱町　青森七六番　三上圓太郎

宮城縣本吉郡鹿折　森眞罐詰所
森眞

東京市麹町區丸ノ内二丁目丸　栖原漁業株式會社
ビル四二二　丸ノ内　三、九九番　栖原忠雄
函館市大町三　函館　二三番

青森市安方町一五二　鈴力罐詰所
青森　八六六番　末永保吉

北海道根室町大字本町四丁目　山本國之助
四一番地　根室　四三三番

函館市辨天町四十九番地　幌莚産業株式會社
函館　二一四番　橋谷廣

同　松川町三十一番地　菅宮清吉
函館　三、一〇五番

神戸市神戸區海岸通五丁目三　千草悌次郎
五　神戸元町　五二九番

樺太大泊郡大泊町大字大泊字　樺太共同漁業株式會社
榮町本通二丁目七　增田久家

北海道釧路國厚岸町眞龍町　稻井三治
厚岸　五四番

富山縣上新川郡東岩瀬町　宮城漁業株式會社
東岩瀬町　三番　宮城彦次郎

函館市谷地頭町八六　北海罐詰合名會社
函館　二、〇七七番　谷茂平

樺太眞岡町本町二丁目十一番地　樺太產業株式會社
眞岡　一一番　一五二番　奥村又雄

青森市濱町參番地　若井善藏
青森　五〇一番　森本米太郎
樺太敷香郡字佐知　渡邊熊五郎
北海道國後郡泊村大字東沸村
字古釜布番外地　樋口商店
北海道國後郡泊港　大塚憲治
函館市幸町六　田中仙太郎
樺太眞岡町仲之町三丁目十一　白井爽風
小樽市緑町四丁目一　極東罐詰製造所
横堀熊次
函館市仲濱十六　釧路罐詰商會
反町揚
青森市安方町五六　山路政一
北海道釧路國厚岸町　厚岸罐詰合資會社
埜邑直次

職員

理事長　大宮春之助　理事　村井禎造
書記　富田毅一　井上能二郎
檢査長　梅宮鶴藏(兼東京)
檢査員　鶴谷吉四郎(小樽)　檢査員　佐藤重巽(根室)
同　西　磐(青森)　同　八木元二郎(函館)
同　小野彌一(神戸)　同　谷口直太郎(大阪)

○日本鮪油漬罐詰業水產組合

所在地　東京市麴町區大手町三丁目二番地
日清生命ビル三階

電話　丸の内(23)四七八〇番
創立　昭和七年四月五日
主なる事業
一、製造指導及監督
二、檢査及取締
三、原產地證明手續の施行
四、販賣統制及販路擴張

役員

組長　鈴木與平　副組長　高田哲志郎
評議員　後藤磯吉　同　上末永保藏
同　森　眞　同　平野友安
同　村山教
顧問　星野佐紀

組合員

靜岡縣清水市清水受新田三三六　清水食品株式會社　鈴木與平
〃　〃　〃　一八〇　後藤罐詰所　後藤磯吉
〃　〃　波止場　清水水產株式會社　芝野榮七
東京市下谷區上野櫻木町二八　太洋商會　內藤謹三郎
靜岡縣燒津町燒津六三七ノ三　燒津水產罐詰株式會社　勝榮助
〃　沼津市本字沓形一、〇七四　富士水產食品株式會社　渡邊新平
宮城縣宮城郡鹽釜町　Ⓢ水產合資會社　高田哲志郎
宮城縣宮城郡鹽釜町　鈴力罐詰所　末永保藏

宮城縣本吉郡鹿折村　森眞罐詰所　森　眞
千葉縣千葉郡津田沼町鷺沼二一　村山罐詰所　村山　教
福島縣磐城郡小名濱町　磐城水產工業株式會社　小野　晋平
青森市浪打町　根市罐詰所　根市　兼次郎
三重縣津市中河原町五二三　日本罐詰貿易商會　阿保　信造
東京市麴町區丸之内丸ビル　日魯漁業株式會社　窪田　四郎
〃　芝區西久保櫻川町七　食品產業商會　新村　靜
〃　品川區北品川四ノ四三　平野　友安
横濱市中區堀之内五五五　四菱食品株式會社　濱口　文二
千葉縣安房郡船形町船形二五六　太平物產罐詰所　笹子　治
靜岡縣清水市波止場　駿洋罐詰所　風間　米次郎
清水市幸町一〇六一ノ八　櫻田　虎藏
横濱市神奈川區守屋町埋立地第一地區一號　帝國鮪罐詰株式會社　井上　正義
靜岡縣志太郡燒津町燒津七八二ノ二　東海遠洋漁業株式會社　片山　七兵衛
下關市大字町竹崎六六　株式會社林兼商店　中部　幾次郎
宮城縣宮城郡鹽釜町築港無番地　鹽釜罐詰工場　羽淵　久重
靜岡縣庵原郡蒲原町蒲原二、〇七八　蒲原罐詰株式會社　草谷　市作
靜岡縣蒲原町字イカリマ　三共商會　山本　良作
靜岡縣清水市清水七八二　柴田　太吉
〃　〃　〃　七五二　杉山　留吉
〃　安倍郡長田村字用宗五一五　靜岡食品株式會社　望月　大太郎
東京市京橋區銀座西參丁目壹番地ノ貳　日本冷凍鮪輸出株式會社　澁谷　信三郎
靜岡縣庵原郡由比町由比七六　由比罐詰所　井出　久七

職員
馬場　孟夫　岡　武夫　渡邊　善太郎

○日本輸出鰮罐詰業水產組合

所在地　東京市日本橋區江戸橋一丁目一番地　三菱倉庫株式會社六階
電話　日本橋(24)三六一二番
創立　昭和七年四月二日
主なる事業
一、製造指導及監督
二、檢査及取締

三、原産地證明手續の施行
四、材料の共同購入、製品の販賣統制

役　員

組　長　星　野　佐　紀　　副組長　飯　山　太　平
評議員　鍋　島　態　道　　〃　渡　邊　彌　藏
〃　菅　宮　淸　吉　　〃　三　上　圓　太　郎

組合員

東京市日本橋區本町二ノ五ノ一　電　二、八九八　三、九一九　内外食品株式會社　鍋　島　態　道
大阪市北區中之島二ノ一五　電櫻川二、五六〇　二、五六一　四、三二二　一、一五一　合同水產工業株式會社　飯　山　太　平
京都府舞鶴町字竹屋一三一　電問屋四〇　工場一三　鰤扱三四　丹後水產株式會社　渡　邊　彌　藏
函館市松川町三一　電　三、一〇五　菅　宮　淸　吉
青森市新濱町一　電七六　三　上　圓　太　郎
〃　大字造道字浪打六九八　電　六七五　坂　上　辰　藏
呉市西二河通三ノ五　高須罐詰合資會社　高　須　三　雄
千葉縣海上郡本銚子町　一、九三七　田　邊　德　太　郎
宮城縣本吉郡鹿折村　電氣仙沼三二〇　森　　眞
島根縣濱田町大字辻町三二一　電一〇八　戸　津　川　善　吉
青森縣八戸市白銀　電八戸八一五　下　郡　間　三
東京市芝區西久保櫻川町七　電一、四七七　食品產業商會　新　村　靜
淸水市淸水受新田　電九一七、六五〇　淸水食品株式會社　鈴　木　與　平
函館市西濱町一九　電二、四〇〇　西出商事株式會社　西　出　悌　二
〃　字宇賀浦町一六五　電二、四〇九　野　塙　竹　治　郎
小樽市綠町四丁目一　電　三、八二六　極東罐詰製造所　横　堀　熊　次
靜岡縣燒津町字燒津七八　二ノ二　電燒津六五　東海遠洋漁業株式會社　片　山　七　兵　衛
函館市宮前町二四〇　電二、二九二　芳　賀　留　五　郎
下關市園田町一八〇　電三、〇四八　德　見　久　衞
函館市萬代町三三　電九四五　山　下　敏　夫
下關市大字竹崎町六六　電三、〇〇〇　株式會社林兼商店　中　部　幾　次　郎
函館市新川町三九　佐　々　木　聿　朗
長崎縣北松浦郡平戸町大字平戸岩ノ上免一、五〇六　電三九　平戸水產相互株式會社　吉　戸　昌　俊
〃　字田助浦　電田助壹番　川　南　豐　作
北海道山越郡八雲町大字八雲村字遊樂部三五五　電三五五番　佐々木魚糧株式會社　佐　々　木　玄　吉

職員　植田國夫

○日本輸出貝類罐詰業水産組合

所在地　東京市日本橋區江戸橋一丁目一番地
　　三菱倉庫株式會社六階
電話　日本橋(24)三六一二番
創立　昭和六年六月二十二日
主なる事業
　一、製造の指導研究及試驗
　二、製品の檢査
　三、材料の共同購入、製造及販賣の統制

役員
組長　星野佐紀
副組長　中村宗太郎　同上　內田梅治郎
評議員　立花寛正　同上　森田巽
同　右近南吉　同　新井平藏
同　村山敎

組合員
福岡縣山門郡沖端村大字筑紫六四二　西海罐詰殖産株式會社　中村宗太郎
〃　柳河町大字大隅町二七〃　田中新一商店　田中豊吉
〃　沖端村大字沖端町八九〃　沖端罐詰製造所　佐野末吉
福岡縣山門郡城內村大字城隅町二　興産株式會社　立花寛正
〃〃　大和村中島中町六六六　中島罐詰商會　高田常次
〃〃〃　中島六七四　不知火罐詰所　田中德次
佐賀郡佐賀郡西興賀村大字厘外一、六七〇　森田罐詰所　森田巽
〃　藤津郡濱町甲四、五二五　濱罐詰商會　山田熊四郎
〃　佐賀郡嘉瀨村　右近罐詰製造所　右近南吉
〃〃　藤津郡濱町乙一、六三三　中島罐詰製造所　中島竹次郎
〃　佐賀市水ヶ江町一七一　安永食料研究所　安永桂一
〃　佐賀郡嘉瀨村有重　水谷罐詰製造所　水谷辰之助
千葉縣東葛飾郡浦安町三二二　內田梅治郎
千葉縣東葛飾郡浦安堀江四六六　新井平藏
〃　千葉郡津田沼町鷺沼二一　村山敎
東京市大森區大森二丁目二五六　宮地商店　宮地藤吉
東京市大森區大森一丁目二四一　田中新藏商店　田中春一

職　員　植田國夫

○工船蟹漁業水産組合

所在地　東京市麹町區丸の内二丁目二番地丸ビル八九八
電　話　丸の内(23)三九二四番
創　立　大正十二年五月五日
主なる事業
一、製品の改良及統一に關する事項
二、漁場調査及蟹の蕃殖保護に關する事項
三、操業上の秩序維持に關する事項
四、漁具其他の罐詰製造必需品の共同購入に關する事項
五、製品の販賣及販路擴張に關する事項
六、組合員の紛議調停に關する事項
七、工船乘組員の衞生及保護取締に關する事項
八、組合員及其從業員の善行表彰並に本組合に關係ある者の功勞又は善行表彰に關する事項
九、總會の決議を經たる事項
役　員
組　長　男爵岩倉道倶
評議員　日本合同工船株式會社　同　昭和工船株式會社
顧　問　四竈孝輔

組合員
東京市麹町區丸の内ビル八階　新興水産株式會社
東京市麹町區丸の内ビル八階　電話丸の内(23)二七三〇 二七一三番　日本合同工船株式會社
東京市麹町區丸の内ビル八階　電話丸の内(23)六一九番　太平洋漁業株式會社
職　員
主　事　木下信資　吉田　隆　加藤盛信

○輸出蟹罐詰業水産組合

所在地　横濱市中區北仲通り二丁目十七番地
電　話　本局三三四二番
創　立　大正十三年五月一日
主なる事業
一、輸出增進
二、海外宣傳
三、輸出値段の協定
役　員
組　長　加藤郁二　副組長　堂本賴次
評議員　古屋商店　同上　吉永商店
同　駒田富三郎　同　三井物產株式會社
同　三菱商事株式會社　同　野崎末男

水産組合

評議員　伊藤精七

組合員

東京市麹町區丸ノ内二丁目四　三菱商事株式會社
〃　日本橋區本町二ノ一　三井物産株式會社
横濱市中區北仲通二丁目一五　株式會社加藤清樹商店
〃　〃　元濱町三丁目廿三　駒田商店
〃　〃　相生町二丁目四七　株式會社野崎商店
〃　〃　元濱町一丁目五　古屋商店
〃　〃　二丁目一三　合資會社吉永商店
東京市京橋區西銀座七ノ二二　本重貿易株式會社
横濱市中區元濱町三丁目廿二　合名會社堂本商會横濱出張所
大阪市東區安土町四丁目　祭原商店
横濱市中區山下町二四四番地　佐藤貿易株式會社
東京市麹町區丸ノ内三菱廿一號館　中嶋董一郎
〃　日本橋區通一丁目一九　合名會社國分商店
〃　〃　大傳馬町一ノ二五　株式會社逸見山陽堂
〃　〃　室町三ノ二　〃　鈴木洋酒店
〃　〃　京橋二ノ三　伊藤精七商店
〃　麹町區丸ノ内丸ビル七階　日本蟹罐詰共同販賣株式會社
横濱市中區蓬萊町一ノ一　平野壽商店
横濱市中區山下町一九八番地　保々三九郎
大阪市北區龍田町五四　三光洋行　高森平吉
〃　〃　天滿市ノ側　北村芳三郎
東京市京橋區本八丁堀四ノ四　齋藤松太郎
大阪市西區南堀井通四丁目　檜山商店
東京市麹町區丸ノ内三菱七號館　ギル商會
靜岡市北番町七八番地　栗田兄弟貿易商會
大阪市北區樋上町五四　合名會社刀禰商會
東京市日本橋區龜島町河岸　藤野罐詰所
東京府下北品川五ノ四八四　東洋製罐株式會社東京工場
東京市麹町區丸ビル五階　北洋商會
大阪市東區高麗橋二丁目　株式會社松下商店
横濱市中區尾上町一丁目八　新井清太郎
函館市千代ケ岱五三　須藤順次
〃　新濱町二〇番地　日本製罐株式會社
東京市麹町區丸ノ内昭和ビル五一　株式會社リユリー・エンド・コンパニー
〃　〃　〃　二ノ四　〃　セール商會
〃　〃　丸ノ内二ノ一〇仲十四號館内　野澤組
〃　芝區高輪北町四八　碓氷合名會社
横濱市中區南仲通一ノ三　加藤合名會社

横濱市中區眞砂町二ノ一三　曾利町商店
東京市麹町區丸ビル五階五四二　湯淺貿易株式會社
神戸市海岸通五丁目　合資會社　千草商店
東京市麹町區内幸町幸ビル内　加瀬商店
横濱市中區太田町五ノ六六　合資會社　平出商店
大阪市浪花區元町五丁目　淺田商店
〃　北區天神橋筋一ノ九　加藤徳次郎
東京市京橋區寶町二ノ六ノ十七　株式會社　集成社
神戸市江戸町九六　ストロング商會
東京市京橋區木挽町一ノ一一　住田物産株式會社　東京出張所
函館市末廣町八　合資會社テンビー商會
横濱市中區北仲通一ノ二　株式會社　開通社
東京市麹町區丸ノ内三ノ八　エー・エッチ・ハンセン商會
大阪市東區今橋二ノ三〇　日本水産株式會社
廣島市材木町四〇　藤井順一商店
大阪市北區菅原町三四　森川彌吉
神戸市明石町　明海ビル内　松永商店
大阪市西區京町通り五ノ三一　伊佐奈商會
神戸市榮町五ノ八二　上田文五郎
横濱市中區山下町九三番地　合資會社ゼー・ウイトコースキー
東京市麹町區丸ノ内丸ビル六七〇　太平洋貿易株式會社
東京市麹町區丸ノ内丸ビル三階　増田屋合資會社
〃　〃　〃　二丁目六番地　東亞企業合資會社

職員

主事　島田英　村上延衞

○陸上罐詰業水産組合

所在地　函館市眞砂町六番地日魯漁業株式會社内
電話　三四〇〇番
創立　大正十三年
主なる事業
一、製造業の改良發達に關する事項
二、組合員共同利益の増進其他

役員

組長　藤野辰次郎　副組長　渡邊藤作
評議員　窪田四郎　同　袴信一郎
同　奥村又雄　同　加隈良介
同　碓氷勝三郎

組合員

小樽市北濱町三ノ六　北海製罐倉庫株式會社
函館市仲濱町一六　北海道漁業罐詰株式會社
根室町本町四ノ四八　稻垣龍

大阪市西區京町橋通り五ノ三 株式會社 伊佐奈商會
根室町字桂木町一二一 和泉勝平
函館市仲濱町三 小熊幸一郎
横濱市中區北仲通り二ノ一五 千島漁業合資會社
東京市品川區西大崎町四ノ七七九 加隈良介
根室町字常盤町一ノ六 碓氷合名會社
根室町字本町二ノ八 八木安太郎
根室町字海岸町一五 株式會社 藤野罐詰所
富山縣射水郡新湊町放生津一、七五三 袴信一郎
函館市眞砂町六 日魯漁業株式會社
函館市旅籠町三九 株式會社 松田商會
函館市豊川町二 川端德松
函館市仲濱町一八 擇捉水產株式會社
函館市眞砂町六 南樺太漁業株式會社
函館市大町三 合名會社 栖原商店
樺太眞岡町入船町四 樺太產業株式會社
函館市元町七二 中津謙治
函館市谷地頭町六一 埜邑直次
下關市竹崎町六六 株式會社 林兼商店
横濱市眞砂町二ノ二二 釧路罐詰商會反町揚
樺太敷香町 森本米太郎

職員 田村慶一

○有明海罐詰業水產組合

所在地 福岡縣山門郡沖端村大字沖端町一四二番地
福岡縣水產試驗場有明海研究所內
電話 柳川一一八番
創立 昭和二年八月十八日
主なる事業
一、製品の檢査
役員
組長 岡村治人
常務副組長 中村宗太郎 副組長 中村豐次郎
評議員 佐野末吉 同 久保辰次郎
同 西田長次郎 同 田中末吉
同 平河辰之助 同 高田常次
組合員
福岡縣山門郡沖端村筑紫六四二 電話柳川七三 中村宗太郎
〃〃柳川町隅町四八 〃一九 中村豐次郎
〃〃大和村中島七五三 久保辰次郎
〃〃沖端村沖端町一〇七 〃一一五 佐野末吉
〃〃〃稲荷町一〇三 〃一三六 田中末吉

〃福岡縣山門郡柳河旭町八一　古賀勇吉
〃　二六二
〃〃西宮永村吉富一八
〃一二四　高椋幸子
〃〃大和村中島六六八　高田常次
〃〃〃〃　田中德次
〃〃〃〃六九二　平川辰之助
〃〃〃〃　成清庄太郎
〃〃〃〃　西田長次郎
〃〃〃〃　堤熊次
〃〃〃榮一　高山松五郎
〃〃東宮永佃田一六八一　藤吉幸作

職

檢査員　牛込薩男

○朝鮮罐詰業水産組合

所在地　京城府長谷川町一一一

電話　本局二四六〇番

創立　昭和五年六月二十一日

主なる事業

一、水産物罐詰の改善、輸出增進及販路擴張に關する施設

二、原料に關する調査

三、材料の共同購入、製品の委託販賣

四、營業資金の貸附

五、共他

役員

組合長　稻井秀左衞門　副組合長　朝鮮罐詰株式會社

理事　門屋守二　監事　倉澤松太郎

組合員

下關市竹崎町六六 電話三〇〇〇番　林兼商店
元山府旭町一丁目　大山勇吉
釜山府本町一丁目　船越惣太郎
咸鏡北道城津本町一一五番地　藤野罐詰所
元山府旭町一丁目七番地 電話五五五番　小林榮
咸鏡南道北青郡新浦港　川南豐作
　同　秀造
同　同　同　三陽商會（北川三策 上田龜太郎）
同　同　同　倉澤松太郎
同　洪原郡前津港　宮本潤三
京城府蓬萊町四丁目三三番地 電話本局八三九番　朝鮮罐詰株式會社
江原道高城郡長箭港　佐々木智司
同　江陵郡注文津港　丸平トマトサーデイン株式會社

江原道三陟郡三陟港　　江原食品株式會社（新田勝二郎）

職員　西山茂市　池田隣夫　新山操

○日本フイッシユ・ミール水産組合

所在地　東京市赤坂區溜池町一番地三會堂

電話　赤坂(48)〇、七三三番

創立　昭和七年三月十五日

主なる事業

一、製品の輸出檢査

役員

組長	鈴木英雄		
副組長	合同水産工業株式會社	同上	佐々木魚糧株式會社
評議員	日本合同工船株式會社	同上	株式會社林兼商店
同	日魯漁業株式會社	同	鈴木安太郎
同	戸羽亨商店	同	山田半造
同	高島克己商店	同	合資會社九鬼肥料店
同	三井物産株式會社	同	小倉米穀肥料株式會社
同	太平洋貿易株式會社	同	湯淺貿易株式會社
同	株式會社安宅商店	同	三菱商事株式會社

組合員

大阪市北區中之島二ノ一五	合同水産工業株式會社
函館市中濱町一五（營業所）	佐々木魚糧株式會社
大阪市北區道修町三〇一四	東洋興業株式會社
麹町區丸ノ内二ノ二（丸ビル八階）	日本合同工船株式會社
下關市竹崎町	株式會社林兼商店
麹町區丸ノ内二ノ二（丸ビル七階）	日魯漁業株式會社
函館市豊川町五五	鈴木安太郎
同　船場町三	上野商店
小樽市色内町四丁目	戸羽亨商店
同　同　七ノ三三	丹波屋商店
同　同　四ノ四	山田半造
大阪市西區靱中通三ノ二	高島克己商店
同　同　立賣堀通六ノ一四	高桑商店
同　同　靱上通三	小浦製肥所
神戸市林田區高松町二七	前田製油所
四日市市桶之町	合資會社九鬼肥料店
同　濱町	中上製肥合資會社
同　藏町三三九八	合名會社田中武商店
下關市觀音町一三	豊永七藏商店
同　西南部町	今井龍一商店
麹町區丸ノ内二ノ四	三菱商事株式會社

日本橋區室町二ノ一　三井物産株式會社
麹町區丸ノ内仲通一四號　株式會社　野澤組
同　同　二ノ二（丸ビル）　太平洋貿易株式會社
深川區龜住町三　小倉米穀肥料株式會社
麹町區丸ノ内二ノ一四　株式會社　セール商會
横濱市中區元濱町三ノ二三　株式會社　駒田商店
神戸市明石町四七　湯淺貿易株式會社
同　磯邊通り三ノ二　喜多組河内合資會社
同　三宮町二ノ二一六　笠井商業株式會社
同　榮町二ノ四六　佐川商店
同　海岸通大阪商船ビル　高田清太郎商店
同　磯邊通四ノ一〇四　ヤマト貿易商會
大阪市東區今橋五ノ一四　株式會社　安宅商店
同　安土町一ノ二〇　合名會社　六合商會
同　同　今橋二ノ五　和井田商事株式會社
同　同　高麗橋五ノ六　今井慶三郎商店
横濱市神奈川區千若町　日清製油株式會社
宮城縣鹽釜港築港地　鹽釜魚糧製造所
釧路市彌生町一二五　中村水産化工場

檢査所並職員

檢査所　所在地　檢査員
本部　東京市赤坂區溜池町一番地　鈴木武
三原寅雄
白石友義
小樽檢査所　小樽市色内町六ノ三八　鶴谷吉四郎
函館檢査所　函館市船場町一二八　八木元次郎
中村安藏
横濱檢査所　横濱市中區北仲通一〇一七　清水淳三
齋藤一雄
四日市檢査所　四日市市藏町三、三四八　遠藤留治
神戸檢査所　神戸市神戸區海岸通五ノ三五　和田富雄
下關檢査所　下關市岬之町四五　小島孝造

○母船式鮭鱒漁業水産組合

所在地　東京市京橋區築地四丁目四番地
電話　京橋四四三八番
創立　昭和八年十月四日
業務　一、母船式鮭鱒漁業の研究及調査に關する事項
二、漁具漁法の試驗及調査に關する事項
三、鮭鱒の蕃殖保護に關する事項
四、漁獲物の販路擴張並販賣協調に關する事項
五、組合員の官廳に對する請願、屆出其他手續に關する事項
六、其他本組合の目的遂行に必要なる事項

役員

組長　欠員
副組長　坂本作平
評議員　太平洋漁業株式會社
同　沖取合同漁業株式會社
同　袴信一郎
組合員
函館市眞砂町六　太平洋漁業株式會社
富山縣射水郡新湊町放生津一七五三　袴信一郎
同　縣中新川郡西水橋町大字辻ケ臺二五二五　藤木治郎平
函館市仲濱町一八　平出漁業株式會社
東京市京橋區築地四丁目四　沖取合同漁業株式會社
高岡市中川原町三六　荻生宗太郎
函館市天神町一八　坂本作平
東京市麴町區丸の內二ノ一四　大同漁業株式會社
富山縣上新川郡本岩瀬町大宗本岩瀬町九三　宮城漁業株式會社
函館市仲濱町二五　カムチヤツカ沖取漁業株式會社

四、同業組合

○小樽海產商同業組合

所在地　小樽市色內町六丁目三十八番地
電話　五六二番
創立　大正四年二月十九日
主なる事業
罐詰並海產物の檢査事業
製品の改良發達に關する事項
役員
組長　佐藤直三郎
副組長　伊藤森右衛門　同上　河路尙吉
會計主任兼評議員　野澤房吉　評議員　長谷川末藏
評議員　株式會社西村商店　西村尾外吉　同　戸羽亨
同　富樫德太郎　同　高岡榮助
同　株式會社內山商店　竹內淸次郎　同　山田半造
同　間瀬孝太郎　同　小杉淸太郎
同　佐藤滕彌　同　美根卯佐吉

同		土方良吉
同		柴野豊藏

組合員（いろは順）

住所	電話	氏名
色內町一ノ四一	一、四三五	飯山常吉
同　五ノ一	八〇〇	磯野進
同　五ノ二一	一、三七七	伊藤森右衞門
同　四ノ二二	一、一五二	石倉定次郎
同　三丁目	一、四五八	岩田守壽
同　五ノ二三	一、一三六	長谷川末藏
堺町一九	一、七一一	橋本五作
色內町三丁目	二、三八一	畑外次郎
稻穗町東七丁目	五六	服部源助
色內町七ノ二九	二、七〇七	函館製網船具株式會社小樽支店
北濱町四丁目	三、七四〇	日魯漁業株式會社小樽出張所
色內町四ノ二三	三三三	株式會社西村商店
同　七丁目	二、三七八	西野常二
同　四丁目	三、一六六	堀田粂次郎
同　八丁目	二、六八〇	北興貿易株式會社
同　四ノ七	一、八一八	戶羽亨
稻穗町東四ノ一	九四七	富樫德太郎
色內町三丁目	二、八四八	富岡重次郎
南濱町五ノ五	三一二	岡崎謙
色內町六ノ六七	二、一〇三	合資會社荻布商店
同　七ノ三三	二四七	河路尚吉
同　五ノ三〇	一、八四九	大杉重與門
堺町　二五	二〇二	金子合資會社
色內町五ノ一〇	一、六一六	川人幸三郎
同　五丁目	一、二〇九	片山寛治
同　六ノ一一	一七六	株式會社川田商店
手宮町三丁目	二、一六〇	加藤欽一
色內町六ノ三三	三、四一九	金丸龍八
手宮町三ノ一二	三二一	高塚彥七
色內町三ノ九	一、〇七八	高岡榮助
稻穗町西三ノ二〇	一、七七七	竹田權平
色內町三丁目	三、七〇四	合資會社大同商店
同　二丁目	二、二四七	谷村雅二
同　四ノ四一	二、二三〇	塚本フサ
同　五ノ二一	一、七四〇	坪內玉吉
有幌町二ノ四	二一八	中村支店
色內町一ノ一七	一〇	中崎支店
同　四ノ一〇	三、三八六	中村清松
同　六ノ六七	三五〇	中村市郎
同　二ノ三	一、六五六	中坪清藏
同　四	四三六	中內幾太郎
稻穗町西六ノ一三	二、五四四	奈良惣吉

同　東四ノ五		村上龜吉
色內町五ノ一	七三一	株式會社內山商店
同　三ノ四二	一、八八八	內海芳八
同　三ノ一八	一、六七三	內山松藏
同　五ノ三一	一、〇三四	野澤房吉
同　五ノ二一		合資會社熊田商店
稻穗町東四ノ五	二、五二七	桑山平衛
色內町三丁目	二、四九五	窪田榮太郎
稻穗町西三丁目	三、八五一	倉町吉太郎
色內町四丁目	二、〇三四	柳澤粂太郎
同　四丁目	三、九三四	柳澤善吉
同　三丁目	二、八三二	柳本藤太郎
色內町五ノ二一	八三一	山本久右衛門
同　四ノ二四	一〇三	山田半造
同　四ノ一〇	六五〇	山本外次郎
同　六ノ五四	一、一四八	山部嘉七
同　五丁目	二、一三二	山下小作
同　五ノ三二	五一八	間瀨孝太郎
稻穗町西六丁目	一、二九一	松本合名會社
色內町四ノ三〇	六二〇	牧口末松
同　三ノ二四	二、二八八	松井熊次郎
稻穗町西四丁目	二、一五六	丸山隆輔
色內町五ノ二一	三、六九四	合名會社滿留八商店
富岡町一ノ三三		藤澤琴吉
北濱町五ノ一	三〇一	藤山良三
稻穗町東八丁目	一一〇	合名會社藤本商店
色內町四丁目	二、五三八	藤井定治
同　四丁目	一、三九四	二俣繁作
堺町　七七	二、八〇〇	合資會社香村商店
色內町二ノ一	一、七九二	駒谷常吉
同　三ノ八	五〇六	小杉清太郎
堺町　七八	四、〇六〇	合同漁業株式會社
色內町四ノ三八	一、二一八	出戸助藏
同　五ノ一	九二	阿部傳三郎
同　三ノ一七	一、九六六	荒森幾太郎
手宮町三丁目	三、五六三	合資會社淺野屋商店
色內町三ノ四二	九四六	佐藤直三郎
稻穗町東四ノ一〇	一、二七〇	合資會社齋藤商店
色內町三ノ一〇	一、三九三	坂田米藏
同　一ノ二〇	五一九	佐々木福代
同　六ノ三六	二八三	合資會社酒谷商店
同　四ノ三八	一、六九三	佐藤勝彌
港町　八	二三一	佐藤清
潮見臺町一四		齋藤長四郎
色內町五ノ一〇	二、五〇〇	三井物產株式會社小樽支店

同　八ノ三　三、〇五七　三菱商事株式會社小樽支店
同　四ノ三五　三、九九〇　三島商店
同　三ノ一〇　六七九　宮林莊吉
同　七ノ三三　九六三　美根卯佐吉
同　三ノ五　八五五　宮川民造
稻穗町東四ノ一　一、四七二　株式會社宮崎商店
色內町三　三、三九一　合名會社南川商店
稻穗町西五ノ一　三、五五二　合資會社宮本商店
色內町七ノ三七　八四六　上光小太郎
色內町四ノ二二　一、三七六　實川吉次郎
手宮町三ノ一二　一、六三二　柴野豊藏
色內町四丁目　二、七七一　品田富一
花園町西二ノ一　一六〇　廣谷敏藏
色內町七ノ三三　一、三三九　土方良吉
同　四ノ一〇　三、六〇七　鈴木傳助
同　四丁目　四六九　薄田太藏

職員

書記長兼檢査主任　鶴谷吉四郎　檢査員　鈴木市六
檢査員　菅原勇　檢査助手　齋藤政太

○根室千島海產物罐詰業同業組合

所在地　北海道根室町字本町四丁目四十八番地
電話　二七五番

創立　明治四十四年四月十三日
主なる事業
一、水產物罐詰檢査事業

役員

組長　稻垣龍　副組長　碓氷合名會社
評議員　八木安太郎　同上　和泉勝平
同　株式會社藤野罐詰所

組合員

根室町字本町四丁目四十八番地　電三二六　稻垣龍
根室町上清澄町四丁目　電一〇五四五　碓氷合名會社
同上材木町　電二五三七　和泉勝平
同上本町二丁目　電二六〇　八木安太郎
同上　電三五四　一三二　四一二　株式會社藤野罐詰所
同　上千島町　電一三一　株式會社伊佐奈商會
國後郡泊村大字植內　石川新三
根室町字花咲村オワッタラウス　稻井三治
根室町字花咲村　苫谷彦松
國後郡泊村大字植內　虎好長太郎
國後郡泊村大字古釜布　渡邊熊五郎

同業組合

根室町字彌生町三ノ四八
電四六六　加隈良介
根室郡和田村字東梅　金澤繁
根室町字花咲町一丁目
電二〇五三　樺太産業株式會社
根室町字千島一丁目
電二二三　吉田敏德
國後郡泊村字東湯村字セツカラホール　中谷幾造
國後郡泊村大字植內　村山助男
根室町字本町一丁目
電二三四　八幡三次郎
根室町上本町二丁目　四十川清太郎
同　上千島町　電二三七　森祐二
同　上有磯町三　橋本鐵治

職員

檢査員　佐藤重巽

○函館海産商同業組合

所在地　函館市船場町二二
創立　大正三年十一月
主なる事業
一、取引の改善
二、販路擴張に關する調査研究
三、取引上の紛議調停
四、製品の檢査
五、水產物の研究指導

役員

組長　齋藤榮三郎
副組長　石塚彌太郎太　上　佐藤十五郎
評議員　函館水產販賣株式會社　同上　日魯漁業株式會社
同　布目忠　同　吉原助治郎
同　高村善太郎　同　田中仙太郎
同　前田嘉左衞門　同　小林錄太郎
評議員　安達愛次　同　佐藤善次
同　森本一郎
相談役　小熊幸一郎　同　杉村福松
同　坂本作平

組合員

船場町　小山與四郎
同　小川佐助
同　安達愛次
同　神英聿
同　稻垣榮一
同　小林榮太郎
同　近藤合資會社　近藤多三郎
同　小林忠治

同　堀文吉
同　柳澤善之助
同　石川貞吉
同　八幡商店
同　高杉藤三郎
同　坂上與三松
同　林邦治
同　佐々木米吉
同　青木初太郎
船場町　藤野平太郎
同　鎌田嘉兵衛
同　滿留三商店代表者　須藤納
同　森本一郎
同　塚田才次郎
同　川名和吉
同　布目忠
同　三井物産株式會社函館出張所
同　上野商店　神山喜一
同　山路富次郎
同　運輸商會代表者　田邊顯夫
同　佐藤善次

豊川町　前佐市
同　鈴木安太郎
同　石塚七郎
同　高村善太郎
同　石井鐵太郎
同　魚田六郎平
同　内田金次郎
同　岩瀬助藏
同　吉田鐵次郎
豊川町　大塚善松
同　吉田健次郎
同　徳田安吉
同　坂本百太郎
同　漆谷文作
同　橋本金太郎
同　谷野定造
同　木村喜之助
同　田村徳太郎
同　栗山寅次郎
同　保田彌十
同　大庭庄松
同　大淵三太
同　細谷伴藏

同　寺尾商店　吉原助次郎
同　大橋鶴三
同　小林錄太郎
同　大越久太郎
同　松田キミ
同　川端德松
同　藤堂利吉
同　仲伊三郎
同　堀內利德
豊川町　庭山百々治
同　山本千代吉
同　川端惇六
同　小幡支店　三橋米八
同　小林伊三郎
同　毛利甚兵衛
同　門山猪松
同　前田豊治
同　佐藤清五郎
同　野口丑三
同　吉田文郎
同　太田之友
同　荒原由松
同　熊倉保次

同　谷野作藏
同　時田仁義吉
同　木村文次郎
同　鶴田甚吉
同　森又吉
同　早崎政康
同　佐藤十五郎
同　花巻誠太郎
東濱町　相川儀郎
東濱町　新谷末吉
同　毛利佐吉
同　函館水産販賣株式會社
同　阿部彦七
同　田中幸平
同　大谷三次郎
同　大森德次郎
同　武內時三
同　杉村福松
同　船木德松
同　太田寅吉
同　高內菊五郎
同　高岡留五郎
同　奧村順司

同　尾形藤三郎
同　土田直三郎
同　橋本元吉
同　西野水産株式會社
同　辻半七
同　壽商會
同　淺岡梅吉
同　三熊長吉
同　北出徳太郎
東濱町　照井又八
同　宮崎直市
同　柴田惣十郎
同　石塚彌太郎
同　姉川權三郎
同　前田嘉左衛門
同　森田達
同　橋本正三郎
同　三菱出張所主任　高木矩一
同　石山芳彦
汐留町　若林乙吉
同　小林富士太郎
同　酢谷龍太郎

同　富田由松
同　平田平八
同　太田治作
同　佐藤寅五郎
同　尾關新助
同　本間文治
同　山田久治
同　桑野秀太郎
同　谷口繁雄
汐留町　崎田萬藏
同　吉田吉松
同　瀬戸重太郎
同　關山操
同　宮口恭平
同　野村甚作
同　阿部清治
同　相原米吉
同　小西彌六
仲濱町　函館開進組
同　當摩彦太郎
同　川端石太郎
同　擇捉水産株式會社

同業組合

同　森久平
同　大成商事支店
同　本庄合資會社
同　和田芳治郎
同　岩出支店
同　西口宗良
同　高島佐吉
同　佐々木玄吉
西濱町　松田千太郎
同　酒谷商店
西濱町　東邦水産株式會社代表社員　坂本作平
同　太田末藏
同　太刀川善吉
同　日本合同工船〇〇
同　西出商事株式會社
同　小谷鐵吉
同　小川合名會社代表社員　坂本作平
同　田端一郎
末廣町　梅津福次郎
同　藤井喜三郎
同　リユリ商會
同　デンビー商會

同　日向直之助
同　眞田健治
同　瀨賀清吉
同　北村乙吉
同　岡本康太郎
同　玉野與次郎
同　佐藤常造
同　林合名會社
同　岡本源九郎
大町　相馬合名會社代表社員　相馬哲平
大町　新井孝太郎
同　片谷忠吉
同　大庭彦平
同　清水彦四郎
同　丹羽常吉
同　高柳淺一郎
同　大八木常藏
同　伊藤義文
同　山下敏夫
同　松本榮太郎
同　天野清三郎
同　岩堀鐵太郎

同　栖原角兵衛
辨天町　山那虎吉
同　和田治五郎
同　小熊幸一郎
仲町　買手伊之介
幸町　田中仙太郎
同　藤谷儀八郎
同　柳瀬忠藏
同　東和水產株式會社
鍛冶町　隅木省三
同　西谷貴一
惠比須町　島田房之助
同　大坂錄郎
同　石原富藏
同　田中初次郎
同　前勇太郎
眞砂町　山崎桂治
同　日魯漁業株式會社
地藏町　久保內馬吾
同　佐藤武雄
鶴岡町　內田寬三
同　西郡秀左衛門
同　岡地太吉

同　中野直三郎
同　須藤廣之
同　福田安太郎
同　須田喜六
同　伊藤勝太郎
東川町　三木岩藏
同　女川仙一郎
榮町　岩井吉太郎
同　倉谷仁四郎
旭町　田邊常吉
同　小山富藏
東雲町　小森良三郎
同　關根清助
同　古谷京藏
大繩町　高田豊太郎
新川町　山田吉松
同　堀熊太郎
松風町　古田大三郎
音羽町　樋本市郎
若松町　久保彥二郎
同　函館運送社片谷由太郎
同　池田幸市郎
同　工藤吉藏

同業組合

會所町	若月熊吉
同	高島松次郎
同	坂下太次郎
同	栗原俊二
曙町	北川儀七
同	成田秀一
同	永松種次郎
同	森繁太郎
相生町	山田傳六
同	高坂武
同	木村薫
相生町	永島彌一郎
同	佐藤留吉
同	村上祥吉
同	佐藤利三郎
同	山崎佐雄
同	中山豪一郎
同	青山正三郎
元町	大倉商事出張所
同	佐藤武八
春日町	大越光太郎
同	高森繁
同	千葉武一
同	長峰昌三郎
青柳町	能登谷藏
同	細井六彌太
同	中村永太郎
同	新谷小次郎
天神町	林勝
同	奈良富八
旅籠町	島本佐助
同	若宮力太郎
西川町	寺尾庄藏
同	小林恒亮
新濱町	日本製罐株式會社
船見町	齋藤榮三郎
千代ヶ岱	須藤順次
同	淺野榮次郎
蓬萊町	岩崎常七
湯川通り	日和榮太郎
同	菅谷合名會社代表社員 西田政治
砂山町	高橋榮次郎
同	畑中喜一
時任町	成田邦三郎
萬代町	佐久間要一

同　　　　山本直作
富岡町　　水口重義
宇賀浦町　野塙竹次郎
宮前町　　芳賀留五郎
松川町　　菅宮清吉

職員

書記長　米田清發　　技師 檢査主任　八木元二郎

○青森罐詰製造同業組合

所在地　青森市安方町一九二番地

電話　一二九二番

創立　大正十五年九月二十三日

主なる事業

一、製品の檢査及取締

二、販路擴張、商況調査

三、取引改善保護

役員

組長　千葉傳藏　　副組長　若井由太郎

評議員　坂上辰藏　　同上　根市兼次郎

同　堀内民次郎　　同　三上圓太郎

同　鈴木力藏

組合員

青森市大字安方町八三　電一七〇 一七一　合資會社千葉罐詰工場 代表者　千葉傳藏

青森市大字安方町一三三　電二三一 四〇五　合資會社若井罐詰工場 代表者　若井由太郎

青森市大字造道字浪打六九八　電六七五　坂上辰藏

青森市大字安方町一五五　電五〇四　根市兼次郎

青森市大字新濱町一　七六　三上圓太郎

青森市大字新町四〇　電七六六 七六一　堀内民次郎

青森市大字安方町一五二　電八六六　鈴力罐詰工場代表者　末永保吉

青森市大字造道字浪打五八　電四三三　佐々木榮一

青森市大字造道字浪打一〇　電一、一四七　岡本健一

青森市大字濱町九一　電八四八　齋藤商事株式會社 代表者　久保國松

青森市大字造道字浪打七三二　電九三〇　大東食品株式會社 代表者　角野七藏

職員　西磐　佐々木忠治

○横濱海產乾物罐詰貿易商同業組合

所在地　横濱市中區北仲通二丁目十七番地

電話　(本局)二八〇五

創立　明治二十七年四月一日

主なる事業
一、輸出海産物並に罐詰類の検査事業
二、海外輸出增進並に宣傳

役員
組長　加藤郁二　副組長　野崎末男
評議員　駒田富三郎　同　上吉永商店
同　古屋商店　同　長岡商店
同　堂本頼次

組合員
横濱市中區北仲通二丁目一五　加藤清樹商店
同　同　相生町二丁目四七　野崎商店
同　同　元濱町三丁目二三　駒田商店
同　同　二丁目一三　吉永商店
同　同　一丁目五　古屋商店
同　同　三丁目二二　堂本商會横濱出張所
同　同　尾上町一丁目五　長岡商店
同　同　太田町三丁目四二　山口八十八
同　同　蓬萊町一丁目六　平野商店
同　同　山下町一七七番地　三井物産株式會社
同　同　太田町五丁目六六　平川商店
同　同　港町二丁目一五　中岩商店
同　同　北仲通一丁目　開通社
同　同　尾上町五丁目八一　浮島仁郎
同　同　元濱町四丁目二五　岩上商店
東京市麹町區永樂町二丁目七　野澤組
同　同　有樂町一丁目一　ギル商會
同　京橋區加賀町四番地　本重貿易株式會社
同　麹町區丸ビル七階　日魯漁業株式會社
同　京橋區京橋二ノ三　伊藤精七
同　京橋區築地三丁目一一　松田幸次郎
同　麹町區丸ノ内二丁目　セール商會
横濱市中區山下町二五六番地　ウインクレル商會
同　同　九三番地　ゼー・ウイトコースキー

職員　島田英　村上延衛
淵崎顯三　清水俊雄

○東京罐詰同業組合

所在地　東京市日本橋區江戸橋一丁目一番地
三菱倉庫株式會社六階
電話　日本橋(24)三六一二番
創立　大正十二年十二月七日
主なる事業
検査(輸出)事業、商品の検定、分析、其他の試験、宣傳內外商況其他の調査、商取引上の保護、仲裁判定及調停、其他事業の福利增進に關する諸施設

役員

組長　逸見斧吉
副組長　藤野辰次郎　同　上　欠　員
評議員　三井物産株式會社營業部　同　株式會社鈴木洋酒店
同　森田辰五郎　同　小島仲三郎
同　青木安吉　同　株式會社北洋商會
同　小出孝男　同　前澤織衛

組合員（ＡＢＣ順）

杉並區高圓寺六丁目六三四　四谷　二、六六七　青木平四郎合名會社
神田區美倉町一六　神田　〇、三三二七　青木安吉
日本橋區茅場町六〇　茅場町　三、三八五　新井平藏
千葉縣習志野津田沼町大久保一二六　習志野　〇、〇六六　新井保次
神田區鍛冶町一　神田　一、六六二一　網文商店
神田區柳町三　阿部三郎
神田區富山町一　浪花　〇、七六八　荒川秀次郎
四谷區新宿二丁目八九　四谷〇、一七八　一、二九三　合資會社第一屋
芝區芝浦町二丁目三　三田三、六二一八　團體食糧研究所

日本橋區室町四丁目二　日本橋〇、九一七　〇、八三七　藤井長次郎
日本橋區芳町二丁目　浪花　一、一四七　福住吉兵衛（寶來屋）
日本橋區茅場町二ノ一三ノ三　茅場町一、六一五　三、〇三八　藤野辰次郎
芝區新堀町三七　三田　三、七七四　三、九七三　林鐵工場
日本橋區小傳馬町三丁目二　西綠河岸七號　浪花　三、九八〇　三、九八四　日比野商店
神田區黑門町一先ガード下　神田　三、七五六　廣島蓄產株式會社
淺草區阿部川町四　淺草　一、五一五　廣瀨久兵衛（ヱビス屋）
日本橋區本町二丁目四ノ八　浪花　〇、一三二一　〇、一三二二　逸見山陽堂
麴町區丸ビル五四九　丸之內三、〇一五　三、〇一六　北洋商會
日本橋區小網町三ノ二七　茅場町〇、二〇一　〇、二〇三　株式會社廣屋商店
神田區花田町五　平野菊次郎
京橋區京橋二ノ三　京橋　〇、三九八　二、三〇八　伊藤精七
日本橋區元柳町二〇　浪花　三、四一七　伊佐奈商會
日本橋區江戸橋二丁目六ノ四　日本橋　〇、六四二　伊藤德藏

同業組合

伊澤正文	神田區五軒町一四	下谷 一、九二二
池田惠三郎	大森區大森一丁目四五	大森 一、二八八
石井藤幾知	京橋區槇町一丁目五	京橋 三、四二二
石川祥治	京橋區京橋三丁目六ノ六	京橋 五、五三七
岩楯喜太郎	日本橋區濱町二丁目三六	浪花 二、〇四九
岩田昇(三樂)	淺草區馬道町一丁目三ノ二七	淺草 三、七二五
井藤與四郎(カニヤ)	麹町區飯田町四丁目一六	九段 二、〇三五
飯村弘	麻布區今井町二一	
龜屋商店	京橋區銀座七ノ二	銀座 〇、七七二 〇、七七五
貝瀬金次郎	京橋區京橋一丁目一〇	京橋 二 四九〇
神崎三郎兵衛	日本橋區米澤町一丁目二	浪花 〇、七七四 〇、七七五 一、九九七
加隈良介	品川區大崎四丁目七七九	高輪 四、四二一
河内專三	四谷區上通二丁目三九	青山 三、〇八四
鎌倉ハム富岡商會東京出張所	芝區新橋二丁目四八ノ七	銀座 一、九〇九
川村與兵衞	京橋區港町二丁目一七ノ一	京橋 一、七〇五
川島定四郎	神田區岩本町二番地ノ一	浪花 四、五七四
川手商店	神田區小川町一	神田 〇、二六七 〇、五八六 一、五六五 三、一四一
菊屋食料品店	麹町區丸ビル一階	丸之內 二、七三七
極東煉乳株式會社	麹町區丸ビル六九八	丸之內 二、九九五
菊池稔	京橋區越前堀一ノ三	京橋 六、四八五
小牧商店	京橋區入船町一ノ一ノ四	京橋 五、四九二
小島仲三郎	日本橋區兜町二ノ三二	茅場町 二、四二一
小林弘三	小石川區柳町二四	小石川 五、五七六 五、三四二
小杉半三郎	小石川區大塚坂下町一五二	大塚 一、四八〇
小網商店	日本橋區小網町三丁目一八	茅場町 一、一九一 一、一九五
小坪龜壽(關商會)	豐島區西巣鴨二丁目二七六〇	大塚 〇、九四五
國分商店	日本橋區通一丁目九	日本橋 〇、三七一 〇、三七九

芝區白金志田町一
高輪 四、七〇九　駒崎圭介

日本橋區呉服橋一丁目三ノ二
日本橋〇二一四八 三、八七四　近藤商店

日本橋區本石町四ノ二ノ七
日本橋一九五一　川喜商會

麹町區丸之内昭和ビル
丸之内 三、〇六九　リユーリ株式會社

日本橋區南茅場町七三
茅場町一、四一六 一、四一七　マンロー商會

深川區萬年町二丁目二
本所 一、六二六 五、五九二　松木商店

淺草區三間町三四
淺草 〇、三七一　丸三ジヤム製造所

日本橋區室町二丁目
日本橋 二二五一　三井物産營業部食品掛

麹町區丸之内二丁目四
丸之内〇、七四六 一、七一六　三菱商事水産部

大森區大森三丁目二五六
大森 一、五四五　宮地藤吉

本所區龜澤町二丁目二
本所 〇、八〇二　明光堂

京橋區京橋二丁目四
京橋 六、一一一 六、一一二　明治屋東京支店

京橋區西八丁堀一ノ四
京橋 一、四四一　桃屋商店

芝區田町一丁目一二
高輪 二、〇三〇 二、〇三四 四、三二八　森永煉乳株式會社

京橋區西銀座七丁目
銀座 一、八〇五 一、九八九　本重貿易株式會社

下谷區仲御徒町一丁目七
下谷 二、九八〇　中村嘉平次

本郷區向ケ岡彌生町三丁目四〇
小石川 三、五九四　中村澄治

麹町區丸之内三菱二十一號館
丸之内〇 九九八 四、八二六　中島董一郎

神田區末廣町一七
下谷 三、六四九　中島健吉

淺草區小島町一九　中山憐太郎

城東區龜戸町八ノ二
淺草 一、〇六五　中村福藏

日本橋區室町三丁目一
日本橋 一、四六九　内藤雄吉

日本橋區本町二ノ五ノ一多津美ビル内
日本橋一、八五一 一、八五二　内外食品株式會社

京橋區銀座四丁目
京橋〇、二二一　長井越作

大森區大森四丁目二六一五
大森 一、二九五　行川作次郎

麹町區丸ビル七一三
丸之内一、三五六 一、三五九　日魯漁業株式會社

麹町區丸ビル八九四
丸之内二、七二三 二、七三〇　日本合同工船株式會社

芝區芝浦町三丁目一
三田 一、四一六　日本食糧株式會社

品川區北品川五ノ四八四 東洋製罐會社內 高輪 自五、八四一至五、八四四　日本輸出貝類罐詰共同販賣株式會社

日本橋區小舟町一丁目四ノ三 浪花 一、五四九　野本株式會社

中野區沼袋南二丁目四一 中野 三、九〇三　帶谷幸治郎

神田區佐柄木町一〇 神田 一、四八二　岡田謙治

神田區仲町一丁目一三 下谷 五、六六五 七、五一三　忍足商店

日本橋區室町一丁目三 日本橋 一、七一三 三、七四九　大木寅吉

神田區連雀町二一 神田 〇、四八九　小栗義

神田區淡路町二丁目三 神田 二、四一〇 二、四一一　小川商店

日本橋區本町二丁目三ノ一 日本橋 二、〇五五 二、〇五六　小倉芳藏

下谷區上野町一ノ一三 下谷 三、八六四　小澤正義

深川區石島町三 本所 一、六三八　櫻井貞次郎

大森區新井宿六丁目四二〇 大森 二、四四四　佐々木鐵二郎

京橋區本八丁掘四丁目一ノ五 京橋 六、七六四　齋藤商店

下谷區池ノ端仲通リ 下谷 〇、〇九〇 五、二〇七　酒悅商店

中野區小瀧町二 中野 一、〇二四　食品工業株式會社

麻布區笄町五〇　斯眞田商店

日本橋區室町一丁目五ノ六 日本橋 一、四一二　下芝德市

芝區新幸町八 銀座、四七一七　新橋甘酒株式會社

京橋區越前堀一丁目四ノ一 京橋 四、七五六　鈴木莊作

下谷區二長町二一五 下谷 五、〇一三　鈴木重吉（鈴中屋）

下谷區仲御徒町二ノ三八　鈴木博

日本橋區室町三丁目二 日本橋 一、四三五 一、四三六 一、四三七　鈴木洋酒店

京橋區寶町二丁目一一 京橋 四、〇四三　杉野欽次郎

京橋區木挽町二丁目三〇 京橋 六、五三八　住田物產株式會社東京出張所

深川區西森下町一〇 本所 二、三二一　關口饅

麴町區丸之內二丁目一四 丸之內 一、二六一　セール商會

世田谷區玉川上野毛町二五九 玉川 〇、〇六四　多摩川食品製造所

神田區田代町八 下谷 三、六三二　丹野昌治

深川區常盤町一ノ七　多田龍作
蒲田區六郷町六八　川崎〇、三一五　竹内商店
麴町區丸ビル六八〇　丸之内三、一三八　三、一三九　太平洋貿易株式會社
大森區大森一丁目二二三　大森　二、七八八　田中新藏
大森區大森二丁目五二四　大森〇、六五九　田中彌治右衛門
本郷區春木町三丁目二　小石川　三、九八〇　田下商店
神田區田代町二〇　下谷　一、九五六　田村商店
品川區北品川五丁目四八四　高輪　五、八四一　五、八四四　東洋製罐株式會社
麴町區丸之内郵船ビル六一九　丸之内　三、八六七　富家貿易商會
神田區仲町二丁目二　下谷　一、五九五　株式會社内田商店
千葉縣浦安町　浦安〇、〇〇三　株式會社内田商店
芝區高輪北町四八　高輪〇、五八六　碓氷合名會社
神田區黑門町一　神田　一、四五七　宇田繁
京橋區木挽町三ノ九　京橋　五、二六六　若菜熊次郎
淺草區茶屋町二雷門前　淺草　三、五三四　三、五三七　山屋商店
品川區東品川二丁目四〇　高輪　一、〇八八　ヤマヤマ商店
深川區西六間堀町三二　本所　二、二七八　山中兄弟商會
大森區大森一丁目二三四　大森〇、三二七　山本半藏
京橋區室町一丁目寶橋通リ角　京橋　三、〇九四　山本巳之助
京橋區築地二丁目七　京橋　二、七八一　四、八八〇　矢谷商店
日本橋區濱町一丁目一七　浪花〇、八〇一　湯川兄弟商會

職員
書記長　戸田健
檢査長　梅宮鶴藏　檢査補助員　後藤清次

○大阪罐詰同業組合

所在地　大阪市北區菅原町一一四番地
電話　北五九〇一番
創立　大正十四年四月一日
主なる事業
一、製品の檢査及取締
二、製品の研究、調査並改良指導
三、製品の宣傳並取引紹介

同業組合

四、優良店員の表彰
五、取引上の仲裁判斷
六、其他斯業啓發に關する各種事業の援助

役員

組長 祭原邦太郎
副組長 高碕達之助　同上 唐原九藏
評議員 木村幸次郎　同上 刀禰健二
同 森田繁太郎　同 岩井清七
同 掘井鹿藏　同 福井新次郎
同 堂本賴次　同 山口竹三郎
同 大原宇之助　同 大西松太郎

組合員

南區笠原町六 南 三八五 二、〇三六　井上吉松
東區伏見町二丁目一八 本局二、〇七二 五、一〇六 五、九〇七　乾卯食料品會社
西區新町通二丁目五八 新 五二 三、〇一九　幾村種三郎
北區東野田町九丁目九〇 東 一、七九〇　岩田太喜直
北區河内町一丁目六一　石塚與一
北區天滿市場　井上彌三郎
西區京町堀通五丁目三一 土 七九四 七九五　伊佐奈商會
京都伏見市問屋町七五二 伏見 一、六八〇　池村德次郎
西成區秋開通三丁目四 天下茶屋 二、五四一　板倉商店
天王寺區谷町九ノ二三　井本福三
北區菅原町　岩井正太郎
同　井上商店
東區横堀六丁目二一 船 一、二九一　畑商會
西淀川區浦江町三二六　播口時造
北區樋ノ上町 北 六、一八八　濱口大阪出張所
豐能郡小曾根村石蓮寺　林安吉
泉南郡佐野町 佐野 一二六　濱部常三郎
東區農人町二丁目 東 一、〇七二　花井順吉
北區菅原町四〇　早田榮次
港區富島町一九 西 二九八　日本水產株式會社
此花區對込町二三　西村淳吉
西區靱南通一ノ一四 土 一、三六七　日本食糧合資會社
西區本田通一ノ七〇 西 二、三八三　日米商會
西區江戸堀南通四丁目 土 二、一七六　堀井鹿藏
北區源藏町 北 五、〇五七　本飛屋物產大阪支店

此花區草開町三〇
福島 八五四 八五六
東洋製罐株式會社

北區天滿橋筋二丁目二
堀川 一、〇五六
株式會社 德田商店

南區北炭屋町
南 二、一六二一 二、六五五
合名會社 堂本商會

北區菅原町三三
北 三、二五四
唐原九藏

北區樋ノ上町 北 四 八七七
合名會社 刀禰商店

西淀川區浦江町三二三
土 五、〇五八
簾谷德次郎

北區今井町四一
北 二、九二四
東條豊作

東區高麗橋五丁目二九
本局 八八九
合名會社 富屋商店

北區壷屋町一丁目二
北 四四六〇(呼出)
德田不二

北區天滿市之町三〇
戸湯長次郎

北區中崎町一一五
戸坂昌良

此花區上福島町中一ノ五五
福 一、二七五
富岡商會 大阪荷扱所

西區新町通四丁目三六
新 七七九
岡本傳次郎

北區天神橋筋一丁目五
北 三、九六〇
奥田常三郎

京都市麩屋町錦上ル
京都本局 八一八
大橋庄三郎

北區天神橋筋一丁目
北 三、九七一
大原宇之助

西區靱南通一丁目四
土 二、一三二
丹藤商店 太田藤一郎

北區菅原町九二 北五、一三二
奥田正次

滋賀縣守山驛前 守山 三〇
近江蔬菜販賣購買組合

北區樋ノ上町 北 一、七七一
尾形藤三郎

西區京町堀通二丁目
土 五二四九
小澤彦一郎

西區京町堀上通五丁目一九ノ一
奥村久之祐

大阪府中河内郡久寶寺村
久寶寺 三八五
織田久吉

此花區下福島三丁目中央卸賣
市場内 福 一、七六一
大阪乾物株式會社

北區樋上町八九
北 二、六〇五(呼出)
小川新三郎

北區菅原町二九
北 三、七九〇
和田甚之助

北區菅原町一八 北三、三二四
和田永次郎

此花區下福島三丁目
中央市場内
渡邊福太郎

北區天神橋筋一丁目九
北 三、八六八 三、三七一 四、八二五
加藤商店

西區江ノ子島西ノ町
土 一、七六八
加藤福松

北區信保町二丁目二
堀 一、二六四
神田德兵衛

同業組合

住所	電話	氏名
西區靱中通三丁目一九	土一、五六三	川勝八司
西區江戸堀下通三丁目	土一、三八一	龜井祐三郎
北區瀧川町二八	北一、〇一九	上總榮助
堺市南旅籠町西一丁目二	堺一、八一八	龜谷慶貴知
北區朝日町二四　吉永商店內		川中助三郎
北區堂島濱通四丁目 山城屋本店內	福五三九	河本商店
南區順慶町四丁目		吉尾清藏
東區博勞町五丁目五一	船一、三九七	吉本權平
北區朝日町二四	北二、二二八	吉水長造
北區菅原町七三		吉田伊三郎
東區豐後町	東二、〇二三　一、六六一	横山包隆
北區市之町三六		吉岡三郎
北區龍田町	北五、六五四	三光洋行
浪速區元町五丁目五三二		高岡市松
北區天神橋筋一丁目八	北三、四二〇	但馬源七
京都府伏見市墨染	伏見四五七	株式會社竹中罐詰製造所
北區瀧川町五三	北四、一九二	田中直
北區信保町一丁目四〇	北三、二五二	高瀬宇太郎
北區源藏町一〇		武部兵次郎
北區善源寺町五丁目二八		玉谷武夫
豐能郡小曾根村		田中與吉
西區江戸堀上通二丁目	土七、〇〇二	太平洋貿易株式會社
北區菅原町	北六、八三五	津田德之助
天王寺區土塔町五四	南二、一九三	中野由太郎
北區西堀川一三	北二、五一一	中川小一郎
北區天神筋町一一四	北三、二五〇	中村常次郎
北區河内町一丁目	北四、五四〇	中尾安次郎
奈良縣奈良坂		中村宇吉
浪速區新川三丁目六三四		中出長太郎
北區此花町二丁目四七		中井末雄
東成區中道西町四三〇	戎二、三八一	中野德司
浪速區新川一ノ七一二		中野淺吉
西淀川區浦江中二丁目三七	土六、一七四	浦山祥三
泉北郡山瀧村大澤		上野楠太郎
北區朝日町二四	北三、九五七	內田商店大阪出張所

同業組合

北區此花町二丁目　堀五八八　野田喜七
東區北濱二丁目二八　東一、一一五　一、一一六　野田屋食料品店　野田源次郎
泉南郡有眞香村土生瀧　農事實行組合
北區瀧川町四九　北二、八〇八　野原一三
東區內本町揚詰町二八　能勢米三郎
西區靱中通二丁目　土一、一一七　株式會社桑田本店
北區菅原町一〇〇　北四、六四一　黑川與兵衞
南區空堀町一三　東八四九　楠本熊吉
北區天神筋町　北四、四〇二　安原治平
北區菅原町二三　北三、九六二　山村孝
西區本田二番町　西五六三　山村安喜代
北區樋ノ上町四八　北五、九三六　山田辰次郎
南區松屋町二ツ井戸　南四、九五一　合資會社山代商會
天王寺區勝山通一丁目一三九　山野菊松
北區天神橋筋一丁目一七　山本新之助
北區葉村町一六　山田秀次郎
東淀川區中津濱通五丁目四四　土七、三八一(呼出)　安西恒巳
東區餌差町一八四　矢島甚吉

東區高麗橋三丁目一六　本局一八五　一八六　八二〇　株式會社松下商店
東成區鴫野町四九五　鯰江三一五　松本罐詰所
北區菅原町九五　北三、八八二　松田惣次郎
北區東野田町七丁目　東四、九五七　松本豊吉
北區瀧川町一四九　北三、八四一　松川常吉
西區幸町通三丁目　櫻三、八〇三　松本國威
北區天神筋町四六　北三、四九八　合名會社福井藤商店
北區西堀川町一三　北二、九六四　富久錄商會
北區市之町九　北四、八一九　藤田虎之助
東區道修町二丁目六　本局二三〇　二三一　株式會社小西儀助商店
西區土佐堀三丁目一八　土三、一二三　武治商店　越野治太郎
北區菅原町　北五、五五六　上月亦次
北區芝田町三四　駒井雅三
此花區中央市場內　小出三之助
北區瀧川町五四　後藤嘉一郎
北區中ノ島二ノ一五　本局一、二五一　合同水産工業株式會社
北區瀧川町四〇　江口辰雄
北河內郡牧岡村出雲井　寺野留吉

淺田商店　浪速區鷗町一ノ四七　戎 六四五　六四六
秋田澤次郎　東淀川區豊崎西通リ三ノ一八　北 二、〇五二一
新井儀三郎　北區朝日町二四
秋澤友吉　西區靱北通一丁目二六　土 四、八七七
株式會社 祭原商店　東區安土町四丁目　本町 五九三ヨリ五九六マデ
櫻井皆吉　西區靱南通四丁目一六
合資會社 佐高商店　北區中野町三丁目二七　東 三、七二二一
齋藤商會　北區浮田町九　北 一、六四七
山城屋本店 木村幸次郎　北區堂島濱通四丁目六　土 五三九　五、九九〇
北村芳三郎　北區菅原町二六　北 三、〇二二一
霧山勇次郎　北區樽屋町一六　北六、三五八
木原義一　東區石町二丁目四一　東 五、九〇九
北尾又四郎　京都府相樂郡木津町三丁目
北野榮三　北區菅原町七三　北三、七四八
北垣甚之助　北區瀧川町十三　北五、九〇四
岸本罐詰製造所　豊能郡熊野田村
株式會社 明治屋大阪支店　東區南本町二丁目　船 二、三〇三　四、五七〇　四、三九
三井物産株式會社 大阪支店　東區高麗橋一丁目一　本局 三一〇　八六一　一、六八〇

三輪儀三郎　東成區毛馬町　東 六、四五七
水谷半次　北區市之町一二　北 七、六八二(呼出)
水野玉治　北區菅原町
蜂屋經一　天王寺區上本町六丁目　三笠屋(百貨店)
清水清太郎　北區今井町一一　北三、八〇二一
白井善次郎　北區市之町四
鹿田米一郎　西區靱南通五丁目三九
檜山錦光　西區南堀江四丁目　櫻 二、八三一　一、〇三六
久積仁左衞門　南區松屋町一二　船一、五六一
平野長右衞門　北區菅原町土二、　一六三
久後市松　北區此花町一丁目三　北 四、九三〇
平井曉　北區金屋町一丁目二七
廣瀬源之助　京都府船井郡吉富村大籔
肥塚重一　北區菅原町
山城物産罐詰商會 森田繁太郎　北區老松町一丁目六　北 四、二一三
森川彌吉　此花區下福島三丁目中央市場內　北 四、五六五
森川平商店　北區此花町三六　北 三、三七八
森田清則　北區菅原町四五　北 三、二〇三
合名會社 杉野屋商店　東區高麗橋三丁目五　本局 一、三一五　一、三一六

北區老松町一丁目
北五、八八九
住田物產株式會社

職員
主事 西田眞美
檢査主任 谷口直太郎　檢査員 池野眞澄
檢査員 鵜澤利彥　補助員 出村喬
補助員 森本常雄

○神戸海陸產物貿易同業組合

所在地 神戸市神戸區海岸通五丁目二十五番屋敷
電話 元町(四)二四八番六五六番
創立 明治三十五年
主なる事業
一、罐詰海產物の檢査
二、調査部の設置
三、海陸產時報の發行
四、海外市場調査
五、貿易斡旋所設置

役員
組長 佐々木種三郎
副組長 園部源一　同上 馬淵利之助
評議員 伊藤末之助　同上 西村畩市
同 西原又助　同 富永美之助
同 大橋延治郎　同 中村誠次
同 海邊時助　同 足立歌吉
同 佐野清忠　同 森捨吉

組合員
榮町通三丁目二一 三宮九七六 今中秀一郎
榮町通五丁目七八 元町七五八 伊藤末之助
海岸通六丁目一四 元町三三四 井上佐太郎
海岸通四丁目四五 三宮三、六五五 伊藤祐意
海岸通四丁目三七 三宮二、八一五 原田要吉
榮町五丁目七六 元町三一七 四六二 西村畩市
榮町四丁目四五 三宮五、一六〇 西村太郎
榮町通五丁目七七 元町一、八三一 西原又助
榮町通五丁目七八 元町二、二五八 西口商店 篠崎廉三
海岸通四丁目三九 三宮二、三四一 西田善一
海岸通五丁目三八 元町三、七六四 堀井幸次郎
海岸通四丁目三三ノ一 三宮二、一五四 富永美之助

住所	電話	氏名
海岸通五丁目三〇	元町二、〇二八	富永定
海岸通五丁目三五	元町五二九	千草悌次郎
海岸通五丁目二九	元町一、七七九	大橋延治郎
榮町通四丁目四七	三宮七七二	大江春市
海岸通六丁目一	元町二、九三一	大見利三郎
榮町通五丁目七九	元町三、六五七	尾谷彌太郎
海岸通四丁目三七	三宮五、一六〇	小川登一
榮町通四丁目四九	三宮二、三八一	小笠原藤一
榮町通四丁目五一	三宮二、三三 二、四三 二、四三	合資會社小幡商店 代表者小幡熊次郎
榮町通四丁目二三	三宮一、一〇七	株式會社加藤淸樹商店 神戸出張所
榮町通五丁目七三	元町六二四	鎌内英一
元町通四丁目四七	三宮三六五 二、一二〇	吉川商店
海岸通四丁目四二	三宮二、一八三	合資會社吉永商店 神戸出張所
榮町通四丁目四五	三宮二、三五六	田淵智
海岸通四丁目三九	三宮三、一四一	谷澤隆
榮町通五丁目七六	元町三一七	玉村商店 幸田安二
榮町通五丁目二四	元町三、七五四	高橋小平
榮町通四丁目四六	三宮四、三四五	立井辨三
榮町通三丁目六一	三宮四五八 二、五七九	竹本謙吉
古湊通四丁目湊川市場魚町	湊川二、九四四	竹國勝二
榮町通六丁目二七	元町九〇一 九〇二	合資會社園部商店 代表社員園部源一
海岸通五丁目一六ノ一	元町六二六	中村誠次
海岸通五丁目二六	元町三、一五四	中西利三郎
榮町通四丁目四四	三宮二、七九八	名取東太郎
磯上通八丁目九	葺合二、四二四	長岡佐介
榮町通五丁目八二	元町八六三	上田文五郎
榮町通四丁目四五	三宮二、三五六	上田久一
榮町通五丁目目七二	元町一、一六八	海邊時助

野澤組神戸支店 野澤組	元居留地仲町五五	三宮 七二 七三
山口縣一〇共同販賣所	海岸通六丁目七	元町 三、六五三
八木義一	榮町通五丁目七九	元町 三、六五七
山田泰助	海岸通五丁目	元町 三、六一七
松本貞吉	元町通五丁目一二七	元町 一、〇八一
馬淵利之助	海岸通四丁目一五ノ八	三宮 二、一五六 七二六
合資會社藤井商店 代表者 藤井豊之助	兵庫島上町二九	兵庫 二、〇一一 二、〇一二
福田清三	榮町通三丁目六〇	三宮 二、一七四
古屋神戸支店	加納町四丁目一五ノ一	葺合 八二四
粉川伊之助	榮町通四丁目五七	三宮 二、二一五
小泉又十郎	榮町通四丁目四八	三宮 七九一
小室榮三郎	海岸通五丁目二八	元町 七五四
合資會社國領商店 代表者 守野勇太郎	海岸通五丁目二七	元町 一、〇〇四
阿波野松太郎	榮町通六丁目四二	元町 三二九
足立歌吉	海岸通五丁目一	元町 五四三
青木文藏	榮町通五丁目八〇	元町 三、〇四七
佐々木種三郎	榮町通五丁目五一	元町 七四一 七四二
佐野清忠	榮町通四丁目五〇	三宮 一、一九三
酒木商店	海岸通五丁目三七	元町 五七四
三祐商會 玉井寛太郎	榮町通四丁目五三	三宮 四五三
木村捨造	榮町通四丁目四三	三宮 二、二四〇
道下信太郎	榮町通五丁目七七	元町 三、〇〇六
合資會社滿野商店 代表社員 滿野峯吉	榮町通六丁目一三〇	元町 一二八 一二九
合資會社澁彌商店 代表社員 森捨吉	榮町通四丁目五四	三宮 一、二〇一 四、九〇二
進商組 代表者 谷勝	榮町通四丁目五〇ノ一	三宮 一、一九五
平松弘忠	榮町通四丁目四九	三宮 二、三一五
森岡淳吉	榮町通五丁目五三	元町 四九五
鈴木茂	榮町通五丁目八一	元町 一、二三七

榮町通五丁目七一
元町一、一四七　株式會社諏訪商店
代表者 小松吉一郎

職員

理事 赤崎健吉
檢査主任 小野彌一　檢査補助員 板野達夫
事務員 桶上寛　同上 小林史郎
同 小林貞吉　同 九村喜義
同 土井秀吉　同 堀口幸男

○廣島罐詰製造同業組合

所在地 廣島市觀音町二三〇三
電話（特長）一、五四九番
創立 明治四十四年五月
主なる事業
一、製造技術の改良
二、組合員の協調

役員

組長 安永辰之進　副組長 小室齊
評議員 廣島畜產株式會社　同上 淺枝罐詰株式會社
同 木村常吉　同 山口松太郎
同 信濃助次郎　同 高橋太郎一

組合員

廣島市福島町 電三、一〇八 寺本宅一
同 三篠町 電一、八〇四 山口鎌二
同 廣瀬町 堀田新吉
同 觀音町 電五、四三四 木船龜吉
同 同 電一、五九四 濱口罐詰所
同 同 電五、三三二 鯉城罐詰所
同 同 電九三六 栗林又太郎
同 同 電二、六七四 管岩藏
同 廣瀬町 電一、二五二 三、三一〇 廣島畜產株式會社
同 西天滿町 電六、一五一 川本要吉
同 同 電四、九六九 松尾雄次郎
同 廣瀬町 電六、一二五 杉田元五郎
同 廣瀬旭町 電五八一 淺枝罐詰株式會社
同 觀音町 電二、四六四 山口松太郎
廣島市金屋町 小室齊
同 東段原町 電六〇九 笹野雄太郎
同 南竹屋町 電一一三 木村常吉
同 新川場町 電四二 淸信博義
同 千田町 電三、三一八 本名政一
同 南千田町 電五、九五一 御幸罐詰所
同 西大工町 電五三六 信濃助次郎
同 榎町 電七九二 五四 新見久次郎
同 廣瀬横堀 植木罐詰所

同　吉島町　電　二、五四五　田中罐詰所
同　横川町　電　二、二五四　高橋太郎一
同　榎町　電　三、九四四　八五二　楠原政之助
同　觀音町　電　一、七三八　平賀淺次郎
同　船入町　電　三、九二四　長屋啓之助
同　横川町　電　三、六七一　福信罐詰所
同　鐵鉋町　電　二六九　山陽罐詰所
同　觀音町　電　一、五四九　廣島罐詰株式會社
同　邑本辨造

○關門海產物貿易商同業組合

所在地　下關市岬之町四十五番地
電話　一六九一番
創立　昭和七年三月二十五日
主なる事業
一、輸出水產物の檢査事業

役員
組長　善長定吉　副組長　安井光三
評議員　沼田利一　同上　三由仁作
同　豐田喜重　同　大崎保太
同　坂本虎吉　同　加賀山清次郎
同　船木久太郎　同　古田幸助
同　岩永奥松　同　合名會社西宗商店

組合員
下關市岬之町　電　五四五　善長定吉
同　同　電　二三〇　安井光三
同　同　電　四五五　大崎保太
同　同　電　三六八　沼田利一
同　同　電　八八八　佐藤太吉
同　同　電　一一五　合名會社西宗商店
同　同　電　五六六　岩永奥松
同　同　電　七七五　杉山重一
同　同　電　一、二八〇　豐田喜重
同　同　電　三三二　三由仁作
同　同　電　六一二　船木久太郎
同　同　電　一、八七九　古田幸助
下關市觀音崎町　電　一、四〇五　井ノ口忠夫
同　同　電　一、二四四　加賀山清次郎
同　西南部町　電　八五　坂本虎吉
同　同　電　六八　白井虎吉
同　同　安達回漕店
同　同　電　一九　秋田寅之助
同　同　印藤彌市
同　同　金家壯平
同　岬之町　電　一、一二二　岡村繁

同業組合

同　同　電一八五　那須金市
同　赤間町　電二二八　百合本安太郎
同　竹崎町　電八九九　廣島蓄産株式會社
同　同　電三、〇〇〇　林兼商店
門司市棧橋通　電三六　邑本辨造
同　内濱町　電一五　三菱倉庫門司支店
下關市岬之町　電三八　下關合同運送株式會社
門司市棧橋通　電二〇一　國際通運株式會社
同　同　電六三　三井物産門司支店
同　内濱町　電九三　東神倉庫門司支店
同　同　電四五八　澁澤倉庫門司支店
同　同　電六四七　栃木商事株式會社

職員
檢査員　小島孝造　同助手　安部田守夫

○臺灣鳳梨罐詰同業組合

所在地　高雄市堀江町四丁目十一番地
電話　高雄三三八六番
出張所　員林（臺中州員林街員林五八九番地電話三五番）
基隆（基隆市日新町三丁目六番地）
創立　昭和二年六月二十四日
主なる事業
一、鳳梨罐詰販賣統制販路調査
二、同　檢査
三、同　製造技術員講習會
四、市販鳳梨罐詰開罐研究會
五、鳳梨事業に關する調査研究一般

役員
組長　野口敏治（高雄州知事）
副組長　櫻井芳之助　同上　楊宗城
評議員　橋本安博　同上　大庭義祐
同　阿辻廣　同　葉金塗
同　中村正記　同　趙木水
同　林怨　同　黄清廷
同　王金木

組合員
高雄州下
鳳山郡鳳山街新庄子九二　鳳山三　臺灣鳳梨罐詰株式會社
同　大樹庄九曲堂七九八　九曲堂一　濱口鳳梨株式會社臺灣事業所
同　同　同　五一四　九曲堂七　日本鳳梨株式會社第二九曲堂工場
同　鳳山街縣口七七　鳳山四〇　日本鳳梨株式會社第一鳳山工場
同　同　新庄子九　鳳山四七　濱部鳳梨罐詰所臺灣工場
同　大樹庄九曲堂五三七　振益商會鳳梨罐詰工場

同　同　樣子脚二八〇ノ一　日之出食品合資會社
同　同　大樹二〇九　日本鳳梨株式會社 第三大樹工場
同　同　九曲堂五一九
九曲堂　六　泰芳商會鳳梨罐詰 九曲堂第三工場
同　同　五一九　泰芳商會鳳梨罐詰 九曲堂第四工場
同　鳳山街縣口六ノ一
鳳山　三三　大新鳳梨罐詰公司
同　大樹庄九曲堂五四三　振南鳳梨罐詰株式會社
同　同　樣子脚二二四　共榮鳳梨罐詰株式會社
同　同　同　二〇七　泰芳商會大樹第五工場
高雄市入船町六ノ八
高雄　三、〇〇三　內外食品株式會社 臺灣事業所
鳳山郡大樹庄小坪頂一三三ノ二　龍和鳳物產鳳梨 罐詰株式會社
鳳山郡鳳山街縣口八九
鳳山　二八　榮春商行 鳳梨罐詰部
屏東郡屏東街屏東一二〇
屏東一四八　大和魚業株式會社
鳳山郡大樹庄九曲堂九三三　榮昌鳳梨罐詰公司
岡山郡楠梓庄楠梓九九ノ一　楠梓罐詰商行
潮州郡內埔庄　臺灣鳳梨栽培株式會社 臺灣出張所
高雄市三塊晋七八一　泰益商會
屏東郡高樹庄加蚋埔六〇　日之出食品株式會社 加蚋埔工場

臺南州下

新豐郡關廟庄關廟六四九　臺灣果實罐詰工場
斗六郡斗六街斗六二三三
斗六六　圖南產業合資會社
嘉義郡小梅庄小梅二五一　梅華鳳梨罐詰製造工場
嘉義市白川町五二
嘉義　九一〇　內外食品株式會社 嘉義工場

臺中州下

員林郡員林街員林五一四
員林　九　濱口鳳梨株式會社 員林工場
同　同　同　四一一　日本鳳梨株式會社 第六員林工場
同　同　同　五四
員林　三七　泰芳商會鳳梨罐詰員林第二工場
南投郡南投街南投七三八　南投果物販賣組合
員林郡員林街萬年四三
員林　一七　株式會社高湖 罐詰製造公司
彰化郡彰化街南郭三二一ノ一
彰化　二八　永豐商行罐詰所
員林郡員林街員林五四
員林　三四　日本鳳梨株式會社 第五員林工場
彰化郡彰化街北門外三八
彰化　四九　義泉罐詰株式會社
豐原郡豐原街豐原
豐原　一六七　濱口鳳梨株式會社 豐原工場
員林郡二水庄二水八
二水　一六　豐利公司

同　同　同　一四九ノ一　日本鳳梨株式會社
二水　一七　第四二水工場
彰化郡彰化街南郭三六一　南華公司
彰化　二四七
員林郡員林街員林五七　協贊公司
員林　一三六
同　同　萬年三七　東亞鳳梨罐詰工場
同　同　同　一　協隆商會
同　二水庄二水五一三　振益商會
同　員林街員林六八　新興鳳梨罐詰所
同　同　萬年二八　三益商會
新高郡魚池庄頭社二五ノ一　瑞安商會日月潭罐詰工場
彰化郡南郭庄南郭四一六　太和罐詰公司
彰化　二〇二
員林郡員林街三塊晋一三四　員林農園罐詰工場
同　同　柴頭井六二　員林罐詰商會
彰化郡彰化街南郭三〇五　臺灣農事株式會社　東華罐詰工場
大甲郡新鹿庄北勢坑三九九　梶田罐詰商會
員林郡員林街三條州二四四　大新鳳梨罐詰公司　員林工場
彰化郡彰化街南郭二四〇　太和罐詰公司第二工場
同　同　大埔四四六　共榮公司
員林郡員林街員林五〇八　泰益商會
同　二水庄二水二〇三ノ二　大新鳳梨罐詰公司　二水工場

同　員林街三條州二四五　南華公司員林工場
南投郡南投街南投三五六　臺灣果實產業社
員林郡員林街員林五二六　臺灣農事株式會社　東華罐詰員林工場
同　同　萬年一　英和公司
同　同　東山三五七　源華鳳梨罐詰製造公司
同　同　三條州二四四
員林　二二八　高砂罐詰公司
同　同　同　一四四　源芳鳳梨罐詰商會
彰化郡彰化街南郭一八四　正春罐詰公司
員林郡社頭庄湳雅二二四　高雅鳳梨罐詰製造　株式會社
員林郡田中庄田中二九六　富山物產公司
田中　一六　富山鳳梨罐詰製造工場
同　員林街員林五二八ノ二　再興鳳梨罐詰公司
員林　一三五
彰化郡彰化街大埔三五二ノ一　常夏罐詰公司
員林郡員林街三條州二四六　泰芳商會鳳梨罐詰　員林第六工場
大屯郡霧峰庄霧峰二〇一ノ六　三五產業公司
東勢郡石岡庄石岡一三八　臺一鳳梨罐詰公司
大甲郡外埔庄六分五九八　大甲鳳梨罐詰商會
竹山郡竹山庄後埔子三〇六　共榮罐詰公司
南投郡草屯庄草屯六八四　益源罐詰商會
大屯郡北屯庄廍子二一ノ二　臺中鳳梨罐詰株式會社

新竹州下

新竹郡新埔庄新埔三七四ノ二　老永昌商行

大湖郡卓蘭庄卓蘭五〇九　卓蘭物産組合罐詰部

臺北州下

臺北市宮前町二四二　泰芳商會鳳梨罐詰臺北第一工場

五、準則組合

○愛知罐詰業組合

所在地　名古屋市東區東新町中央飲食料品商報社內

電話　東二六七二

創立　大正六年四月

役員

組合長　蟹江一太郎

副組合長　中村金助　同兼會計　阪野悦太郎

評議員　中村鎌吉　同　野田鉦三郎

同　名古屋水產市場株式會社北海產部　同　森川彌兵衛

顧問　山田廣吉　同　大口民次郎

同　米倉德次郎　同　名古屋漬物株式會社

同　大海皓三

準則組合

花連港廳下

花連港廳研海區北埔一七　中村鳳梨罐詰工場

職員

小平又次、西原通明、岩本昌一、福長勝男、山本重太郎、杉尾政種、林益杰

組合員

西區竪三ツ藏町　電話本局(2)三五八六番　大口民次郎

中區禰宜町　電話西(5)一五七九　二九八八番　山田廣吉

西區西菊井町　電話西(5)〇一七七番　米倉德次郎

西區八阪町　電話西(5)〇九二六番　名古屋漬物株式會社

西區泥江町　電話西(5)三一三七番　東洋製罐株式會社名古屋出張所

西區小鳥町　電話西(5)一五二二　三七三九番　大彥商店　野田鉦三郎

西區泥江町　電話西(5)四六七六番　阪野商店

西區東柳町　電話西(5)〇三九五番　中村金助

西區西枇杷島町 電話西(5)二一九〇 一三六〇番 中村鎌吉
南區神戸町 電話南(6)〇八〇三番 武藤半一
知多郡横須賀町 電話横須賀五五番 尾三罐詰製造所
西區御幸本町 電話本局(2)〇〇七二番 青木堂 久保田英吉
西區泥江町 電話西(5)一〇三六番 川手商店
西區江川町 電話西(5)一四四二番 森川彌兵衛
知多郡大高町 電話大高五八番 日本トマト製造合資會社
東區大曾根町 電話東(4)三二四九番 玉鍵商店
西區小島町 電話西(5)〇九三四番 小瀨木宗助
知多郡上野村字名和 電話荒尾 三番 三六番 愛知トマト製造株式會社
西區船入町 電話西(5)三〇二三番 名古屋水產市場株式會社
西區西枇杷島町 電話西 5)四二八八番 枇杷島物產株式會社
西區西柳町中央市場內 電話西(5)二〇二一番 天狗屋商店

○長野罐詰製造業組合

所在地 長野市千歲町二五七番戸丸忠商工內
電話 八〇一番
創立 明治三十八年五月十日
役員
組合長 飽田忠三 副組合長 內山與三郎
組合員
長野市北石堂町一〇二五 電六三八 內山與三郎
同 相之木町二四六 電二六六 雨宮傳吉
同 西後町六二五 電一六三 池田元吉
長野市訪諏町一〇 電一、一四六 小林八作
同 妻科町六三 電二五一 川崎萬吉
同 南石堂町三〇 電八一三 青木新右衛門
同 櫻枝町二〇 電六五二 蟻川宗助
同 千歲町二五七 電八〇一 飽田忠三
同 横山町 小見山近造
聯員 雨宮傳吉

○水産組合同業組合準則組合外の罐詰業者

北海道

小樽市住初町一丁目	常盤野商店
千島國後郡泊村字泊港	虎罐詰工場
函館市萬代町	山下罐詰製造所
札幌市南六條西一	吉野罐詰製造所
函館市桑園驛前	山本益太郎
同　谷地町	厚岸罐詰合資會社
同　宇賀浦町	木村罐詰工場
根室町上綠町三ノ五	兼古正治
同　梅ケ枝町五ノ三	篠田德松
函館市末廣町	藤井清五郎
同	植田商會
渡島國茅部郡砂原村	梶谷罐詰製造所
函館市地藏町	今渡邊商店
同	奥田市三
同	河合清太郎
同	塗師松之助
同　蓬萊町	佐々木耕太郎
同　松風町	金谷清五郎
同　汐止町	前測末松
札幌市南二條西一丁目	富樫長吉
同　東一丁目	高桑長作
同	高橋松吉
旭川市二ノ九右九	西村末吉商店
同　二ノ六右二	山崎清軒
同　一ノ八右二	樫原富藏
同　二ノ七左六	吉竹鶴吉
室蘭市海岸町	平井一策
同	今野專三郎
同　大町	星井鐵藏
釧路市大町三丁目	林合名會社支店
同　浦見町	北田德藏
同　大町六丁目	佐々木米太郎

樺太

知取町榮町二丁目	高木龜太郎
眞岡郡廣地村	綾部正吉
眞岡町	片桐佐五郎

眞岡町本町二　土永食料品店
同　同　大橋徳太郎
豊原町西一條北一　平林喜代治
同　宮野吉太郎
同　西二條南五　庄内貞雄
知取町初音町一丁目　稲原秀行
同　丸山進
同　西條武平
同　二丁目　細坪久一
知取町千歳町一丁目　高見辰二
同　二丁目　森米次郎

青森縣

八戸市白銀町　電話八一五番　下郡罐詰工場
同　常海町　同　二六四番　八戸實業罐工社
同　港町　同　五四番　吉田契造
同　高橋善藏
同　鮫町　菊池米次
同　同　大越四郎
同　港町　小島力藏
同　同　軒熊次郎
青森市濱町　青森罐詰販賣組合
同　同　西尾三郎
同　同　武田平三郎
同　同　梅津忠兵衞
同　大町　小島友七
八戸市三日町　槻館門藏
青森市古川　佐藤清之助
同　濱町　野村豊三郎
同　大町　宮川光平
同　榮町　正井軍三
同　浦町　野村健吉
同　同　大原たに

岩手縣

盛岡市川原町　畑中米吉商店
同　馬場小路　深澤忠助
同十三日町　水原豊次郎
上閉伊郡釜石町　岩井マサ
同　吉田友平
同　澤田權左衞門
同　東酋兵衞
同　太森兵七
同　吉田貞助
氣仙郡廣田村　佐々木大三郎
同　末崎村　瀧田喜右衞門
下閉伊郡宮古町　吉田榮一
盛岡市六日町　高橋伊兵衞

同　穀町　内村松兵衛
二戸郡福岡町　小保内岩吉
膽澤郡前澤町　佐々木松夫
和賀郡黑澤尻町　佐藤助次郎
稗貫郡花卷町　高橋藏松

秋田縣

秋田市茶町梅ノ丁　合名會社 河周商店
秋田縣土崎港相染町　大川龜吉
仙北郡六郷町　西鳥羽吉次
同　生保內村　田口泰民
同　同　村岡商店
同　同　佐藤辰次郎
由利郡矢島町　須貝高平
同　同　宮崎秀松
同　直根村　柴田信次
山本郡能代港町　小仲祐司
鹿角郡花輪町　田中傳吉
秋田市田中町　藤田千代吉

山形縣

山形市香澄町　山下食品合名會社
同　七日町　吉野屋食料品店
同　四日町　小林罐詰製造所
同　六日町　菅野罐詰所
同　六日町角　皿屋商店
東村山郡金井村志戸田　阿部果樹園
大山町　本長商店
酒田港寺町　梨屋商店
鶴岡市日和町驛前通　佐藤商店
酒田市大工町　中村富吉
同　同　今井やすゑ
山形市三日町　小林六之助
同　十日町　萩野三郎
同　五日町　大沼佐太郎
同　六日町　平哲五郎
同　七日町　佐藤なみ
同　同　湖豹次郎
酒田市寺町　中野平兵衛
同　同　佐藤德太郎
同　同　大島半右衛門
同　同　佐藤和一
同　米屋町　丸市源八
同　筑後町　小田勘四郎

宮城縣

鹽釜港　Ⓢ水産合資會社
仙臺市國分町一五二　本田食料品店
本吉郡鹿折村　森眞罐詰製造所

鹽釜町　鈴木罐詰工場
同　伊佐奈商會鹽釜出張所
同　高見罐詰工場
牡鹿郡石巻市　万　高橋水產品製造所
同　田村罐詰水產品製造工場
同　熱海同
同　女川町　[栄]　罐詰工場
本吉郡氣仙沼町　大松海產物罐詰製造工場
同　横金商店罐詰部
同　畠山罐詰工場
同　合名會社　遠間罐詰所
仙臺市新傳馬町　渡喜商店
同　南町　内ケ崎食料品店
同　國分町　本田同
同　名掛町　庄久同
同　南町　北村萬吉

福島縣

小名濱港　磐城水產工業株式會社
若松市大町堅町　山新商店
福島市中町　川長商店
福島市新町　矢萩豊吉
同　上町　黑澤酒店
同　同　金子孝吉
郡山市本町　合名會社佐藤商店
同　中町　高田熊吉
同　燧田　安藤太助
同　大町五六　森平八
福島市置賜町　嵐山酒店
同　本町　高木食品店
同　五月町　出岡榮
同　柳町　長澤末吉
同　置賜町　阿部高次
同　阿部庄商店
郡山市稻荷町　古田市藏
同　同　加茂兼太郎
同　本町九　堀田卯作
同　北町一一　桑原久吉
同　堂前四四　大方喜十郎
同　大町八八　渡邊健次
同　同　齋藤彌三郎
同　柳内　佐藤彦松

茨城縣

潮來町辻　秋永罐詰製造所
鹿島郡若松村須田　堀田罐詰所
新治郡石岡町　中島淺吉
多賀郡大津町　村田金兵衛

同	鈴木伊勢松
水戸市南町	遠藤食料店

栃木縣

宇都宮市大工町	箕輪忠次郎
同　千手町	横倉正吉
同　上河原町	萩山音吉
同　今泉町	今井佐吉
同　大工町	藤本國藏
同　宿郷町	林重一郎
同　上河原町	關根榮吉
栃木町萬町	高野吉松
同	清水安平
同　倭町	井上留吉
同	片柳彌市
同	山本貞次郎
同　湊町	海老澤定平

埼玉縣

上尾町	細井宮司商店
北足立郡石戸村	石戸トマトクリーム販賣組合
川越市連雀町	櫻木駒吉
同	岡部ろく
同	武玉喜
同　喜多町	松本伊助
同　志多町	新井源藤
同　南町	細田甚三
同　石原町	鈴木萬兵衛
同　同	井坂一郎
同　六軒町	落合豊吉
同　南町	落合德兵衛
同　連雀町	永倉萬吉
同　同	小池和三郎
同　志義町	落合ツヤ
同　高澤町	天笠宇吉
同　西町	中島富三
同　志多町	小林藤作

千葉縣

習志野	新井農園
銚子町	明石傳七
同	笠上平八商店
同	信田猪五郎商店
安房郡富浦村	大古園罐詰工場
同	田中德松
同	千年貞治郎
同	田原久次郎
同	前野仙太郎
同	木ノ内源藏

安房郡館山北條町 東海鮑業株式會社
同 舟形町 渡邊榮太郎
同 石井欽彌
同 岡本安太郎
同 石井安五郎
東葛飾郡船橋町 篠田仁右衛門
同 木口吉太郎
千葉市吾妻町二丁目 澤本商店
同 三丁目 紀勢八十八
同 二丁目 奈良屋
同 本町三丁目 大和屋商店
同 同 一丁目 川口一郎商店
同 三丁目 萬太郎商店
同 通町一丁目 倉屋商店
同 寒川新宿 ほてい屋

神奈川縣

横濱市中區太田町三電話本局六五六番 帝國社(山口八十八)
同 三丁目電話本局一二六六番 三三二七番 吉文商店
同山下町一九八電話本局二八八五番 保保商店
同中區蓬萊町一電話長者町二七六四番 平野壽商店
鎌倉郡川上村 益田商店
同 電話戸塚三三番 岡部商會
同 中和田和泉 清水合資會社
同 下飯田 田丸商會
横濱市中區千歳町三丁目二九 電話長者町三三〇五番 山城屋商店
同神奈川區平沼町 電話長者町二八七三番 明治屋食料株式會社
横須賀市元町四 今井政男
同 汐留町二六 板倉萬兵衛
同 旭町二四 鈴木直吉
同 大瀧町一四 吳東忠助
同 大瀧町九 小倉文司

新潟縣

相川町 遠藤罐詰製造所
高田市仲町二丁目 高田洋茸栽培場
新潟市本町通六番町 合名會社齊川商店
同 古町通五番町 小川駒吉
同 本町通六番町 濱松治作
同 上大川前通六番町 高島文治
同 本町通五番町 遠藤彌七
同 東堀前町八番町 合資會社田邊商店
長岡市表町四丁目 羽賀榮五郎
同 本町三丁目 長彌惣吉
同 同 一丁目 綿貫龜吉
同 山田町 太田德太郎
同 渡里町 齋藤喜代平
直江津市本砂山 株式會社直江津魚市場

同　中島	星野與三郎
同	株式會社　仲買魚市場
新潟市上大川前通八番町	大井健作
同　古町通九番町	高橋春三
同　同　五番町	藤巻宗善
同　同　七番町	鹽谷健次郎
同　本町通八番町	濱田貞二郎
同　古町通四番町	株式會社芳屋商店
同　同　五番町	同　明治屋出張所
同　同　八番町	本間廉藏
長岡市小頭町	木村食料品店
同　城内町二丁目	佐竹新三郎
同　殿町二丁目	大關八郎
同　表町一丁目	近藤昌三郎
同　同　二丁目	內山由藏
同　同　三丁目	藤井卯吉
同　東坂ノ上町	小林勇松
同　同	木村淸三
同　神田町二丁目	原仙三郎
同　千手横町	杉本食料品店
直江津町諏訪	金子藏三郎
同　曙	橋本米藏
同　横町	石塚榮三郎
同　中島	金谷新太郎

富山縣

中新川郡東水橋町	高山善助
上新川郡東岩瀬町	畠山小兵衛
氷見郡氷見町	堀埜與右衛門
富山市旅籠町	丸福商會
同　一番町	中川常次郎
同　荒町	廣田傳次郎
同　鍛冶町	永森芳太郎
同　西堤町	能勢喜平
富山市總曲輪	富屋（河野滋治）
同　中野新町	桐山菊次郎
同　西町	田島屋（荒木兵二）
同　室屋町	高岡屋（高岡彌平）
同　小泉町	久郷金次郎
同　一番町	山田政二
同　總曲輪	羽田野健太郎
高岡市元町	深澤長平
同　坂下町	五箇元次郎
同　拾番町	小林久市
同　横田町	本久保若次郎
同　同	野坂留次郎
同　中島町	金森太一郎

同　鴨島町　戸出豊吉
同　通り町　大郷幸藏
同　二番町　本江甚吉

石川縣

金澤市下堤町　明治屋金澤支店
能美郡御幸村今江　番竹松
同　小松町本折町　中澤仁助
河北郡七塚村木津　高橋定榮
同　小木町　姫產業組合
同　同　小路笑三郎
鳳至郡町野村西時國　橋萬治
同　宇出津町　宇出津水産株式會社
鹿島郡北大呑村庵　石垣博行
石川郡崎浦村笠舞　北陸製乳株式會社
同　富樫村窪　松井善太郎
金澤市地黃煎町　マルセン株式會社
同　木ノ新保四番町　大家文太郎
同　大衆免堅町　橋本正男
同　有松町　新屋久次
同　高儀町　加藤與吉郎
金澤市野町二丁目　鍋谷太兵衞
同　石屋小路住吉市場　池本七三郎
同　青草町　矩繁命
同　安江町　須田太喜男
同　上ノ柿木町　近目屋
同　十一屋町　武藤銀太郎
同　片町　澤村庄太郎
同　青草町　瀨川市太郎
同　榮町　西谷外次郎
同　五寶町　北陸海產物產加工店
同　石屋小路住吉市場　能瀨市太郎
同　下近江町　上野壯次郎
同　橋場町　巴屋
同　片町　宮市大丸
同　武藏ケ辻　三越金澤市店
同　尾張町　石黒ファマシー
同　青草町　土谷與作
同　十三間町　三由藤七

福井縣

福井市佐久良上町　伊藤八郎商店
同　佐佳枝中町　松成榮三部商店
同　照手中町　大戸與三兵衞
丹生郡城崎村厨　上田千代三郎
同　同　今川吉太郎
同　同　道口　川畑島藏
坂井郡三國町瀧谷　今川由太郎

同　同　今新　多田新一郎
丹生郡四ケ浦村新保　相木喜一
同　同　相木一夫
敦賀町　敦賀水産株式會社
同　同　中町　天野吉朗
丹生郡宮崎村　宮崎村出荷組合
福井市錦上町　水野武二
同　佐久良中町　福井食料品市場株式會社
同　佐佳枝中町　小澤美三男
同　大和下町　木瀬商店
福井市本町一丁目　木瀬竹藏
同　日ノ出下町　田中與三松
同　照手上町　奈部伊之助
敦賀町大內　石原外吉
同　同　百田安太道
同　晴明　岩谷音七郎
同　神樂　白崎卯太郎
同　富貴　梅田吉松
同　境　藤井寶藏
同　同　磯貝末吉
同　橋　淀瀬雄次
同　神樂　大江豊吉
同　大內　松坂新造
同　神樂　內池伊三郎

長野縣

北佐久間郡三岡村　鹽川罐詰合名會社
小諸町　山口商會
長野市間御所町八〇　柏屋洋酒店
同　千歳町　丸忠商工
上田市松尾町　丸山芳松商店
北佐久間郡三岡村　日本桃養株式會社
上田市北天神町　桝林本店
同　松尾町　丸山芳松
長野市　原田吉太郎
北佐久郡北大井村　山口勘三郎
同　南大井村　中澤勘次
同　三岡村　鹽川平吾
諏訪郡下諏訪町　增澤寅之助
同　豊田村　飯田國藏
下伊那郡神稻村　神稻村養兎組合
西筑摩郡新開村　大脇重次
埴科郡松代町　關口長作
同　埴生村　越石省三
同　森村　南澤忠勝
同　同　竹內正三
長野市　小松織衛

同　小宮內近・藏
長野市千歳町　白澤惟
同　綠町　宮崎周之助
同　權堂町　酒井いそ
同　同　酒井順造
同　田町　原田太藏
同　東之門町　野澤惣五郎
同　東之門町　入四郎
同　東町　花岡儀八
同　横澤町　青山伊助
同　同　岡宮直松
同　中御所町　土田二太平
同　横山　高野善助
同　吉田町　長田儀三郎
同　石堂町　宮下磯吾
同　石堂町　柳日吉
同　新田町　室川彌五郎
同　西後町　栗田隼之助
同　縣町　青沼金造
同　千歳町　大塚貞麿
同　同　深澤定治郎
同　新田町　合資會社中村商店
同　櫻枝町　室賀榮助

田
同　石堂町　長野洋酒罐詰卸商組合
上田市松尾町　石倉卯吉
同　中常田　市村恒馬
同　海野町　酒井本衞
同　丸堀　岡田榮藤
同　海野町　宮澤紋左衞門
同　同　三橋權太郎
同　新參町　宮坂素治
同　松尾町　宮澤勇作
同　表鎌原　白井富太郎
同　三好町　田原健治

岐阜縣

大垣市東船町　一丸魚菜株式會社
同　山田文太郎
同　株式會社丸中海陸物産市場
同　說田要作
同　小寺仁左衞門
同　永田仁作
同　清水市次郎
同　郭町　尾本寬三
同　同　松永儀八

滋賀縣

大津市馬場　岩間商店

滋賀縣野州郡守山町　守山罐詰製造會社
栗太郡物部村勝部　近江蔬菜販賣購賣組合
大津市桝屋町　梅景清太郎
同　川口町　橋本留次郎
同　草津町大路井　日出食品株式會社
同　津市新町　片木隆太郎
同　港町　伊藤商店
同　川口町　橋本留次郎
同　御藏町　安達幸次郎
同　柳町　山本藤次郎
同　同　北脇直次郎
甲賀郡寺庄村寺庄　甲賀物産株式會社
蒲生郡八幡町爲心町上　北川才助
犬上郡高宮町　藤本伊之吉

山梨縣

甲府市三日町四九　西川元治郎商店
同　櫻町　野口富藏
同　山田町　丸茂義明
同　相生町　中込六之助
同　同　矢崎六三
同　柳町　島芳光

靜岡縣

靜岡市紺屋町　田丸屋本店
同　兩替町四　蒲長商店
三島町新宿　村山福太郎
沼津市添地町　重信平五郎
同　塚間　松下罐詰所
沼津市上土町　大石幸作
同　坂東茂三郎
同　大手町　河邊良太郎
同　同　中川龜太郎
濱松市田町　大杉たつ
同　坂屋町　市川孫太郎
清水市傳馬町　伏見清四郎
同　同　眞田良一
同　志茂町　長田泰
靜岡市紺屋町　小泉樓
濱松市傳馬町　木下周吉
同　鍛冶町　都筑彌一郎

愛知縣

知多郡横須賀町　電話一一〇番　秦義輔
安城町　同　二四番　三河食品株式會社
名古屋市中區矢場町一ノ切　森田長九郎
同　同　泥江町一丁目　川手商店
豐橋市魚町　山田安平
同　同　外山傳八

同　同	三浦三郎	同　龜崎町	間瀬文八
同　船町	加藤發太郎	同　同	間瀬竹次郎
同　札木町	兼木志ん	同　半田町	三井政次郎
同　同	水野民平	岡崎市北羽根町	八百壽食品合名會社
同　呉服町	倉橋源平	愛知郡不之一色町	荒川泰一
岡崎市本町	加藤重兵二	知多郡横須賀町	尾三罐詰製造所
同　伊賀町	村上源次郎	同　大府町長草	坂野勘一
名古屋市東區富澤町四丁目	合資會社梅澤商店		
岡崎市康生町	和田庄吉	**三重縣**	
同　同	合資會社天野勝次商店	志摩郡鳥羽町	石原鍋次
同　籠田町	奥田彦二郎	同	阿部隆寛堂
岡崎市傳馬町	太田粂治	同	山村萬次郎
同　同	高橋一彦	桑名町	時雨蛤商組合
同　本町	中野一二	三重郡富洲原町	樋口商店
同　能見町	市川房次郎	同	夵合名商會
一宮市傳馬町	岩部きやう	同	伊藤紋助
同　同	林長松	同	川村勇吉
同　中町	野田竹次郎	同　富田町	廣瀬傳作
同　東町	内田はる	同	鈴木源右衛門
同　同	伊藤菊次郎	北牟婁郡尾鷲町	神保藤太郎
同　中町	神戸留次郎	桑名郡桑名町	桑名郡農會農產加工組合
同　同	安藤德次郎	津市地頭領町	加藤榮次郎
知田郡半田町	新見信吉	宇治山田市宮後町	藤原正作

同　本町　八百權本店
宇治山田市河崎町　中江熊造
同　一志久保町　岡島卯助
同　一ノ木町　山本甚平
津市千歳町　小塚壽美
同　大門町　永原榮吉
同　地頭領町　土屋好三
宇治山田市曾禰町　西世古辰次郎
同　岩淵町　日置宇吉
津市伊豫町　合名會社八百岩商店
同　釜屋町　伊藤竹二郎
同　千本町　瀨古尊勝
同　立町　池上德兵衞
宇治山田市一ノ木町　正木權平
同　船江町　家城勝次郎
同　浦田町　光田才吉
同　古市町　西島善三郎
同　大世古町　浦田莊次郎
同　河崎町　奧野民藏
同　岩淵町　澤村賢二
同　同　鈴木久藏
同　宮後町　柑子木長三郎
同　同　西田林造
同　辻久留町　村上元吉
同　船江町　奧村彌平
同　宮後町　西田邦二郎
同　河崎町　正木梅吉
同　曾禰町　川合藤藏
同　常磐町　藤原兵助
同　曾禰町　前田富三郎
同　二俣町　松村安次郎
同　宮町　河瀨平八郎
同　中島町　浦田豊七郎
同　辻久留町　田中音次郎
同　常磐町　松本留松

京都府

京都市四條通堀川西入　糸谷恒次郎
同　伏見區加賀屋町　池梅商店
同東九條山王町　電話下六三三番　丸安濱口合名會社
同　伏見區深草町北新町　電話伏見四五七番　株式會社竹中罐詰製造所
同　朱雀正會町(丹波口驛前)　藤田罐詰製造所
船井郡吉富村大藪　廣瀨治郎
京都市西七條御領町八四　小田幸三郎
京都府乙訓郡乙訓村粟生　高橋孝太郎
同　同　新神足村友岡　大谷寅之助

同 同 大板村塚原	有限責任大枝信用購買販賣利用組合
同 同 新神足村馬場	大橋安次郎
同 同 同 調子	小泉宗吉
同 綴喜郡草內村飯岡	飯岡筍組合
同 相樂郡棚倉村綺田農事組合	原田善太郎
同 同 同 棚倉協農生產組合	原田已之助
同 綴喜郡八幡志水	男山筍組合
同 同 井手町井手	丸山熊太郎
同 相樂郡棚倉村綺田	福田勝一
同 同 同 平尾上垣內	北村喜一
同 同 木津町木津五丁目	北尾又四郎
同 同 棚倉村綺田山口	森本爲次郎
京都市吉祥院西ノ茶屋町	馬場喜六
京都府熊野郡久美濱	熊野郡農產販賣組合
同 乙訓郡向日町寺戸	小林鶴之助
同 舞鶴町 電話舞鶴一一二番	丹後水產株式會社
京都市麩屋町錦上ル	大橋庄三郎
同 京都中央卸賣市場內	京都市鹽乾魚株式會社
同 下京區黑門綾小路南	山口竹次郎
同 同 錦小路高倉西	松尾治三郎
同 同 黑門四條南	木村九一郎
同 同 三條河原町東	明治屋京都支店

兵庫縣

兵庫縣龍野町	伊勢勘罐詰所
神戸市元町	株式會社小西商店
神戸市湊東區相生町三丁目四九	水垣商店
姫路市神中內新町	森川國太郎
武庫郡鳴尾町	鳴尾ジャム製造株式會社
神戸市灘區岩屋三四〇	內國食料品株式會社
姫路市龍野町一丁目	竹中木平次
同 福中町	米花宗一郎
神戸市神戸區元町二丁目	明治屋商店
同 四丁目一五〇	三榮堂商店
明石市大明石町二丁目	金陵食品合資會社
姫路市福中町	米花孝二郎
同 西吳服町	北野三次郎

大阪府

堺市宿院町	合資會社川崎屋商店
同 同 東二丁	同 川篤商店
大阪市北區鳴尾町一〇	大三商店
同 地下町五	宗像豊次郎
同 南區灘波新地二番町一四	石川廣三郎
同 北區菅原町一〇	岸長商店
同 西區立賣堀六丁目	木村竹次郎
同 北區菅原町一六	芝甚之助

同　中ノ島六丁目八一　鹿間市太郎
同　瀧川町四五　芝田與之助
同　西區靱南通五丁目三九　鹿田氷一郎
同　北區此花町一丁目　平瀬艶

和歌山縣

和歌山市萬町六　有喜商店
箕島町　濱地商會
海草郡東山東村　筍出荷組合
西牟婁郡田邊町　津守罐詰工場
同　瀬戸鉛山村　大津吉次郎
有田郡湯淺町　湯淺醤油株式會社
東牟婁郡太地町　水谷仲平
和歌山市駿河町　駿河屋
同　南大工町　土岐正太郎
和歌山市小松原通り七丁目　合資會社頃末商店
同　洲崎町　同　南方食料品店
同　東藏前町　畑谷たけ

鳥取縣

米子市尾高町角　合資會社　野澤屋商店
鳥取市元魚町三丁目　合資會社　村邊商店
米子市灘町一丁目　茅野治郎八
同　東倉吉町　吉川勝之助
同　尾高町　株式會社　野澤屋商店
鳥取市町端四丁目　兒玉喜一郎
同　林兼太郎
同　今里町一丁目　田中源一
同　川端四丁目　米村喜太郎
米子市道笑町一丁目　矢野藤十郎
同　萬能町　野坂康久
同　茶町　石川辦次郎
鳥取市江崎町　岩崎喜一郎
同　立川町　海浪すみ
鳥取市新町　惠原潤吾
同　上魚町　德田力藏
同　豆腐町　前喜梅太郎
同　今町一丁目　盛本久幸

島根縣

濱田町　森脇罐詰製造所
濱田港辻町　脇田兼藏商店
濱田港　日本食品株式會社
同　角田罐詰製造所
松江市末次町　平野罐詰製造所
同　東本町　三島由太郎商店罐詰部

松江市竪町	川中國太郎
八束郡佐太村	青山新藏
能義郡島田村	安松熊太郎
同　安來町	原徳商店
那賀郡濱田町	俵仙太郎
同　同	井原俊一
同　同	山本龜太郎
同　同	小林浩
同　同	新田竹次郎
同　同	脇本作一
松江市末次本町	松屋商店
同　白潟本町	田中屋食料品部
同　同	秦商店
同　同	出雲ストア

岡山縣

岡山市上伊福	大黑屋罐詰所
同　森下町	岡本食料罐詰製造所
津山市東新町	常本權十郎
岡山市上出石町	枝松東造
同　内山下	山本正治
同　山崎町	須山茂三郎
同　磨屋町	富田村一
津山市坪井町	安東助一
同　堺町	藏元榮治
同　同	福田高次郎
同　元魚町	高井善男
同　同	川村虎三郎
同　田町	堤武市
同　京町	下山食料品店
倉敷市中町	合資會社鴨井商行
同　新川町	安田藤三
同　同	株式會社藤徳商店
岡山市下之町	株式會社天滿屋
同　中之町	松尾春年
倉敷市濱田町	根岸彌之輔
同　同	佐々原友吉
同　西本町	田中善次
同　同	磯崎輝明
同　戎町	能登要二郎
同　新川町	龜山龍三
同　西大町	松下武志
同　春日町	藤澤佐一
同　川西町	光畑伊三郎

廣島縣

廣島市鐵砲町　電話二六九番	山陽罐詰株式會社

御調郡田熊町　電話五番　田熊柑橘農產加工組合
廣島市大手町三丁目電話八六二番　藤井金次郎
佐伯郡中村　後藤又兵衛
廣島縣倉橋島尾立　尾立農產加工組合
同　豊田郡南方村小吹　小吹　同　同
同　同　木谷村　坂本盛一
同　同　久友村久比　北村功
同　同　大長村　加島正人
同　同　北生口村　松本清次郎
同　同　南生口村　南生口柑橘加工組合
同　同　忠海町　旗道園
同　御調郡田熊村　田中清兵衛
同　福山天神町　安部丈太郎
同　高田郡吉田町　西岡壽一
同　榎町　山本文吉
同　平田屋町　中野金藏
同　細工町　高坂商店
同　廣瀬町　吉野榮次郎
同　天滿町　香川千代藏
同　新川場町　木谷鶴吉
同　船入町　阿部羽吉
同　西大工町　山田隆一
同　堺町　吉野久次郎

同　觀音町　木村寛一
同　革屋町　長崎屋商店
同　平田屋町　川口商店
同　塚本町　楠原商店
呉市本通リ三丁目　山城屋商店
同　同　四丁目　土谷熊雄
同　中通リ六丁目　穴吹盛太郎
同　同　同　岩城武兵衛
福山市三ノ丸町　有文商店
同　下魚屋町　下井喜市
同　大黑町　北村辰三郎
同　府中町　桑田邦三郎
尾道市十四日町　三上曉太郎
安郡佐三川村古市　田中洋酒店
三次町　前田萬助
同　桑本商店
同　下山支店
賀茂郡西條町　岡田商店
福山市船町　仁科好松
同　東町　ツタヤ
尾道市十四日町　河原定次郎
同　土堂町　株式會社鳥居商店
同　同　小川覺藏

山口縣

下關市赤間町	百合本安太郎
同　東南部町	和田長郎
同　西南部町	合名會社　阪民商店
同　上田中町	合資會社　阪民商店
同　同	同　清水罐詰工場
同　大坪町	下關やまと罐詰合資會社
同　東南部町	印藤彌市
同　同	中尾喜太郎
同　西南部町	金家壯平
同　西細江町	小橋伊勢治
同　臭小路町	信岡岩吉
同　岬ノ町	川田省次郎
同　西細江町	枝村登一

德島縣

那賀郡橘町	内村可一
同　新野町	新野信用購買販賣利用組合
同　桑野村	山口出荷組合
同　新野町	新野出荷組合
同　椿村	椿信用購買販賣組合
同　福井村	福井信用販賣組合
同　同	福井筍出荷組合
同　立江町	櫛淵玉罐詰製造所
同　椿村	椿出荷組合
同　新野町	桂筍罐詰工場
德島市籠屋町	笹田儀平
同　富田浦町	濱口彌平
同　同	竹原秋太郎
同　二軒屋町	井關道次郎
同　同	伊賀貞藏
同　佐古町	小松和惣
同　同	八田彌吉
同　佐古町	板東春吉
同　同	魚谷勘藏
同　同	中山邦太郎
同　船場町	鷲池一二
同　新魚町	樋谷長平
同　富田町	龜谷留藏
同　西横町	榎本力藏
德島市外藏本町	上地德三郎

香川縣

高松市鹽屋町	明定商店
同　今新町	白井佐太郎
仲多度郡榎井村	大西荒太郎
同　琴平町	橋本善太郎

三豊郡財田村　讃岐財田農産物加工販賣組合
高松市福田町　中村罐詰製造所
三豊郡仁尾町　浪越罐詰製造所
高松市築地町　中村清太郎
同　片原町　三村忠三郎
同　同　雨森商店
同　兵庫町　三野榮一
同　同　金久商店
同　通町　新佐清太郎
同　同　眞田彥次郎
同　同　中平嘉吉郎
同　同　山地熊吉
同　同　中村秀次郎
同　鹽屋町　七條喜太郎
同　同　谷本賢次
同　同　中村正三郎
同　片原町　三村專次
綾歌郡坂出町　天野與市
同　同　松井本店
同　同　樋井九平
同　同　林孫市
丸龜市葭町　山ノ川合資會社
同　通町　小川重吉

西平山町　三好虎吉
同　通町　狙和商店
同　富屋町　三川商店
同　濱町　唐澤屋六左衛門
同　同　重元綾次
仲多度郡多度津町　武田與之助
同　同　山田卯吉
三豐郡觀音寺町　大石關太郎
同　同　藤田惠次
同　同　大塚彌吉
同　同　金陵三豐支店
仲多度郡善通寺町　福崎兼吾
同　同　渡邊商店
同　琴平町　小龜德太郎
同　同　島田多吉
同　同　橋本善太郎
同　同　三德商店
同　同　馬場房吉
大川郡引田町　廣瀬恒藏
同　三本松町　池田巴金
同　同　六本商店
同　志度町　米澤卯三郎

愛媛縣

宇和島市丸ノ內	宇和島罐詰株式會社
吉田町	朝家罐詰所
八幡濱町	三友商會
松山市土橋町	栗田茂
同　木屋町三	藤原紋太郎
同　港町五	豊田音次郎
同　同　四	池田清二郎
同　大街道二	家久音次郎
同　千舟町	岡田弘一
同　紙屋町	前川豊之進
同　末弘町二	森川音吉
同　南立花町一	高市關松
同　柳井町	石崎歲太郎
同　木屋町五	仲野元藏
同　御寶町	大野キヨミ
同　河原町	原熊太郎
同　大街道三	渡部網吉

高知縣

土佐郡一宮村	一宮蔬菜加工販賣組合
高知市浦戶町	田村罐詰商會
幡多郡中村町	上岡清次郎
高知市魚棚	白石保平
同　種崎町	北村斧次
同　本丁筋	公文重三郎
同　種崎町	櫻木春田
同　同	利岡喜太郎
同　蓮池町	山本竹吾
同　同	濱崎清吉
同　升形	橫山德吉
同　本町	濱田春水

大分縣

大分市船頭町	村上利吉
中津市	瀨口罐詰工場
同	林罐詰工場
北海部郡佐賀關町	高見罐詰工場
大分市京町	奥川喜太郎
同　堀川町	奥川助太郎
同　鍛冶屋町	吉松幸太郎
別府市流川通り	藤澤德太郎
同　同	別府日用商會
同　中濱	野田敏彥
同　楠町	藤澤德四郎

同　楠濱町	安部壽夫
大分市碩田橋通り	河南力
同　細工町大分公設市場	工藤光市
同　西新町	佐藤彦七
同　明礒町	佐藤瀧藏

福岡縣

福岡市下西町	株式會社明治屋
同　中對馬小路	合資會社立石商店
同　麹屋町	株式會社アサヒヤ商店
同　湝屋町一〇	木下丑三郎
同　東中洲	玉屋デパート
大牟田市旭町一丁目	合名會社松崎商店
同　同　同	坂本三郎
門司市本町二丁目	株式會社明治屋
同　同　同	百合本安太郎
同　榮町五丁目	中川好助
小倉市米町三丁目	永野正次郎
福岡市奈良屋町一二	內田治助
同　須崎裏町四七	山田泰助
同　上新川端町	合名會社野口商店
同　西新町四七	榊直威
同　下鰮町五九	袴田留吉
同　上店屋町一一	大山康次郎
同　本町二一	松尾勝一
同　川端町六	高井タキ
同　天神町八八	日高與門次
同　東唐人町市場	有吉朝吉
戸畑市金谷町	安田保
同　明治町二	山崎幸治
福岡市高砂町	是永新三郎
同　堅粕町中島	宗像健吉
門司市西堀川町四	合資會社山城屋
若松市中川通四	江口源三郎
福岡市中島町八	宮野儀助

佐賀縣

藤津郡濱町	濱罐詰商會
佐賀郡西與賀村	森田罐詰製造所
同　嘉瀬村	右近罐詰製造所
佐賀市大財町	安永罐詰製造所
佐賀縣嘉瀬村	水谷辰之助
藤津郡濱町	大塚清吉
東松浦郡呼子町	山下善市
佐賀市吾服町	窓ノ梅商店
同　柳町	御厨商店

佐賀市水ヶ江町　村岡商店
同　八幡小路　原口商店
藤津郡嬉野町　森永安市

長崎縣

同　新地四町　松庫商店
西濱町七三　入江米吉
同　同　五七　前田駒一
同　廣馬場町一〇　池田徳雄
江戸町二　竹下伊太郎
佐世保市常盤町（株式會社）　西牟田商店
同　浦町（合資會社）　今泉商店
同　港町　鹽田食料品店
同　上京町　鐘ヶ江商店
同　港町　岩原商店
同　島瀬町　安東商店
同　高砂町　眞子商店
同　上京町　赤司商店
同　榮町（合資會社）　大社商店
同　同　的野乾物店
長崎市船大工町　光永久米太郎
同　鍛冶屋町　酒井次郎
同　諏訪町　高場文平

同　鍛冶屋町　永見豊次郎
同　本下町　飯田七三郎

熊本縣

玉名郡春富村　吉永罐詰製造所
熊本市細工町一丁目　松本嘉平次
同　魚屋町二丁目　吉本惣次郎
同　同　大竹恒八
同　手取本町　細西眞吉

宮崎縣

都城市上町　江夏芳太郎
同　同　中村國一
同　中町　大田安熊
同　北原町　山元敬二
同　上町　大矢爲吉
同　同　福田茂助
同　同　濱島榮之助
同　同　藤丸政吉
同　同　成松光政
同　松元町　西原テイ
都城市八幡町　鹽山駿一
同　西町　土持壽吉

同　前田町　中村彌市

沖繩縣

島尻郡眞和志村　沖繩貯藏食品株式會社

臺灣

臺北市京町三　越智支店
臺中州彰化郡南郭庄南郭　義益商會

朝鮮

釜山府土城町一ノ二　植田食品罐詰工業所
同　南濱町一丁目　大島芳輔商店
郡山府東榮町　武部靜雄商店
京城府岡崎町　戸島祐次郎
同　南米倉町　辻本嘉三郎
木浦府櫻町四　合資會社植田食品罐詰所
平壤府大和町　桑田信助
京城府南大門通三　吉川太市郎
同　二　桑田京城支店
同　本町二丁目　藤田米三郎
同　同　一丁目　明治屋支店
仁川府新町　中村喜兵衛
同　宮町　青島舗作
同　増田屋商店
同　內里　松永勝次郎
同　松坂町　豊田準一
群山府明治町　藤戸房重商店
同　四條通り　渡邊仙藏
同　同　岡田米吉
群山府四條通り　丸井萬太郎
同　土肥蜜商店
木浦府壽町　松前義三
同　榮町　松原商會
同　福山町　松井邑次郎
平壤府大和町　江口商店
同　島本彌作
鎭　水玉里　藤井英夫
鎭南浦府三和町　山七商會
新義州府常盤町四　重枝洋行
同　六　中山商店
同　本町　福田商店
元山府京町　小野文吉
同　本町四丁目　笠井春太郎
同　三丁目　小山鬼子夫
清浦府敷島町　鈴岡與一

同　明治町　清家松之助
同　彌生町　中山喜一郎
同　明治町　服部注連太郎

關東州

大連市日吉町四　東亞罐詰工廠
大連市磐城町八七　禰宜田商店
同　九三　中村榮吉商店
同　一一九　京和洋行
同　信濃町一二八　松井商行
同　磐城町一一二　外海洋行
同　大山通四七　株式會社宅ノ店
大連市信濃町六二　米山商店
同　一一九　湖東號
同　若狹町一八一　田端商店

滿洲

奉天千代田通一二　小杉洋行
同　江ノ島八　福田商店出張所
安東縣市場通り三丁目　福田商店
同　同　六丁目　大山堂
同　同　八丁目　重抜洋行
同　同　五丁目　ハジョポロス商會
同　同　四丁目　水江雜貨店
新京吉野町一丁目　丸平洋行
同　二丁目　丸德商店
哈爾濱道裡透籠街　丸平洋行
同　同　盛倉洋行
同　石頭道街　鐘ヶ江商店
同　買賣街　牧野商店
同　地段街　加藤伊商店
同　籠町　日盛洋行
鐵嶺松島町　力武商店
同　共進商店
同　宮本商店
同　藝陽商店
同　敷島町　中村商店
同　綠町　谷崎商店
奉天松島町一〇　合名會社伊豫組
同　小西關大街　中越洋行
同　靑葉町一二　吉備商會
同　春日町市場內　伊藤商店
同　同　六　喜多商行
同　浪速通二〇　大和洋行

中華民國

漢口第三特別太平街	三井物產會社
同　同	三菱商事會社
同　鄱陽街	誠記洋行
同　怡和路	黑瀨洋行
同　同	前田洋行
同　同	多田洋行
天津日本租界宮島街	淸水洋行

同　曙街	北澤洋行
同	川勝洋行
同　福島街	三利洋行
同　橋立街	西尾商行
同　壽街	淸玉號
漢口日本租界	玉圓公司
同　同	思明堂

製罐業者

▼北海製罐倉庫株式會社

本社及工場　小樽市北濱町三丁目六
電話　三七四〇番
出張所　函館市臺場町六七
電話　二六五三番
同　根室町本町一丁目六
電話　三二三番
同　青森市新安方町六四
電話　三一二番

▼日本製罐株式會社

本社及工場　函館市新濱町二〇
電話　三四五三番
出張所　青森市安方町
同　根室町本町

▼東洋製罐株式會社

本社及大阪工場　大阪市此花區草開町三〇
電話福島〇八五四番
東京工場　東京市品川區五丁目四八四
電話高輪(44)二四五五番
廣島工場　廣島市廣瀬町下水入五〇一
電話　一九九四番
高雄工場　高雄市三塊厝五〇九
電話　二三〇番
青森工場　青森市浦町字野脇一二五
電話　八二五番
戸畑工場　戸畑市戸畑開三二
電話　四九五番
名古屋出張所　名古屋市西區泥江町二丁目八
電話　西　三一三七番
朝鮮出張所　釜山府本町一丁目一
電話　二一四九番

▼株式會社明光堂

本社及工場　東京市本所區龜澤町二丁目二
電話本所(73)〇八〇二番

▼丸忠商工

本店及工場　長野市千歳町
電話　八〇一番

▼川勝商店

本店及工場　神戸市相生町三

▼德永硝子製造所

本店　大阪市北區與力町二丁目
電話堀川七三一番

罐詰機械及材料業者

註……各製罐會社も亦此部類に入るも省略す。

（一）罐詰機械業者

▼株式會社林鐵工場
本社及工場　東京市芝區新堀町三七
電話三田(45)三七七四番

▼芝製作所
本社及工場　東東市芝區三田松坂町
電話高輪(44)二一三三番

▼株式會社セール商會
本社　東京市麴町區丸の內二丁目一四
電話丸の內(23)一、一六一番

▼日米商事合名會社
本社　東京市麴町區丸の內一ノ六、海上ビル
電話丸の內(23)一、七五八番

▼株式會社東京計器製作所
本社　東京市小石川區原町一二〇
電話小石川(85)一、一三二〇番

▼內外計器商會
本社　東京市芝區濱松町三丁目一四
電話芝(43)二九八五番

（二）材料業者

▼株式會社福岡商店（製罐用液體パキング）
本店　東京市京橋區木挽町一丁目一三
電話京橋(56)三五一一番
工場　東京市澁谷區惠比壽通二丁目
電話高輪(44)五八七三番

▼前田青山工場（罐詰用ニス一式）
本店及工場　東京市瀧野川區中里六三八
電話小石川(85)五二六五番

▼平野友安工場（油漬罐詰用油）
本店及工場　東京市品川區北品川四丁目五四三
電話高輪(44)六五四三番

▼太平洋貿易株式會社（油漬罐詰用油）
營業所　東京市麴町區丸の內二丁目丸ビル六階
電話丸の內(23)三、一三八　三、一三九番

▼日本漁網船具株式會社（硫酸紙）
本店　東京市麴町區丸の內二丁目丸ビル八階
電話丸の內(23)二八四〇　三六六四番

▼湘南香料工業所（香料）
本店　東京市中野區江古田一ノ二三一〇
電話四谷(35)三一三二番

▼日本香料株式會社（香料）
本店　東京市京橋區銀座八ノ二
電話〇五九一番

（三）其他關係業者

▼開進組（罐詰の打檢、荷造、運送）
本店　橫濱市中區本町三丁目二四
電話本局（2）三七二三、一七五六番
函館開進組　函館市仲濱町四番地
電話（長）八〇四、一〇〇九番
青森開進組　青森市新安方町
電話二七三番
東京出張所　東京市日本橋區江戸橋際三菱倉庫內
電話日本橋（24）一六〇一番

▼吉田印刷合名會社（レーベル印刷）
本店及工場　東京市日本橋區濱町三丁目五一
電話浪花（67）〇、〇八一番

▼中田印刷所（レーベル印刷）
本店及工場　大阪市天王寺區南日東町三三
電話戎（76）〇、五五五〇、五五五六
三、〇九九三、三〇二番
東京店　東京市京橋區銀座西三丁目一菊正宗ビル
電話京橋（56）七〇二九番

▼中島印刷所（レーベル印刷）
本店及工場　東京市日本橋區米澤町二丁目八
電話浪花（67）四七四九番

▼逸見新光堂（レーベル印刷）
本店及工場　東京市荒川區日暮里町四丁目九七四
電話下谷（83）一〇三八番

▼光村原色版印刷所
本店及工場　東京市品川區東大崎町一丁目五三二
電話高輪（44）三五六五、五九一六番

▼沖商會（罐切、栓拔）
本店　東京市麴町區有樂町二丁目七
電話丸の內（23）一九八四番

▼平出商店（罐切）
本店　橫濱市中區太田町五ノ六六
電話本局（2）〇、〇七六番

（四）共同販賣機關

▼陸上蟹罐詰協和會
所在地　東京市麴町區丸の內二丁目丸ビル七階
電話丸の內（23）二、九〇七番

▼日本輸出貝類罐詰共同販賣株式會社
所在地　東京市品川區北品川五丁目東洋製罐會社內
電話高輪（44）五八四二番

▼日本鮪油漬罐詰共同販賣株式會社
所在地　東京市麴町區大手町三丁目日清生命ビル三階
電話丸の內（23）四、七八〇番

罐詰檢査所

註……別揭の聯合會或は水産組合、同業組合以外の罐詰檢査所及其所在地を揭げる。

所在地	檢査所名
長崎市入江町	長崎水産會水産物檢査所
廣島縣廳內	廣島縣商品檢査所
北海道廳內	北海道水産物檢査所

罐詰研究機關

所在地	研究機關名
東京市京橋區月島三號地	農林省水産試驗場
北海道余市郡余市町	北海道同
同　根室郡根室町	同　根室支場
同　宗谷郡稚內町	同　稚內支場
同　函館市船場町	同　函館支場
東京市蒲田區糀ヶ谷町	東京府水産試驗場
東京府八丈島三ッ根村	同　伊豆七島經營八丈島現業場
神奈川縣足柄下郡酒匂村	神奈川縣水産試驗場
同　三浦郡三崎町	同　三崎分場
兵庫縣明石市船町	兵庫縣水産試驗場
同　城崎郡香住町	同　但馬分場
長崎縣長崎市丸尾町	長崎縣水産試驗場
新潟縣三島郡寺泊町	新潟縣同
同　佐渡郡兩津町	同　兩津分場
千葉縣安房郡館山町	千葉縣水産試驗場
茨城縣那珂郡湊町	茨城縣同
三重縣志摩郡濱寺町	三重縣同
愛知縣廳內	愛知縣同
同　寶飯郡三谷町	同　出張所
靜岡縣淸水市淸水	靜岡縣水産試驗場
滋賀縣犬上郡福滿村	滋賀縣同
宮城縣牡鹿郡渡波町	宮城縣同
同　氣仙郡氣仙沼町	同　氣仙沼分場
福島縣石城郡小名濱町	福島縣水産試驗場
岩手縣上閉伊郡釜石町	岩手縣同
青森縣八戸市湊町	青森縣同
山形縣西田川縣加茂町	山形縣同
秋田縣南秋田郡土崎港町	秋田縣同
福井縣廳內	福井縣同
石川縣鳳至郡宇出津町	石川縣同
鳥取縣廳內	鳥取縣同
島根縣那賀郡濱田町	島根縣同
岡山縣廳內	岡山縣同
廣島縣廳內	廣島縣同
同　沼隈郡鞆町	同　鞆支場
同　草津町	同　草津支場
山口縣大津郡仙崎町	山口縣水産試驗場
和歌山縣西牟婁郡田邊町	和歌山縣同

徳島縣廳内	徳島縣同
香川縣高松市新湊町	香川縣同
愛媛縣宇和島市樺崎	愛媛縣同
高知縣高岡市須崎町	高知縣同
福岡縣福岡市須崎裏町	福岡縣同
大分縣大分市生石町	大分縣同
佐賀縣廳内	佐賀縣同
熊本縣熊本市千反畑町	熊本縣同
同　天草郡牛深町	同　牛深出張所
宮崎縣廳内	宮崎縣水産試験場
鹿兒島縣廳内	鹿兒島縣同
沖繩郡那覇市住吉町	沖繩縣同
朝鮮釜山府牧ノ島	朝鮮總督府同
同　志南保寧郡鰲川面	同　水産調査試験場
全北郡山府東濱町	全羅北道水産試験場
全南木浦府	全羅南道同
慶北浦項	慶尚北道同
釜山府南富民町	慶尚南道同
咸南元山	咸鏡南道同
咸北清津	咸鏡北道同
臺灣　臺北市同府内	臺灣總督府同
同　基隆市	同　基隆支場
同　臺南市上鯤鯓	同　臺南支場
同　基隆市社寮	臺北州水産試験場
同　新竹州新竹街	新竹州同
同　高雄市前金	高雄州同
同　臺南市	臺南州同
同　臺中市幸町	臺中州同
關東州大連市外老虎灘	關東廳同
南洋パラオ諸島コロール島	南洋廳同
東京市目黒駒場	東京帝國大學農學部
同　深川區越中島町	農林省水産講習所
札幌市北八條	北海道帝國大學水産專門部
大阪市北區扇町	大阪市立工業研究所
廣島市東白島町	廣島工業試験所
鹿兒島市高麗町	鹿兒島縣農事試験場
神奈川縣鎌倉郡大船町	神奈川縣農事試験場
千葉縣千葉郡都村	農林省畜産試験場
東京市日本橋區江戸橋一ノ一 三菱倉庫會社六階	日本罐詰協會研究部
大阪市此花區草開町	東洋製罐株式會社研究部
小樽市北濱町三ノ六	北海道製罐倉庫株式會社調査研究部
京都市東九條山王町	丸安濱口合名會社研究部

其他罐詰研究機關として各府縣水産關係學校、農事試験場等を擧げる事を得る。

罐詰要覽（終）

昭和九年一月十日印刷
昭和九年一月十四日發行

非賣品

編輯兼發行者
東京市日本橋區江戸橋一丁目一番地
東京罐詰同業組合
逸見斧吉
電話日本橋(24)三六一二番

印刷人
東京市荒川區日暮里町四ノ九七四
逸見五男
逸見新光堂

日本缶詰資料集

第1巻　東京缶詰同業組合十年史

2019年 4 月25日　発行

監　修　河　原　典　史

発行者　椛　沢　英　二

発行所　株式会社 クレス出版

東京都中央区日本橋小伝馬町 14-5-704

☎ 03-3808-1821　FAX 03-3808-1822

印　刷　株式会社 栄　光

製　本　東和製本 株式会社

乱丁・落丁本はお取り替えいたします。

ISBN978-4-86670-052-6　C3360　¥18000E